装修典范04

# 居家装饰风水

国际风水、佛学研究专家 崔江◎主编

山东电子音像出版社

# 目录

Contents

## 第一部分 风水的起源



## 第二部分 风水的基本原理

## 第三部分 风水与住宅

## 第四部分 风水与人



## 第五部分 风水与庭院

## 第六部分 风水与商务



## 第七部分 风水与色彩

## 第八部分 化解居住环境中的不良风水

# 第一部分

首先希望大家通过对风水的由来这些有趣的知识的了解，进而正确地理解风水的相关概念。包括了解风水的历史与背景，中国的风水，天、地、人的哲理，风水的应用以及现代的风水等。龙的宇宙气息、易经、八卦、五行、阴阳、四兽等风水中的重要概念，都是必须要有所了解的。

# 【内容提示】

- 风水的由来
- 风水相关概念

# 第一章 风水的由来

在以前，只有皇族和统治阶级才能够看到记载正式的风水知识的宝典。如今，社会各个阶层的人们都能够接触到风水。近年来，风水还漂洋过海被传到国外，如新加坡、马来西亚等，风水成为人们生活中不可缺少的部分，且更为欧美各国所接受。

现代风水是以天、地、人三位一体为前提，以广阔无边的宇宙的气息即“气”为重点的。本章对风水的相关概念进行了全面客观的解说，介绍了与风水相关的所有事项。具体对阴阳宇宙论、五行的相互联系、罗盘的基本知识、象征主义等基本概念做了详尽的讲述。下面请跟随我走入这个充满魅力而奇妙的世界吧。

## 风水产生的历史与背景

中国人地理风水的意识产生得很早，一些专家认为风水有6000多年的历史。的确，风水所用的一些符号可以追溯到6000多年之前。

迄今发现的最早的风水符号，是在1988年河南省

发掘的大约公元前4000年时期的一座新石器时代的古墓中。这座墓面向南，顶部是圆的（象征天），墓的北部是方的（象征地），东面是条龙的图像，西面是虎的图像（此代表四象里的两象）。在墓的中央还发现了北斗七星图，此图在中国占星术和风水里都占有重要地位。

我们不能因这一发现而确定风水产生于约公元前4000年，但可以说风水中一些主要的符号在那时就已被应用了。另外一个证明风水的符号被持续使用的实物是公元430年的一个箱子盖，它出土于湖北省随县的雷姑屯。箱盖的表面有一龙一虎，象征着风水里的东方和西方，但具有更重要意义的是盖子中央的28星宿图。在罗盘上，28星宿图在从外面数第二圈。星宿图的中间是汉字斗，代表星宿。

在原始社会，虽然没有风水学的说法，但因恶劣的自然环境对人们提出的生存挑战，又值农牧社会之故，当时的人们必须“择地而居”，选择“近水向阳”而适宜人类繁衍生息的地方。这是一种适应性的选择。

进入文明社会以后，风水学随即见诸文字记载。到了殷周时期，已有卜宅之文。如周族首领公刘率众由邰迁豳，他亲自勘察宅茔，“既景乃冈，相其阴阳，观其流泉。”（《诗经·公刘》）

战国与先秦时期，是风水理论的形成时期。秦代朱仙桃所著的《搜山记》，成为风水理论的重要组成部分。

至汉代时，人们已将阴阳、五行、太极、八卦等互相配合，形成了中国独有的对宇宙总体框架认识的理论体系。这个框架是风水学的理论基石，对风水的应用与发展具有特别重要的意义，风水由以前人们只是用于卜宅、相宅的机械活动，升华到理论阶段。这时的风水理论不但包括了择地，而且包括了择日。王充《论衡》中对择日的论述甚为精辟，已有了“太岁头上不敢动土”的理念。

这个箱子盖是在中国湖北省发掘的，上面的图案是左青龙，右白虎，中间是28星宿图。

魏晋南北朝时期，风水理论已经逐渐完善。郭璞的《葬书》一直被推崇为风水理论的“经典”，也因此，他被后人尊为“风水祖师”。当时的风水师也颇受推崇，如管辂以占筮、相术、相墓著称于世。

从唐朝开始，风水作为选择昭示幸运的场所的方法被应用于实践。当时最有名的风水师杨筠松作为现代地理风水的“始祖”出现在所有的古代教本上，杨筠松本人的著作也作为古代宝典流传了几个世纪。在唐僖宗时期，他的著作写入了“龙的气息”的利用方法，成为皇宫内的必读本，对皇宫产生了极大的影响。

杨筠松的著作也为后世风水的发展奠定了基础。其对山的形状、水流的方向，以及蜿蜒的山脊线和山脉的低谷中隐藏的龙穴（即生气聚集地）进行了探索。

另外，他的理论还将隐藏吉相的龙的探索方法作为重点。他强调，为了家庭的幸福，好好利用“龙的气息”是很重要的。“龙的气息”表现为“宇宙的气息”，其阐述的大部分理论是对“气息”的可利用性和地形进行了解说，这是风水实践法的核心。

杨筠松还建立了形法风水和地理风水等重要的基本理论。他善用龙的比喻，将丘陵和山脉的形状、天气气候比做龙身体的一部分、龙发怒或高兴时的样子。

杨筠松的理论在三本有名的古代风水宝典中都有详细叙述，通过龙的寓言故事生动描述了风水的起源。最初写的《撼龙经》被解释为“使龙觉醒的技术”；第二本《青囊奥语》对龙穴的发现方法进行了说明；第三本《疑龙经》被解释为“接近龙的方法”，详细介绍了在不易发现龙的地方找到龙的方法。

在风水广为盛行的中国台湾，地理风水相关的很多专业书籍中都会看到古代风水教本的引用和注解。对于视觉可以分辨的地形，看到具体的山脉和丘陵便可以判断其好与坏，即为形法风水。

杨筠松用青龙和白虎描写丘陵，阐明在好的土地上青龙是不可或缺的，而且有青龙的地方必然会有白虎。形法的风水师们也为了找到好的土地而探寻青龙。此时，丘陵和山脉的形状、水流的方向和方位都特别受到重视。实际上，寻找龙和龙穴的方法占地理风水理论的大部分。

但是，最终龙的象征主义被罗盘方位测定法这种较为科学的方法所替代。罗盘风水使用了《易经》中记载的八组小成卦的分析，并在八卦中八边形标志的四周配置小成卦，同时使用了洛书的九块魔方阵。这些标志与中国旧历的干支、五行和阴阳平衡的维持理论同时形成形而上学的推理，随着罗盘法风水的实践而不断发展进步。

罗盘法风水强调了罗盘方位的影响及其重要性。判定风水的好坏是根据一个人的出生年月日、性别，甚至出生时间等因素判定方位是否适合。因此，为了更好地实践风水，又派生出了其他的风水手法。

罗盘法提及到风水的时间和空间两方面的概念，以及使用洛书的魔方阵进行数字计算的方法。但是，在罗盘法风水被开发的初期，风水师们并没有那么重视周边环境的形状，也忽视了杨筠松重视的“龙的气息”的影响。

最终，风水师们发现，要想有效地证实罗盘派的解释，完全忽视对家庭幸福产生影响的周边的丘陵和水流是行不通的。因此，19世纪末到20世纪初象征主义再次出现，其影响力大大加强。同时，罗盘法也继续广为使用。

在被挖掘出的很多远古时期的遗迹中，都有在自家住宅中装饰招来好运的象征物，这证明了象征主义与罗盘法风水两个流派的同时并存。在中国有很多招来好运的象征物和神格，据说在家中适当地装饰象征物，会带来极大的繁荣、健康和长寿。

# 中国的风水

风水文化源于中国，是中国传统神秘文化的重要组成部分。它博大精深，源远流长，几千年来一直闪耀着神秘的幽光。中国人历来是相信风水的。从学术书上获得风水知识的人都会怀着敬畏的心情去实践，做生意的人和受惠于风水的人更是如此。

在中国古代，只有特权阶级的人才能够接触到风水的专业知识。曾在几个世纪期间，风水被皇族和侍奉皇宫的高级官僚所独占，在皇宫内是非常受重视的。尤其是皇帝在选择墓地时，对方位选别关心，他们坚信祖先的风水会影响后世人的运势。民间曾有很多关于中国古时历代皇帝的墓地构筑的传说。

如今，在中国台湾地区依旧沿袭着按照风水的标准设计祖先坟墓的习惯。台湾的富裕家族还讲究祖先不仅要埋葬在好的方位，而且要对墓地进行适当的管理，为此不辞辛劳。在名门，为了家族产业不受损失，为了让子孙后代继续保持家族的名誉，长辈们会在生前就选好墓地。

中国香港由于特殊的历史和地理环境，成为了中西文化交汇的“风水宝地”。这里一边是现代高科技的发展，一边是古老的中国神秘文化的盛行。享受着西方科技成果的香港人，对风水学却有着超乎想象的狂热。

过去，风水与城市建设规划也有着密不可分的联系。许多人认为，广东省的繁荣是因为处在吉相位置珠江三角洲，上海的莫大财富也是那有名的堤坝所带来的。20世纪初期还满是岩礁荒芜的香港，因为当地居民正确利用了风水，加之港口的有利方位，所以才能够持续繁荣。

近年来，中国的风水文化逐渐走向世界，并得到世界各地人们的推崇。特别是20世纪80年代以来，风水热席卷全球，不仅普通人注重，就连知名度很高的政要、富翁、明星、歌星也都重金聘请了高级风水顾问。可见，中国的风水文化正逐步影响着世界各地人们的生活。

Tips 小贴士

**※ 风水的影响**

中国人自古就相信地理风水会影响一个人一生的祸福。“赵家天子杨家将”的故事几乎是家喻户晓。因为风水的本来意义是使人达到避凶趋吉的目的。只要人类存在一天，人们对趋吉避凶的心理需求，就一天也忘不掉。尤其在经济高度发达的当今社会，这种需求更为强烈。因此，深入研究风水，取其精华，使之更好地服务于人类生活，是很有必要的。

# 天、地、人的哲理

“天、地、人合一”是中国风水学的核心内容。中国古代科学家仰观天文，俯察地理，近取诸身，远取诸物，经上下几千年的实践、研究、归纳和感悟，形成了著称于世的东方科学——中国风水学。

中国古人认为，天、地、人是一体的，人的心灵与天、地的灵气是相通的。美好的心灵才能和美好的风水地的气感应，有美好心灵的人才能得到美好的阴阳宅，才能获得风水地的吉气善待；反之，有丑恶心灵的人是无法得到美好的阴阳宅的，只能得到丑恶的阴阳宅，也只会得到风水地的凶气惩罚。所以，风水学十分重视风水用户和地师的心灵的塑造与净化，十分重视道德的修养与积累。福由心生，地由心造。

风水可以改天命而夺神功，这是古人对风水学的高度肯定。风水学告诉人们要能顺应自然规律，做到天人合一，要优化自然环境，这样才能有好的阴阳宅。有了好的风水地的吉气感应与荫庇，自己和后人才可以平安昌盛。

中国风水探求建筑的择地、方位、布局与天道自然、人类命运的协调关系，恰是中国风水学的人与自然融合，即“天、地、人合一”的原则。排斥人类行为对自然环境的破坏，注重人类对自然环境的感应，并指导人如何按这些感应来解决建筑的选址乃至建造，才创造了中国东、西、南、北、中各具特色的城市布局、建筑形式及建筑景观，因地制宜，美不胜收。

当然，如果人人都能通过好风水地而获得吉祥，社会就会因此而和谐，民族国家也就会因人人有为、家家发达、社会和谐而兴旺，这就是风水学对人类最大的贡献。

# 风水的应用

风水的奇妙之处在于通过灵活运用风水手法，可以让人快速成功、个人的生活环境突然变好等。风水首先是将地球作为一个大的生命体考虑，了解这个生命体血脉的流通和气流是很重要的。

原理虽是简单，可实际上要想真的读懂这些就可能有些困难了，首先必须要花费时间去领会理论和技术，之后是否能感觉到大地的气流和灵力就要看风水师的本领了。如果很好地了解大地的气流（参考第二章“龙的宇宙气息”），就可以知道应该如何使用风水技术建造房子和墓地了，当然也可以知道该如何为自己招来幸运。

即使是将房子建在好的环境场所之中，如果不能理解风水的思想，建造了与周围环境和建筑不协调的建筑，也是不能真正地吸收到大地的能量的。现在的城市被设计奇特的建筑物所覆盖，这样看上去虽然是新意百出，但是这些用风水的眼光看却是不良的情况。

新设计的建筑物虽然漂亮，但是若风水不良可能会影响周围的建筑；而吸收了风水思想后的建筑一定会与周围环境相协调。

另外，即使是不好的房子和场所，也可以不用改变地点，直接通过风水来改善房子中的气流，中和或减少邪恶之气，指引运气朝好的方向发展。可以说，这样的工作也正是风水师们最想进行的工作。

风水也是一门环境心理学，它通过重新认识人们的衣、食、住、行来协调人与环境之间的关系，从而帮助你在生活中寻求最佳运气。

有人可能把它和“占卜”混为一谈，实际上，“风水”和“占卜”有着根本区别：“占卜”是通过各种方式预知天命来寻求好运，而“风水”是通过自身努力改变现状来寻求好运。人们依据风水来改变观念、行动和外部环境，可以有效改变自己的运气。

我们知道风水的核心是使“气”转好。如果吸收了“有利之气”，你就会身体健康、工作顺利、事业有干劲；若是吸收了“不利之气”，你就会被邪气缠绕，容易生病、背运。所以，在日常生活中合理地运用风水手法至关重要。当然，在运用风水手法以后，并不一定能马上看到效果，但是只要你有耐心，不久运气就会好转。

下面我们介绍几个运用风水手法时要注意的事项。

### 风水成功的要点——不要过于完美

如果将风水作为一个比较基准的话，任何家里都会发现问题。但是，若将家里存在的所有问题都按“风水”来理解，也有些荒谬。所以，与其说用风水实现百分百的完美，还不如以60%～70%的完美为目标会更好。

### 调整光、风、水、音、香，打造舒适的生活空间

前面说过，吸收有利之气很重要，但是，光、风、水、音、香这五点也是关键。它们是人类生活不可缺少的东西。

因为采光和通风好、有纯净的水、没有噪音、没有恶臭的环境是吸收有利之气的必然条件，所以，首先来整理、净化自己的心灵，可使家中气流得到充分的改善；其次，光、音、香等是可以人为改变的环境；另外，还可以通过使用风水吉祥物吸收有利之气。

### “独门独户”和“集体住宅”的风水改变

居住环境基本分为“独门独户”和“集体住宅”。独门独户，可以直接正面吸取天地之气。如果是新建住房，也可以考虑好风水后再建或是再翻新。而集体住宅是间接吸取天地之气，布局的选择也是受限制的。但无需担心，你可以留意集体住宅的弱点，运用风水进行改善。

### 玄关、厨房和卫浴间的风水运用

集体住宅的风水按一定的先后顺序考虑很重要，尤其是玄关、厨房和卫浴间。因为玄关是“气”的入口，而厨房、卫浴间是对财运、健康运和家庭运有很大影响的场所。

选择房子的时候，首先要观察玄关、厨房和卫浴间的位置是否为吉方位，清楚后再做决定。

### 周围环境影响房子的风水

房子的方位和布局都不错，但还是不走运，运用风水手法毫无效果，这时你就必须重新考虑一下房子周围的环境了。

房主的运气，很多时候也会受房子周围环境的影响，它包括土地和周围的建筑物等。当运气不好时，试着改变周围环境很有必要。

下面是土地和建筑物等的风水吉凶判断。如果周围环境中符合凶的事项过多，你就会受到不好的影响。周围环境是不能用个人的力量改变的，但使用风水吉祥物就可以抵挡坏的影响。

#### 吉

□房子的东或西面有道路

□房子的东、南两面有道路

□房子建在道路转弯处内侧

□房子附近多绿色植物

□房子附近有学校

□房子附近有热闹的商业街

□房子的西面和西北面有银行

□房子附近有圆形建筑物

#### 凶

□房子周围被道路围住

□房子建在道路转弯处外侧

□房子建在“T”字路口

□房子附近有高速公路和停车场

□房子夹在高建筑物间

□房子附近有电线

□房子附近有医院或警察局

□被邻居的房子尖角对射

#### 吉凶混合

□房子附近有庙宇或教堂（整齐的用于祭祀的场所没有影响，但是比房子略低的场所就要当心了。）

□房子附近有墓地（给人的心理造成不好的影响，但对做水产业的人比较有利。）

□房子附近有河流（清澈的河流是吉，但是池沼等不流动的水是凶。）

# 现代的风水

当今世界上实施的风水与旧时的风水有着很大的不同。首先，现在的风水在运用范围上更广阔与开放，无论你是贫穷的，还是富裕的；无论你是平民百姓，还是达官贵人，每个人都可以使用风水。住宅、办公楼、商业场所等都可以使用风水。

其次，世界环境发生了很大的变化，现在的风水必须根据这种环境的变化来做调整，不能一味地套用旧时的风水思想。如今，都市化的形成，使住宅密度增加，城市中各种象征性的东西也有了新的释义。地理风水与形法风水在现代风水中较常使用。例如，城市中高速道路、街道的建设等，还有大规模超高层住宅的建造等都需要周密考察，依据周围的山形、地势等自然环境来做规划。只有顺应自然，有节制地利用和改造自然，才能创造良好的居住与生存环境，赢得最佳的天时、地利与人和，达到天人合一的至善境界。

下面介绍几项现代风水学在住宅中的妙用。

## 住宅朝向的选择

在挑选住宅楼的时候，最好携带一个指南针，量一下住宅楼的套宅方向，尽量挑选正南北向或正东西向的住宅，因为在这样的住宅里，你的卧床能接近正南北或正东西的方向。我们知道，地球上密布南北走向的磁力线，道家认为人体是一个小宇宙，也存在一个磁场。头和脚就是南北两极，人在睡眠的时候，最好采取南北向，和地球磁力线同向。这样能使人在睡眠状态中重新调整由于一天劳累而变得紊乱的磁场，对身体健康极有好处。如果住在方向不正的套宅，磁力线必然是斜着切割你的身体，虽然不见得有什么大碍，但总不及前者好。

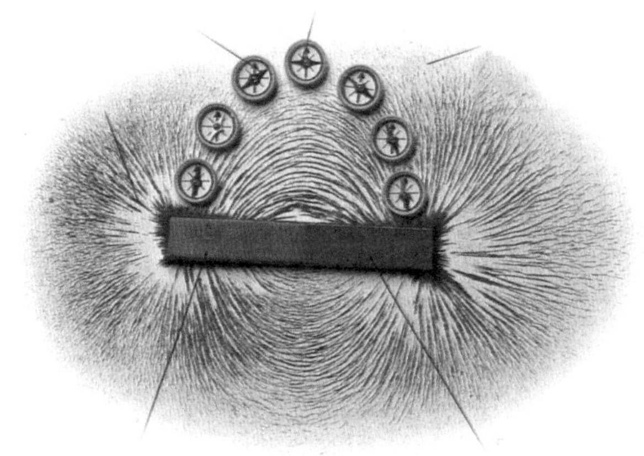

上：人在睡觉的时候，最好采取南北向，和地球磁力线同向。

## 住宅中的颜色

住宅中的最佳颜色为乳白色、象牙色和白色，这三种颜色对人的视觉神经最适宜。因为太阳光是白色系列，代表光明，而人的心、眼也须要光明来调和；另外，白色系列也最好配置家具，白色系列还代表希望。木材原色使人易生灵感与智慧，也是吉利色调，尤其书房部分，尽量用木材原色为佳。

## 住宅内植物的选择

窗外景物有绿色植物，可以舒缓眼睛的疲倦感。若窗外无此景物，在桌上放置文竹或富贵竹也有提神醒脑的作用。大部分人都用右手书写，所以窗口位于左方，光线不会影响书写的视线，而且在书桌的左手边加上灯光，可以增强注意力。

## 鞋柜的布置

如不想让财运流失，就要清洁臭鞋，因鞋柜常发出臭味，每次出入会影响财运和健康，所以要定期清洗鞋。柜面可摆放植物，令其吸收散出臭气和释放新鲜空气。在鞋柜上安放金鱼缸，可以增添朝气。鞋头朝向外或向上放，有助出外发展、财源滚滚和步步高升之效，切勿乱摆鞋位。

## 避免夫妻矛盾的一些方法

夫妇朝夕相对，难免有争执，因此家居应放置有香味的东西，有助增进夫妇感情，使彼此相处融洽。最好还配合柔和的灯光，增添温馨情调。另外，将玻璃瓶放满浓度较高的盐水，再放入古铜钱，可以化解和吸纳戾气。所以，把玻璃瓶放置在大厅、桌面和床头底，可减少夫妇之间发生冲突。

Tips 小贴士

**※ 现代阳宅内局风水**

现代风水中，内部隔局是住宅相当重要的一环。因为内部可恣意更改变化，而且是天天要接触的，其效果显著，远非外局所能比。故内局的应用实在是住宅中的第一要务。基本上阳宅内局牵扯甚广，如空间的舒适感、颜色运用、建材种类、光线的配置、方位吉凶、动线的设计等，都是需要注意的地方，首先我们就其中的一些事项予以说明。

中间污秽：许多房屋中央位置是厕所，在阳宅中称为“污秽中宫”，应尽量避免。动线：动线流畅是内局第一应考量的事。常见到一些人为了取心中的理想方位，把内部的动线改得迂回难行，或是怪异奇特，造成磁场非常紊乱，这是不好的。楼层低压：早期有些房屋楼层奇低无比，天花板装潢之后，头快顶到天了，这也应避免。

# 第二章 风水相关概念



“气”是风水的基础，它充塞在我们四周，既可以在城市，也可以在乡间，可以在屋里，也可以在屋外，它是一种看不见的力量，它赋予万物生命。风水认为，当气流通平稳、顺畅时就是好的风水，而当气停滞或是流通得太快时就是不好的风水。

风水最早的根源是《易经》的八卦，它是最伟大的中国古典著作之一。八卦对应着一系列的颜色、方向、家庭成员和其他的物体。八卦的排列次序主要有两种，即先天八卦和后天八卦。先天八卦用于室外，而后天八卦用于室内。风水把方位和五行看成是互相关联的，不像西方科学那样把它看成是不同的现象。阴阳构成了风水的二元结构。在风水上，四兽（青龙、朱雀、白虎、玄武）是特定的地形的标记。

## “气”的概念：龙的宇宙气息

风水中，气是指世间万物存在的能量。

特别是在大地上流动的气（能量）被认为可以左右命运，对人类有莫大的影响力。风水里，这种大地上生成的气所流经的道路称之为“龙脉”，龙脉集结之处为“龙穴”。据说给人们带来运气的吉气就是沿着龙脉流动并在龙穴集结的。

像这样聚集着好的能量的土地，在风水中就称为“四神相应”之地。即汇集“玄武（北）”、“青龙（东）”、“朱雀（南）”、“白虎（西）”四种地形的风水环境中的至高无上之地，它因为有着极高的运气而被人们极为重视。

据说在这种地方居住或做生意，可以家庭兴旺、生意兴隆。不过，这样的吉相之地是非常难得到的。随着越来越多土地的开发，这样的地形越来越少，而且，即使有，也会因地好价高而无法卖出。话虽如此，但也不能因好地少而放弃寻找。

大地上肯定在各处都流动着气（能量），对风水而言，明确这样的吉气、方位，擅用风水手法，汲取

大量好气、招来幸运、提高运气等就是其意义所在。

### "气"是什么?

风水中，关于"气"的概念非常重要。但是，这个"气"究竟是什么?我想很多人都是有疑问的吧。

《现代汉语词典》(第5版)中，对"气"的解释为:

①气体;

②(特指)空气;

③气息;

④指自然界冷热阴晴等现象;

⑤气味;

⑥人的精神状态;

⑦气势;

⑧人的作风习气;

⑨生气，发怒;

⑩欺负，欺压;

⑪中医指人体内能使各器官正常发挥功能的原动力或者病象。

看完这些注释后，应该理解"气"的意义了。但是，这个意思并不是单独的，而是一个整体、一个统一的意义。

"气"在现代用语中表示"能量"(它与物理学上的能量有些不同)。"气"充满宇宙和大地(地球)，是人类生存所必需的东西，也是宇宙万物中所存在的能量。

说"气是一种能量"，可能有一些人不能马上接受这种说法。

举例来讲，有过森林浴经验的人可能会感受到，树木的清香可以使人的心情放松，能治愈受到创伤的心。其实，那时对人的身体和心理起作用、使其放松的正是“气”。森林中产生的气通过人的五官，在人体全身循环，进而对人体起到调节作用，这印证了“气”的存在。

21世纪，我们接触到了各种看不见的力量，如无线电波、微波、移动电话信号、有线广播、电视电磁波、X射线、超声波、宇宙射线、红外线等。尽管从来没有人用肉眼看到过或用手摸到过这些东西，但每个人都相信它们的存在，科学如是说。像上述这些看不见的能量存在的形式一样，气可以被感知到，却无法看见。

气无处不在，动植物都需要气。气沿着人身体里的经脉运行，古人认为充沛的气是生很多男孩的保障。水与气循环，雨水使溪水涨满，人们可以用它来灌溉稻田，使农作物得以丰收。地上的水又会变成气升至云层，水汽在云中遇热化雨而降。

这种地理理论富有诗意。例如，下雨可以认为是天在润滑大地，因此，屋檐的滴水就是一种潜在的生气，可以用来改善花园里的风水。

气来自人类、天体、地面、水、火、金属、动植物等世间万物。气分为人类可以感知和不能感知的两种。人类在平常生活中都受到各种气的影响，由于时时刻刻生活在气的环境之中，往往平时感觉不到气的存在。

在家里、工作地点或是酒店等地方，你是否会莫名地产生对周围的环境和事物的反感和不畅感？这就是受到气的影响。但是，人是一种顺应性很强的动物，此时人们大多会认为是由于一时心情欠佳而产生的不愉快感，从而慢慢地去适应、习惯环境，直到对气的存在毫无觉察。事实上，人的日常生活正是处在“不清楚”、“没感觉”“、习惯了”的状态中。可是，有时候，气的存在会对人的精神状态产生极大的影响。如果受到坏的气的影响，就会使人情绪低落；而如果是好的气，则使人神清气爽，对周围环境及事物都感觉良好。

气是生命的起源，也是生物和非生物的区别。当气停滞时，生命能量即将耗尽，气就像从池塘里袅袅升起的晨雾。事实上，气状似在液体上浮动的水雾，就像水汽从一桶发酵的大米里散发出来一样。

风水正是用“峦头”的方法判断肉眼可以看见的气，用“理气”的方法判断肉眼看不见的气。感受流动的气，调节气的平衡，也就是调和了风水环境。

改善风水，就能改变气的流动。简而言之，就是“彻底抵御邪气的入侵，提高好气的活性。利用好气的活性，在其空间内繁衍出更多的事物，进而使其持续永久”。

气的存在有三种形态，即天气、人气和地气。

三种气互相影响。中国古人认为这三种气互相影响是非常自然的事，不仅如此，他们还绘制出相互的关联。

“天气”原本不是指天空的模样，而是指天空中充满的从天而降的气（能量），在这应该是指使天空模样变化的能量，因此与现在风水中对“天气”的理解不同。

“人气”指的是每个人释放的“气”。如果释放的“气”强，那么就容易吸引周围人的视线，受到他人的欢迎。所谓的“气功”，是将力学用语的“功”用于“气”之中，也就是说“发挥气的作用”，或是“气的运动”。

大地也存在着“气”，叫做“地气”。这是日常生活中不常用的词语，其意思是“地之气、大地之精气”。

## 了解地形，领会大地之气

在地理风水中，最重视的就是“地气”。那么，“地气”具体是指什么呢？

“地气”所具有的机械的、用物理可以测量的能量是“地磁气”和“地电波”。地球是个大磁石，从磁南极到磁北极有着大能量的磁力线。

但是，地磁气在不同的区域有着较大的差异，即使是同一地点的磁场也是不一样的，它是始终变化的。

另外，地电流也可以通过精密的电流表测出电流和电压。

在地理风水术语中，成为“龙穴”的重点就是由地电流层层包围而成。但是，早期风水使用磁石测量地电流，并没有测试地电波的机器，而是通过风水的查看方法，发现“龙穴”后再科学地验证。

正如前面所述，地理风水的查看方法是不科学的，是通过经验总结出来的。然而，它的结果与科学的结果是一致的，所以它很深奥、很神秘。

在地理风水中，“气”是有一定形状的，并且按照一定形状流动。大地的形状就是由营造地形的大地之气的气流塑成，并且气也是按照大地的形状流动。

了解“气”的流向就必须了解地形。风水师们掌握着独特的风水查看方法，即通过观察土地，了解到土地之气的状态。大地之气是磁石和物理器械所不能勘察出来的，被称为“龙”的宇宙气息的流向更是磁石和机械所不能测量的。这些也并不是通过书本就能掌握了解的，要想深入了解风水的奥秘，就要跟随老师结合实际的山川河流，进行多年的深究才能有所收获。

## 利用气流引导吉意

幸运与不幸、吉与凶都是同一事物的里外两个方面。

我本人不喜欢将事物分为吉凶，也不喜欢将“运气”分为好坏。有些人可能会说“某人的运气好，某人的运气坏”、“某栋住宅或墓地是吉相，某栋住宅或墓地是凶相”，而我认为，人们的运气本来没有什么善恶、吉凶之分。

其实，人类出生时所具的能量有多少才是问题的关键，这种能量就像汽车发动机的排气量。而人是具有多少毫升排气量的发动机，这也是问题的关键。

有的人具有3000毫升的能量，而有的人只具有600毫升。在人生的旅途中，3000毫升和600毫升所释放的能量是不同的。遇到坎坷时，排气量也不同。例如600毫升的发动机在上坡路上很容易熄火，而3000毫升发动机的车就可以很轻松地越过。

所以，所谓具有“好运气”、“强运气”的人就是具有3000毫升能量的人，“坏运气”、“霉运气”的人

就是能量只有600毫升的人。但是，带有600毫升能量出生的人和带有3000毫升能量出生的人是没有区别的，有区别的是能量的多少。

地球自转，自然就有了黑夜和白昼。昼是阳、夜是阴，两者并无好坏之分。另外，又如潮水的涨与退，它只是事物表现出的两个方面。因此，可以得出阴阳、表里、能量的高低都是分别相对应的一组关系。

即使在人类社会也一样，对某些人来说是幸运和好机会，但对其他人来说就可能是不幸；对某些人来说好机会是“吉”，而对有些人来说就可能是“凶”了。

### 土地之气对所有人发挥着平等的作用

在风水中没有吉凶观念。通常说的占卜“吉凶”其实并非其本意，而是最大限度地灵活运用土地之气（能量），以达到增加居住者能量的目的。

如果能活用“气”最旺盛的土地，就可以弥补人的“气”，使得人不再生病，并且头脑清醒，在处理多重判断和选择时也会变得理智，自然也就呈现“好运”。

相反，如果无视土地之气，就会达到相反的效果，不仅土地之气会流失，而且居住在这样的土地上，人很容易生病，也就导致“运气不好”。

自然界中没有吉凶，只有能量的高低和阴阳。吉凶只是由于人们得到的能量多少不同，或是得到的方法不同而已。其实，它就像雨水会平等地降落在任何人头上一样，下雨对卖伞的人来说就是吉；相反，也会有人因为雨水而困扰，这样就是所谓的“凶”。

土地之气，与雨水相同，并不会给某些特定人运气，它对任何人都是平等的。关键是人们是否去利用和利用是否得当。

气是如何运行的呢？气蜿蜒而行。事实上，自然界的小溪也是沿着弯曲的河床流动，而雨水从屋檐往下流时，如果没有外力干扰，也总是弯弯曲曲的。在流动的液体里，有一种因素决定了其最自然、最有效力的流动方式是曲折蜿蜒，而不是许多人所想象的那样沿直线运动。

如果气被迫快速直冲，就会带来破坏。因此，沿着长长的直路，气会快速运动，当它到达终点时就会产生破坏力，这样的气就叫做“煞气”。 理想的住宅或建筑应建在气蜿蜒流动的地方，最好是在河流或道路的弯曲形状内。

如果把气当成水来看，就能正确理解气的作用：充斥垃圾的一潭死水和惊涛骇浪都不适于生命的存在，而缓缓流动的河流的两岸往往是人口聚集，农业、贸易发达的地方，世界上大多数的城市都是如此。

气会在适宜的地方聚集，也只有聚集起来才会有益。

**Tips 小贴士**

**※ 气在人体里的运行**

气也出现在人的身体里，它沿着人身的经脉运行，一旦在什么部位受到阻塞或滞留，人就会生病。训练有素的气功师能运气到身体的不同部位，这时人们就能看到气的存在。气功师可以用气做出超常的事来。

# 《易经》与风水

风水的主要史料就是《易经》。《易经》是承载古代人丰富智慧的教本。其内容大部分是对八卦（是由八个三条线的小成卦组合而成的）的含义的解说，有明确描述，也有启发性的内容。

《易经》与儒教和道教有着共通的起源。《易经》作为易断（根据易经判断运势、吉凶）的教本，在几个世纪期间曾被中国的第一线学者所关注。同时，也对中国的文化历史产生了深远的影响。甚至中华民族的哲学、日常生活习惯也深受《易经》的影响。另外，风水中很多解不开的秘密在《易经》中也能够得到解决问题的线索。

风水的哲理和程序都受到《易经》的影响，对八卦的八边形象征与八个小成卦起着重要的作用。事实上，很多易断法是从小成卦的象征含义导出的。风水术与《易经》的易断有密不可分的联系。

传说《易经》的作者有四人，是中国古代伟大的思想家伏羲、文王、周公、孔子。

伏羲首先提出了形成八个小成卦的线和爻。八卦和爻最早出现在夏王朝时期的著作《连山》，这本著作与殷王朝时代的《归藏》成为《易经》主要史料来源。小成卦成为大成卦的基础，是八卦象征中不可或缺的。文王是周王朝的创始人。他进一步发展了小成卦，创作了64大成卦。并且对每个大成卦写下了简短的说明文字。周公又在大成卦的每条线加上了解说，并附带

每条线变化时的含义。孔子利用生命中最好的时期潜心研究了周易的原文、评价和图形，编著了注解书《十翼》，拓宽了《易经》的视野。这时，有很多关于《易经》的书不断涌现，其中的注解内容也有不同之处，然而，孔子对《易经》哲理的发展起到了相当重要的作用，被人们所承认。后来，孔子的弟子们还对《易经》进行了进一步的研究。

《易经》与其他的古典著作不同，在秦始皇焚书坑儒事件中，《易经》能够幸免说明它在当时已经占领了稳固的地位。

公元前3世纪，伴随着对《易经》解释的人气提升，汉民族的学者开始盛行阴阳理论。在公元226年前后，《易经》还没有被当做学术著作。直到宋朝（公元960年～1279年）才发展成为国政和人生哲学的教本。13世纪，《易经》被视为中国最高格的易断教本，康熙时期出现《易经》的综合版。

当然，传说中关于伏羲画八卦、周文王作周易、孔子修易等，都因其年代久远，道、儒、术三教理解有不足，至今关于《易经》如何产生及发展说法不一。从继承较好的道教及术数派来看，基本有天书神授之意。另外，当代有的学者把《易经》单独列为一家，和儒家、道家并列。

《易经》这部中文古典巨著共有64段，8个卦两两组合，构成64个卦象，《易经》的每一段对应着一个卦象。

易经的64大成卦（64卦）。八卦是大成卦的基础，大成卦用来表示各个阴阳和五行原色组合而成的一种状态。

Tips 小贴士

**※ 易经传说**

秦朝（公元前221年～前206年）的始皇帝开始修建长城时，下令烧毁了大量的古书，《易经》被当做古典著作才得以幸免。

秦始皇下令把他认为并非经典以及没有实用性（医药、农业）的书籍全部烧毁，《易经》是逃过此劫的为数不多的经典书籍之一。即使在风水被压制的今天，人们还是认为进行《易经》研究是可以接受的学术活动。

# 八卦与洛书

下面将深入解说八卦及其相互关系，还有与自然和家庭的关系。八卦的排法主要有两种。八卦是解决很多风水之秘的关键。在这里，还将了解到风水另一个重要的图表——洛书，即九个格子的方块（九宫）。

## 八卦概说

八卦源于中国古代对基本的宇宙生成、相应日月的地球自转（阴阳）关系、农业社会和人生哲学互相结合的观念。八卦最原始资料来源于《易经》，内容有64卦，但没有图像。《易传》记录："易有太极，是生两仪。两仪生四象，四象生八卦。"故近代考证认为，所谓太极即宇宙，两仪指天地，四象就是四季天象：如长日照的夏季称太阳，短日照的冬季称太阴，春是少阳，秋是少阴，而八卦再分三爻，自然是指24节气。表面上"太极八卦图"明显是指地球自转一周年而复始。

及至宋朝，有学者认为四象演八卦（方位），八八生成64卦，此为伏羲八卦，也叫先天八卦；亦有学者认为八卦应该出自周文王的乾坤学说，他认为先有天地，天地相交而生成万物，天即乾，地即坤，八卦其余六卦皆为其子女：震为长男，坎为中男，艮为少男，巽为长女，离为中女，兑为少女，是为文王八卦，又称"后天八卦"。八卦符号通常与太极图搭配出现，代表中国传统信仰（儒、道）的终极真理——道。

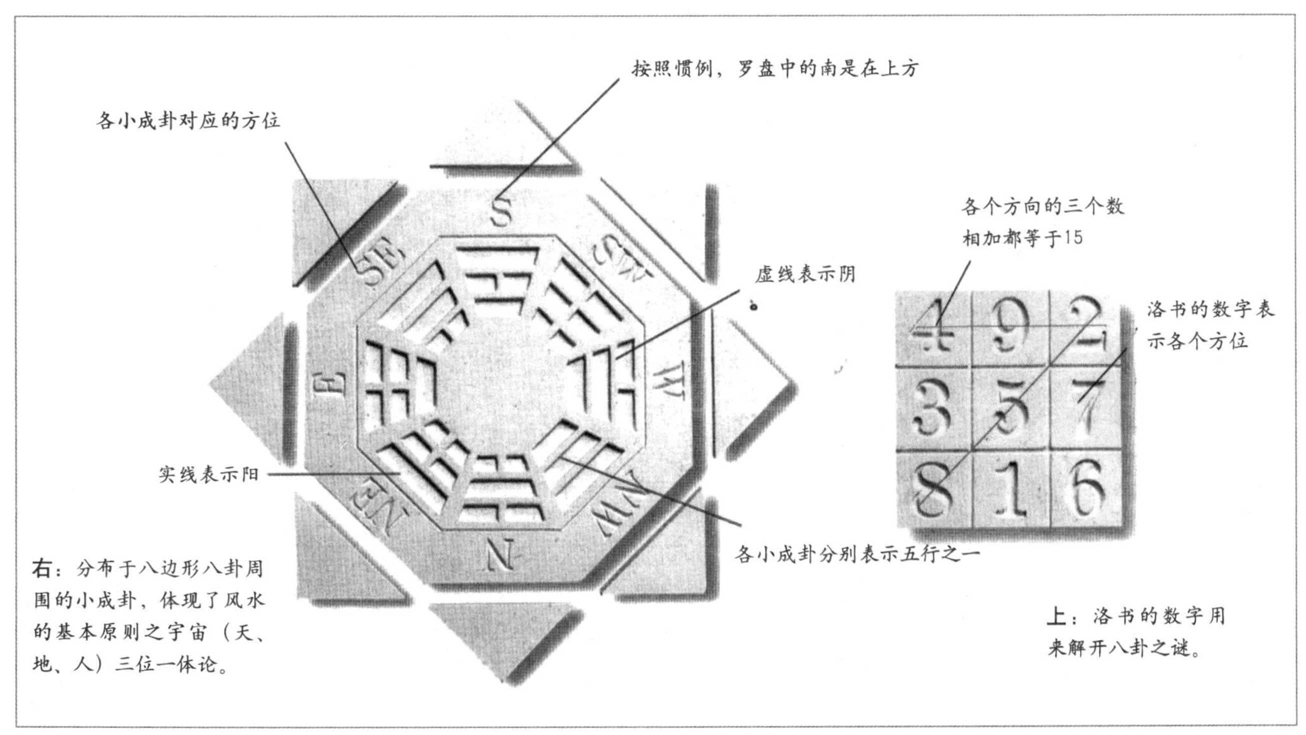


**右**：分布于八边形八卦周围的小成卦，体现了风水的基本原则之宇宙（天、地、人）三位一体论。

**上**：洛书的数字用来解开八卦之谜。

## 后天八卦图

**巽：顺从**　上面两条实线的阳爻，下面是一条虚线的阴爻。表示长女，具有风的性质。巽所象征的动物拥有划破晨空的鸣叫声，是幼小的公鸡。在阳宅风水中，巽位于东南方位，表示财富。

**离：明丽**　中间是虚线的阴爻，上下是实线的阳爻。意味着"火"，表示次女。乍看上去，会以为蕴涵着强烈的含义，实际上具有弱的性质。外侧的阳爻意味着活气，而内侧是软弱的空洞。从季节上讲，离代表夏季，具有能够照耀世界的光亮。

**坤：容纳**　由三条虚线组成。表示暗的、阴的基本力量。坤表示女主人、母亲。坤所象征的动物是牛，是丰收的象征。坤与乾完美互补，给予二者能量就能够产生巨大的力量。坤代表西南方位、五行元素土。

**震：奋起**　上面是两条虚线，下面是一条实线。表示长子，有雷的性质。一条阳爻推起两条阴爻，表示龙从深渊现身，腾空而起。震代表五行元素木。

**兑：喜悦**　亨通畅达，利于坚守中正之道。"兑卦"的卦象是兑（泽）下兑（泽）上，为两个泽水并连之表象。泽水相互流通滋润，彼此受益，因而又象征喜悦。兑卦象征的五行元素是水，象征的动物为羊、方位是西方、人物代表少女。

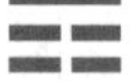

**艮：寂静的山**　主要表示隐藏的金钱和安静的力量。代表小儿子、五行元素土，代表的方位是东北，表示展露聪明智慧。

**坎：沉陷**　一条实线的阳爻夹在两条虚线的阴爻中间。表示次子、五行元素水，季节是潮湿阴冷的冬季。看并不是表示幸福的小成卦，更多情况下，表示的是比较危险的状况。

**乾：创造**　由三条实线组成，性质是阳。代表一家之主、父亲。乾还表示天空、无限的光明、能量和忍耐。乾象征的五行元素是金，动物是马，方位是西北。

**●卦和六爻**

每三个阴爻、阳爻为一卦。堆木头要从下面堆起，卦也是从最下面的爻开始算起，这种组合共有八种，即构成八卦。

“六爻”是由六个爻（阴阳）构成的，像卦一样，六爻也是从最下面的一爻开始算起的。

六爻常被看成上下叠加起来的两个卦，因此，六爻也被称为卦，这点常令人很迷惑。六爻共有64个，中国人认为这64卦囊括了自然界每一种变化的可能性（包括各行各业）。

**●八卦意象表**

八卦有诸多含义，《易经》的附录是对八卦最古老的解释，为简明起见，这里将用图表列出这些解释。



## 八卦意象表

| 卦 | 五行 | 方位（先天八卦） | 方位（后天八卦） | 数字 | 季节 | 颜色 | 家族 | 动物 | 身体部位 | 其他 |
|---|---|---|---|---|---|---|---|---|---|---|
| 乾 | 大金 | 南 | 西北 | 6 | 深秋 | 金、银白 | 父 | 龙、马 | 头、肺 | 创造力、力量、能量、生命力、圆形、天空、天体、宝石、果树 |
| 坤 | 大地 | 北 | 西南 | 2 | 晚夏 | 黄 | 母 | 牝马、母牛 | 胃、腹 | 理解力、出产、营养、顺从、吝啬、数字、把手、大车、布、锅炉 |
| 震 | 木 | 东北 | 东 | 3 | 春 | 绿 | 长子 | 马、龙 | 脚 | 运动、激励、感情、发展、决定、猛烈、急流、竹 |
| 坎 | 水 | 西 | 北 | 1 | 隆冬 | 黑 | 次子 | 猪 | 耳 | 焦急、精神饱满、危险、前兆、弯曲的物体、流水、溪渠、暗藏之物、弓、轮、低着的头、贼、坚树 |
| 艮 | 小地 | 西北 | 东北 | 8 | 早春 | 黄 | 幼子 | 狗、老鼠、黑鸟 | 手指 | 稳固、静止、大门、水果、种子、填塞、道路、小岩石、黄瓜、挑夫、戒指 |
| 巽 | 小木 | 西南 | 东南 | 4 | 早夏 | 绿 | 长女 | 母鸡等家禽 | 大腿 | 轻柔、渗透、生长、长度、高度、运动、秃头、宽额 |
| 离 | 火 | 东 | 南 | 9 | 夏 | 红 | 次女 | 蟾蜍、螃蟹、蜗牛、蚌、乌龟 | 眼、心 | 附着、依赖、武器、旱、明、美、头盔、剑矛、干 |
| 兑 | 小金 | 东南 | 西 | 7 | 秋 | 金、银白 | 幼女 | 绵羊 | 嘴 | 欢乐、乐趣、平静、反射、镜中影像、妾、巫师 |

**●八卦与天、地和自然现象**

理解八卦，关键要了解它们的名称。除了乾（天）、坤（地）外，其余各卦均以自然现象予以描述。这些名称都是实在之物而非想象中的那样虚幻。每个都有具体的形象，而且经常成对出现。

天地之后是两种天光：太阳（离）和月亮（坎），接下来是两种气候的气：闪电（震）和风（巽），最后两个对风水来说是关键，即山（艮）和湖（兑）。因此，当列出表时，就会看出八卦分为阴阳两组。

接下来，如果按先天八卦顺序把八卦放在罗盘上，就会看到每一卦与它相反方向的卦构成一对。

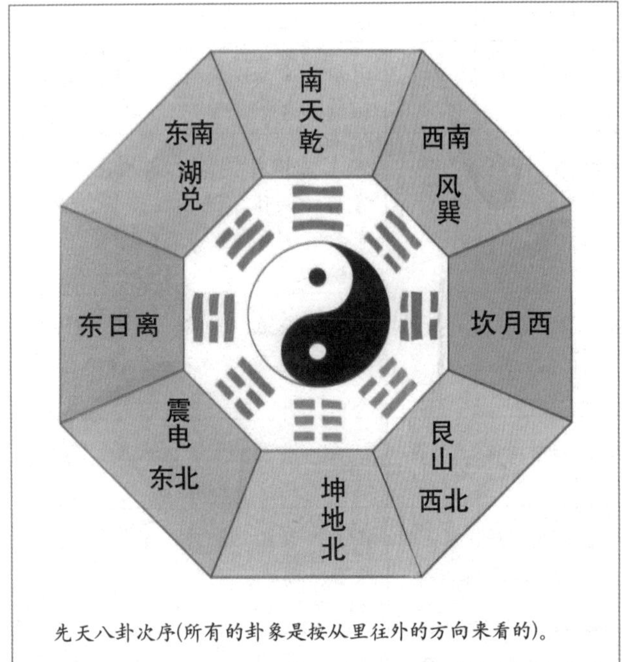


先天八卦次序(所有的卦象是按从里往外的方向来看的)。

下图显示先天八卦图阴阳的分布：

| 阳 | | | 阴 | | |
|---|---|---|---|---|---|
| 南 | 天 | 乾 | 坤 | 地 | 北 |
| 东 | 日 | 离 | 坎 | 月 | 西 |
| 东北 | 电 | 震 | 巽 | 风 | 西南 |
| 西北 | 山 | 艮 | 兑 | 湖 | 东南 |

因此，天与地是分别位于南北的至阴和至阳。同样，太阳（东）对着月亮（西），闪电（东北）对着风（西南），山（西北）对着湖（东南）。

从上往下看前面的表格：左边的天、日、电、山都是强壮的阳，而右边的地、月、风、湖都是柔弱的阴。

前面的表格里，每一行的两边都是对应的，先是天象的天与地，再是日、月，接下去是气象里的电与风，最后是地表的山与湖。

表格里的天、地、日、月分别位于四方。很容易理解为什么太阳位于东，因为太阳从东边升起，而与白天对应的是黑夜，因此，月亮位于相反的方向——西方。

自然现象如山、湖、电、风位于罗盘的正向之间（西北、东南、东北和西南）。人们把这些方向叫做四维。

记住，这里用的是先天八卦而非后天八卦，两者的顺序截然不同。

**●后天八卦次序**

八卦的排列次序，按阶乘共有1×2×3×4×5×6×7×8=40320种可能。幸好，风水里用的只是其中的两种：先天八卦和后天八卦顺序（有趣的是，40、320这两个数字可以被风水里反复出现的数字整除，比如5、8、10、12、16、24、28、60、72、120等）。

先天八卦次序，据传由伏羲所创，应是对八卦最合理的排列，因为前面表格里所列的都依据阴阳被放在合适的位置。

与此相对照，后天八卦传说出自周（公元前1046年～公元前256年）初的周文王之手。它更贴近现实世界，常被用来勘察住宅和办公室内的内部风水。但如果像看先天八卦一样仔细看一下后天八卦，就会发现它内在惊人的逻辑性。

后天八卦图阴阳的分布：

| 阳 | | | 阴 | | |
| --- | --- | --- | --- | --- | --- |
| 西北 | 天 | 乾 | 巽 | 风 | 东南 |
| 南 | 日 | 离 | 坎 | 月 | 北 |
| 东 | 电 | 震 | 兑 | 泽 | 西 |
| 东北 | 山 | 艮 | 坤 | 地 | 西南 |

日月仍是相对的，但角度转了90度。山与地相对，风是天的阴的一面，而泽则与电相对。

**●八卦的排列**

八卦的字面意思是八个卦，但这个词也指八个卦依次排列构成的八字形图案。

正如八字形八卦镜上的八卦大多数是依先天八卦次序排列，把八卦排成八字形的传统做法对观看其对应的八方来说非常有用。

①这两种八卦次序对风水来说非常重要。先天八卦是理想的顺序，一般用在与天有关的事物上。因此，

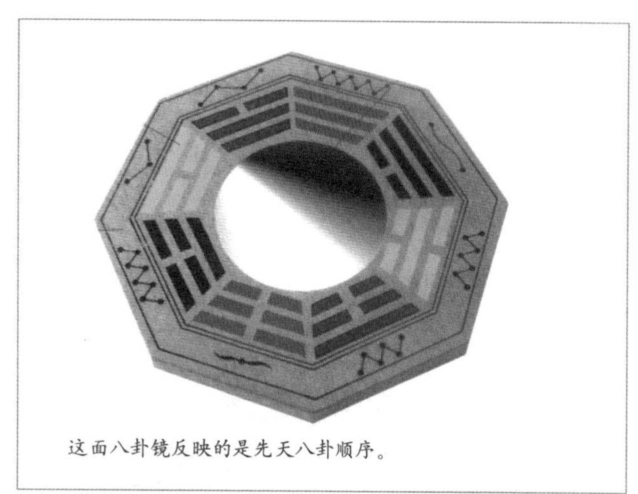
这面八卦镜反映的是先天八卦顺序。

它被用来测算建筑外部的影响，因为这部分与天相连。

②与先天八卦相反，后天八卦用于住宅和办公室的风水，特别是用来判定室内的方向和坐向。

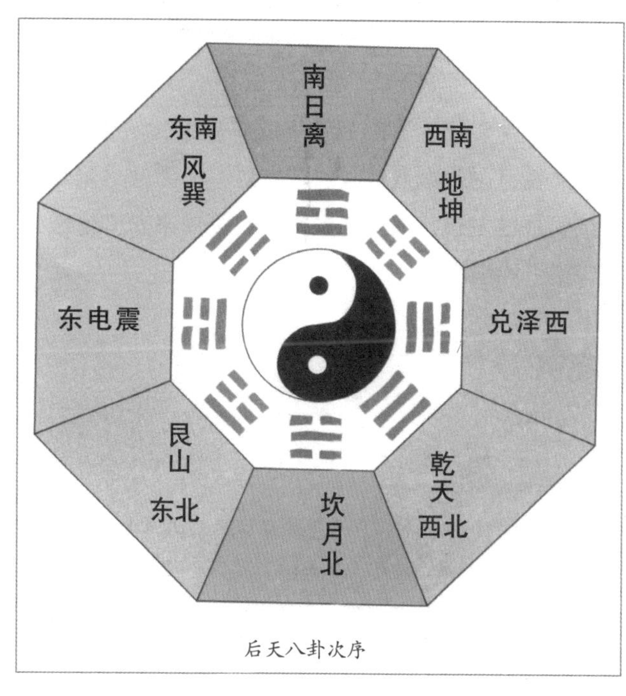

后天八卦次序

**●家庭及其成员在八卦上的位置**

从现在开始，后面所讲的几乎全部都是后天八卦。八卦是风水、占星术以及中国文化很多方面最通用和最重要的一部分。因此，毫不奇怪，八卦也可用于家庭，把每个家庭成员与一个卦对应起来，这对确定如何通过改变风水以影响某个家庭成员来说非常实用。

女性（阴）家庭成员放在右边，而男性（阳）家庭成员放在左边。简单来说，八卦可用来安排全家人在饭桌上的坐次。

**Tips 小贴士**

**※ 关于阴阳爻**

阴性和阳性通过书面符号表现出来，阴（女性）就是一条断续的线，即阴爻；而阳（男性）则是一条连续的线，即阳爻。这两个符号是代表一切事件阴阳两性的标志。每三个阴阳爻为一卦，卦是风水的支柱之一。

在下面的表格中，会再次发现阴阳互对的原则。

| 阳 | | | 阴 | | |
|---|---|---|---|---|---|
| 西南 | 父 | 乾 | 坤 | 母 | 西北 |
| 东 | 长子 | 震 | 巽 | 长女 | 东南 |
| 北 | 次子 | 坎 | 离 | 次女 | 南 |
| 东北 | 幼子 | 艮 | 兑 | 幼女 | 西 |

## 神奇的洛书九宫图

神奇的洛书九宫图是理解风水的关键之一。它是一个井字形的格子，内有1～9个数字，但排列顺序很奇特。“9”这个最大的阳数被放在南方，而“1”这个最小的数被放在北方（奇数为阳，偶数为阴）。

**●洛书的起源**

关于洛书的起源，有个古老的传说：大禹时代从洛河里爬出一只身刻图案的乌龟，洛书因此而得名。龟壳上的方格里当时刻的并不是数字，而是小点，小点的数目就是相应的数字。

| | | |
|---|---|---|
| 4 | 9 | 2 |
| 3 | 5 | 7 |
| 8 | 1 | 6 |

在这个故事里，有很多象征意义的符号。乌龟象征着北。大禹治水时发现了乌龟，洛书在某种意义上象征着治水。

另一个关于洛书起源的传说是，伏羲（比禹更早的首领）在一个神秘的山洞里将洛书传给大禹。因此，洛书和伏羲八卦有渊源。

我们可以把八卦加在洛书上使之赋予其更多的意义。毫不奇怪，大家会发现八卦在洛书上的排列和后天八卦图完全一致。洛书中间的一格是五行的土。

洛书很神奇，无论从哪个方向算，横着、竖着，甚至是斜着，每行三个数字之和都是15。

**●其他文化中的洛书**

洛书成为传统神秘文化的一部分至少有2000多年了。在阿拉伯、希伯来和其他中东神秘文化中，有七个类似的方块，每个与一个行星相对应，如土星、木星、火星、太阳、水星、金星和月亮（古人尚不知道天王星、海王星和冥王星，且把太阳和月亮看成行星）。

每个行星都对应一个方块，其中最简单的是土星的“3×3=9”，最复杂的是月亮的“9×9=81”。每个方块中，无论从哪个方向算，所得的数字都是相同的（不管横向、纵向还是斜向）。

在这里，只需对最简单的土星方块感兴趣就足够了。这个方块也被认为是地球的方块，而风水和我们脚下的大地的能量有关，因此，让地球、土星共用一方块令人惊奇。

但令人更为惊奇的是，每个方块都有一条特别的“之”字线，把其中每个格子里的数字按顺序连起来。另外，土星的“之”字线与洛书上的“之”字线完全相同。

很难说中东地区的土星方块和中国的洛书哪个更久远。根据大禹发现洛书的日期，人们会倾向于认为中国的洛书更早。但令人不解的是为什么中东有7个完美的方块，而中国只有洛书一个。

更进一步的研究是，在中东地区，每个方块与一个字母对应，而中国没有字母，因此，看起来这7个方块更像是发源于中东地区，而只有“3×3=9”这个方块通过丝绸之路传到了中国。

还有，如果是大禹发现洛书的话，那他本应该发现出与中东地区同样多的方块来才对。

**●运用加上八卦的洛书**

利用洛书的简单方法就是把它放在自己的房间装饰计划图上。洛书的最强的阳数“9”应放在家里的南面，而最小的阳数“1”应放在北面。如果家中的主要墙指向罗盘上的正向，那么洛书正好适合自己的装饰计划。如果相反，家中的墙面正对着罗盘上的正向，那么就把洛书斜放，使数字“9”仍正对南方。

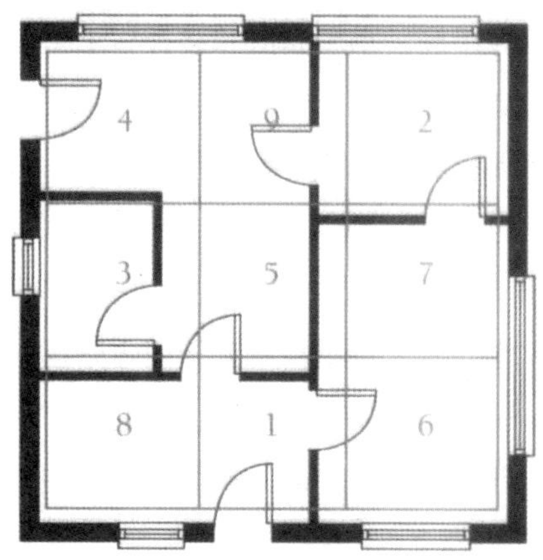


**左：**把洛书与房屋计划图对应放好是看家中风水的关键。

**※ 洛书数字**

数字“9”代表天与阳，“6”代表地。和谐的天地之数为9+6=15，而洛书每个方向三个数字之和也是15。

# 调和的概念：五行

所谓的“五行说”就是指这个世界上所存在的物质和发生的事情都可以用“木”、“火”、“土”、“金”、“水”这五种元素表示。

五行学说具有朴素的唯物辩证法思想，它贯穿于我国古代思想领域的各个方面。风水术认为，相地奥妙，尽在五行之中。山川形势有直有曲、有方有圆、有阔有狭，各具五行。概其要，唯测其气、验其质而已。质以气成、气行质中。地理千变万化，关键在五行之气。人类也是五行中的一个组成部分。

风水五行有许多分类，正五行其诀云：东方木，南方火，西方金，北方水，中央土。正五行用以定位。人体的五脏六腑也与五行对应。金主肠和肺，木主肝和胆，火主心脏和小肠，水主膀胱和腰肾，土主脾和胃。人的身心情绪分别受金、木、水、火、土的制约，向东者感性，靠西者多思，朝南者爽朗，向北者内敛，镇守中央者则气定神闲。

五行是理解和从事风水的关键所在。它们不是化学元素表上的化学元素，也不能把五行同希腊哲学中构成宇宙的火、气、风、水四元素混为一谈。

有趣的是，五行和代表它们的物质之间有些对应的地方，但相似之处仅及于此。中国古代辩证法思想认为，金、木、水、火、土这五种物质仅是五行的一种物质上的例证，而非五行本身。

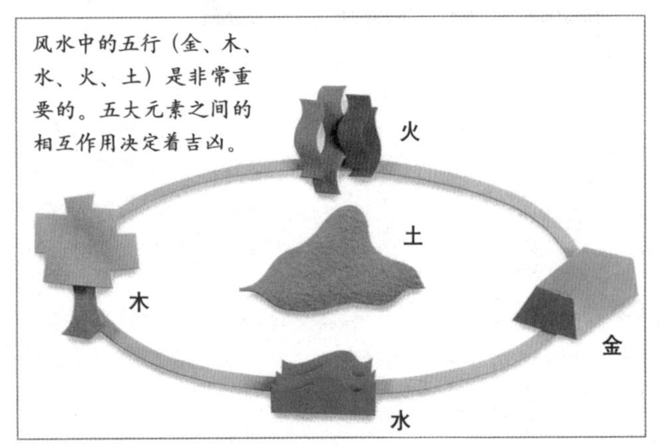


风水中的五行（金、木、水、火、土）是非常重要的。五大元素之间的相互作用决定着吉凶。

五行是不断变化的能量的存在形式。例如，以木来说，木代表植物的生长力量，有人曾用非常优美的语言这样描述“木是使花从绿叶中绽放的力量”。木象征春天里使植物生长的力量。不错，木材是木的一部分，但家具上无生命的木板与春天植物生长的能量毫不相干。同样，金不仅指金属，还指特殊的金属——金子，以及使生意和贸易顺利的能量。

水对人和风水来说都特别重要。五行使能量生聚，正像携带气能的水滋润植物生长一样。河流和湖泊在风水中特别重要，因为它们携带并约束或限制气能。

火易于理解，因为即使从西方的化学角度来看，它也是炭和氧气燃烧产生热量和烟的化学反应过程。这一点接近于中国的关于所有五行都是能量的一种转变形态的理念。

土是一种特别的物质，因为指南针上只有四个主方向，无法和五行一一对应，解决的办法是把土放在中央，以达平衡。在把五行与其他风水符号联系在一起时，土总是位于五行的中央。需要注意的是，不要把五行里的土和地球或脚下的土地混为一谈。

至于空气，它是风水的一部分，但它本身不是五行的一部分。

这里的“五行”是指在属于金、木、水、火、土的各种行业中，如果摆放与此行业有缘起关系的吉祥物，就会增加好的运势，使生意兴隆、万事顺意。每个人从出生日起就拥有了自己的五行命卦，即金、木、水、火、土命，这也称为人的“八字”。

生于阳历2月19日～5月4日是缺金命人；

生于阳历5月5日～8月7日是缺水命人；

生于阳历8月8日～11月7日是缺木命人；

生于阳历11月8日～2月18日是缺火命人。

若每人找到自己行业和八字中的吉祥物，放在办公桌的青龙位（左边），或者放在大惠方（北方偏西）的壬位，或放在床头、财位等重要位置，就会带来好运，事事吉祥如意。

认识了金、木、水、火、土五行之后，现在该进一步进行研究了，尤其五者是如何相互作用的，这是风水的一个关键。人们经常徒劳地把它们和古希腊哲学的四大元素相比较。水、土、火在两者中均出现，但为什么五行里没有“气”呢？气，实际上是风水的一部分，因此，这看起来不可思议。为什么中国人把“木”和“金”说成是元素呢？从化学上讲，所有五行都是多元素物质。

五行帮助人们总结与它们相关的不同性质的东西。就风水而言，五行如何与八个方向以及中央相联系是最重要的。

Tips小贴士

※ 五行生克关系

五行指金、木、水、火、土五种物质，说明世界的形成及其相互关系。五行之间存在着相生、相克的两面，五行相生是由一种元素得到另一种元素，顺序为：木生火、火生土、土生金、金生水、水生木。五行相克顺序为：木克土、土克水、水克火、火克金、金克木。

五行和方位的对应关系如下。这种分布看起来较对称，把地位模糊的土放在中央，解决了把五行与八方对应的困难。

| 火 | 水 | 土 | 木 | 金 |
|---|---|---|---|---|
| 南 | 北 | 中央<br>（西南、东北） | 东<br>东南 | 西<br>西北 |

五行之间有多种联系方式，最常见的是生和克，还有很多其他的循环，比如：泄、制或藏。在这里主要看一下两个循环：生和克。

五行的循环关系是理解五行对住宅或办公室风水产生影响的指南。当对不同的风水问题进行补救时，深入理解这些五行的循环关系非常有用。

*五行相生：金生水，水生木，木生火，火生土，土生金。

*五行相克：金克木，木克土，土克水，水克火，火克金。

为了帮助记忆五行的循环关系，可以对照实物加以说明，但要记住在此处实际上谈的是能量的转变。接着往下看，这一点就不难理解了。

关于五行相生的循环：木燃烧产生火，火产生灰即土，在土地里可发现金属，金属表面是冰冷的，其上可凝结水滴（水），水使植物（木）繁茂。然后，再开始另一个循环。

相克循环与相生循环相反。它的循环是这样的：水灭火，火使金熔化，金（斧头）可以砍倒大树，木扎根于土地，土可以挡住水。然后，再开始另一个循环。

要减弱某行的影响，就可通过运用克它的行的方法来达成，这是风水的另一个技巧。例如，金克木，通过补强屋内的金，就能限制木的能量。上述这些只是为了形象地说明这些重要的能量的转变顺序。

五行按特别的顺序相生相克，这对如何通过加强它们以改善风水非常重要。运用相生循环可以发现哪一行有助于另一行的生长。

理解五行是如何相互影响的很重要，它将有助人们理解变化的过程；更重要的是，它使人能把握这种变化，为己所用。每一行和其他四行的关系是生、克、泄、化。记住行的实质是“运动的力量”，就不难理解五行相生的关系。因此，五行之间不仅互相影响，而且还循环相生。

下面通过一个例子来尝试运用五行的理论。

假设屋内有块地方主要是木，但这块地方却放置了金属的文件柜，因此，木为金所害，该怎么办呢？把金属柜搬走显得不太实际；用木柜取代它，从时尚角度看，木柜有重新流行之势；以火克金，会起作用，例如把柜子漆成红色，但却对水不利；放置属性为水的物质。

选择最后一种做法是最聪明的。在相生循环里，水生木，但在相泄循环里，水能减弱金对木的破坏力。因此，选择最后一种做法就一举两得。

有了以上的说明，现在回过头来看一下五行相生相克的循环，就会明白它们是如何作用的。

接下来，我们分别对火、金、水、木、土五行进行讲解。

## 火

生于阳历11月8日～2月18日（冬天出生）是缺火之人。

属火的行业：电器、印刷、饮食、理发、化妆品、摄影、法律、医务界、演艺及电子传媒、科学、医学、思想家、宗教家、艺术家、作家等。

缺火之人，8月8日前都行运，运程中有很多贵人和发挥的机会。秋天可去南方地区采“火”，穿红衣，多用红色；早上先开电视、电脑等电器，让阳光照入；不可饮用冷冻食物，多吃蛋；衣服以红、紫、橙、粉色为主，多用手机。秋天后金强木湿，运程会有所下滑，处事不可进取，要以火来助，才保不失。有决

八宝手摇转经轮精品

策要裁定的应避开下午3～7点之金时和晚上9点后。

缺火之人的吉祥物是八宝手摇转经轮精品。此精品中的电机每天24小时转动，可增加火势，因为电机属火。另外，此精品的底座像一个火炉，座上有象征火焰的吉祥八宝，中间有象征火柱的红色柱子和象征头部的经轮顶部（“头”属火），因此“火”性十足。最顶端的摩尼宝珠是火焰形宝珠，所以整个精品对缺火之人非常有利。缺火之人要常活动。八宝手摇转经轮上面的手摇轮，可以取下来经常摇动，这样既有功德，又可以增加活力。

用文殊智慧之火开发我们的潜力，可增长智慧。

## 金

生于阳历2月19日～5月4日（春天出生）是缺金之人。

属金的行业：金属加工业、黄金产品、金融、股票、银行、手表、保险、理财、会计、武术、体育、五金、汽车、机械、彩票业、电脑、通讯、钢材等。

镇库钱与袋袋金精品

金为权力，一切以管理为工作的都属金。

属金之人出门时最好向西南方行走，任何重大决策不应在上午11点至下午3点时做出，下午4～7点可办理重要事情。缺金之人，秋天行运，可全力出击，多穿白衣、金色拖鞋等，忌穿绿色衣服，勿往木多之地走，不可多去公园，身上以戴金表、金首饰较好，电脑旁最好放镇库钱与袋袋金吉祥物。有此精品摆放在办公桌上的青龙位即左上方（或大惠方的壬位），就可填补缺金的空白，这具有重大意义。

镇库钱通常用于辟邪、祈福、镇宅。口袋在古代是吉祥物，代表代代平安。口袋里装满财宝，代表吸财，放在室内起招财作用，可使生意兴旺、财源广进，可解决家庭及公司收入日益减少和不稳定的情况以及破财的问题。

信佛者最好供奉足金佛像四臂观音。

**Tips 小贴士**

**※ 增强“金”的能量**

古代中国的硬币，最适合用于提高“金”的能量。这种硬币外轮廓是圆形，中间是四角形的镂空，象征着天与地的融合。用红色的缎带将三枚硬币串起来放在客厅的“金”的角落，就会对增加收入发挥非常好的效果。其他的方法后面还有叙述。一定要记住，红色缎带对于发挥硬币的能量是不可缺少的。

## 水

生于阳历5月5日～8月7日（夏天出生）是缺水之人。

属水的行业：物流、航空、船务、运输、旅游、酒店、夜总会、水利、进出口业务、贸易批发、经纪、水疗美容、桑拿足浴、中介管理、零售等。

丁亥流年，对缺水的人来说，可算是四大缺少五行中最少险之群。有重大决定要裁决的宜在下午3～7点或晚上9点后进行；少吃油炸的、烧烤的、辣的、火锅等火性食物，多吃水果、牛奶、豆浆等，夏天多喝水；下床时要向南边、西南边，床单、家具以水蓝色为主，衣服以蓝、白、黑色为主。

缺水之人应在办公桌上的青龙位和大惠方（即左上方和北方偏西方）摆放琉璃聚宝盆精品。此聚宝盆是由琉璃和水晶做成，象征着财富。如盆内放水晶、铜钱或水等物则更吉。摆放此聚宝盆，代表财富会源源不断地从四面八方而来。根据佛教因缘法，此聚宝盆是促成积聚财富的缘起；根据文殊九宫八卦原理，顺应天地之道而广聚财富，所以性空缘起，有了聚宝盆，财宝就会源源不断地聚集。

信佛教者，最好供足金金刚萨埵。

琉璃聚宝盆精品

## 木

生于阳历8月8日～11月7日（秋天出生）是缺木之人。

属木的行业：林木业、制造业、纸张、农作物、家具店、花店、建筑、装修、香料、服装、教育、广告、设计、出版、策划、中医、宗教等。

丁亥流年，五行以火、水、木为主。春夏之间木强而盛，下半年金水盛绵，木得水生。秋天金多制木，投资要收敛，见好就收。对缺木的人来说，金年是鸿年当头，可多去旺木之地，如图书馆、花园、书店等。平常多开东面窗，出门最好向东走，出门身上带书和报纸。下午3～7点为金克木，不要做重要的决策。睡前看书、修花木最好，周围环境以多绿色为最好。吉祥精品是吉祥树。

吉祥树精品

## 土

土类为资源，例如开采业、房地产业、土石业、珠宝业、殡仪业、古董业、政府部门、房屋中介、物业管理、煤矿业、老板、股东、业主、文职等。

在汉字中，“佛”与“福”谐音，“佛”就代表“福”，福门就是佛门。在佛保佑的庭院必然有福，必然会吉祥平安。“福”与“富”也同音，《释名》一书曰："福，富也，其中多品，如富者也。"所谓"多品"，即完备也。康熙皇帝最喜爱的中文字，就是"福"字。他常说："福者富也。"每年大年初一，他会向子孙们送"福"字，并写上"多子、多田、多一点"的独特"福"字。古书上所讲的"五福"就是寿、富、康宁、修好德、善终命。

所有缺金、土、木、火、水之人均适合摆设福门庭院精品，因为土为中，各方都可以；因为各行各业都需安置房产，每个人都要有宅院房屋，而此吉祥物正可带来家宅的好运。如开张大吉、生意兴隆、财源广进、合宅平安、事事如意、步步高升、五福临门、四喜同堂、子孙旺盛、富贵延年、热热闹闹、红红火火。

信佛者供奉足金佛像财宝天王或黄财神最好。

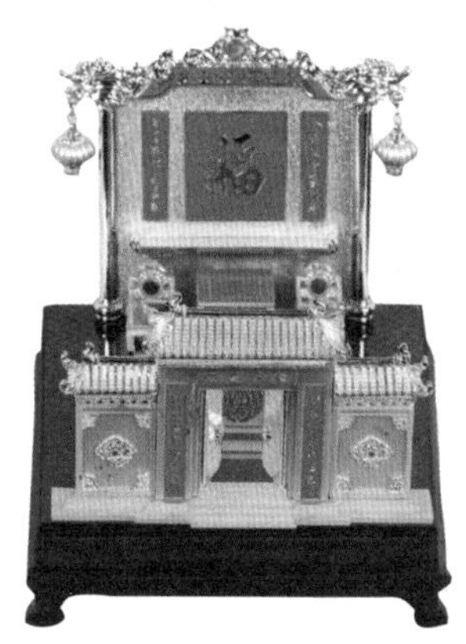

福门庭院精品



Tips 小贴士

※ 建筑物的五行

从建筑物的整体外观，可以进行五行分类。根据自己出生年的天干（干支中表示天的元素），可以知道相对应的元素。例如，"木"年出生的人与长方形的建筑物投缘。

从风水学来讲，最"安全"的建筑物是"土"与"木"性质的建筑物。这是因为，这样的建筑物是大吉相，风水上的问题最少。"火"性质的建筑物就具有非常强的攻击性。"金"性质的建筑物用做公共建筑是最合适的，作为居住用房是最不合适的。"水"性建筑物是风水问题最多的。水的不稳定形态寓示着家运不顺，凝聚力不强，因此在选择居住房时要慎重考虑。

火性建筑　木性建筑　水性建筑　土性建筑　金性建筑

# 阴与阳

所谓的“阴阳说”就是指整个宇宙中的所有存在以及人类的行动、思考的方法都由阴阳两要素构成。

阴阳是中国古代哲学的一对范畴。阴阳的最初含义是很直接的，表示阳光的向背，向日为阳，背日为阴，后来引申为气候的寒暖，方位的上下、左右、内外，运动状态的躁动和宁静等。中国古人体会到自然界中的一切现象都存在着相互对立而又相互作用的关系，如天地、日月、昼夜、寒暑、男女、上下等，并以哲学的思想方式，归纳出“阴阳”的概念，认为阴阳的对立和消长是事物本身所固有的，进而认为阴阳的对立和消长是宇宙的基本规律。早至春秋时代的《易传》以及老子的《道德经》都有提到“阴阳”。阴阳理论已经渗透到中国传统文化的方方面面，包括宗教、哲学、历法、中医、书法、建筑等。

阴阳学说认为，世界是物质性的整体，自然界的任何事物都包括着阴和阳相互对立的两个方面，而对立的双方又是相互统一的。阴阳的对立统一运动，是自然界一切事物发生、发展、变化及消亡的根本原因。正如《素问•阴阳应象大论》说：“阴阳者，天地之道也，万物之纲纪，变化之父母，生杀之本始。”所以说，阴阳的矛盾对立统一运动规律是自然界一切事物运动变化固有的规律，世界本身就是阴阳二气对立统一运动的结果。

阴和阳，既可以表示相互对立的事物，又可用来

分析一个事物内部所存在着的相互对立的两个方面。一般来说，凡是剧烈运动着的、外向的、上升的、温热的、明亮的、主动的，都属于阳；相对静止着的、内守的、下降的、寒冷的、晦暗的、被动的，都属于阴。以天地而言，天气轻清为阳，地气重浊为阴；以水火而言，水性寒而润下属阴，火性热而炎上属阳。

任何事物均可以阴阳的属性来划分，但必须是针对相互关联的一对事物，或是一个事物的两个方面，这种划分才有实际意义。如果被分析的两个事物互不关联，或不是统一体的两个对立方面，就不能用阴阳来区分其相对属性及其相互关系。

事物的阴阳属性，并不是绝对的，而是相对的。这种相对性，一方面表现为在一定的条件下，阴和阳之间可以发生相互转化，即阴可以转化为阳，阳也可以转化为阴。另一方面，体现于事物的无限可分性。

阴阳学说的基本内容包括阴阳对立、阴阳互生、阴阳消长和阴阳转化四个方面。

在中医学理论体系中，处处体现着阴阳学说的思想。阴阳学说被用以说明人体的组织结构、生理功能及病理变化，并用于指导疾病的诊断和治疗。

理解阴阳的第一个关键是理解阴阳的循环关系。在五行中，阴阳循环反复地从一行转变到另一行。例如，隆冬至阴之时，阳的种子（即春天）即将出生。

理解阴阳第二个关键是，当自然万物向极致发展时，它的对立面也就产生了。这点很重要。为什么这么说呢？通常人们会认为事物是在极阳和极阴之间平均地发展，就像正弦波一样，其实不然。当阴阳到达极致时，对立面就会随即产生。

阴阳通常被解释为相反的一对物体。现把传统的一些阴阳对应物列表如下：

| 阴 | 阳 | 阴 | 阳 |
|---|---|---|---|
| 黑暗 | 光明 | 阴暗 | 晴朗 |
| 冷 | 热 | 雄 | 雌 |
| 软 | 硬 | 脆弱 | 坚实 |
| 死 | 生 | | |
| 被动 | 主动 | 夜 | 昼 |
| 下 | 上 | 月 | 日 |
| 水 | 山 | 地 | 天 |
| 虎 | 龙 | 冬 | 夏 |

许多人容易犯这样的错误，即把冷、暗等本质归于女性，把光、明等本质归于男性，其实任何事物都有两个方面，甚至连生命也是如此，这是《易经》的精髓。如果两极之间没有这种相互关联，就将没有运动、没有生命、没有生育。

当人们说一间屋子里需要更多的“阳”气时，很明显，要用暖色如黄色、橙色等来进行调剂；在一间需要“阴”多一点的房子里，则需要像蓝色这样的冷色。

众所周知，风水讲究的是平衡。所以，风水师很大一部分都是为了保持风水的阴阳平衡。阴阳平衡才会气流顺畅，给人们的生活带来积极的影响。

# 地形的概念：四兽象征

风水研究的是建筑与周围地形的关系。建筑方位理想与否，可通过站在门前向四个方向所看到的地形来确定。地势最好像一把扶椅，后方有高高的背，两侧有山脉保护，前方是一片开阔的区域，再往前是一个小山丘，就像脚凳。这样的四个方位的地形分别有个诗意的名字，即青龙、朱雀、白虎、玄武。

四兽（青龙、白虎、朱雀、玄武）本为中国古代星宿崇拜之四灵，经道教演变为四方护卫神。在风水上，四兽是特定的地形标记。古人以四兽的来源和特征定名方位，即左青龙、右白虎、前朱雀、后玄武，这些方位的阴差阳错会给人带来吉祥或不吉的预兆。这里将会逐个讲解并告诉你如何辨认，以便找出一块绝佳的建宅之地。

## 青龙

虽然龙是一种假想出来的生物，但它在中国数千年的历史文化中生存，甚至使历代皇帝都对其心存敬畏并供承的具有象征性的生物。

中国建筑向来讲究坐北朝南，所以南方即前方，北方即后方，东方即左方，西方即右方。四兽从东方的龙开始。龙，是中国文化和风水里最重要的动物之一。在古代，龙是神物，是至高无上的，是皇帝的象征。

在五行学说盛行的年代里，慢慢地也开始流传着

有关青龙的故事。五行家们照着阴阳五行给东、南、西、北、中配上五种颜色，而每种颜色又配上一个神兽与神灵：东为青色，配龙；西为白色，配虎；南为朱色，配雀；北为黑色，配武；黄为中央，正色。

龙是东方的代表；在五行中东方是属木的，也因青色是属木的，故此有“左青龙、右白虎”的说法。

在地形上，青龙是一座较矮的山丘，在城市里则是邻近建筑的墙，但同右方阴性的白虎相对比，青龙方必须是阳的。换言之，不管右边是什么地形，左边必须高出右边。

## 白虎

从古至今，人们一方面恐惧虎，另一方面又崇拜它的威严和勇敢。而且，在中国历史上关于虎题材的书画、格言、故事也非常多。风水中，白虎是四神中唯一一个代表凶的神兽，它守护在四神位置中的西方。如果使用不当，它会害及人际关系。所以，在使用时必须慎重对待。

但是，不能一味顾忌其凶，正所谓“以毒攻毒”，只要善于使用，汲取虎的权威性，会起到很显著的开运和改运的作用。另外，由于虎带有“威压对方的令人惊恐的气势”，对驱散邪气、阴气有极大的效力。擅用此效力，可以有效地处理从外界入侵的强烈煞气。

关于虎饰物的摆放方法，一般的做法是：将饰物放在自己坐位的右侧，营造出仿佛是自己豢养的虎一样的氛围；或者将虎放在家门口及工作地点入口的左侧，使其司职守卫。这样做不但可以防御邪恶之气，还可以转移自身上可能发生的权势和口角之争，这一点对于领导者、决策者是极为重要的。

但是，如果虎的力量过于强势并超过了龙的话，就容易发生“伤人之害”，所以，同时摆放龙的饰物以平衡力的分布是很关键的。

从地形上看，白虎应是位于西方的矮山脉，在城市里则是右侧建筑物的墙。

## 玄武

所谓玄武乃龟蛇相连一体的神灵，是人类凭空想象出来的灵兽。玄武的“玄”字是黑暗的意思。本来，玄武是28宿（占星术的一种，是沿着黄道将天球分成28个区，以星的位置来占卜吉凶）中的“北方七星宿”的象征物。中国古代，人们认为宇宙是由四角略微抬起的大地支撑着的呈半球形的天空。

其实，仔细观看这个龟，你会发觉它象征着宇宙。甲壳为天，腹部为地，与龟身相连的蛇，象征着在天和地之间自由变化、轮回循环的水和流动着的大气。

风水中，玄武是在四神位置里守护北方的灵兽。人站立在四神相位中，玄武往往是位于人的背后，它可以起到防御从后而来的袭击。正因如此，据说在中国皇帝面南背北而坐时，他们的坐位后面就组合摆放着龟与蛇两种动物的饰物。

之所以玄武的姿态如此奇妙，据说与原本是天上的守护神玄武的故事有关。龟（玄）是玄武的胃，蛇（武）是由肠子变的。道教中，称玄武为“玄武玄天上帝”（玄武大帝、真武帝），是推崇为最高位的神之一。因为当遇到恶灵时可以祈祷玄武帮助抵御背后袭来的和不可预期的攻击，所以至今仍备受推崇信奉。

“玄武”一词早在《楚辞》《周礼》中就出现了。明朝时，永乐帝对其极为推崇信奉，称之为皇室的守护神，在众神之中地位极高。

## 朱雀

在阴阳五行学说中，南方代表火，通身火红的美丽的朱雀是南方位的守护灵鸟。同时，它又是夏的象征，被称之为埃及神话中的不死鸟、火鸟（火凤凰）。在四神位置中，朱雀位于南方高位，其造型为目眺远方、振翅欲飞的样子。据说朱雀是能够广泛收集情报资料、展望未来，能做出正确判断的一种鸟。风水中也正是依据此意，设计了朱雀的造型。朱雀乃飞禽，历史上关于它的著作描述以及绘画都非常少，所以它的样子仍是个谜，一般人们都将它想象为接近凤凰的样子。

## “四神相应”的造势——四兽方位

在中国文化中，自古以来以“皇帝”为首的因为地位高而被人们尊称为“主人”“长者”都是面南而坐，认为那样吉利。当主人面南而坐时，面对的自然是南方，位于南方的“朱雀”就将前方的状况及未来的预见收集起来并传达给主人；另外，主人的右手侧即西方是原本强暴不驯而现已驯服了的“白虎”；同时，位于左手即东方的可以提高主人运气的“青龙”；最后，是位于北方从后面保护主人、防御侵袭攻击的“玄武”。主人就坐在最活性化的中心，这个地方就叫做“太极”。这里阴阳混合，攻击与防御皆佳，内充满活力，是孕育事物的最高境界。这就是风水中“四神相应”的来由。

在风水中，判断“四神相应”位势有两种方法：⑴观察四周的环境，探察出“四神相应”的土地，然后构造出居住环境；⑵调整现有的事物，构造出“四神相应”的环境。第一种方法因为在现代能够探察出来的大多已为他人所有，很难得到，所以第二种方法较为常用。用第二种方法构造“四神相应”环境，具体有以下两种方法：

①首先，站在房间中间，然后面对主要出入口的方向并将其视为南方。这样，右手边为西方，放置白虎；左手为东方，放置青龙；出入口的对面为北方，放置玄武，如此“四神相应”的环境就自行造势完成了。

②在房间的中心正确放置磁石，在正南、正西、正东、正北放置朱雀、白虎、青龙和玄武。此时，无论有怎样的障碍物，都必须当其不存在，正确放在准确位置是非常重要的。

①和②的效果依情况不同而不同，方法①因较简单易行，适合个人自行放置。

而方法②，如可请到风水大师则能更准确地放置风水饰物。建议可以先试着用方法①，如果运气不见好转再改为方法②。

北
玄武山
青龙山(阳)
白虎山(阴)
西
东
明堂
河流
南
朱雀山

在理想的农村地形上，一所房屋的后面应当有座高山，左右是较矮的山丘，前面有块明堂，明堂再往前有块隆起的地方。

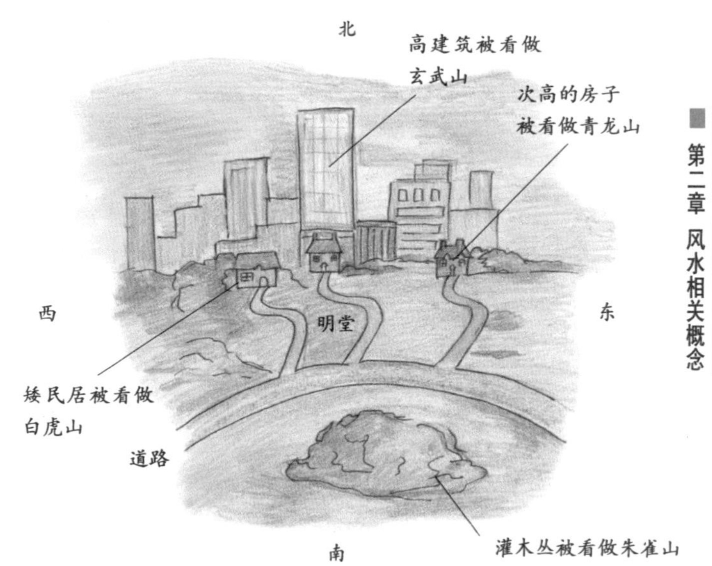


在城市地形中，高山、矮丘、平地分别被高大建筑、矮民居和灌木丛所替代。气沿着道路而不是河流从房前经过。

## 如何运用四兽

不管一个房子的朝向如何，玄武总是在后，朱雀总是在前。

风水宝地周围的这些地形特点可以看做是一把扶椅。背靠高山，左右两个扶手，的确很像一把扶椅，而前方的朱雀地形就像一个脚凳。

这种扶椅地形的要点在于最有效地聚集气。气的类型取决于房子的朝向，这得用罗盘测出来。接着要看房子是否适合自己，需要用东西向术来作出判断。

**●用于实践**

四兽会不会无处不在？不会，四神总是依所勘察的房子或地点来确定。

这是不是说一个人的玄武有可能是另一个人的白虎呢？或者一些背后是平地的房子根本就没有玄武呢？事实正是如此，有的房子缺少某兽，它们之间相互作用，这是基本的风水勘测。

要找青龙和白虎，就得站在房子前，由里向外看。青龙在左，白虎在右，朱雀在前，玄武在后。

不妨一起来试试。下图的①和②两所房子是在同一个地形里，但四兽却不同。在实际中，这些房子都是朝东的，但这与我们现在要看的没有关系。

对于这两所房子来说，四神的方位相同，但你会看到B山是房子①的青龙，却是房子②的玄武。很明显，四兽并不总是齐全的，如本图房子②就没有朱雀。

如果房子后面没有玄武地形，那么就是说它后面

两个相邻的房子会共用四兽，但代表各自四兽的东西可能会不一致。试找出房子①和房子②的四兽，不要先看答案。

| 房子① | 房子② |
| --- | --- |
| 玄武：C山 | B山 |
| 白虎：邻居房子A | E墙 |
| 青龙：B山 | D树 |
| 朱雀：路口F附近的灌木丛 | 缺失 |

缺少依靠。

知道四兽代表的颜色有助于选择正确的颜色。例如，当不知道该把房子左边（从房子里往外看的方向）的花园围墙漆成什么颜色时，可在自己确定左侧是青龙位置的时候，就毫不犹豫地选择绿色。

**●门前的明堂**

房前的地方极为重要，这块地方应当开阔，没有垃圾，气才能在这里聚集，然后进入房屋。明堂，原意是前门的流水装置，现在用来指门前的整块平地。

如果房前不那么开阔，但最起码要使前花园保持整洁，确保正对着门的地方没有障碍物，如有树挡着门应避开。

理想的情况是，阳性的青龙一侧应当比阴性的白虎一侧更强、更大、更明亮。这是根据住宅的阴阳比例规则即阳占五分之三，阴占五分之二来确定的。周围的地形同样也适用此规则。

四兽不平衡的典型的例子是阴的白虎侧比阳的青龙侧更强。

**●道路**

城市的道路携带气，正如自然界的河流携带着气一样。水代表的颜色是黑色，因此，典型的黑色柏油路面自然就会令人联想到水。道路不仅象征着水，车辆的运动实际上也在使气移动。很明显，与路相比，河流所带的是缓缓流动的更有益处的气。因为河流更倾向于曲折流动，生聚益气，而与之相反的道路，则经常产生煞气。这种煞气速度太快，于人无益。尽管这样，河流与道路大致上类似，这就意味着以前的关于河流构造的理论可以被更新用在道路构造上。

风水的主要规则中有一条与房前任何水流的方向有关。对道路来说，最重要的方向是离房子最近的车道上的车辆方向。

**●选出最好的住宅**

风水中，将给人们幸福、繁荣的最高吉祥之地叫做“四神相应之地”。而所谓的“四神”就是东、西、

南、北四个方位的守护神。东方是青龙，西方是白虎，南方是朱雀，北方是玄武。

四神中，东方的青龙象征清澈、平静的河流，西方的白虎象征人来人往、宽阔的马路，南方的朱雀象征辽阔的田地和庭院，北方的玄武象征高山和树木。

这四神相应之地描述的是带有大面积土地的地方，但是舒适的住所也适合。不管怎么样，在选择新房子时，应尽量注意以下规则，以便找到对自己最为有利的房子。

东方的清流：从房前往外看，在东方位（左方），有着清澈的河流流淌，有中午的阳光与和煦的风进入，有比西方位（右方）稍大一点的山丘、树木或建筑环绕，这被认为是理想的居住环境。

西方的往来：因为西方位（右方）联系着人脉、财运、结婚运等，所以，行走的人越多就越充满生气。注意，噪音和夕阳带有凶意，要避免。在西方（右方）有山丘、树木、建筑环绕是吉相。

南方的宽阔庭院：南方位（房前）有块空地，即明堂（有时是人行道），让中午的阳光进入，这样住宅就会充满阳气、生气和活气。

北方的山：为防治寒冷的北风吹入，北方位（房后）如果有高山或高大的建筑物是吉相。

以上仅是供大家参考的理想风水。

# 第二部分

# 风水的基本原理

了解风水的基本原理，有助于你正确地运用好风水。地理风水的有关知识，可以帮助大家在选房、建房时择到吉地，布置房子时趋吉避凶。罗盘法的运用，可以让你从方位上准确地抓住有利的运势。象征主义的产生，让大家可以通过更简单而有效的风水手法招来好运。自古以为，水都是财富的象征，所以一定要做到大水与小水的活用。风水的道具是风水师必不可少的工具。当然，一切的理论知识都需要通过具体的实践来达成。那么，实践风水的指导方法、成功的风水法则与实现愿望的开运建议，就是教你成功实施风水的关键。

## 【内容提示】

- 地理风水
- 罗盘法风水
- 象征主义的风水
- 产生财富的水法风水
- 风水的道具
- 实践风水的指导方法
- 风水的成功法则
- 实现愿望的开运建议

# 第三章 地理风水

地理风水，顾名思义就是风和水。人生存的根本要素就是新鲜的空气和清洁的水，这里对风水的提法是广义的，泛指天、地、人三气对人的无形影响，这种影响看不见，但产生的效果和后果是能感知的，甚至是巨大的。由于风水的这种影响是无形的，难以为人认知、实证，所以它往往在世人心中就产生了神秘色彩，难以被一部分人理解、认同、接受，或是被认为高深莫测，不易学习掌握。

地理是依据地形和天体方位，产生对人的影响力的环境，这是一种自然的常识。古今之人通过社会实践深刻认识到地理风水对一个城市、一个村镇、一个企业、一个家庭、一个人的影响作用，而专门创立了用来指导人们获得最佳生活环境态势的地理风水学。古之风水分理气派和形法派两大派系，形成江西派和福建派，具体操作上有“玄空飞星风水”、“八宅法风水”、“阳宅三要风水”、“三合派风水”等。风水流派繁多，我们这里将主要介绍择址选形用的形法风水。

## 形法风水

中国风水学最基本的有两大流派：

一种是形式派，因注重在空间形象上达到天、地、人合一，注重形峦，诸如“千尺为势，百尺为形”，故又称形法、峦头、三合。

另一种是理气派，因注重在时间序列上达到天、地、人合一，诸如阴阳五行、干支生肖、四时五方、八卦九风、三元运气等，故又称理法、三元。

风水其他门派均是从这二者演化而来的，它们发源于不同的地方。据说，形学起源于广西桂林。这是一个坐落在冲积平原上的城市，丘陵和山峰从平原上拔地而起，形态各异，似具神气。理学风水则可能起源于平原地带，气在平原上的流动不明显。然而，这仅是一种简单的猜想，更切实际的结论是形法主要择址选形用，而理法则偏重于确定室内外的方位格局，现代居室的装修、装饰应用，以及村镇布局、设置交通、文化教育等设施。

中国风水学对于住宅所处环境不同，又有不同的应用和侧重，如：对于旷野之宅和山谷之宅，因其与周围自然地理环境关系密切，多注重形法；而井邑之宅、现代普通民居，因其外部环境的限制，常是形法、理法并用。这里将重点介绍形法风水。

杨筠松（公元834年～900年）是著名的风水大师之一。他生于中国的江西省，公元874年～888年间任唐僖宗的御用风水大师。杨筠松继承和发展了风水术中的形法理论，创立了江西形势派（实际上是赣南派）。杨筠松最有名的书叫《撼龙经》，其他还有《青囊奥语》和《疑龙经》等。

形法理论的特点是主形势，定向位，强调龙、穴、砂、水的配合。实质上就是因地制宜，因形选择，观察来龙去脉，追求优美意境，特别看重分析地表、地势、地场、地气、土壤及方向，尽可能使宅基于山灵水秀之处。所有中国风水形法的内容，都是通过肉眼直接观察来实现的，因此，形法也可称为直观法或感性认识法。形法者，如前所述，中国风水实践中直观“千尺之势，百尺之形”之法也。

总的来说，中国风水形法包括了势与形。

何谓势？《辞源》：“行动之力也，力奋发之甚者，皆曰势。”即事物运动变化之力，事物运动变化中所表现的形态，就称为势。如《葬书》说的龙的运动变化形态“若水之波，若马之驰”的波与驰。说水的运动变化形态“忌乎湍急”的湍急，“顾我欲留”的欲留。波、驰、湍急、欲留，都是势的形态。一句话，所谓势，指的是事物的动态，是龙从远方来的运动变化情况，是龙内在生气运动变化的表现形态。

何谓形？《辞源》：“形象也。容色曰形。”即是事物表现的形象和容光颜色。在中国风水领域，如龙脉的“禽伏”“蜂腰鹤膝”，峰峦的“尖齐高耸”“方圆秀丽”，水的“之玄屈曲”“悠扬清澈”“山环水抱”，等等，都属于形。一句话，形指的是事物运动变化的静态，生气静止运动变化时生物的表现形态。

那么，事物的运动变化，“动者为势，静者为形”，就是势和形的概念了。但是，在中国风水领域，对势与形如此认识是不够确切的。只要我们站在明堂内去观察一下周围的峰峦，所看到的都是形，而没有势。因为周围环抱的山脉或峰峦都是静态的。因此，东晋郭璞对于风水的势和形，另外下了一个定义，就是《葬书》中说的“千尺为势，百尺为形”。即是说，龙脉从远方奔腾而来的，就称为势，而在近处所看到的都称为形。

形法派风水在江西、广西和安徽等山区省份尤其流行，理法派则常见于地势平坦的浙江、福建等省，现已流传到台湾、香港，还有国外如新加坡和马来西亚等地。

Tips 小贴士

**※ 理学风水**

理学风水的主要依据是精确的测量和计算，使用的工具是风水罗盘。第一个理学风水大师是北宋时期的王乾，他注重使用五行、行星和八卦，重视五行的关系和卦象之间的生克关系。他还从分析建筑中推论“阳山应朝阳，阴山应面阴”。他在《核心精要》一书中对此有详细解释。

理学派风水又称福建学派，用来纪念生于福建的王乾。此外，还有人法、居家法、通渺气法、祖堂法、理气或气学派、闽学派等名称。

# 地面起伏高低的影响

简单来说，风水是一门细致的研究地形和方位以及规定什么样的土地适合居住而什么样的土地不适合居住的学问。

谁都想居住在景致好的地方，没有人愿将房子建在没有水、电和道路的山上。所以，我们在选择住房时一定要先考虑土地条件。因为土地有地气，也就是地脉，是地壳所释放出来的能量。人是依赖土地而活的，地脉就像人体的血脉一样，血脉畅通，身体自然健康、有活力。住房坐落在土地上，就像在吸收地脉的气和能量一样，地气能让住房有生命力、有旺气，所以在选择住房时，一定要选择畅通、没有中断的地脉，这样才是好的土地条件。

理想的地形是“四神相应”——后高、前敞、左右有小高丘。

所谓的四神相应，是指中国古代时镇守东、西、南、北四方的神兽。位于东方的是青龙、南方的是朱雀、西方的是白虎、北方的是玄武。简单说来，就是后侧（北方）玄武高耸、前面（南方）朱雀敞开、左右两侧（青龙和白虎）是小山丘、中央部分是平地；并且，在后侧和两侧的山丘长满了茂密树木的地形，这就是所谓的“四神相应”地形。

地理风水中应严格按照“四神相应”来选择建筑地址。当然，目前土地寸土寸金，如果真的无法按照这个要求来选择吉地，也一定要避免选到凶地，尤其是地面有高低起伏的，一定要注意。下面将列出一些比较常见的高低起伏的地形对风水的影响。在选择住

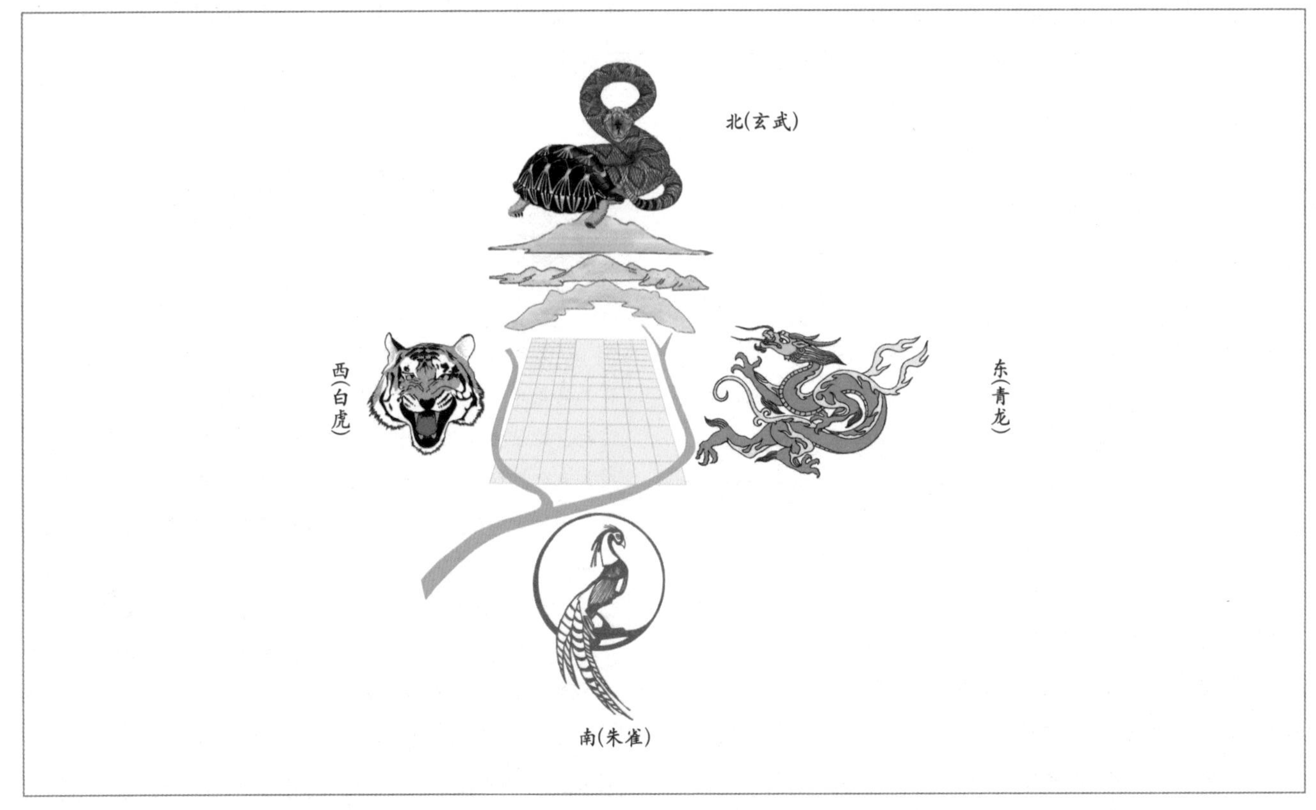

房时必须先考虑这些条件，才能让优良的土地带给自己更多的好运和助力。

### 地势在坡路下，事业受阻

从土地表面上所释放出来的地气，是对人有正面帮助的阳气，也是人和住房不可或缺的一项元素；而在土里的则是阴气，对人的身体和运势有不良的影响。

住房和人都应该位于土地之上，才能吸收到好的地气，对人的运势才能有正面的助力。如果选择的是斜坡、或是山坡地的话，那么地势一定要在坡路之上，不可在坡路之下。地势的高低须以路的水平为参考，水平以上为佳，水平之下则尽量不要选择。

住房位在斜坡下方，不仅不能吸收到好的地气，而且还会吸收到比较阴的气，既会使人运势不佳，让事业对外发展受到压制，做事方面也容易受到挫折，还对人的身体健康有影响，就像住在地下室的人一样，长久如此，身体状况一定会有所下降。

### 陡峭地形，风险大

陡峭的地形不仅实际上较为危险，居住起来也会让人缺乏安全感。除此之外，地势陡峭会影响人的心理，让人自然而然地产生压迫感，同时也会让住户做风险较大的事情。如果长期处于风险之中，挫败的机会就会变得较多。

### 崎岖地形，难有发展

地形不要崎岖复杂、迂回惊险，或像死胡同有进无出。要辨别地形是否顺畅或崎岖，可以从远处来观察。站在离目标远一点的地方，观察此处是不是有进出入口，生活上是不是便利、会不会感到受束缚。从客观来看，如果此处地形弯弯曲曲，没有出口，甚至

地势危险的话，在这种环境下生活定会腐蚀人的好运，未来也会没有发展性。

### 地面比路面高，带来旺势

如果选择建房的土地比外面路面低的话，代表这块土地的气是下陷的，而且是被路面压制的。住房建筑在此种土地上，不仅代表着运势停滞不前，而且还会有身陷泥沼、被压制的情况。

所以，选择的土地绝不可低陷，一定要比地面高，才能具有优势、架势。而这股气势会营造气氛，并且带动心灵和精神的积极性，让住户越发向上，运势也才能越来越旺。

# 青龙、白虎

建筑风水中所谓“左青龙、右白虎”，是要以“坐北朝南”“背山望水”达到冬暖夏凉的目的。“左青龙右白虎，前朱雀后玄武”作为我国古代人居理念中关于周边环境的一种理想范式，是在不断的实践中总结出来的。

由“四神”代表的规则表面看来十分玄虚，实际上“四神”却是古人认定的四种吉祥物，或者说是以四种颜色（青、白、赤、黑）代表的东、西、南、北四个方位。四神最早用于行军布阵，战国时著名军事家吴起说：“三军进止，无当天灶，无当龙头。必左青龙，右白虎，前朱雀，后玄武。”天灶系山谷之口，龙头为大山的山尖。意思是说行军布阵不能顾首不顾尾，孤军深入，而应前后左右协同动作，互相能够策应。用以建屋，要的也是东、南、西、北的地形、地物配置协调得当，各有作用而又服从大局。总体原则是：没有规矩，不成方圆；只依规矩，也成不了方圆。

对于青龙、白虎、朱雀、玄武这四种中国传统文化中的神兽，可谓众所皆知。大多数人不单对这有粗略了解，知道左青龙、右白虎、前朱雀、后玄武，还知道左青龙代表吉祥，右白虎寓意凶恶，前朱雀代表生气，后玄武代表平安。

传统的风水观念讲“左青龙，右白虎”，认为大门从左边开为吉。其实，门从左开或自右开，形式的本身对风水都不会构成影响，如何配合房间的合理使用才是门向选择的关键，这与风水学中的青龙、白虎没有任何关系。传统风水学的青龙、白虎，指的是位于住宅两旁，对住宅能产生气场庇护功能的外部环境，也就是在住宅左右两边的小山或较为矮小的建筑，与

靠山一起对住宅形成环抱之势，以保护生气在住宅中更多地停留。但青龙、白虎不宜过于高大，也不宜离住宅太近，否则有欺主的事情发生。

青龙、白虎乃古代传说中的一对位踞左右的守护神，四神之中，青龙与白虎因为体相勇武，主要被人们当作镇邪的神灵，可护卫穴居安宁不受外界邪气侵扰，正如《地理大全》中所注："龙虎，以卫穴得名。"于是，人们就把环抱住宅两旁，客观上起到了阻隔恶风寒流，保持住宅稳定气场作用的高山峻岭，许以"青龙"与"白虎"称谓，以人面向前宅为坐标，左山脉便是青龙、右山脉称为白虎。这种概念引申到现代家居，凡位于住宅左右两旁，对住宅能产生良好气场保护作用的环境与建筑，都可以称作为青龙、白虎。

而对于室内指的青龙、白虎，又是另一种说法，不再是庇护物而成了方位的代名词。因为青龙居左、白虎居右，所以风水上往往把房间左边称为青龙方，右边则是白虎方。由于古代的命理学中青龙寓意吉祥，白虎寓意凶恶，久而久之，人们把这个理论也套到风水上来：白虎方位是凶方，故宜静不宜动，只适宜摆些不动或沉重的物件；青龙方位才是宜动的吉方，像鱼缸、电器等凡属动的事物最好挑在这个方位摆。有些风水书上还讲"白虎探头必伤人"，右侧白虎方位最好不要凸出或者摆放什么东西，否则家里人容易出事或者经常生病，等等。事实上，这些说法多少带有民俗意识，实用性并不强，房屋的左右方位本身对室内的气场不会产生特别不同的效应，要做到合理摆放家具电器物品，关键要考虑房间整体使用的和谐性。

Tips 小贴士

**※ 四神地的条件**

青龙、白虎等四神作为方位神灵，各司其职护卫着城市、乡镇、民宅。凡符合以下要求者即可称之为"四神地"或"四灵地"。其条件是"玄武垂头，朱雀翔舞，青龙蜿蜒，白虎驯俯。"即玄武方向的山峰垂头下顾，朱雀方向的山脉来朝歌舞，左之青龙的山势起伏连绵，右之白虎的山形卧俯柔顺，这样的环境就是"风水宝地"。

# 山的种类

地理风水是以土地的起伏为研究对象的。山的形状和朝向对附近的住宅的运势有极大的影响。住在山边的人要留意，对山的风水好还是不好，关键看山的形态。不同形状的山，代表不同的运。

山的好与坏，除了看形态，也要注意山上是否有好的植物。一个山青翠苍绿，没有崩损，便是好风水的山。崩损的意思，就是有一部分山石塌下来，像山泥倾泻后凹陷的山坡，便是破损山。当流年凶星至破损山的位置，面对着此山的家宅，家庭成员易患皮肤病、肠胃病甚至绝症。

山的形状体貌是会影响到人类的行为和吉凶的。山的形状都可以与五行对应起来，五行上的口诀是："金圆木长水弯曲，火尖锐兮土方正"。五行对应五种山形，分别是金形山、木形山、水形山、火形山、土形山。圆锥形、四角形、圆形、椭圆形、波浪形依次对应火、土、木、金、水。不同的山形代表着不同的影响。

火

## 火形山

特征：山峰呈尖形状的，就好像一个三角形。若建筑物其外形成尖角形，都视为火形山。

在风水学而言，无论是住在火形山的前、后、左、右，都是不吉利的，主有血光之灾，多出残疾多病的人。故选择家居时，最好不要见到这样的山峰或建筑物。不过，也并非所有人都不能住在火形山附近，某些行业和血有关的，若以火形山为靠山（即背后的山），则能收改进工作事业运程的作用。火形山有利行业：外科医生、妇产科医生及从事屠宰业的人士。

土

## 土形山

特征：山顶是平的，山形如同一个高原地，既不是成尖形，也不是成弧形，外形看起来四平八稳。很多公共建筑或大厦都建成这种形状。

土形山有利行业：所有与土地有关的行业，例如从事地产投资、地产发展、地产代理、建筑行业及物业管理等。若家居的背后以土形山或土形建筑物为靠，那对自己的事业工作运，能产生吉利的磁场波，给居住的人带来好的运气。

此外，土形山有另一个意义，因土具有蓄藏积聚的功能，所以在风水学里，土形山有“富星”之称，象征着财富。附近有土形山，此地多出大富之人，风水学上代表能得到贵人的扶持。在工作上，若有“后台”或贵人扶持，很多时候就能逢凶化吉，事半功倍。故即使不是从事上述行业的人，住在土形山前亦有一定的好处。

## 木形山

特征：山形高而山顶呈圆形。其山势十分陡峭，山坡以很大的角度急速上升，山坡几乎是一个悬崖，整座山如一条大木桩。若建筑物高而窄小，形如一条巨柱，也视为木形山。

木形山有利行业：从事创作或出版的行业，如作家、画家、作曲家、填词人、时装设计师、室内设计师等。附近有木形山，此地多出文人或出有名誉的人。

## 金形山

特征：山峰圆滑，呈半圆形的山势。若是建筑物，其外形呈半圆形的，都视为金形山。金形山又称为太阴星，太阴主财，故金形山亦主财。

金形山有利行业：公务员、医院管理局、金融管理

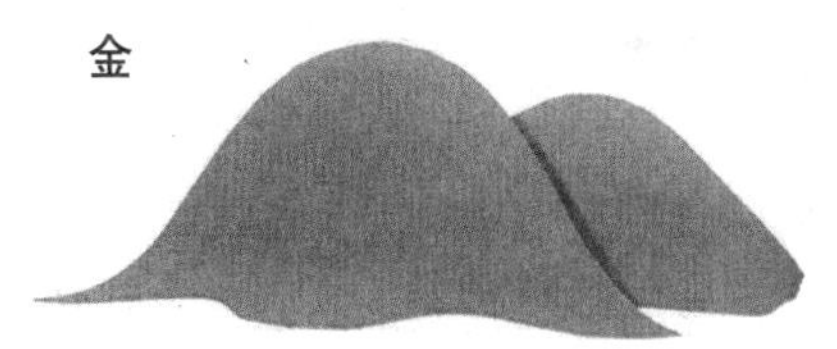


局、社会服务机构、参政者，以及和金属器物有关的行业；政府所有持武器执法的纪律部队，如警察、海关、入境处、惩教处等；另外，还有军人、保安、警卫及保镖等。附近有金形山，此地多是出高官或武将。

## 水形山

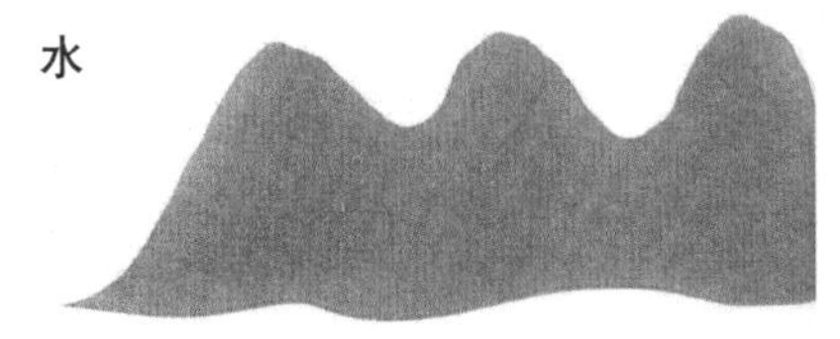


特征：山峰如同大风吹起的海浪，一起一伏（不起尖角，顶似半圆形），或几个半圆形的山峰连接在一起，那就是水形山。若是建筑物，其外形像波浪起伏的形状，都视为水形山。

水形山有利行业：专业人士如律师、会计师、医生、药剂师、建筑师、工程师、测量师等，以及其他如社会工作者、心理学家、教师、护士等人，都适合住在有水形山或水形建筑物的附近，有利增进工作运。附近有水形山，此地多是出智能之人，又此地旺女性。

想提升自己的事业运，可选择合适自己从事的行业的地形山势来租屋或买房子，这样更有助发挥室内的风水吉气。

# 山的组合

住在丘陵地带的人们，在分析周边丘陵顶部形状的同时，还要注意到相邻丘陵的形状，确认相邻的丘陵是否相互协调。圆形山顶（木）与圆锥形山顶（火）相协调，圆锥形山顶（火）与四角形山顶（金）相协调，四角形山顶与圆形、椭圆形的山顶相协调，圆形山顶与波浪形丘陵相协调。

另外，房屋与山的方位一定要协调。

如果房屋的南面有山，一定要是火或者木性的山才能够带来好运。如果是水性山就会消灭火的气息，所以一定要回避。

如果房屋的北面有山，是水或者金性的山就能够产生吉相的能量，是土性的山则会阻碍或破坏水的气息。

如果房屋的东面或者东南方向有山，是木或者水性的山能够带来大繁荣，是金性的山则会削弱或者破坏木的能量。

如果房屋的西南或者东北方向有山，是土或者火性的山就能够加强从这个方位流入的气息，是木性的山则会与这种气息相克，或者使之减弱。

如果房屋的西面或者西北方向有山，是金或者土性的山会给家人和子孙带来极好的运气，是火性的山则会把从这个方位流入的好气息全部破坏掉。

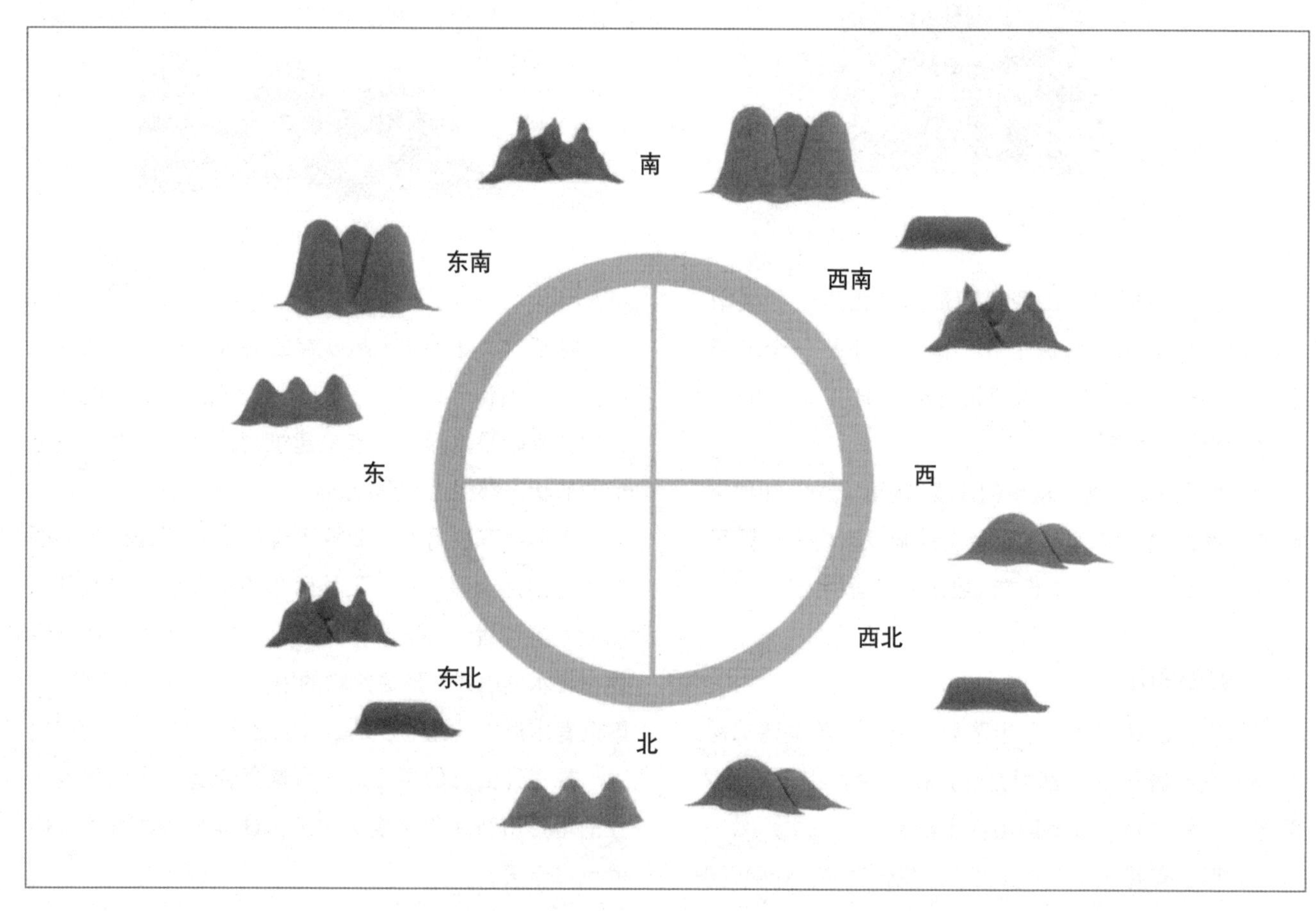

# 山的位置

从家里往外看到的山顶的数量决定着自己的吉凶(没有特殊提到的数量即是无吉凶)。

### 房屋后面或者左侧的山

如果能够清晰地看到6个山顶，家人会经常得到贵人的帮助，是大吉相。

如果能够清晰地看到8个山顶，家人在2023年前将有非常好的运势。

如果能够清晰地看到9个山顶，家庭会富裕、繁荣，在2023年到2043年将迎来鼎盛时期，而且好的运势会延续9代人。

后面的山，如果能够看到5个山顶，家人会不断地生病，父亲还可能会英年早逝，可以说是大凶相。

如果是2个山顶，家人会不和睦，孩子离家出走，或者家人会经常吵架。

如果只有1个山顶，是大吉相，是守护家人的，而且数字“1”也意味着事业成功。如果是椭圆形山顶的山，则象征着大财富，会带来了不起的好运气。

### 房屋正面的山

如果房屋的正对面有山，而且遮挡着正门，那暗示着无论什么样的计划都将失败，任何事情都不会成功，即使成功了也不会持续长久。但是，如果是正面的山与宅院有一定距离，就不会产生这样的噩运。大约一千米的距离就不会产生影响。

如果有3个山顶，儿子在事业上将能够拥有很高的地位。如果山的方向是朝东，好运势则更强，是大吉相。

如果有2个山顶，家中的女性将决定家族的运势。如果是从西南方向看到2个山顶，通过女主人的能耐将会带来非常好的运势，是大吉相。

# 山的方向

如果房屋的附近是丘陵地带，设计宅院时一定要注意其朝向。所谓房屋的朝向是指正门所面对的方向。房屋的朝向必须注意与山体相配合，只有两者性质相谐，才能令家宅吉祥。

在城市里，住宅想要依靠真正的山很难，所以应当把建筑当成山来看。高大的建筑实际上是人造的“山”，两者对周围风水的影响效果相同。建筑物常是椭圆形的，因此大部分的城市建筑都是木形山。

关于山与宅院的方向有以下几个注意点：

①一般情况下，房屋不会正面对山，靠近山壁的一侧也不会设计窗户。离山越近越容易产生不好的风水。如果房屋背后是一栋摩天大楼，只要距离不是近得可以对房子造成压制感就行，但两者距离也应不超过摩天大楼的高度最为理想。

②房屋左侧的山不要比右侧的山低。所谓左右是指以从房屋正面的窗户向外看的方向为准。换言之，房屋周边的高低都应该是左侧高、右侧低。

③房屋后面的地面一定要比房屋前面的地面高，此称“靠山”。后有靠山，主得有力人扶助。

Tips 小贴士

※ 地皮、房子、建筑物的好形状与坏形状

最吉相的是等边等角的形状，通常指的是长方形或者正方形。正方形表示“黄金”，意味着“天运”。长方形会加强成长和向上方的移动。下面绿色的图形表示的是好的形状，最后两个不是吉相。图形M缺少一角，但是，并不会损害建筑物的整体运势。图形N是前方狭窄、后方宽的形状，会将流入建筑物的好的“气”驱赶出去。图形D、E、F都是因为缺少重要的部分而抑制气息的流动。图形G是典型的“T”字形土地，这样的形状象征着幸运很少到访。图形H表示完全的损失，是最有害的形状。

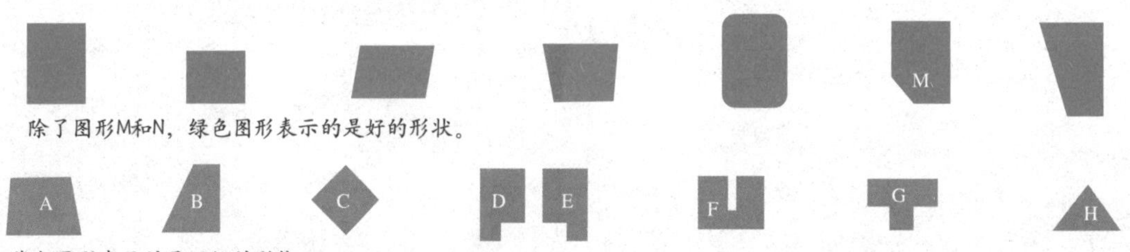

# 现代环境的地理风水

地理风水包括环境学、地理学、建筑学和天文学等学说。其中，主要应用于实际生活中的是环境学和建筑学。怎样营造良好的居住环境？怎样建设安全、发达的都市？怎样建造舒适、健康的住宅？这些都与风水有关。

地理风水中的“地理”指的是大地的状态。大地是人类居住的地方，因此，地理风水就是考虑人类居住的位置、形状、山、河、湖、海等的学问。查看大地的状态就叫做“看风水”。如果不能正确地“看”，就不能准确地判断。

地理风水自古以来一直存在。所有的信仰（宗教）都与之有着不同的联系。在一些力量和现象之中，有些是科学可以解释的，有些是科学无法解释的。例如，我们心中产生的烦恼及各种各样的感情，从科学和宗教两方面来说，哪一方面能更准确地做出解释呢？为什么有些家庭幸福美满，有些家庭则不幸？

地理风水从表面上理解，主要是以人类在自然界中的居住环境如何作为基础。事实上，住宅建在什么位置，朝什么方向，或是人们怎样才能幸福地生活，这才是风水要解决的问题。而且，无论是谁都可以使用，从商业、办公这样的公共建筑物到自己的私人住宅，都可以应用风水。

随着现代化城市建设的发展，各种高速道路、高层建筑纷纷建起来了，地理环境变得越来越复杂。我们在选择房子时，除了发现房子没有质量问题外，需特别留意道路、朝向、层高、通风等风水细节是否理想，这些因素都会影响到居住者是否住得健康、安全、舒适。

# 第四章 罗盘法风水

罗盘是经天纬地的神秘工具，被尊奉为“罗经”，取包罗万象、经纬天地之义。要学习风水，首先当然要认识罗盘，罗盘是风水师的“宝剑”，是用于发招的武器。

罗盘实际上就是利用指南针定位原理用于测量地平方位的工具。它的出现有一个长期的过程。罗盘原本最初只有南北两极，之后加进东、西方位，成为“东、西、南、北”四个大方位，再在东、西、南、北之间加进八个方位，一共成为十二个方位。

最早的罗盘

## 罗盘法风水的发展

地理风水很重视山的起伏和形状以及河流的流向。风水师者们经过几个世纪的实践发现，调整环境的气与在此居住的人的气是非常重要的。这种调整对人的运势会产生很大的影响。从而产生了与形法风水完全不同的罗盘法风水。

罗盘法风水是利用八卦的象征和洛书，使人的出生年月日、性质、元素，以及地球环境中的气流、地形的气流相互关联更加明确化。

中国的风水师使用的罗盘也叫方位磁石，是罗盘派风水师研究发明的。要知道罗盘的多层含义，首先要对五行元素、飞星的序号、方位和小成卦有所了解，这是非常重要的。

罗盘派的各种手法更具有实践性，也就是说，能够更简单地应用于现代生活。经过数年的发展，历代风水师将各种繁复的手法逐渐简化，并向一般公民公开。这些被明确化的珍贵的罗盘派手法起源不同，但是，都为风水实践者的风水判断提供了可靠的依据。

中国罗盘比航海指南针要复杂得多。前者实际上是后者的前身，这从过去普通的水手在远航时对着罗盘大声说出的祈祷词中可以看出。除祈祷神灵和圣人外，水手们还祈祷一些早期的风水大师的保佑。从中可看出指南针本来是风水上的仪器，后来才被航海家们继承并用于航海。否则，水手们没有理由祈祷陆地上的风水大师。

第一个中国指南针可上溯到公元前4世纪，比1190年欧洲指南针用于航海早了约1500年。即使在中国，也是迟至公元850年才将指南针用于航海。在此之前，指南针用于陆上交通和看风水。

大家知道，王乾（生活在北宋时期）建造了现代形状的罗盘，上有17圈，至少有一圈上有二十四方或二十四山。当时，罗盘有两大部分，一个方形木座，里面放有一个木盘，直径约15～20厘米。这个盘子叫天盘，可在方形的地盘里自由转动。地盘的对边之间有两根用来定位的红线，形状像步枪上的准星。在中央有个玻璃顶的海底，里面是个被磁化的悬浮的指针。指针指向南北，但人们总是认为针指向南方。

现在的罗盘上刻有或印有39个独立的圈，每个圈被划分成8～365个等份，每份用黑色或红色的汉字做标记。中国罗盘从某种意义上说是圆形的洛书。前面也曾讲到洛书和8个方位对应。这8个方位各分为3个分区，共形成了24个方位。

中国指南针早在公元前4世纪就出现了，最先用于风水和陆上交通，到了公元850年被驾驶舢板船的水手们使用。

## 罗盘的使用

如何使用罗盘呢？罗盘是中国从古至今判别方位、勘测风水的基本工具之一，对于判别宅相方位而言，罗盘法适用于房屋规整（最好是方形）、居室少的房间使用。具体方法是：首先应找到整个房屋的中心位置（略有偏差无妨），然后将罗盘平放于手中并将方位调正，最后我们可以根据罗盘上的东、南、西、北各个方位判定出八大方位，而中宫位便是我们观测人所站的区域。这种方法适用于房间少的房屋，如单身公寓、一居室等，对于间数多的房屋往往测量的准确度不高。如果没有罗盘，也可以用一般的指南针代替它，效果是一样的，这个方法重要的是找对房屋的中心便可测量出宅相的方位。

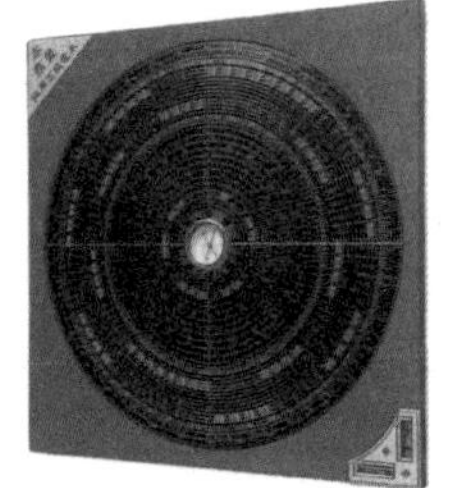

Tips 小贴士

**※ 二十四山**

罗盘上有一个最重要的圈，这个圈有24个部分，通常称之为二十四方或二十四山。二十四山，每山占15度。因为整个圆是360度，1/24就是15度。很容易让人糊涂的是，这个圈上有三种不同的符号：八卦、天干和地支。那八卦、十天干和十二地支是如何构成二十四山的呢？首先，西南、西北、东北和东南四维分由八卦中的四卦来代表。这四卦是：坤、乾、艮和巽。下一步来排地支。先在每个正向上放一个地支，然后隔一格放一个，12个全部放进去。罗盘是测量地气用的，因此，可以想象十二地支应该全部用进来。最后，再把十天干中的八个放进剩下的空格里。这样，就得到上面所示的二十四山图。

# 方位与位置的重要性

在学习罗盘法的各种手法之前，必须掌握方位磁石的重要性。

方位磁石的作用是用来测定方位的。方位磁石可以测定方位并判断房屋的方位与住宅风水是否适合。方位磁石还可以测定房屋的某一方或者一角的方位，决定这个位置应该摆放什么样的象征物。可以说，在任何情况下，没有方位磁石就没有办法实践罗盘法风水。下面我们来了解一下方位磁石。

早在战国时期，人们就发现了磁石具有吸铁性和指极性，并将磁石磨成勺状，以光滑的铜盘为底盘，盘上刻有24个方位，磁石勺置于盘中央，可在水平面内自由转动，利用磁石的指极性指示方向，称为“司南”，这是世界上最古老的指南针。

罗盘是有指南针的方位盘，用以测定方位。风水学中理气定向多是以磁罗盘指南针定向为前提的。风水中用的罗盘看起来十分复杂，神秘之感油然而生，不过，其工作原理仍是利用地球的磁极性。

其神秘之处主要在于把汉代的占卜式盘与指南针等结合起来，又加上阴阳五行等做出了“天、地、人”三个盘面，使其蒙上“迷信占卜”性质。在古代，传统建筑的方位朝向很是讲究，不仅要考虑物质条件，还受社会条件制约。现代住宅如何选择朝向，也大有可探讨之处。建筑的朝向决定着日照条件、通风条件、景观条件等，是建筑环境规划和建筑设计要考虑的主要因素之一。古今中外，测定方向均采用两种系统，一是利用宇宙天体测定天文子午线方向；一是利用地球的磁极性，以指极磁体测定地磁子午线的方向。

我们居住的这个巨大而旋转的地球，由于内部岩浆的运动而产生磁场，已经磁化了的地球就像一块大磁铁。地磁场的磁力线从南半球开始，环绕着地球走向北半球。利用磁针指向磁极的特性来辨别方向，这就是指南针定向，又叫地磁子午线定向。

由于地轴和磁轴不重合，地磁极与地理极是不一致的，因此地理子午线和地磁子午线之间有一个夹角，这个夹角就叫做磁偏角。

中国早期的方位盘呈方形，因排列方便和易识的原因，后期多呈外方内圆。一个圆周为360度，每15度折成一个方位，这样罗盘便有了24个方位。

24个方位是由后天八卦的四个维卦（乾、坤、巽、艮）、八个天干（甲、乙、丙、丁、庚、辛、壬、癸）和十二地支（子、丑、寅、卯、辰、巳、午、未、申、酉、戌、亥）组成的。

地球一年绕太阳旋转一周为360度，即一年360天；每15天一个节气，即一年24个节气。罗盘的二十四方位与二十四节气的设置有关。这二十四方位，即风水罗盘定向所称的“二十四山”，所谓“山”即指向。

因罗盘之磁针极易受外磁场干扰，遇到地下磁场紊乱、地质不寻常的地方，则磁针“浮而不定，偏东偏西，不归中线”，则此地非吉地，应避之。所以，人们的住宅、工作场所应远离金属矿场、高压线、发电厂和变电所及高压电塔为好。

对于罗盘的具体用法，不同的风水流派有不同的用法，比如就相宅来说，就有“飞星派”和“八宅派”的区别，等等。

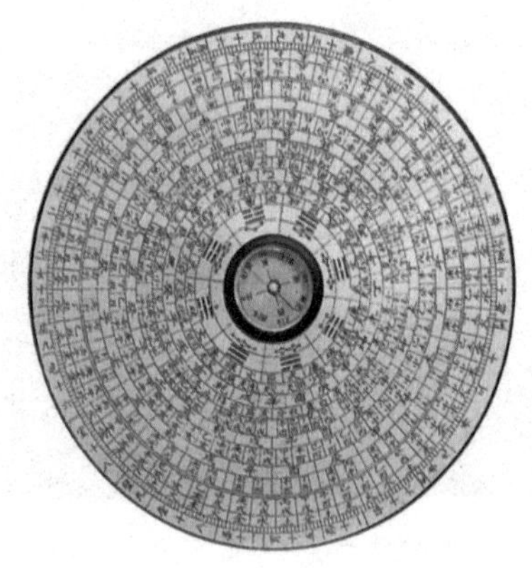

罗盘

# 八宅法

八宅法也就是民间流传的八宅派风水。所谓八宅，是指震宅、兑宅、坎宅、巽宅、坤宅、乾宅、艮宅、离宅，即以后天八卦八个方位所定的八种宅，每种宅又包括伏位、生气、延年、天医、六煞、祸害、五鬼、绝命八种气，其中前四个为吉位，后四个为凶方。

这八种宅又分为东四宅和西四宅两组，东四宅是伏位在震、巽、离、坎位的震宅、巽宅、离宅、坎宅；西四宅是伏位在乾、坤、艮、兑位的乾宅、坤宅、艮宅、兑宅。

八宅法在众多风水流派中最大的特点是以年命或命卦来起伏位，定游年九星，即东四命应住东四宅，西四命应住西四宅。由年命来决定吉凶方位，这种人与宅配的阳宅风水观念，在所有的风水派别中并不多见。绝大多数的地理风水理论都是认为：好地理就是好地理，任何人去住都是一样。因此，以年命起游年九星的八宅法，有其特殊价值。

自己的命卦和宅卦需要配合。东四命的人适宜东四宅；西四命的人适宜西四宅。如果家庭成员有多种命卦（大多如此），则以户主命卦为主。

八宅法在实地勘察时非常方便，首先，找出宅的中央点，然后把后天八卦图中心与这中央点重合，八卦图及其延长线就把家宅分为八份，则东四宅可找出东、南、北、东南四个吉位；西四宅亦可找出东北、西北、西南、西四个吉位。

## 本命卦的计算方法

首先，根据中国旧历确认自己的出生年。如果是春节以前出生的，要从出生年减去1。知道了出生年之后，计算出两位数数字的个位与十位的和，如果计算得出的和还是两位数就继续用同样方法计算，直到最后得出的和是一位数为止。例如：

10，1+0=1；14，1+4=5。

男性，用10减去这个数字，答案即是本命卦。

女性，用这个数字加上5，答案即是本命卦。

例：出生日是1956年3月26日。

5+6=11　1+1=2

男性，10−2=8，即本命卦是8。

女性，2+5=7，即本命卦是7。

例：出生日是1962年1月3日。

因为出生日在当年春节之前，所以，要从出生年减去1。这样，出生年就变成了1961年。6+1=7

男性，10−7=3，即本命卦是3。

女性，7+5=12，1+2=3，即本命卦是3。

知道了自己的本命卦之后，就可以在下一页的表格中确认自己的吉方位。

注意：如果不了解中国旧历，也可以默认为中国春节是从2月4日开始，同样按照上面的方法计算。

## 本命卦与吉方位

| 本命卦 | 吉相的角与方位（从左到右按幸运度高低顺序排列） | 东四命或西四命 |
|---|---|---|
| 1 | 东南、东、南、北 | 东四命 |
| 2 | 东北、西、西北、西南 | 西四命 |
| 3 | 南、北、东南、东 | 东四命 |
| 4 | 北、南、东、东南 | 东四命 |
| 5 | 男性：东北、西、西北、西南<br>女性：西南、西北、西、东北 | 西四命<br>西四命 |
| 6 | 西、东北、西南、西北 | 西四命 |
| 7 | 西北、西南、东北、西 | 西四命 |
| 8 | 西南、西北、西、东北 | 西四命 |
| 9 | 东、东南、北、南 | 东四命 |

★根据自己的本命卦，从上表中找到自己的吉方位。

## 四种类的吉凶

使用方位磁石定出吉相的四个位置和方位。下表中是吉方位的汇总，吉方位有四种，是最具活力的方位。四种吉凶方位及其含义如下：

| 本命卦<br>吉方位 | 1 | 2 | 3 | 4 | 5* | 6 | 7 | | 8 9 |
|---|---|---|---|---|---|---|---|---|---|
| **生气：**<br>成功的方位（最大吉） | 东南 | 东北 | 南 | 北 | 东北<br>西南 | 西 | 西北 | 西南 | 东 |
| **天医：**<br>健康的方位（大吉） | 东 | 西 | 北 | 南 | 西<br>西北 | 东北 | 西南 | 西北 | 东南 |
| **延年：**<br>恋爱的方位（中吉） | 南 | 西北 | 东南 | 东 | 西北<br>西 | 西南 | 东北 | 西 | 北 |
| **伏位：**<br>个人发展的方位（小吉） | 北 | 西南 | 东 | 东南 | 西南<br>东北 | 西北 | 西 | 东北 | 南 |
| **凶方位** | 1 | 2 | 3 | 4 | 5* | 6 | 7 | 8 | 9 |
| **祸害：**<br>噩运的方位（小凶） | 西 | 东 | 西南 | 西北 | 东<br>南 | 南 | 北 | 南 | 东北 |
| **五鬼：**<br>五人亡灵的方位（中凶） | 东北 | 东南 | 西北 | 西南 | 东南<br>北 | 东 | 南 | 北 | 西 |
| **六煞：**<br>六大煞的方位（大凶） | 西北 | 南 | 东北 | 西 | 南<br>东 | 北 | 东南 | 东 | 西南 |
| **绝命：**<br>招致全面损失的方位（最大凶） | 西南 | 北 | 西 | 东北 | 北<br>东北 | 南 | 东 | 东南 | 西北 |
| **★本命卦5栏中，上行表示男性，下行表示女性。** | | | | | | | | | |

通过以上描述，我们了解了自己的“命卦”与东西四命组别，又知道了自己特定的吉凶方位，还认识了“四吉星”和“四凶星”，懂得每一个方位与自己命卦相生相克所显示出的不同含义，如此，就可以选择对自己有利的阳宅住家。

## 东四命卦与西四命卦速查表

| 命卦 | | 男（公元出生年） | 女（公元出生年） |
|---|---|---|---|
| 东西命卦（A组） | 震卦命 | 牛：1925（乙丑）1961（辛丑）<br>龙：1916（丙辰）1952（壬辰）1988（戊辰）<br>羊：1943（癸未）1979（己未）<br>狗：1934（甲戌）1970（庚戌）2006（丙戌） | 牛：1925（乙丑）1961（辛丑）<br>龙：1916（丙辰）1952（壬辰）1988（戊辰）<br>羊：1943（癸未）1979（己未）<br>狗：1934（甲戌）1970（庚戌）2006（丙戌） |
| | 巽卦命 | 鼠：1924（甲子）1960（庚子）1996（丙子）<br>兔：1915（乙卯）1951（辛卯）1987（丁卯）<br>马：1942（壬午）1978（戊午）<br>鸡：1933（癸酉）1969（己酉）2005（乙酉） | 虎：1926（丙寅）1962（壬寅）1998（戊寅）<br>蛇：1917（丁巳）1953（癸巳）1989（己巳）<br>猴：1944（甲申）1980（庚申）<br>猪：1935（乙亥）1971（辛亥）2007（丁亥） |
| | 坎卦命 | 鼠：1936（丙子）1972（壬子）2008（戊子）<br>兔：1927（丁卯）1963（癸卯）1999（己卯）<br>马：1918（戊午）1954（甲午）1990（庚午）<br>鸡：1945（乙酉）1981（辛酉） | 虎：1914（甲寅）1950（庚寅）1986（丙寅）<br>蛇：1941（辛巳）1977（丁巳）<br>猴：1932（壬申）1968（戊申）2004（甲申）<br>猪：1923（癸亥）1959（己亥）1995（乙亥） |
| | 离卦命 | 牛：1937（丁丑）1973（癸丑）2009（己丑）<br>龙：1928（戊辰）1964（甲辰）2000（庚辰）<br>羊：1919（己未）1955（乙未）1991（辛未）<br>狗：1946（丙戌）1982（壬戌） | 牛：1913（癸丑）1949（己丑）1985（乙丑）<br>龙：1940（庚辰）1976（丙辰）<br>羊：1931（辛未）1967（丁未）2003（癸未）<br>狗：1922（壬戌）1958（戊戌）1994（甲戌） |

※A组命卦的四大吉方：正北、正南、正东、东南

※A组命卦的四大凶方：西北、西南、东北、正西

<table>
<tr><th colspan="2">命卦</th><th>男（公元出生年）</th><th>女（公元出生年）</th></tr>
<tr><td rowspan="4">东西命卦（B组）</td><td>乾卦命</td><td>牛：1913（癸丑）1949（己丑）1985（乙丑）<br>龙：1940（庚辰）1976（丙辰）<br>羊：1931（辛未）1967（丁未）2003（癸未）<br>狗：1922（壬戌）1958（戊戌）1994（甲戌）</td><td>牛：1937（丁丑）1973（癸丑）2009（己丑）<br>龙：1928（戊辰）1964（甲辰）2000（庚辰）<br>羊：1919（己未）1955（乙未）1991（辛未）<br>狗：1946（丙戌）1982（壬戌）</td></tr>
<tr><td>坤卦命</td><td>虎：1926（丙寅）1950（庚寅）1962（壬寅）<br>1986（丙寅）1998（戊寅）<br>蛇：1917（丁巳）1941（辛巳）1953（癸巳）<br>1977（丁巳）1989（己巳）<br>猴：1932（壬申）1944（甲申）1968（戊申）<br>1980（庚申）2004（甲申）<br>猪：1935（乙亥）1959（己亥）1971（辛亥）<br>1995（乙亥）2007（丁亥）</td><td>鼠：1924（甲子）1960（庚子）1996（丙子）<br>兔：1915（乙卯）1951（辛卯）1987（丁卯）<br>马：1942（壬午）1978（戊午）<br>鸡：1933（癸酉）1969（己酉）2005（乙酉）</td></tr>
<tr><td>艮卦命</td><td>虎：1938（戊寅）1974（甲寅）2010（庚寅）<br>蛇：1929（己巳）1965（乙巳）2001（辛巳）<br>猴：1920（庚申）1956（丙申）1992（壬申）<br>猪：1947（丁亥）1983（癸亥）</td><td>鼠：1912（壬子）1936（丙子）1948（戊子）<br>1972（壬子）1984（甲子）2008（戊子）<br>兔：1927（丁卯）1939（己卯）1963（癸卯）<br>1975（乙卯）1999（己卯）<br>马：1918（戊午）1930（庚午）1954（甲午）<br>1966（丙午）1990（庚午）2002（壬午）<br>鸡：1921（辛酉）1945（乙酉）1957（丁酉）<br>1981（辛酉）1993（癸酉）</td></tr>
<tr><td>兑卦命</td><td>鼠：1912（壬子）1948（戊子）1984（甲子）<br>兔：1939（己卯）1975（乙卯）2011（辛卯）<br>马：1930（庚年）1966（丙午）2002（壬午）<br>鸡：1921（辛酉）1945（乙酉）1957（丁酉）<br>1981（辛酉）1993（癸酉）</td><td>虎：1938（戊寅）1974（甲寅）2010（庚寅）<br>蛇：1929（己巳）1965（乙巳）2001（辛巳）<br>猴：1920（庚申）1956（丙申）1992（壬申）<br>猪：1947（丁亥）1983（癸亥）</td></tr>
</table>

注：以每年农历的立春为界，立春后才属于新的一年，通常是每年新春2月4日。

※B组命卦的四大吉方：西北、西南、东北、正西

※B组命卦的四大凶方：正北、正南、正东、东南

## 八星的作用及影响

这吉凶不同的八颗星，作用及影响也各自不同。

**生气吉方**：是每一个人第一吉利的位向，是人们所说的精力旺盛、生气蓬勃和前途光明的象征，同时也是象征成功的方位。在这个最有利的方向，能提高工作效率，使人健康快乐、长寿，不能将这个方位作为浴室或厕所，否则会破坏风水。

**天医吉方**：是每一个人第二吉利的位向，代表的是健康方面的问题。如果这个位向好，房子的结构和外形完整无缺，或稍稍凸出，又不作浴、厕，就可以祛病除灾。即使是经常生病或体质衰弱的人，住进这方位的房子，时间久了，也可以借自然的力量改善体质，延年益寿，并能使治疗药物发挥更大的效力。

**延年吉方**：是每一个人第三吉利的位向，这个方位具有延年益寿、增强生命力及抗疾病能力的作用，并且促进感情的滋长、婚姻的和谐，使家庭美满。

**伏位吉方**：是本从吉方，也就是最起码的平顺吉方，可以利用这些吉方作为大门进口、卧室、书房、起居室及门向、桌向。床向、灶向都对自己有利，据说，以伏位作为卧室及床向，在生育方面大多有利于男。这是一个有利于发展的方位。

**绝命凶方**：是每一个人最不利的位向，以阴克阳，影响健康、导致不孕、破财及容易发生意外灾祸。

**五鬼凶方**：是每一个人第二凶祸的位向，以阳克阳、以阴克阴，容易遭窃、火灾、患病、诉讼及口舌是非。

**六煞凶方**：是每一个人第三凶祸的位向。

**祸害凶方**：是每一个人第第四凶祸的位向，五行相克。

我们对吉凶星有了大约的了解之后，便可以根据自己的命卦来设计家居的布局，决定将睡床放在哪个方位，纳气口要设在哪个位置。

在布局的同时，我们要明白一点，就是家煞的出现。这应验在不同的家庭成员身上，并非每个人都会出事，出事的严重性亦因人而异。究竟哪个人会受灾，哪个人会科发，这关系到一个命卦的问题。所以说自己的命卦要与住宅相配合。

## 洛书的利用法

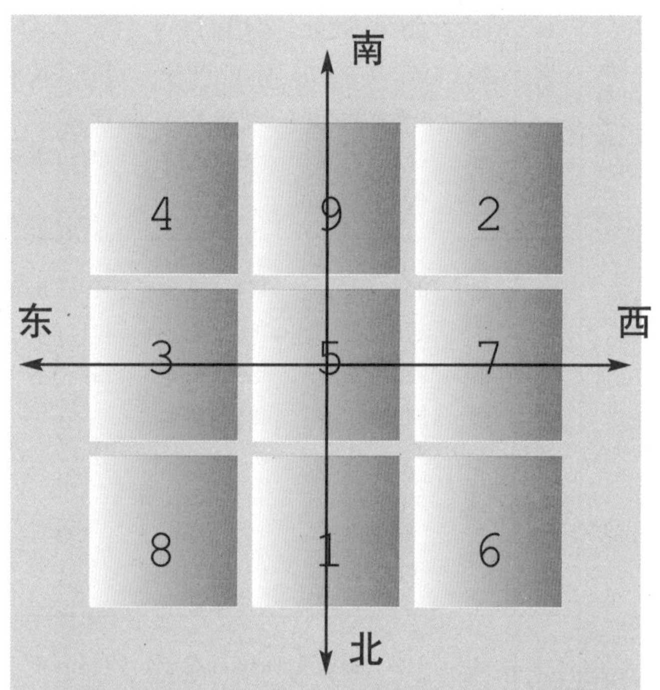


**东方：公演** 讲话人站立的位置与听众的椅子的摆放位置是成功的关键。

**东北方：用餐** 用餐的场所和用餐时面对的方向会给风水带来重要的影响。

**西方：职场环境** 为了取得事业上的成功，面向最大吉方位办公是很重要的。

**西北方：睡眠** 即使不能在家中最高的位置睡觉，也要保证头朝向最大吉方位。

# 飞星风水：时间的维度

理学风水还以飞星风水的形式来处理时间方面的问题。这个学派不如形学风水和原来的理学风水久远。飞星能使人预测并掌握时运，预测未来数月和数年的运气。

飞星学是根据洛书九星挨排理论与地理形态相结合，去选择最佳的居住空间的学问。飞星风水运用的原理就是根据时间与空间相互作用而产生的吉凶，再通过人的主动性进行调整，从而将天、人、地三才协调和谐的天人合一观。目的是为达到身心的安康、人生的顺意、事业的兴旺、社稷的昌盛。

## 时间的概念

飞星风水的博大渊宏在于懂得把时间这个元素纳入风水学，而洛书的9个方格也是依循这个道理随时间变化的。

飞星风水主要是讲元运的，以180年为一个大元运（三元九运），每个大元运共有三个甲子（60年），每个甲子则有三个元运（20年），上元分有一、二、三运；中元分有四、五、六运，下元分有七、八、九运。

上、中、下元运180运年是永远不断循环的，一个三元九运完了，又轮到下一个三元九运。而每个方位的吉凶在20年后便会改变，可能变成凶方，亦可能变成吉方。每个20年的元运均有一个主宰数字，例如1984～2003年的20年元运便由下元的“七”字主宰。

飞星派最重要的是讲究二宅风水有没有运，有运则催财催丁，尽在掌握之中，没运则丁财两败。飞星风水除了要讲究元运外，亦讲究主命与宅之配合。

## 洛书上的数字

洛书古称龟书，传说有神龟出于洛水，其甲壳上有此图像，结构是戴九履一，左三右七，二四为肩，六八为足，以五居中，五方白圈皆阳数，四隅黑点为阴数（见下图）。

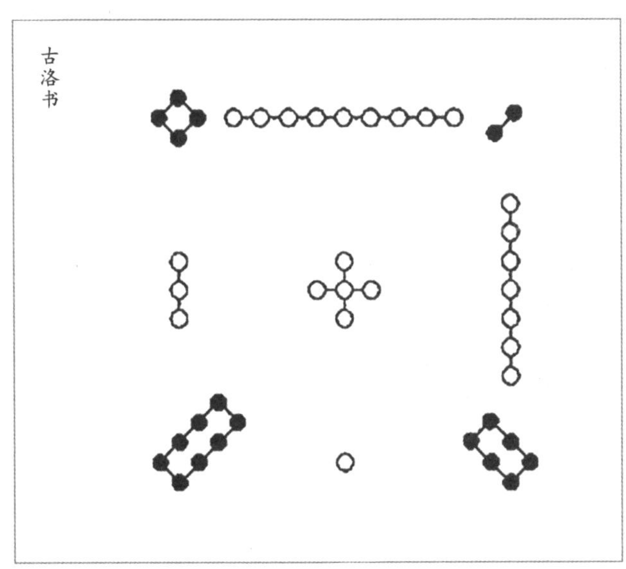

洛书是术数中乘法的起源。口诀：六八为肩，腰为七三；二四为底，一九中穿；五为中间。

| 8 | 1 | 6 |
|---|---|---|
| 3 | 5 | 7 |
| 4 | 9 | 2 |

洛书与九宫有着密不可分别的关系。口诀：一数坎兮二数坤，三震四巽数中分；五为中宫六乾是，七兑八艮九离门。

| 6乾宫 | 1坎宫 | 8艮宫 |
|---|---|---|
| 7兑宫 | 5中宫 | 3震宫 |
| 2坤宫 | 9离宫 | 4巽宫 |

洛书九宫数，以1、3、7、9为奇数，亦称阳数；2、4、6、8为偶数，亦称阴数。阳数为主，位居四正，代表天气；阴数为辅，位居四隅，代表地气；五居中，属土气，为五行生数之祖，位居中宫，寄旺四隅。由此可得出三点：①洛书九宫是观测太一之车，即北斗斗柄从中央临御四正四隅而形成的。②提出了洛书九宫与八卦的阴阳变化存在的密切关系。③阐明了“太一游宫”引起的四时八节及二十四节气的节令转移和气象变化。

那么河图洛书中真的隐含着宇宙之理吗？其内容又是什么呢？我们在这里只谈洛书，即九宫图。把九宫图中的数字排列来进行详解一番，或可看出一定道理来。首先，在九宫图中，从任意一个方向（就是横、竖、斜相加）计算数字之和总是等于15，这一点使很多人认为洛书是很具有魔术性的。

除此之外，还有什么数字玄机呢？大家可以试着把数递变为两位数相加，如把左右两列数字分别依序相加，其和依然相等。我们以左边的4、3、8与右边的2、7、6为例加以说明，即43+38+84=27+76+62。无论是从上往下递变，还是从下往上递变，相加之和总是相等。递变为三位数或四位数、五位数……依然相等。这些数字的神奇排列真是让人惊诧。还有就是把九宫图用行列式的方法计算，可以得到一个周天数360。

## 飞星风水定吉凶

飞星风水是以地运、坐星、向星以及年月飞星的组合生克来断住宅吉凶。其推断过程为：

①确定住宅的坐向，以确定住宅的山星、向星。同一大厦内的所有住宅坐向是相同的，但其开位方位则各不相同。

②住宅动工兴建的时间，以确定住宅的运盘。地运分为三元九运，每一运20年。即使坐向相同的住宅，只要住宅的运盘不同，则其每宫的山星、向星、运星组合便不同，吉凶自然也不相同。

③在屋宅大厦平面图上用几何的方法计算出屋宅大厦的中心点，用立极规将屋宅大厦分为八宫及二十四山。

④堂局环境，对应平面图在屋宅大厦的实际八宫区域，先看山川形势气脉，再看道路及附近建筑物等落于何星宫，辨衰旺以断吉凶。

## 宅盘

飞星组合有很多种类型，当你找出家宅盘之后，你要知道家中每个方位有哪一组飞星降临。如在飞星盘中见到合十局（合十局的意思，指运星与山星合十，或者运星与水星合十），代表有很好的姻缘，夫妻可以白头到老。正如神农氏要尝百草，才可以找出治病的良药。学习风水的人要争取研究不同的宅盘，除了研究，还要争取亲身去经历那些遭遇，才可以真正体会风水的窍门，从实践经验去取得成绩。

# 数字的解释与含义

数字和数字组合的解释与含义基于以下两种重要的象征性关系：

①数字本身的含义；

②数字与元素的关系，数字中体现的五行元素的相互作用。

## 五行元素

五行元素会影响飞星的解释，是非常重要的。分析、解释元素的相互关系时，所具备的相关知识几乎决定了风水师水平的高低。如果不能正确的理解，就不能够给出真正的纠正措施和强化方法。并且，五行并不是那么简单的，即使理解了五行相生与五行相克，那也只不过是一个开端。事实上，这两者之间的相互作用是非常复杂的。

优秀的风水师理解五行元素相互作用时的微妙状态和差异，也能够给出好的建议，从而达到纠正能量平衡、消除凶能量、激活并强化能量的目的。

从1到9的数字分别蕴涵这一个元素，性质各不相同。例如，3和4都蕴涵着木元素，但是，3是大木，而4是小木；另外，3比较活跃，而4比较稳定；再者，3代表男性，而4代表女性等等。

罗盘

## 数字的其他含义

数字根据他所对应的小成卦还有另外的含义。分为两种：数字与小成卦的象征性关系是根据洛书中数字的位置进行解释的；在解释宅盘与其间的洛书飞星图时，必须要确认飞星图中数字的关系。例如，1号表示洛书的小成卦“坎”，而1999年的飞星图中1号是向中心聚拢的。这就是说表示“水”的坎向“地”的中心聚拢。根据传统的分析方法，虽然水向地聚拢，但是，只要水量不大，就不会对地有害。

这样的象征性关系即中国的数秘学的解释基础。理解五行元素的微妙含义是很重要的。风水并不仅仅表示某元素或者数字的好与坏，数字的发生频率也与此有关。任何事物过剩都会破坏协调性和平衡，风水也就变坏了。

**Tips 小贴士**

**※ 飞星五行组合生克制化关系**

飞星盘上有九个宫位，每个宫位上有三个飞星组合，若再加上地盘八卦一行，共有四个数组合。实际上每个数字都包括一种不同五行数和五行关系组合，一为水，三、四为木，二、五、八为土，六、七为金，九为火。

通过飞星盘上各个宫位上飞星五行生克制化后，我们必须要进行宅主的命局与飞星喜忌组合关系。

# 第五章 象征主义的风水

象征是风水学里重要的一环，而且普遍地为中国人所使用。比如说，三个用红线串在一起的硬币，代表财富；一对鸳鸯象征人际关系的拓展；葫芦寓意福禄、吉祥，人们认为它可以祈求幸福。

其中一个加强运气的方法就是把类似上述的象征物根据八卦的原理放在正确的方位。例如财富和人际关系属木，所以在东方和东南方放置植物或花卉可以增加财运。这些植物必须活着，而且是健康的。放枯死或是不健康的植物，即使是干燥花，都会产生负面的气而带来坏运。

## 象征主义的由来

象征主义的由来要追溯到很久以前易经时代的中国。中国的语言和文字都是从象征物衍生的。八卦中小成卦的实线和虚线也是象征。中国的所有仪式、信仰、民间传统都充满着象征主义。慎重选择象征物，摆放在个人职场或自家住宅相应位置，会招来好运。

在民间，普通百姓虽然不懂得礼法，对于各种建筑物有什么定制、房屋方位如何选择、室内怎样摆设也不懂得道统，但是，他们却懂得建房、修墓必须请人即“堪舆家”或“风水师”看“风水”；并且出于风水的要求，往往在建筑物上还要加上各种装饰，施以各种色彩，从而使之具有某种寓意，而成为某种象征。

因此，在建筑物的装饰上便常常可见各种动物的造型，如麒麟、凤凰、龟、龙和白虎，马、羊、等也是常见的用于建筑物上的装饰。不过，在所有象征性动物中，最重要的是龙与狮子。

古时代，龙总是与皇帝联系在一起的。《古今注》说：“皇（黄）帝乘龙上天。”而汉墓砖画中也的确有《黄帝巡天图》，这样龙便与皇帝有了联系。后来，汉高祖由于出身低微，为证明自己是龙的后代，自称龙子。自此以后，皇帝便以真龙天子自居。于是，皇帝所有的宫殿、穿戴的衣冠、器具，以及供其赏玩的工艺品上都出现了大量的龙，龙成为了皇帝的象征。

狮子以凶猛著称，但有时也憨态可掬。它的勇猛使它成为守门的卫士，而它的可爱又使它成为建筑物

上的装饰。

除了各种动物装饰以外，还有各种植物作为装饰，它们同样具有象征意义。诸如，牡丹象征富贵，菊花象征高雅，松柏象征长寿，竹子象征傲骨，兰草象征幽娴，荷花象征高洁，葫芦、石榴、葡萄象征多子，等等。此外，还有梅花、水仙、海棠、灵芝等也常常作为象征物而被用于住宅建筑与装饰上面。

由此可见，在中国的传统生活中，几乎无处不有文化内涵，无处不有象征意义，因此，我们完全有理由说，象征主义是中国传统文化的基本特征。

Tips 小贴士

**※ 室内装饰的象征意义**

古时，除了传统建筑常常以各种象征物装饰外，在室内装饰上，也多富有象征意义。诸如由“寿”字、“福”字组成的图案在于表现吉祥，并由此还组成了“五福庆寿”、“二龙捧寿”等图案。另外，各种动物图案与花卉图案相结合而组成“子孙满堂”（由松鼠、葡萄组成）、“居家欢乐”（由菊花、麻雀组成）、“喜上眉梢”（由梅花、喜鹊组成）、“挂印封侯”（由猴子、松树、蜜蜂、印绶组成）、“万事如意”（由如意、柿子等组成）、“富贵白头”（由牡丹、白头翁组成），等等，均取自吉祥寓意。

# 增强运势的象征

风水是居住环境中相当重要的一部分，在某种程度上说，风水可以改变个人及家庭运气。要想有好运势，就必须让风水与居住环境相生相旺。

那么如何改变风水呢？改变风水有没有什么技巧呢？从专业风水布局的角度分析，居家的摆设须融入风水，命局中所有的信息，必须在风水或运数的配合下才可反映出来，尤其是环境风水。看房型等于相人的面相，家居摆设好比人的内脏五行，人的内脏五行不通，必然生病，也就是说居家内部摆设风水不好等于人的内脏有病。所以，居家的摆设一定要配合业主的命中五行，首先找出生旺业主的方位，找出真假财位、桃花、官位，再确定各房间的布局及主人房、沙发位、电视位等。

在装饰布局方面，我们要注意合理安排吉凶旺位，对室内色彩、空间及家具的大小、尺寸、材料选择等都要准确定位，同时还要对植物、装饰物如何摆放等进行一系列整体布局。

现今很多人都注意居家风水，因为除了改善家居环境外，还可以改变运势，包括财富运、健康运、事业运等。而居家运势的好坏，大部分与居家环境设计、布局有关。因此，正确理解居家环境设计与现代风水的关系，将有助于家运的兴旺。

# 象征的作用

中华民族有着一种特殊的思维方式——象征主义。"象征"的本体意义和象征意义之间本没有必然的联系，是通过对本体事物特征的突出描绘，会使人们产生由此及彼的联想。

另外，根据传统习惯和一定的社会习俗，选择人们熟知的象征物作为本体，也可表达一种特定的意蕴。如红色象征喜庆，白色象征哀悼，竹子象征平安，龟象征长寿，貔貅象征财富，鸳鸯象征爱情等。运用象征主义，可使抽象的概念具体化、形象化，可使复杂深刻的事理浅显化、单一化，还可以延伸描写的内蕴，创造一种艺术意境，以引起人们的联想，增强信心，带来稳定的心理效果。

在风水学中，家中每样物品都是有能量的。当你家中陈列的物品都是你喜欢的，而且妥善被利用时，它们会成为你最大的支柱力量；反之，就会拖垮你的能量，它呆在你身边越久，影响就越深。

具有象征意义的吉祥物有很多。吉祥物的起源来自古代的护身符。如古人出行，家人为其挂一贵重的东西在身上，祈求保佑行人平安归来；小孩多病，挂一物件在身，让小孩平安少病，等等。

现在社会发展了，生活水平提高了，什么样的吉祥物也有了，可谓是琳琅满目、花样百出。一些人听了他人的指点或者为求得心理安慰，不惜重金，在家中放了好多吉祥物。这到底有没有用，又能起到多少作用呢？值得商榷的。因为吉祥物虽然都有美好的象征意义，但不能因此而在家中随意大肆地摆放。我们需要对症下药，比如某种吉祥物放在什么地方可以化凶为吉，哪种人需用什么样的吉祥物，才能吉祥如意，等等，这都应该在专业人士的指导下摆放。

风水是讲气对人的影响，气和人之间的关系问题。如果片面地用吉祥物来调节风水，就是偏离了风水学的理论和观点。生活中，我们应该懂得自然规律，夫妻不和、商界失败、学习不好、生了病，等等，应当理性分析和处理。

吉祥物有的音吉祥，有的形状吉祥，有的所代表的意义吉祥，在实际生活中这些都能起到吉祥的作用，却不能起到改变运气运程、改变气场环境的作用。一些小物件在住宅中能够发挥很大的积极作用，它能让人精神向上、精力充沛，或可使人得到安慰、鼓舞，获得信心和力量。在风水方面，这些小物件往往能起到四两拨千斤的作用，改善视觉，调节心理，让人精神愉悦、态度积极，对人生和未来充满希望。

吉祥物一般摆放在室内，距离人活动的场所愈近，效果愈佳，而化煞物品一般摆放在室外，对准室外不良形状的物体的方向。

# 家中物品的象征

风水学认为，房子实际上象征着人。房门是人的口，玄关两侧的房子是人的肺部，中心是人的心脏，后门是人的肛门，房顶是人的头，窗户是人的眼睛和耳朵。并且，房子也和人体一样是左右对称的。

房子的形状不好，或者是哪里存在缺陷，都会对居住在里面的人造成影响。在危险、不安定的土地上建成的房子，住在里面的人也会感到不安。每天打开的门如果正对着围墙或者大树，这就象征着遮断，会使能量停滞，给主人的人生带来障碍。就像是人的嘴里堵着什么东西、呼吸不顺畅的状态。另外，阳光不足或者过于充足都会危害身体，平衡和协调是非常重要的。

经常走动的房间如睡房、客厅、厨房是最重要的，必须安排在好位置。西南方的角落象征人际关系及婚姻幸福，如果厕所已经被安排在这个地方，那将会导致一种不必要的压力，好像“把你的人际关系和婚姻冲到厕所”的感觉。显然，你并不能把所有的房间都挪置到最适合的方位，这时就必须通过风水学来协助克服这个问题了。

家居各个不同的空间布置，和一个人生活顺不顺有着相当大的关系。而风水中的八卦就是利用其中的道理，来测出你哪个地方该改进。当你感到最近的生活特别杂乱，常感觉劳心的时候，就可以先找出杂乱的方位在八卦的哪个位置，再对照你最近的生活状况，找出最有可能出毛病的地方，将之改进。

室内空间的大小和室内家具设备的布置直接影响生活，而室内景观环境的好坏，也会影响人的情感，故创造一个温馨的家居，有助于人体健康。

铃声是一种清脆、柔和的声音，可以带给人安宁，有舒缓紧张精神的作用。在家中挂放风铃，可调节生活气氛，有助减少困扰和烦恼。

照片、画、宝石、雕像等无生命的物品也是带有“气”（也就是能量）的。它们都会影响所在场所和空间的能量，所以，一定要摆放能够给家人精神、身体带来积极能量的物品。

山的形状、颜色、植被、方位也象征着各种不同的能量。例如，绿色的圆形的山在房子的后面，会产生守护和积极的“地”的能量。但是，如果大部分是陡峭的或者有很多岩石的山，就不会带来任何善意的守护。因此，居住空间中所有的物品都具有象征意义。只有认识了解周边环境及其影响，才能够选择适合的象征物，从而对居家起到积极的作用。

如果能够正确实践象征主义风水，会有助于促成

能量的良好循环。在打造招来幸运环境上花费越多精力，受惠就能够越大。因此，居住空间中的所有物品都应该慎重选择、慎重配置。颜色、场所、数字、形状、尺寸、种类以及其他的种种因素都有着特别的含义，都会带来特定的影响。

## 家中颜色的象征

不同的色彩有不同的象征意义。如深蓝色基调，看久了，会产生阴气沉沉、个性消极的感觉。家中的紫色多者，虽然说是紫气满室香，可是紫色中所带有的红色系列，无形中会发出刺眼的色感，易使人有一种无奈的感觉。漆粉红色是最为大凶之色，容易使人情绪暴躁，发生口角、吵架之事频繁，最好不用此色。绿色太多，也会使人意志消沉（一般说来，眼睛应多接近绿色，但事实上，此绿色是指大自然之绿色，而非人为之调配绿色）。中国人总认为红色是吉祥色，但是红色多者，会使眼睛负担过重，所以红色只可作为搭配之少部分色调，不可作为主题色调。家中黄色多者，心情忧闷，使人的脑神经意识充满着多层幻觉，有神经病者最忌此色。橘红色能使人充满生气，有温暖的感觉，但过多的橘色，也会使人心生厌烦。

# 带来好运的代表性象征

中国人利用民间传说符号由来己久。正像西方一位心理学家所说的那样，风水象征物不仅在深层、身体和心理上起作用，而且已被过去的成百万的实践所证明，它可以对群体的潜意识产生重大的影响。

因为风水本身是非常具有象征性的，所以在这里也收录了一些民间最有代表性的象征物。在你把这些象征物都当做迷信弃之不理前，请想想即便是紫禁城也根据风水的原则装饰有这些动物或植物符号，这些象征物揭示了中国人对待运气和财富的总体态度。

①驱邪化煞的象征物：集齐所有开运要素的山海镇平面镜，具有强烈化煞效果的八卦凸镜、八卦凹镜、八卦平光镜，提高气的流动性的镜球、镇宅的铜制狮子牌，净化气场的铜锣，化解邪气的阴阳八卦吊坠饰物等。

②吉祥长寿的象征物：人气最高的长寿象征物有龟、寿桃、松鹤同龄、幸运竹、石榴、麒麟、福寿娃、寿星、麻姑等。

③平安纳福的象征物：观音像、平安瓶、18粒佛珠、风水五帝麒麟宝、天然葫芦、五福圆盘、风铃八卦盘、爆竹饰品等。

④招财旺财的象征物：貔貅、招财猪、风水竹箫、财神、蟾蜍、大钱币、年年有余玉佩、金鱼缸、金桔、财富马车、五鼠运财、仰鼻象、松竹梅、古钱、元宝、聚宝盆、摇钱树（中国画常见的题材）等

⑤求学升职的象征物：让人振作奋发的马饰物，象征精力充沛、不怕困难的紫檀骆驼，象征步步高升的笔筒饰物，名利双收的大鹏展翅，象征金榜题名的鲤鱼跳龙门，象征聪明、智慧的文昌塔、卧龙砚台等。

⑥婚恋富贵的象征物：花开富贵、鸳鸯、龙的圆盘、牡丹、凤凰圆盘、天长地久等。

⑦守卫和攻击的象征物：剑、斧头、箭和猛兽类等，猛兽类尤以狮子和老虎的威力最大。

⑧四圣兽：青龙、朱雀、麒麟、龟。

⑨吉祥八宝：吉祥结、莲花、宝伞、白海螺、胜利幢、金鱼、宝瓶、金轮宝。

⑩代表幸运的植物、花卉：松、竹、梅、菊、兰、牡丹等。

⑪其他的吉祥物有庆贺新婚之喜的“喜”字，象征长寿的桃子和松树，象征生意兴隆、学业有成的锦鲤或金鱼等。

# 数字的重要性

记住可以招来好运的数字，运用起来就会很方便。如1、6、7、8都是非常幸运的数字，在摆放装饰物时选择以上数字对应的数量就是一个好办法。

下面是招来好运的物品的装饰方法的事例：

①6条鱼的画。放在房间的西北方是最合适的。

②北方位的1只乌龟。1是表示北的数字，乌龟象征着长寿、守护、职员、权利、财运等所有的幸运。乌龟的摆饰放在房间的北方才能够发挥它的象征作用。

③6枚铜钱。放在房间的西北方位，能够激励父亲的运势。

④7个水晶球。放在西方位能够给家人、尤其是下一代带来大幸运。

⑤东北方位的八个明亮的灯饰。照明起到加强幸运的作用，东北角是家中最适合设置照明的位置之一。8是表示东北方位的数字。另外，数字8不论何时应用、用于什么样的场合往往都被认为是吉。车牌号、住所电话号码等带有8都被认为是幸运的。

除了以上的这些数字，还有一个最幸运的数字9。9表示南方位，从金鱼的数量到硬币的数量，全部选择9，通常会带来好运。

# 数字的象形意义

以下介绍的是从0～1数字的象形意义。

数字1的象形意义：竖写如悬针，故刑克六亲。横写如水面，吉凶多现。横写最能体现吉凶意义。观其形，知其六亲生克。左侧高，必克父，（左侧带钩，主伤灾，父有病伤，尤其手脚）右侧带钩，刑克儿女，一字弯曲，社交不利。横为横，竖看为竖。

数字2的象形意义：其形如同后天八卦运行曲线。写成中文汉字“二”，则有别离之象，因此象征夫妻分离、分居或丧偶。“二”是寡妇的象征，同时又是尼姑、道姑、气功师等的象征。

数字3的象形意义：此在相法、风水中都有运用。“3”是阴阳气场运行曲线的一半轨迹。是天开地泰、水火交融的象征。写成汉字“三”，则具有天、地、人三才关系。天居其上，主父亲、上级领导、头部；人居其中，主兄弟、姐妹、同事、朋友、胸腹部；地居其下，主母亲、下级、腿脚。

数字4：其形如破军，主伤灾、癌症、身体某部位长瘤。“4”分解之后，即为一条斜线加“十”字，此为交通事故的象征。将其写成汉字“四”则具有犯官灾的含义，还有克子女的信号，在身体上主头脑发晕。

数字5：其形如“S”，是先天八卦运行曲线的体现。将其写成汉字“五”，便是一个变体的“三”，因此对兄弟姐妹、朋友、同事有一种伤克作用，是孤家寡人的象征，风水上叫作“二五交加，非孤即寡”。数字25是天数的象征，其位至高，有孤独之象（人在高处不胜寒）；数字30是地数的象征，利女，不利男。

数字6：其形如风水山脉之结穴。将其写成汉字

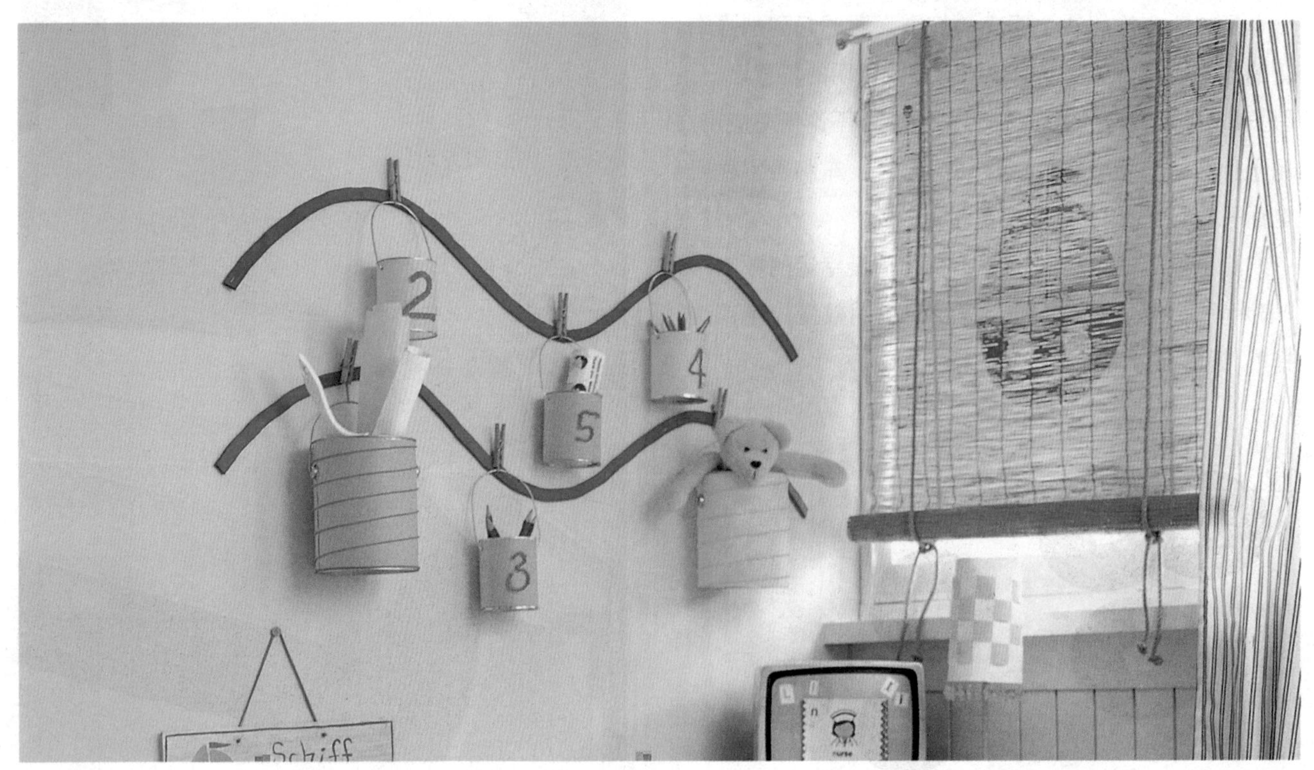

"六"，代表上克父母、下克儿女。"六"分解后，亦具有天、地、人关系：一点主头破，容易受到外来力量攻击；一横主平安，弟兄辈无事；地，呈"八"字，主分离。

数字7：其形如拐角，写成汉字"七"，则如匕首、金钩，故以刀来论，主伤灾、血光，恰恰符合兑卦的伤折、毁坏之含义。凡居住在死胡同或巷道末端以"七"来论。

数字8：既是阴阳八卦的运行轨迹，又是无极气场的象征，是先天气、后天场的单位符号。将其写成汉字"八"，则有分离之象，多主婚灾和家庭不幸。

数字9：其形如倒"6"，有水满外溢之象，主耗财、血光。将其写成汉字"九"，主伤灾。

数字0：其形如太极圈。汉字"十"是阴阳交接的体现，也以"0"来论。十字路口（包括丁字路口）便具有"0"的意义。由于"0"主混沌未开，因此主十字路口拥挤和交通事故。

任何一个字都可以按九宫八卦方位进行分解，数字与宫位之间便形成一种组合，产生生克吉凶意义。然而单个数字的意义并不太大，只有数字与数字构成组合论生克作用，其意义才显得非常重要。

Tips 小贴士

※ 养鱼的数目

也许有的人会问，养什么种类的鱼为佳？养生命旺强容易养的鱼，一般人们都是养金鱼，因金鱼的生命力比较强，比较耐养，容易打理。

那么，养鱼的数目有一定规律吗？一般我们都是以洛书数来确定养鱼数目。

一条——一白水，可以旺财。

二条——二黑土克水，不利财运。

三条——三碧木泄水，不利财运。

四条——四绿木，虽泄水，但四绿为文曲星，以吉论。

五条——五黄土克水，不利财运。

六条——六白金生水，有利财运。

七条——七赤金生水，虽为凶星，但有相生之情，以吉论。

八条——八白土克水，但八白为左辅星，为吉。

# 能够给予能量的好运象征

风水中有许多种风水手法，可以选择合适的手法在自己的房间或办公室以及店铺中摆饰或挂饰，它们可以起到驱散阴、邪、煞等“魔”，激活自身能量，呼入人脉，财运、恋爱运、商业运等，各种运气都会好起来。

**能够给予能量的象征物**

| 方位 | 元素 | 序号 | 给予能量的象征物 |
|---|---|---|---|
| 北 | 水 | 1 | 水草、池塘、蓝色、钱币、风铃、鱼等 |
| 南 | 火 | 9 | 照明、植物、红色 、马、朱雀、睡莲、牡丹(也包括芍药) |
| 东 | 木 | 3 | 植物、水果、花、龙 |
| 西 | 金 | 7 | 风铃、金砖、鹤 |
| 西北 | 金 | 6 | 神灵、桃、铃铛、杯子 |
| 西南 | 土 | 2 | 双喜、鸭子、牡丹（也包括芍药)、照明、水晶 |
| 东北 | 土 | 8 | 水晶、照明、水壶、杯子 |
| 东南 | 木 | 4 | 三只脚的蟾蜍、帆船、蝙蝠 |

# 繁荣、成功、富有的象征

### 古钱

铜古钱在风水中属于五行中的“金”，故此，作为化煞效果很强的风水手法一直备受欢迎。再者，其使家庭和工作场所的气氛和睦融洽、使事物良性发展、增强运气和财源不断的招财效果也非同一般。

在种类繁多的古钱中，效力特强，经常作为重要风水手法使用的是中国清代（1616～1912）的君临天下的10位皇帝所发行的铜钱。它们是顺治通宝、康熙通宝、雍正通宝、乾隆通宝、嘉庆通宝、道光通宝、咸丰通宝、同治通宝、光绪通宝、宣统通宝，它们被认为是具备了这些皇帝的强大的能力和绝对的权利。为了得到这些古钱上的力量，可以将古钱吊在房间里，埋在地底下或贴在鲁班尺上再放在大门上，等等。

将这10枚古钱全部集结起来用红线串起来就叫做“十帝古钱”，它有“集聚最强力量和威严，使邪恶无法靠近”的效果。可惜，由于现在它们成为古董，有极高的收藏价值，极难买到，所以目前使用的几乎都是复制品。

另外，还有“六帝古钱”。这是10个皇帝中的顺治、康熙、雍正、乾隆、嘉庆、道光6个皇帝所发行的铜钱，收集起来称之为“六帝古钱”。正因为这6个皇帝当朝君临天下时有着特别强大的权利和威严，几乎可与10个皇帝力量的总和相匹敌，所以单独组成六帝古钱。将六帝古钱吊在家中，可以使家庭成员平安健康、朝气勃勃，工作也能顺利进行。

再者，还有“五帝古钱”，它一般用于希望“招财力”和“威慑力（权利）”两者皆有的时候。“五帝古钱”实际上是除去道光通宝后的其他铜钱集结而成的。除去道光通宝的原因是：道光皇帝虽然很有威严，却不甚有财力。故此，想要谋求财运时，务必要使用除去道光通宝后的“五帝古钱”。

其他还有一些清朝古铜钱，如形状像剑一样的“古铜剑钱”，它对于商业买卖和生意等的财运有提升作用。

这些古钱根据吊挂的位置不同所起到的效果也不同。如果想旺财运，可以将古铜剑钱吊在“金库”或现金收银机附近；如果想防止邪气的入侵，可以将其吊在大门的外侧；如果想化煞已经进入房间内部的邪气，可以将其吊在一进大门就可以正面看到的位置。

当然，将古钱分开使用也很常见，比如，单独将古钱放入钱包里，也可以起到旺财运的作用。

### 宝瓶

又称贤瓶、德瓶、如意瓶、吉祥瓶、阏伽瓶。瓶原来是盛水容器，佛教将它作为吉祥物，内装宝石或圣水，表示佛法是一切众生解脱苦海的甘露；瓶上插有摩尼宝珠，象征吉祥、清净、财运，或福智圆满，是佛之善法宝库，能满足众生一切愿望。

宝瓶内可置五宝、五谷、五药、五香等20种物，并满盛净水，瓶口可插宝花、宝珠为盖，瓶颈系彩帛以作装饰。宝瓶显地大之形，地大乃“阿字本不生”之位，即表征众生本有的净菩提心之理德。内置20种物即开显菩提心之德。

瓶口插有孔雀翎或如意树，即象征着吉祥、清净、财运和圆满，又象征着聚宝无漏、福智圆满、永生不死。宝瓶更是密宗修法灌顶时的必备法器之一，象征佛之善法的宝库，能满足众生的一切愿望。宝瓶象征佛的颈，宝瓶中充满甘露，代表佛不断地说法以利益众生。就世间法而言，宝瓶象征着我们掌握着财富之源，更象征着我们像宝瓶一般可以装载和拥有无限的财富和福报，福报无量，寿无量。

### 三脚蟾蜍

在风水界中，活跃着一种只有三只脚的特殊的蛙，古人称之为“三脚蟾蜍”。

传说，蟾蜍因为要收集来自前方、左面、右面三个方向的财并将其积累起来，所以就变成了三只脚。作为专门用于提高财运的风水装饰物，其所到之处都受到极大追捧。蟾蜍伏在钱堆上，口衔铜钱占领着阵地的样子，俨然一个威风凛凛的财务人员正精打细算地不断积蓄和占有财宝。三脚蟾蜍对财运起着飞跃性的提高作用，其中对商业发展的作用是巨大的，一般摆放在办公场所和店铺的进出口。

摆放方法是：一天刚开始上班，就将蟾蜍面向着出入口方向放置；下班时，改成面向着室内方向放置，并用手抚摸蟾蜍头部，以示对其劳苦一日的抚慰。在家里摆放也是一样，外出工作时，将其面朝外放置，下班回家后，将面转向家内并抚慰它。

传说三脚蟾蜍原来是有主人的。在《刘海蟾》的故事中，三脚蟾蜍的主人叫做“刘海操”。据说只要对着此蟾蜍叫“刘海仙人到”，蟾蜍就会马上将口里的金银财宝统统吐出来。

饰物中还有一种口中不衔铜钱的蟾蜍叫做“大王三脚蟾蜍”，它不仅可以提高财运，而且当希望拥有高瞻远瞩和超能力时可以使用它。将它与三脚蟾蜍一起摆放，能量提升会更胜一筹。

自古以来，三脚蟾蜍广泛用于提高财运。其种类繁多，如大王三脚蟾蜍、铜制元宝三脚蟾蜍、镀金三脚蟾蜍、携带水晶制的三脚蟾蜍等，可以依照个人喜好选择适应自己的类型。

蟾蜍寿命很长，得金蟾者，无不大富。

**Tips 小贴士**

**※ 关于蟾蜍的其他传说**

古代神话传说中有“月中有蟾蜍”之说。传说这只蟾蜍是嫦娥所变。嫦娥的丈夫后羿是一个射日英雄，他从西王母那里请回不死药，准备与妻子同吃，嫦娥却偷偷地把药吃掉，奔月而去，谁知她一到月宫就变成了蟾蜍，所以，直到现在还有人称月为“蟾”、“蟾宫”。

### 金鱼

又称黄金鱼。鱼是生活在水中的一种动物，能够自由自在地游于水中，故象征自由和超越，代表富裕和祥和。鱼行水中，畅通无碍，可透视混浊的泥水，故金鱼有慧眼之意。

佛教以其喻示超越世间、自由豁达得以解脱的修行者。以雌雄一对金鱼象征解脱的境地，又象征着复苏、永生、再生等意。金鱼眼睛常开，就像佛时时刻刻照顾众生，永不舍离众生一样，所以金鱼的眼睛象征佛眼。

就世间法而言，它象征着我们可以洞察事物本质，有着超人的智慧，从而可以更自由自在地获得财富及自由。

### 红蝙蝠

蝙蝠在中国人眼中属于瑞兽，这是因为“蝙蝠”的“蝠”与“福”同音，故在很多祝贺的图案里都有蝙蝠。在中国，蝙蝠别称“福鼠”，是有人缘的一种动物，很受重视。蝙蝠不仅具有祈福的作用，还有其他良好的效果——它有很强的化煞能力。例如，当天花板上有横梁凸出时，为了化解房梁上的压迫感，可以在房梁上吊一两个蝙蝠吊坠。

在民间，有一种风水化煞吉祥物叫“五福圆盘”，它由五只蝙蝠相连而成的吉祥物，被称为“五福临门”。它意味着人生中的五种福（也是所有的福）都聚集到自己的门口（这五福分别是“长寿”、“富贵”、“康宁”、“好德”、“善终”）。

长寿：寿命很长且福气相伴。

富贵：不会缺少钱财，地位高，受人尊敬。

康宁：身体健康，心神安宁稳定，心无所忧。

好德：常做善事，广积阴德。

善终：在生命终结时，心无牵挂，安心地离开人世。

### 马

马是象征旺盛生命力的动物，可以招财，提高事业运。当用其提高财运时，房间里的摆放位置十分重要，必须放在地干十二支的“午”的方位，即正南的位置。

另外，由于马曾是主要的交通和搬运工具，象征变动和转移，在这方面它所发挥的效果是其他动物不可比拟的。摆放时要放在房间的“驿马位”。驿马位是指玄武壁（北侧的壁）和白虎壁（西侧的壁）相交的角。此时，最重要的是马头的朝向。

如果是转移或留学等情况，要将马头摆向目的地方向。如果对方位不清楚，则马头朝向就不重要。总之，当方向目标确定后，就一定要将马头摆向目的地方向，这时，最好使用方位磁石和地图，以其确定正确的方位。

因为马不属于灵兽，不要将它和狮子、虎等猛兽放在一起，使用时最好放在互相看不到的位置。

# 长寿与健康的象征

## 鹤

鹤给人“仙风道骨”的感觉，被称为“一品鸟”，其地位仅次于凤凰。鹤在中国文化中占有很重要的地位。据说，鹤寿无量，与龟一样被视为“长寿之王”，后世常以“鹤寿”、“鹤龄”、“鹤算”作为祝寿之词。“龟龄”常与“鹤寿”结合，称为“龟龄鹤寿”，祝人长寿的意思。

## 松树

在中国传统文化中，松树占有很重要的地位。作为长寿和坚贞的象征，松树受到文人墨客的咏赞，历来被视为“百木之长”，地位很高，人们常借松以自勉。因松树耐寒，在严寒下，松树的针叶也不脱落，因此又被人视为“长青树”，赋予它延年益寿、长青不老的吉祥含义。自古以来，关于松树的吉祥物很多，如“松鹤同龄”，就是形容松之长寿的意义；鹤经常栖息于松树之上构成的“松鹤图”，是祝寿的最好礼物。

## 龟

龟是为我们大家所熟悉的动物，与龙、凤、麒麟一样是风水中代表性的灵兽。在道教和佛教的寺院中可以经常看到龟的雕刻。龟在中国是长寿的象征，家里摆放龟就好比摆放了吉祥，可以招来幸福。

另外，龟甲形似凸面镜，又像描绘出的弧线，被认为具有可以弹击、打散房屋中滋生的不吉之气的能量。

龟虽然动作慢，但它却象征着有恒心毅力、勇往直前、不屈不挠的精神，因此龟也经常使用在提高事业运、开业运以及职场晋升、营业扩大销路、独立开业运营等方面。

使用时要注意，因陶制品易碎，会导致事业基础不稳，故不宜使用；金属制品最具效果，一般使用铜制的。关于摆放位置，当是金属龟时，因其五行属金，宜放在西方或西北方。

另外，还可以用龟来装饰佛坛以提高财运，此时，龟要放置在佛坛的左手边，而且尽可能用石制或水晶制的，避免使用金属的。

## 桃

传说天上王母娘娘的花园里种的仙桃，三千年开一次花，三千年结一次果，吃一枚就可延年益寿。因此，人们将桃称为寿桃，寿桃象征着安康、长寿。《山海经》载：“沧海之中，有度朔之山，上有大桃木，其屈蟠三千里。”《汉武帝内传》略云：“七月七日，西王母降，以仙桃四颗与帝。”“寿桃”现常作为贺寿佳礼赠送。

## 长寿之神"寿星"

寿星又称南极老人，南极仙翁，经常以慈祥老翁的形象出现。在各种吉祥图案中，南极仙翁身材不高，弯背弓腰，一手拄着龙头拐杖，一手托着仙桃，慈眉悦目，笑逐颜开，白须飘逸，长过腰际，最突出的是有一个凸长的大脑门儿。南极仙翁身边常伴着一个仙童。寿星代表着生命，人们向他献祭，祈求他赐予健康、长寿。

此物最适合在高龄长者生日时赠送。"寿星"一般摆放在卧室最佳，有延年益寿、保健之功效。

## 竹

竹，又称幸运竹或开运竹，一年四季郁郁葱葱，是长寿的象征，又有高雅脱俗之意。竹是风水中常用来开运的植物。它可以安定和净化空气，并招来财气。在乡间，人们都很喜欢在门前种植竹树，取其"竹报平安"之意。在城市里，可能没有这样的条件让你在家门前种植竹树，那么你可以用花瓶养植小的文竹或富贵竹代替，这些也是现代城市家庭里常用的室内绿化装饰。

如果将开运竹放置在充满不吉之气的地方，它会很快枯竭，正因为这一特性，所以它经常被当做判断场地之吉凶的测试器。

开运竹也经常被当做贺喜礼物用在新店开张、新居动工等时候。竹还可以做成竹笛，放在屋内增加吉气。竹笛的关节一节比一节变得更粗，可以带来"步步高升"的开运效果。将竹笛细端向上挂在墙壁上，可以使家庭运道和生意运程渐渐好起来。

# 恋爱与结婚的象征

为提升恋爱运和结婚运，可以在日常生活中吸收明朗的“阳气”。

## 红水晶

众多的水晶中，红水晶有着提升恋爱运的特别作用。可将红水晶做成手镯或其他物品，随身携带，或是结合“七星阵”将红水晶作为家居装饰。

## 桃花瓶

桃花瓶是具有提升恋爱运和财运作用的吉祥物。在其中装入“能量石”有开运的效果。想提升恋爱运时，可在其中装入红水晶。

## 牡丹

牡丹为花中之王，具有最性感的香味与形象。在风水学中，牡丹同样作为一种治疗爱情与浪漫的润滑剂，一直受宠于男女爱恋表达。牡丹通常被视为女性美的化身，一般不宜男士使用，最宜有领导职务的女士摆放。但是，对于已婚男女而言，牡丹的选择要慎重，尤其不要在夫妇的卧室摆放牡丹花，以防止年轻的女人出现外遇。

古代传说，凤为鸟中之王，牡丹为花中之王，均寓意富贵。丹、凤结合，象征着美好和幸福。“花开富贵”就是牡丹与凤凰结合的一款吉祥物，可挂在客厅，彰显主人的气度不凡、家庭吉祥如意。民间也常把以凤凰、牡丹为主题的纹样，称之谓“凤穿牡丹”、“凤喜牡丹”及“牡丹引凤”等，视为美好、富贵、祥瑞的象征。

## 鸳鸯

鸳鸯，水鸟名，羽毛颜色美丽，形状像凫，但比凫小，雄的翼上有扇状饰羽，雌雄常在一起，所以旧时文艺作品中常用来比喻夫妻恩爱。《禽经》载：“鸳鸯，朝倚而暮偶，爱其类。”

据说鸳鸯成对游弋，夜晚雌雄翼掩合、颈相交，若其偶死，永不再配。所以，从古到今，鸳鸯都是爱情美满的象征。

鸳鸯是祝福夫妻和谐幸福的最好的吉祥物，一般摆放在主卧室、新婚洞房内，增进夫妻感情。

## 四神图案花瓶

装饰有风水四神图案的花瓶，只需用来装饰房间，就可以起到远离灾难厄运、招来幸福的作用。不失为行之有效而又简单易行的风水手法。这个花瓶东北方位处有一边凹洼，形成了闭除鬼门，如果在东北方位再加上“五芒星（晴明桔梗印）”，则可以起到双重封锁鬼门的作用。花瓶的放置方面，如果是商业场所，应放在客人目所能及的地方；如果是家里，应放在家族成员聚集的休息场所。另外，由于花瓶有提高异性运的作用，如果花瓶中有活花，将其摆放在其人的“桃花方位”上就可以起作用。但是必须每日勤换水，使花儿不凋谢。

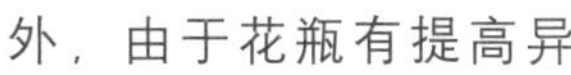

此花瓶的“四神相应”造势方法为：先将方位磁石装入花瓶台座里，对准北方，再将花瓶的凹洼边对准台座上东北方向有“五艺星”印的位置。另花瓶中还可以放入水晶玉和古钱。

## 梅

梅，落叶乔木，品种很多，性耐寒，早春开花，味芳香。古人认为梅花“禀天质之至美，凌岁寒而独开”，是花中“四君子”之一，也是中国文人的最高理想人格的象征。梅花清新飘逸，见者无不喜爱。梅被称为“天下尤物”，“冰肌玉骨”，人们常将她比做天真纯洁的姑娘。所以，梅的饰物常在增进情侣、夫妻感情时使用。

## 葫芦

葫芦被称之为空气净化器。究其所以，是因为葫芦具有吸收周围的恶气并消除恶气，此谓之“收煞”的作用。

葫芦的使用方法多种多样。例如：将葫芦放进厕所可以起到阻止厕所里的邪气外散到其他房间的效用。女性在葫芦中放入可以带来异性运和良缘的红水晶以及可以促使愿望达成的水晶玉，并在房间焚香的话，据说可以取得温柔。再有，在铜葫芦中放入与目的相配色彩的花，也是一种开运风水手法，自古就很有名。

## 持粉红水晶的龙

持水晶的龙是幸运的象征。水晶可以激发龙本身已有的优异能量并附加新的功效，使此水晶龙的能量成倍增长。如果想要提高自己的恋爱运的话，建议将持有粉红水晶的水晶龙摆放在自己的房间里，它一定会让你遇到心仪的对象并与他（她）建立起如你所期待的的恋爱关系。

另外，在学习用的书桌右侧摆放一个这样的饰物，它能增强学习时的注意力，提升学习能力。

# 其他好运的象征

## 龙

风水中能够带来幸运的风水吉祥物，除了四神中的四种吉祥动物以外，还有很多，它们大多是想象出来的动物。其中，就有龙的存在。

龙作为拥有很强灵力的圣兽广为人知。在中国，早在风水学产生之前的远古时代，人们就已经对龙顶礼膜拜了，将其作为富贵的象征而格外珍视。而且，中国人称自己为“龙的传人”，以示龙永远存在于自己身边。

龙在风水学中起着极为重要的作用。传说气质高贵的龙隐藏着各种各样的能力。作为“富贵吉祥”的象征，龙除了可以招财宝、唤富贵以外，还有“招贵人”的特殊能力及“驱邪”的强大能力。

所以，要充分理解龙的性格，并且使用方法得当，这样的话，龙就一定会给你带来幸运。比如，铜制的正大力抓住龙球的“揭玉之龙”，它能使停滞的运气恢复运动，且能带来最强势的运气；雌雄对龙，能给环境及人带来运气；描绘有对龙的大型丝制扇子，是富贵吉祥的源动力。

虽然，龙可以带给人全方位的帮助，但是，想获取帮助的人其自身的积极努力才是最根本的前提。

## 虎

由于虎是喜好孤独的动物，习惯独自行动的生活方式，所以决定了虎是会危害人际关系的。但是另一方面，在家族群体里，虎又是情感深厚的动物，所以，一般来讲，在家中的大门、客厅等公共场所放置虎饰物，不但不会破坏人际关系，反而能改善父母与子女以及夫妇关系。可是，在卧室及个人房间避免摆放虎这样的凶兽。

虎饰物的摆放方法：摆放在房间的西角或者是大门正对中的左侧。

## 麒麟

麒麟是从古代中国流传下来的想象中的动物，传说是“吉祥、仁慈”的瑞兽。其外形似鹿，比鹿大，蹄似马蹄，尾似牛尾，全身覆盖鱼鳞。头上多生一角或对角。麒麟雌雄很多见，麒为雄，麟为雌。

麒麟有很强的“镇”的作用，可以消除任何祸事，安定周围的气，是化煞风水代表性的象征物，广泛应用于消解收入不稳、家庭不和、生意往来中人际关系不好等问题，可以平息、镇定日常生活中的所有问题。

麒麟也是守护和平的象征符号。在这纷繁多事的世上，为了保护自身的平安，建议你将麒麟装饰在家中。

## ☯狮子

相信大家都见过摆在门口左右两边仿佛在威吓外来入侵者的样子的坐狮。狮子乃百兽之王。风水学中作为吉祥瑞兽代表的狮子，往往在中国传统的宫殿和政府机关的正门两侧都一定会摆放一对大型的狮子雕像。由于狮子可以防御任何邪气的入侵，是威严和不可侵犯的象征，所以，上述雕像是最具代表性的用法。

一般家庭中没有必要摆放巨型雕像，可以使用小型狮子，它对日常生活起到的作用也非同小可。

狮子要成对使用才可以发挥效用，一是可以提高事业运，可以招财；二是具有“驱邪除恶”的效力。注意，一对雌雄狮子中，无论哪个坏损了，都必须更换一对，更换下来的坏损品要用纸与粗盐包起来，心存感恩之情地处理。

狮子的摆放朝向和方位没有过多的要求，一般来讲都是放在入口的附近。当入口的外侧和内侧之间有一条直路或者店铺的开口非常多的话，会导致气流过多，恐怕财气逃散，这时就要在入口两侧摆放狮子以避免财气外散；反之，如果入口过小或过少时，也可以利用狮子的威力集结财气，改善气流过小的缺点。再有，在商店和办公场所等地最适合使用，此时，狮子必须面朝向屋外。

## ☯貔貅

卷尾，鬃须，凸眼，有角，这就是样子可爱的貔貅，一种可以令你心想事成的和善的神兽，中国汉代之前称之为“翼兽”。貔貅也是一种想象出来的动物。

貔貅是最强的催财风水工具，尤其对偏财有奇效。当想正财和偏财一起要时，一般会将它和龙龟放在一起使用。

貔貅一般是雌雄一对，其正确的摆放方法是，正面看去应该是左雄右雌，小型饰物有可能是雌雄同形。如只放一只时，应选择雌貔貅。

貔貅一般摆放在家居客厅的桌子或电视机上、商业柜台或收银台上，此时注意必须将貔貅的头朝向大门方向，这样才能将财从四面八方带到家里。

貔貅虽然是使用极为简易的风水神兽，但它也有缺点，就是“容易犯困”。为此，可以在其颈部挂上叫做“牛铃”的铃铛，时时摇一摇铃，让它醒来。

貔貅是非常活泼可爱的动物，必须每天给它新鲜的水，隔段时间还要焚香给它清净身心。

# 第六章 产生财富的水法风水

直观水的方法，古人称之谓水法。水法属于形法的范畴。水有大水与小水两种，大水即大自然之水，小水即人工创造的水。清澈的小溪，奔腾的江河，宽广的湖泊，茫茫的海洋，天上的雨露，都是自然之水；而明静的池塘，地下的井泉，甘甜的清泉，则是人工筑造的。

先贤杨筠松云："未看山，先看水，有山无水休寻地。"又说："风水之法，得水为上，藏风次之。"可见风水是以水法来判断地理吉凶的，关键在于如何使得自然之水为我所用。

本章将告诉你古人是如何认识和利用水的，风水中的水有哪些规则，怎样的水为吉，怎样的水为凶？

## 水与吉凶

古人云："富贵贫贱在水神。"水的吉凶应验相当神速，大凡风水名家都特别注重用水。

江、河、湖是流动的水，能带动住房附近的气场。若得到生旺方位气场，住房便吉祥安好；若得到衰败

方位气场，住房便缺生气。

江河流水宜清宜静，如河水长年浑浊为煞水，大门处见河水直去便为漏财，日久必败。

水是不停循环的。陈旧、停滞的水会带来凶煞。因此，排水不良的土地不好。这样的土地气流也不能顺畅地流通。如果气流不能良好的循环，那么就会聚集到负能量，给居住者不良的影响。

那么，怎样的水为吉呢？水源深长则龙气旺而发福悠久，水源短浅则发福不远。水要入堂，又要有下关收水，或者水龙暗拱，都是好水。凡水之来，欲其屈曲，横者欲其绕抱，去者欲其盘豆，回顾者欲其澄凝。如果是海水，以其潮头高、水色白为吉。如果是江河，以其流抱屈曲为吉。如果是溪涧，以其悠扬平缓为吉。如果是湖泊，以其一平如镜为吉。如果是池塘，以其生成原有为吉。如果是天池，以其深注不涸为吉。人们不可任意填塞池塘、湖泊，也不可贸然开凿土坑，这会伤到地脉，脉伤了就不会有好水。

怎样的水不好呢？凡水之来，若直接冲射、急流有声、反跳翻弓都不好。水若无情而不到堂，虽有若无。如果是视之不见水，践之鞋履尽湿，或掘坑则盈满，冬秋则枯涸，此乃山衰脉散所致，不吉。至于腐臭之水，如牛猪涔，最为不吉。如果是泥浆水，得雨则盈，天晴则涸，此乃地脉疏漏，也不吉。

风水术认为水关系到人的吉凶。如臭秽水，主女人崩漏、男子痔瘘、门户衰落。天应水，主大贵。真应水，如果能够春夏不溢，秋冬不枯，主大富。缘储水，主厚禄。山泉水，味甘、色莹、气香，四时不涸不溢，冬暖夏凉，主长寿。黄妙应《博山篇•论水》云："寻龙认气，认气尝水。水其色碧，其味甘，其气香，主上贵。其色白，其味清，其气温，主中责。其色淡，其味辛，其气烈，主下贵。若酸涩，若发馊，不足论。"

水质对人体是有影响的，但若说水可以主大贵、中贵、下贵，则太玄虚。我们知道，在同一水源情况下，有人富，有人穷，穷富的决定因素不在于水。

## 古人对水的认识和利用

古人对水的认识和运用，主要体现在水利方面和风水术方面，有大禹治水的故事，有孟母三迁的故事，有郭璞《葬经》的学说，讲述的都是水土文化和它对人类造成吉凶祸福的法则，是人类从认识自然发展到运用自然的一个质的飞跃。

# 风水中水的规则

住宅周围如果有小河流过，不同的水流速度和水流方向会带来不同的运势，对家人有不同的影响。例如，如果河水从宅院正门呈弧形缓缓流过则是非常好的风水；如果水流是从宅院正门向外的方向流出，则一定会给家人带来某些损失。

总之，如果在居住场所附近有河流，就要注意河流的形状。

①“丫”字形水流　像岛一样，住宅被“丫”字形的河流包围在其中，这样的风水是最不适宜的，应尽早搬家。因为以科学观点来看，这种形式就像“剪刀煞”一样，当遇到泛滥失控的水流，会首当其冲。

②水从屋中流　像有些盖在水渠边的工厂，因为拓建厂房而在水渠上建地基，再在上面加盖新的厂房。以科学的观点看，密闭的水道无法清扫和消毒，容易藏污纳垢，滋生病菌，若水道由金属制成，生锈的金属所释放出的毒素，会使附近的土地或是地下水遭受污染。

③玉带环腰　这种位于圆弧内面的环绕方式，被称作“玉带环腰”，在风水上主利前途。但是这样的“玉带”不能高于屋顶，所以像高架桥或是轻运轨道的大转弯地带，车道以上的住家会比车道以下的住家在地势上有利。以科学的观点而言，位于“玉带环腰”处的住宅，由于形状与“反弓煞”相反，在物理上刚好可以完全消除所有“反弓煞”带来的危险。

④反弓煞　房屋500米之内若是有弯曲的河流、大水沟或是道路经过，会对住家产生风水上的影响。有两种情形，一种是位于圆弧的外面，由于形状像弓箭对着自己，称作“反弓煞”或“镰刀煞”，这样的河流叫“割脚水”或是“镰刀水”。以科学的观点来看，因为河流泛滥多半是从反弓的地方溢出；而以道路而言，若是有车辆打滑失控，也常有撞进反弓方房屋的情况发生，所以住在这样的地方很不好。不过，这种煞气由于会带来争斗，所以从另一方面来说，这种位置上反而适合经营一些跟兵器、拳脚有关的行业，例如跆拳道馆、中医诊所等。

⑤水流直泻千里　住宅门前有河流直水而去，俗称“泄气住宅”，从物理学上说，水的快速流动必然带动周围空气的运动，而河水是周而复始永不停息的，预示住者会很劳苦。

⑥斜飞水　住宅门前1000米内有河水斜向流过，主破财，易离乡，出逆子，易孤独，有意外血光。

⑦面水而来　宅门前有流水正面冲流，水气会较为严重，长期受水流的影响会产生不利于居住者健康的不宜因素；而且，从自然环境来说，在水流处建宅容易受到潮水涨落的影响。

# 大水与小水

水法风水中，将水分为大水和小水。所谓大水就是指自然形成的水域，如湖泊、江河、海洋等，小水就是人工创造的水流，如小溪、池塘、水坑、水井、没有大树的花园、草坪、绿地、人工水景、游泳池、平坦的低洼地等。水的大小以水量的大小而论。

按照地理形势，凡是两山并立的中间，一定有一条水流；两条河流流经的地方，必夹一座山。水的流动是龙行，水的静息是龙止。山静而水动，静的要缓慢、隐藏，动的应快速而明显。所以，看风水对水的观察是不能忽略的一环。

以状态来说，水可以分为静止和流动两种。流动的水是指大江、河川、溪渠、海洋，即大小；静止的水是指湖、塘、池、潭、井一类，即小水。

现在生活的空间比以往狭窄很多，除非是城郊乡镇，一般寸土寸金的地方是不容易见到大水的，倒是喷水池、游泳池等小水却很普通。许多大型建筑物如酒店、机关、学校等为增观瞻，都在大门前方开设一个喷水池。而许多社区、学校为实际需要，分别在户外邻近地方开设游泳池。虽然这是人为的水，但也属于风水吉凶的范畴。

水不论天然也好，开凿也好，只要是在地面蓄水而成的池穴，形状方、圆、正，不歪不斜，都合乎风水的法则。

外围环境中，有的地方可以有水，有的地方不可以有水；有的有水就吉，有的有水反凶，这都归乎本宅所处的方位，也就是看风水须知环境的道理。

# 大水的活用

水，讲究来去的方向，也讲究来去的形势。弯环缭绕、清浊缓急等关系，概称“水法”。

选址注重水法，这关系到人居环境的优劣。因为水势与生态环境即地气、生气息息相关。山的血脉是水，山的骨肉皮毛即土石草木，骨肉皮毛丰厚乃是血脉贯通之象。俗谓“山管人丁水管财”，就是说“山”管人丁兴旺发达，“水”管子孙后代家财富厚。所以，风水理论认为：水斜飞则生气散，水融注则内气融聚。

大水的水流方向是很重要的问题，它的吉凶因住宅的种类、正门所面向的方向而不同。如果大水的水流方向不适当，建议调整正门的朝向。

水的流向大致可分两种。

第一种是水流朝着屋宅而来，称为“进田水”。此形状构成为住宅被水流三面环护缠绕，谓之“金城环抱”。金取象其圆，城则寓水流缭绕，故有“水城”之称。这种形势又称之为“冠带水”。以至于城市带的人工护城河、民宅前的半月形水池，也由此衍化而来。这种典型模式之所以吉利，全在基址的巧妙布置，才得以安全瑞吉。但是我们要知道方位，如果在不好的方位配置了这样的风水，不但不吉，反而生灾。

第二种是水反屋宅向外流，称为“退田水”。 此形状构成为水流成反弓状背后住宅。由于水除了可净化空气、平衡湿度外，还带有着不同矿物，引动和扭曲磁场、磁波等，如果屋宅本身有缺角或磁场欠缺的情况，就可以把“水”安排在某方向上，从而平衡环境。而此种流向的水所带动的气流、矿物不断引动磁波、电波等，令屋宅的磁场、电波场经常处于不完整状况。

根据风水学研究，凡水流自东北（艮）、东南（巽）、西南（坤）、西北（乾）位流向屋宅，居者发展趋向皆为从商，而且斗志很强，出门机会特别高。东北位及西北位专旺男居者，而西南位、东南位专旺女性。

如果“退田水”在屋宅的东北、西南、东南、西北四个方向上，居者趋向多为经常出门失利或有交通问题，同时为人软弱，上进心不足。

假如“进田水”位于东、南、西、北四个方位上，水流向屋宅反而是不利。原因是，东属木、西属金、南属火、北属水，在五行中皆为相冲。水流于东西方流来，居者多为肝病、牙疾；水流于东北方流来，居者多患伤寒、发热之疾。

| **表玄关外有从右向左的水流时，表玄关的朝向最好是以下方位。** | |
|---|---|
| 丁/未 | 南/西南 |
| 坤/申 | 西南 |
| 辛/戌 | 西/西北 |
| 乾/亥 | 西北 |
| 癸/丑 | 北/东北 |
| 艮/寅 | 东北 |
| 乙/辰 | 东/东南 |
| 巽/巳 | 东南 |

| **表玄关外有从左向右的水流时，表玄关的朝向最好是以下方位。** | |
|---|---|
| 丙/午 | 南 |
| 庚/酉 | 西 |
| 壬/子 | 北 |
| 甲/卯 | 东 |
| | |

# 小水的活用

在风水学上，活用小水的最好方法是，依照水龙法修建池塘等人工设施。想要利用小水建造人工设施一定要有足够的空间才可以。人工水设备很多，比较常见的主要有瀑布、喷泉、池塘这三种，这样的建造不仅能够有效地改善风水，同时还可以起到美化庭园的作用。

设置水池很重要，不可乱设。无论是设计池塘、游泳池还是设计喷泉，都必须注意方位，要把这些水体的形状设计成类似于圆形的形状，池水也不可过深。这是因为：

①圆形能藏风聚气。喷水池、游泳池、池塘等水池要设计成圆形，四面水浅，并要向住宅建筑物的方向微微倾斜（圆方朝前），如此设计，方能够藏风聚气，增加居住空间的清新感和舒适感。

②圆形便于清洁。如果将喷水池、游泳池、池塘设计成长沟式深水型，则水质不易清洁，容易积聚秽气。古书上对这种设计称为"深水痨病"。因此，池塘、喷水池要设计成形状圆满、圆心微微凸起的。

③圆形利于安全。如果将喷水池、游泳池、池塘设计成方形、梯形或沟形，则容易形成"深不见底"，对在水中嬉戏的人尤其是儿童来说，十分危险，而圆形的设计则相对安全些。

另外，住宅正门的东西两侧不可设水池，此属大

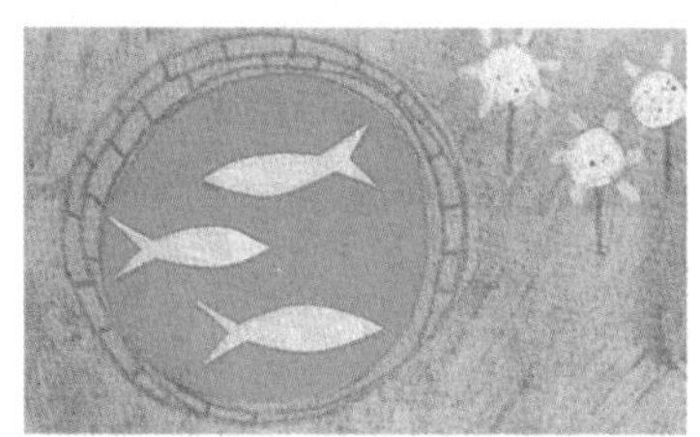

池塘最适合的位置是庭院的北、东和东南方位。

池塘的设计要尽量简单。

八字形的池塘是非常好的。

凶。尤其是西边的水池，古称“白虎开口”，大忌。为什么这样说呢？其实道理很简单，因东边有水池，清晨阳光经由水池反射到室内，产生眩光，影响视觉。西边水池也一样，夕阳经水池反射，同样产生眩光。

住宅四周不可有坑洞或污水池，有坑洞易使人摔跤，有污水池会产生不好的空气，都对健康不利。遇到此种情形，最好是将之填平，整理干净。

若住宅是坐北朝南，前有空地，最好是在空地上设个半圆形的池塘。

水池的水要是活水，不可为死水，否则里面虽是清水，风水也不好。最坏的是污水满地，此为大不利。

有庭院草皮的住宅，设个池塘景观养养鱼，也是不错的，但一定要请专人实地勘察，配合地势，选个最好的位置才好。因为在风水学上，水池的位置相当重要，但是水池的凶象也很多，所以要注意。

以下为这些水体在现代住宅风水中出现的较多的情况：

①直接在围墙上穿孔，将溪水引进庭院内或住宅表层下，长期有暗沟流水，这对身体不利。这种情况在现代山水别墅中出现几率较多。

②屋前水池形状为三角形，且尖角对着家宅，这种情况对家内子孙及妇女的健康极为不利。

③门前有两个以上水池，像两滴眼泪，这对居住之人极为不利。这种情形主要出现在小区内的双游泳池及农村门前两个池塘。

④屋前屋后都有水池，表现出两水夹一屋，这对子孙极为不利。

⑤小区或住宅前流水呈现“八”字形分开，主亲人远走他乡，不和气。

⑥八个方向中的任何一方有水路直冲住宅，对居住之人极为不利。

⑦住宅左边有河流，右边有道路，为“左青龙，

右白虎”，主富贵。

⑧住宅前有半圆形池塘或溪水，圆方朝前，大吉。如目前很多小区内部的游泳池。

⑨屋宅门前有水似玉带形，弯弯环抱住宅，主家中富贵。居住在这种住宅里大吉大利。

⑩住宅左右两边有流水长渠，这种房屋对子孙非常吉利，主要体现在子孙的财富方面。

Tips 小贴士

**※ 房子与水的规则**

请不要购买后面有水流的房子。这样的水象征着机会的丧失。水最适合的位置是房子的正面。但是，也要注意相对于大门的流动方向。下图是较理想的房子与水的位置关系。

多个支流汇合的的主流

朝向房子的方向流动

水半包围房子

水流入池塘

房子面临大海

# 住宅雨水排水的活用

根据水法风水，在建造房屋或者大楼时一定要慎重考虑排水的问题。因为它可能决定着住宅是会生成好的风水，还是会带来不好的风水，排水的影响力超出一般人的想象。

在中国古时候，家境富裕的朝廷大臣都在自家宅院的周围修建水渠形成“水龙”。现在取而代之的是排水管道或排水沟，它们能够起到同样的效果。

排水管道或排水沟中排放的都是污水、浊水和废水，如果房子四周都被污水围绕，则不吉。根据中国传统“家相学”的说法，住宅四周被排水沟围绕，会引起住者灾病连连，官司不断。

门前有大排水沟或大河流过，即使在排水沟上加盖，亦无法消除其不良因素，因为河流或排水沟易造成环境的不洁，湿气也太重，有害健康；而且中国传统“家相学”中也有“见水化财”的说法，并非指见了水就带来了财，而是说钱财见水则付诸东流了。

所以，大家在购买房子的时候，最好先看一下房子周围的环境，注意房子的四周有没有排水沟围绕，如果只有房子的一边或两边有排水沟则问题不大，若四周都有排水沟围绕，那么这样的房子最好不要购买。

关于自家住宅内，地下排水管道不宜跨越大门和玄关之间，以免财水内外交流时，在玄关处受污，导致家人健康不佳、财路不顺。炉灶不可设在下水道上方，排水系统要由住宅的前方排向后方，厕所污水不可从厨房下方流过。未封闭的阳台遇到暴雨会大量进水，所以地面装修时要考虑水平倾斜度，保证水能流向排水孔，不能让水对着房间流，安装的地漏要保证排水顺畅。

Tips 小贴士

**※ 水的重要性**

水通常讲的是水流，包括江河湖海、沟渠沼池等。它在自然界中分布极为广泛，占地球表面的3/4。地层里、大气中、动物体内、植物体内都含有大量的水，人体含水约占体重的2/3，鱼体含水达70%～80%，有些植物含水甚至达90%以上，由此可见水是生态环境中最为基本也是最为重要的组成部分。

# 水与风水

风和水，是风水学中的两大应用元素。水在风水调节中有三大功能。

其一，水可以使生气沉淀。比如，楼房的外部环境，左右环抱的都是郁郁葱葱的青山，新鲜空气自然充沛，但如果人所在的楼层高，室内对通的窗户又多，那么家里的风力就会较大，生气不聚是主要的风水隐患。建议：在适当方位摆设能形成自动水循环的鱼缸。正如古人所言“气界水则止”，在家居内设水器，能让过往的生气凝聚下来为我所用，改善气场环境。当然，这个方法不能乱套，因为如果沉淀的是污气，后果就很糟糕，所以厨房、厕所、鞋柜旁边是不适合摆设鱼缸的。

其二，水可以引导生气。这是因为水有聚气的功能，如果发现家居内某处区域气流不通畅，或者很气闷，可以在房屋的气口处沿途的适当位置，摆设喷水池、鱼缸或饮水机等，这样就可以把室外活跃的生气，引导进气流不通畅的区域。

其三，水自身还可以净化生气。因为运转的水气会不断扬起负离子，净化区域内的气场环境。我们见到不少商家的前堂位置都装饰有喷水池、瀑布之类，其本意取的是“以水吸财”的吉利意头。虽然商宅中的“气”是指“凝聚的人气”与“行业气氛”，不是大自然的水可以吸引过来的，但这样的举措确实能产生净化气场环境的功效，也算是吸引人气的其中一个手段。

要注意的是，这里的水指的是能够自动产生循环的活水，如流动的河流、湖泊、自动循环的鱼缸、瀑布等，而不是指一潭死水，或者有异味的水源。只有活水，才是调节气场的有利工具。这里将主要介绍几种传统的常见的水龙形状，以及其对住宅的影响。

### 重叠形

水龙的重叠越多越好，而且最好重叠数是阳数，即1、3、5、7或9，原因是叠水可聚气。在中国，人们认为鸳鸯象征对爱情忠贞不二，因此，常把其作为真爱的象征。此图很可能就是为促进婚姻美满而设计的。水在穴前重叠了不下7次。盘水是个传统的形势，水从两边相盘绕，穴几乎被整个围绕在里面。这是一种生气非常旺盛的形势。

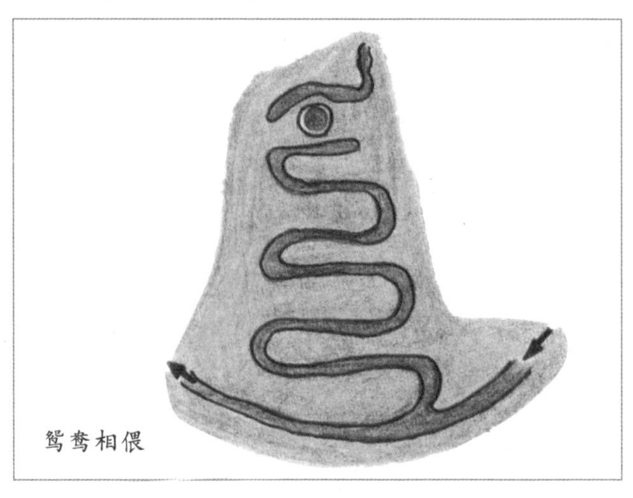
鸳鸯相偎

## 两河交汇形

此形状的关键是尽管两条溪水从后而来，但从穴流走的水道必须是曲折的，并且不露出出口。两条水道的汇合处是龙穴所在，建房时需根据从屋子里向外看的视觉效果仔细确定。

在双河环抱势中，地点被包含在内，小溪蜿蜒流过，因此使气得以聚集。

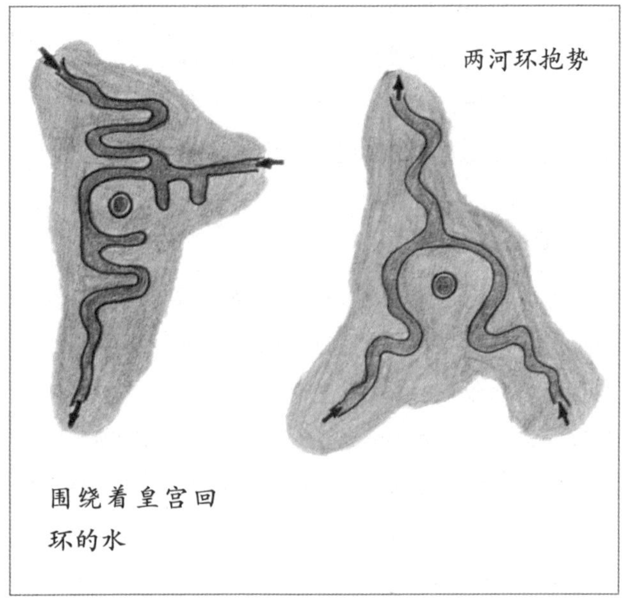
两河环抱势

围绕着皇宫回环的水

## 多支流形

支流越多，聚的气越盛。

对简单的多支流汇集的形状，如何确定水的流入和流出方向是个有趣的问题。在本图中，有三个入口和一个出口。大家能区分开来吗？流出的水道应是曲折的，这样气流出的速度才会慢下来。但本图例中的风水不好，因为两条河流是相对的。

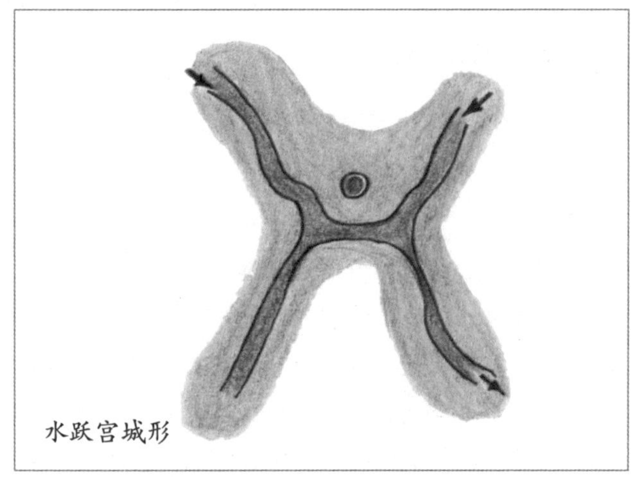
水跃宫城形

能认出本图中岛中央的穴和四条水道吗？也许有人会说：“四是个阴数，这个图上是个阴形。”其实，上方的两条水道是连在一起的，因此，实际上只有三条水道。

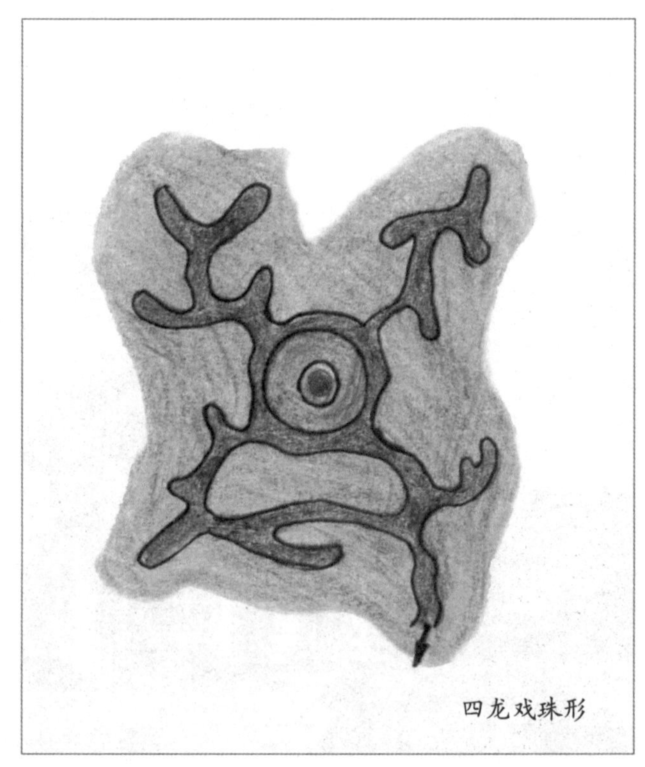
四龙戏珠形

## 环绕形

环绕形是另外一种使水在地点周围反复流经的形状。一圈又一圈，像护城河里又一道护城河一样，使龙的气势加强。

在这里，月指的是中心的小岛，云代指气，因为气有时表现为可见云和雾。

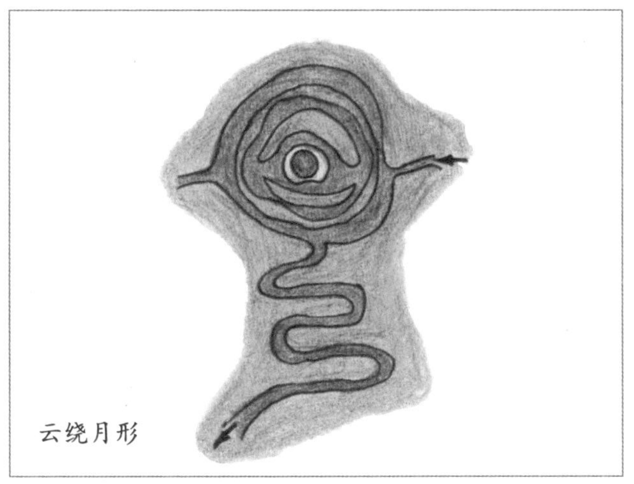
云绕月形

## 旋涡形

盘龙形实际上是一个带着弯曲尾巴的旋涡。旋涡形与环绕形的作用相似。像环绕形一样，水也绕着穴数次，从而使气聚集。

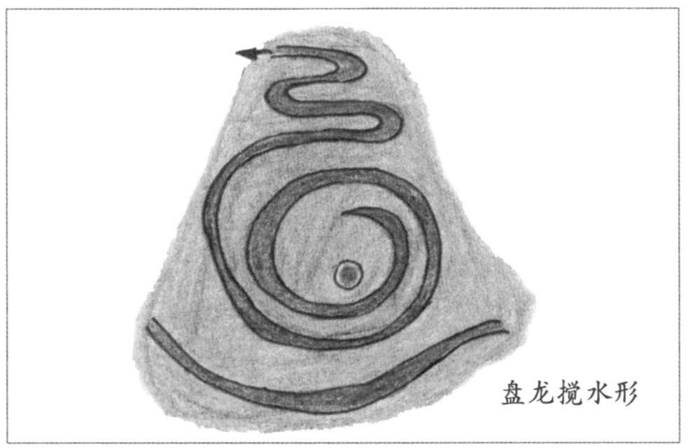
盘龙搅水形

## 手与指形

许多形势像有很多手指的手握着或抱着穴。

这里，手握穴的样子很明显，甚至在名称里也提到了。琵琶是图中右上方的两个岛的结构。

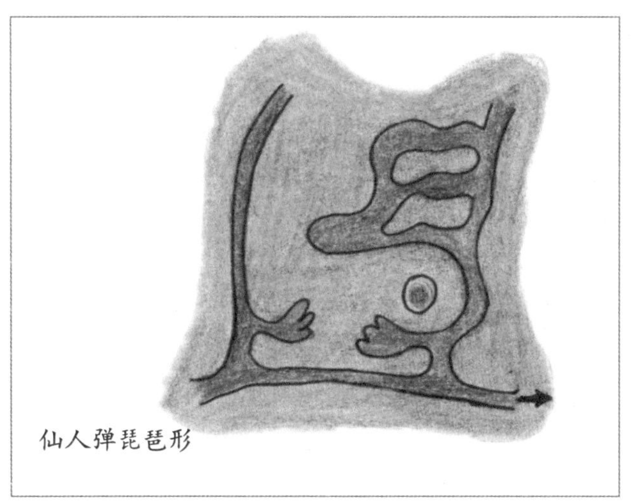
仙人弹琵琶形

在本图中，河流的两条臂环绕在穴的两边。注意最长的手指是从青龙的方向而来，使得阳气盛于白虎方向（左边）的阴气。这是很有必要的，因为图中手指个数为四，是个暗藏的阴数。

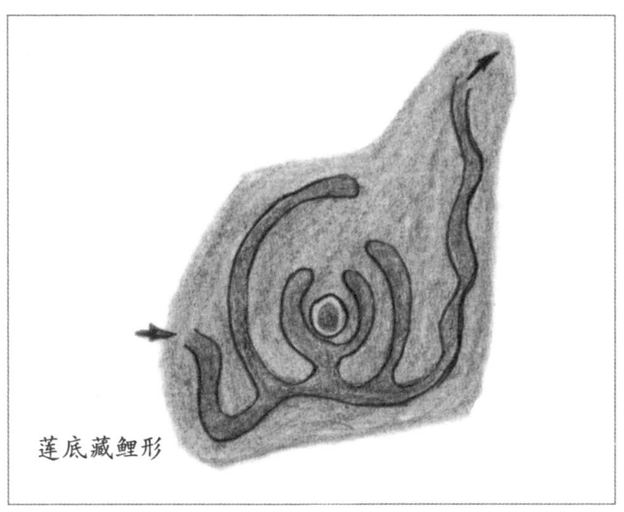
莲底藏鲤形

# 第七章 风水的道具

风水师探寻吉地，除靠眼睛观察外，还要使用一些工具，其中最主要的是罗盘。这是风水师看风水必不可少的工具。对于罗盘，我们前面已有详细介绍。

关于八卦，广为人知的是其化煞的功效。古时的八卦据说有化散煞气并除之的效果。总之，八卦有使“令你感觉不适的东西”远离的能力。使用八卦的风水手法有各种各样，根据“煞”的种类区分使用。比如，针对家、店铺和办公场所外部的恶劣环境，如尖锐凸角之物、大树、电柱、天线等产生强烈的邪气，这时，使用“八卦镜”就能够消除这些事物对建筑物和所在地的地理状况带来的恶劣影响，是化煞专用的代表性的风水手法。

风水尺，也称“鲁班尺”，是鲁班发明的，它主要用于阴阳宅风水。尺上用红、黑字体标示着各种各样的吉凶信息标志，原来只是阴阳风水师专门用来度量建造阴阳宅用的，现在成为世界上建筑专家、建筑师和各种仪器设备、木器等生产的设计专家必不可少的工具。

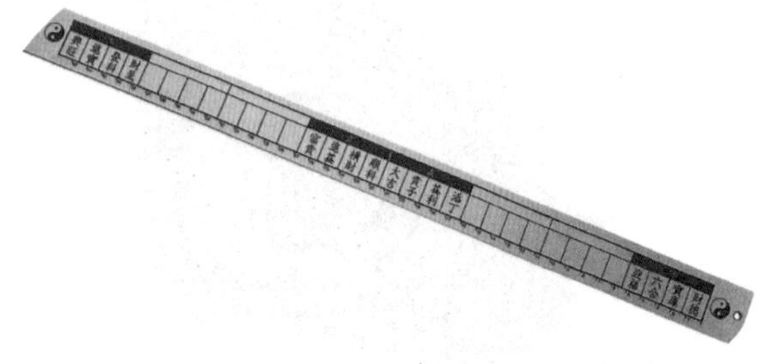

## 方位磁石：罗盘

罗盘对于风水师来说是必不可少的也是风水中传统的工具。在这里，将大略介绍一下风水罗盘这个精密仪器是如何做成的。罗盘共有29个不同的圈，这里将着重分析带有24方位的那一圈的符号。只要看这一圈，就可知道如何通过前门口的罗盘读数来利用罗盘。

罗盘学名为“罗经”，创自轩辕黄帝时代，后经过历代前贤，按易经及河洛原理，参以日月五星七政及天象星宿运行原则，再察地球上山川河流、平原波浪起伏形态，加以修正改良制造而成，用于测定方位和勘察地形。风水师及海员大都称它为“罗盘”或“罗庚”，很少称为“罗经”。

### 三种类型的罗盘

长期以来，风水流派被划分为峦头形势派和理气派两个大的派系。风水罗盘也因风水流派不同而有“三元罗盘”和“三合罗盘”两种类型。如果想认真地学习，建议最好选择三元和三合两种的综合体“综合罗盘”，而且要选择直径大于26厘米的。其他还有易盘、玄空盘及各派所用的独特盘。

罗盘在选择上，根据所学派别来选用：形势派可以用三合盘和综合盘；理气派选用三元盘等。

## 罗盘的构成

罗盘主要由内盘、外盘、天池指南针三大部分构成，另外还有天心十道。

内盘：内盘为圆形。罗盘的各种内容刻写于内盘盘面的不同圈层上，内盘可以转动，是罗盘的主要构成部分，吉凶占验全在于此。

外盘：外盘为方形。在内盘的外面，是内盘的托盘，盘面无字。

天池与指南针：天池位于罗盘中心，内置指南针。早期罗盘使用注水浮针，即水罗盘，罗盘中间凹陷，以能蓄水浮针，故称天池。后世虽改用旱罗盘，但仍沿用其名。

而指南针的形式有两种，一种是较为传统的形式，即仅用一圆形直针，指南一端用红色涂染。因为按阴阳五行之说，南方为火，朱雀、为赤雉之血所染，故配以红色。另一种是近现代的形式，类似于钟表的指针，指南端为红色或有箭头；而指北端为黑色，顶端为一圆环，两侧带有凸角。这一形式极为有趣，圆环称为牛鼻，凸角称为牛角，其象征牛头，有牵引导向的意思。中国是一个以农业立国的国家，农耕离不开牛，在古代的黄历中，看某年运势如何，首先要看有几头牛耕田，牛数越多预示着某年的收成越好。因罗盘中有24节气等内容，与农业关联密切，所以指南针的这种形式，蕴涵着罗盘对事物的指导意义，同时也易于辨认磁针的指向。

在天池的底部有一条红线，称海底线，其正对地盘正针的子午正中方位，在其北端两侧有两个红点，使用时磁针的北端要与底线的北端重合。

天心十道：天心十道是固定于外盘上且通过天池中心的两条相互交叉垂直的红线，当转动圆盘时，依靠天心十道线就可读出盘面上的内容，由此可推知线向方位吉凶如何。无外盘者则无天心十道线，使用罗盘时需要弹线定向。

## 选择罗盘的八个注意点

①磁针要平直。磁针不得弯曲或扭转变形，两端平衡，指向准确，转动灵敏，且能在一分钟之内平稳定针，如长时间颤动不稳则不理想。

②天池底部的红线指南北。即天池内海底线两端必须指向着内盘的南北正中（地盘正针子午正中）。严格来说，海底线北端应指向缝针“二十八宿”虚宿和危宿的界缝，而南端应指向缝针“二十八宿”张宿三度，可用天心十道线来校正。因为在构造上，内盘和天池是两个独立的部分，天池是镶嵌在内盘的中心的，如果工艺不精或安装疏忽就会造成海底线与内盘子午正中有偏差，所以选择要十分小心。

③天心十道线成直角。由外盘四边正中小孔引出的两条连线，通过天池中心应相互垂直地交叉在一起，即纵横两条交线的夹角为90度。要验证其是否垂直，可转动内盘使一条线重合在正针子午正中，如垂直的

话，那么另一条线必定在正针卯酉正中。

④内盘转动要灵活。此指内外盘之间虚位不多，内外盘之间结合较为紧密，但又无阻塞之感，转动手感较好。

⑤内盘盘面字体工整、清晰。盘面内容正确，分度精细。有铜盘面、木盘面和纸盘面之分，以前两者为最好。

⑥外盘必为平行四边形。

⑦材料适合。制造罗盘的材料有天然木材，如樟木、柚木等；有合成木材，如胶木板、夹板等；还有电木、塑胶板等。天然木材和电木等材料制成的罗盘平面光滑，不易变形，但电木质罗盘质量较重。合成木质罗盘价格便宜，但易变形。

⑧颜色合适。盘面的颜色有金面和黑面两种，字体则有金字、黄字之分。金属盘面的字体有凹凸两种。金盘面字体清晰，但光线反射较强，较适用于视力较差者或光线不足时使用。黑盘面光线反射弱，适用于视力好者或光线较强时使用。

此外，还应要求罗盘美观大方，手感良好。

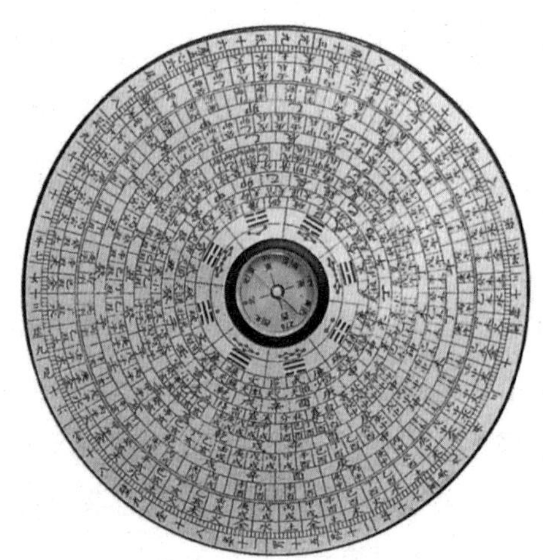

# 阴阳八卦

## 阴八卦

下图是以先天定位为基础的小成卦配置图。这种配置与消除毒箭影响的守护八卦相同。将这个挂在玄关的外面，能够对抗攻击表玄关的建筑物的杀气。一定要仔细研究产生阴八卦的小成卦的配置。现在，在全世界的中华街和网上都可以买到阴八卦，其中小成卦的配置大有不同，所以，在购买时一定要慎重选择。

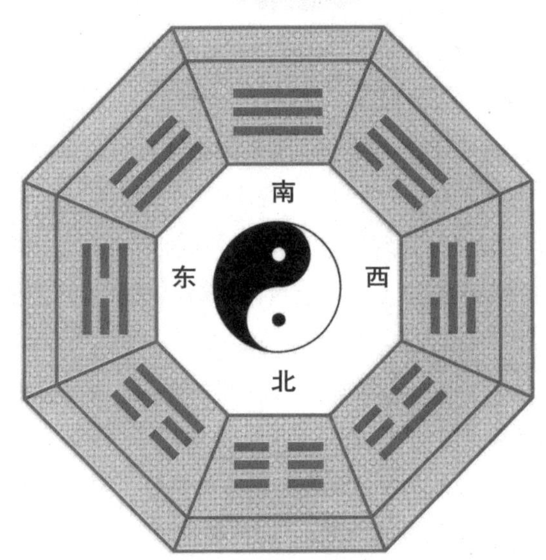


八卦是绝对不可以挂在家中的，一定要挂在屋外。记住各个小成卦及其配置，就能够识别阴八卦。如果想要自己制作八卦，在木板上临摹，再切下八卦的形状，然后将背景涂成红色，小成卦涂成黑色，中心放上圆形的小镜子。镜子是平面镜、凹面镜或者凸面镜都没有关系。

阴八卦是与房子外部环境中存在的敌对性建筑物所产生的风水问题进行抗争的。从阴八卦发生的能量万一受到攻击，就会招致疾病或者更加糟糕的噩运，具有很强的力量。

### 阳八卦

阳八卦用于分析住宅和居住用大厦的风水。小成卦是以后天定位为基础的。阳八卦的配置与阴八卦完全不同，在以后天定位为基础的配置中，乾与坤两种主要的小成卦分别分布于西北和西南。

从风水上分析，西北（乾）是家族中父亲的位置，是阳能量最高的方位。西南（坤）是母亲的位置，是阴能量最高的方位。其他六个小成卦如下图所示配置。

八条边分别表示的是八方位之一。所谓八卦就是乾、坤、震、巽、兑、艮、坎、离。在本书第一章“风水相关概念”中都有详细阐述。想要进一步理解八卦的各个小成卦，一定要认真研究易经才行。

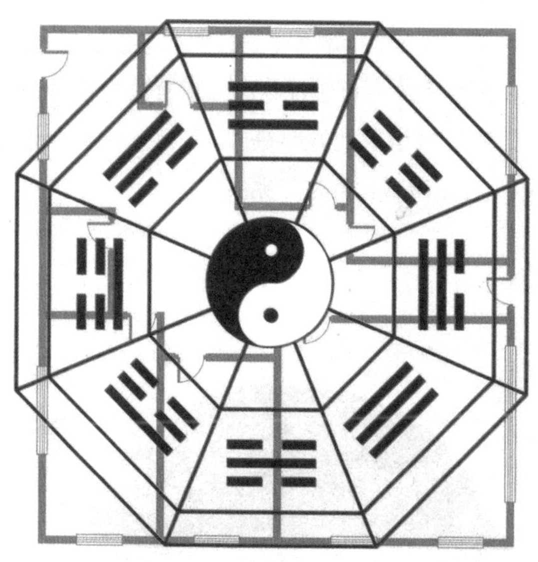

## 八卦的应用

在看风水时，小成卦的重点是方位、元素、象征家族的成员以及基本的性质。看风水时，首先必须充分把握这些内容。

理解了小成卦的含义，才能够活用于风水的各种应用法。八卦周围的小成卦的配置表示家族各个成员在家中所处的位置。并且，如果房子的风水不好，哪个家庭成员会受到影响，也能够由此分析出来。

更加深入地研究、透彻的分析，挖掘八卦所象征的其他含义。例如，八卦的艮象征发现所有潜在财产的“山”。这就证实了，艮的元素土是生成“金”或者黄金。并且，山是威严庄重、安静不动的，暗示着等待时机和准备的时期。如果你的房间在东北方位，在学生期间是最适合的，但是，如果你想要晋升、渴求成功运，就会受到挫折。

如果理解了住宅的各个转角的性质（象征的元素、代表的家庭成员、使转角活化的颜色、象征的运势），就可以利用风水的小成卦解决问题了。这些解决方法是风水中所有基本概念的完美组合，如果能够正确运用，住宅内就会充满吉相的气流，能够招来幸运。

**Tips 小贴士**

※ 小成卦的象征意义

| 小成卦 | 数字 | 方位 | 五行元素 | 颜色 |
|---|---|---|---|---|
| 乾 | 6 | 西北 | 金 | 白 |
| 离 | 9 | 南 | 火 | 赤 |
| 坎 | 1 | 北 | 水 | 黑 |
| 震 | 3 | 东 | 木 | 绿 |
| 巽 | 4 | 东南 | 木 | 绿 |
| 坤 | 2 | 西南 | 土 | 土黄色 |
| 兑 | 7 | 西 | 金 | 白 |
| 艮 | 8 | 东北 | 土 | 土黄色 |

## 洛书与数字的含义

上表中，小成卦中数字1～9也可以说是洛书中魔方阵的数字。魔方阵的数字见上图。风水教本中都有引用这种数字的配置，是解开八卦的潜在含义的钥匙。因此，洛书的数字被运用于罗盘派风水派生的多种手法中。洛书的数字分布是纵向、横向、斜向的三个数字，相加的总数都是15。15这个数字也是新月变成满月需要的天数。因此，洛书作为运势占卜的工具非常受重视。

应该注意的是，将数字1、2、3用一条线连起来，形成了类似犹太教中“恶魔之印”的形状。作为罗盘派风水的有力手法，洛书也是非常重要的。洛书的秘密仪式是解开八卦含义的钥匙，洛书及其数字的移动还被广泛应用于道士的“魔术”之中。

洛书的数字，不仅在应用风水的手法时起到重要的作用，还表示了住宅各个方位的数字的能量。例如，想要在家中摆放乌龟装饰物时，适合的方位是北，这个方位对应的洛书的数字是1。因此，在家中北方位摆放1个乌龟装饰物就是好兆头。

# 风水尺：能够带来繁荣的尺寸

凡事都有规律，顺其规律则吉，违背规律则凶。尺寸也是有吉凶的。风水尺上标有各样的吉凶信息标志，用此尺度量长度、宽度，最终得到一个“数”，此数中就储存着吉凶信息。一般情况下，桌子、床等都是按照常规尺寸去做的，所以做出来的桌子、床或买回来的家具，其尺寸都是凶多吉少，有的人一睡上这样的床，不是生病，就是工作、家庭等不顺，却不明其因。

今后我们不管任何事情，只要与尺度有关的事，如建筑房屋、开门、做家具或买家具，摆放办公桌、安床等，都要取尺上的吉数。

风水尺由8个周期组成，吉周期与凶周期各4个。一个周期是43厘米，分为八个吉凶。吉凶尺寸的周期永远是反复的。

## 吉运的尺寸

财是从0到5.4厘米。根据周期的区分，细分为四种吉运。首先是约1厘米的财德（财运），其次是宝库（胜败运），第三是六合（六种幸运），第四是迎福（富裕）。

义是从16.2厘米到21.5厘米。分为四个周期。能够受到高人指点，并得到贵人帮助。义也细分为四种。首先是约月1厘米的添丁（生宝宝），其次是益利（得到小钱、大钱），第三是贵子（儿子会获得大成功），第四是大吉（万事顺利）。

官是从21.5厘米到27厘米。首先是顺科（考试成绩优秀），其次是横财（不劳而获的钱财），第三是进益（财运好），第四是富贵（家族享有高名誉）。

本是从37.5厘米到43.2厘米。首先是财至（得到财产），其次是登科（考试通过），第三是进宝（财运好），第四是兴旺（大的繁荣）。

## 凶运的尺寸

病是从5.4厘米到10.8厘米，大体上是暗示疾病的凶运。细分为四个周期，还会带来其他的不幸。首先是约1厘米的退财（财产减少），其次是公事（诉讼问题），第三是牢灾（有可能会入狱的凶运）、孤寡（配偶离开人世）。

离是从10.8厘米到16.2厘米。首先是约1厘米的长库（离别），其次是劫财（失去财产）、官鬼（遇到不讲道德的人），第三是失脱（遭遇偷盗或抢劫）。

劫是从27厘米到32.4厘米。首先是约1厘米的死别（死别或因为某种原因而永远分开），其次是退口（有可能失去所有需要的东西），第三是离乡（有不幸事件发生而背井离乡），第四是财失（失去全部财产）。

害是从32.4厘米到37.5厘米，蕴涵深刻的凶意。首先是灾至（遭受灾难），其次是死绝（死），第三是病临（不健康），第四是口舌（丑闻或闲话）。

家中的所有物品都可以选择尺寸，最重要的是门、窗、床、桌子的长度、宽度、高度。

# 第八章 实践风水的指导方法

在实践风水的过程中，需要了解以下内容：方位磁石的相关基本知识、如何运用方位磁石测方位、如何正确标出房屋八方位、方位风水的具体运用、风水边界线的画法、洛书的运用方法、风水手法的选择以及带来好运的象征物的摆放位置。

很明显，方位是实践风水中相当关键的部分。确实，通过运用方位所具有的能量，可以实现愿望，招来好运。

## 方位磁石的基本知识

在所有的风水实践之前，都需要对周边环境的方位进行测量。在分析空地或者住宅之前，应该完全把握周围的方位。必须要先明确主要的四方位在哪里。

如果单单凭着日出方向和日落方向来推测土地和住宅的方位是没有任何意义的。这样的推测与方位磁石的测定值要相差30度到40度。

风水实践的第一步就是购买品质优良、值得信赖的方位磁石。运用方位磁石可以正确掌握磁北，便可以由此推测所有的方位。在第七章“风水的道具”中介绍到的西洋式方位磁石与罗盘起到相同的作用。正确的西洋方位磁石不仅能够立即测出现在所处地点，而且能够切实满足所需的必要条件。

有了值得信赖的方位磁石，就可以轻松掌握各个方位。风水实践的方位一定是用方位磁石测量的方位，很多风水相关书籍中都记载为上南。这与西方的习惯不同。实际上，北就是方位磁石所示的北，南就是方位磁石所示的南。因此，在罗盘法的实践中方位磁石是必需的。

| 方位磁石的方位 | 方位磁石的表示 |
|---|---|
| 北 | 0° —360° |
| 南 | 180° |
| 东 | 90° |
| 西 | 270° |
| 东北 | 45° |
| 西北 | 315° |
| 东南 | 135° |
| 西南 | 225° |

下一个步骤就是认真研究自己的方位磁石。用方位磁石测定以北为基准某个角度的度数。也就是0～360度。确认了方位磁石的八方位之后，就可以像下图一样将各个方位用具体的度数表示出来。八方位的各个方位距离下一方位45度，也就是将360度分成了八等份，每份就是45度。

然后要读出实际方位。这就需要将八个方位再细分为3份。这样，360度的方位磁石就表示成了24（3×8）个不同的方位。那么，各个方位的范围也就不是45度了，而变成了15度（360÷24=15）。如下图所示。

最后一个步骤，训练立即可以读出方位磁石所示含义的能力。各个方位又细化分为三个小区分，怎样才能够判断准确呢？将方位磁石看做是划分为八等份的一个大饼，在此基础上再将每个方位分成三等份。见下图。南方位的三个小区分是丙、午、丁，以此类推，八个方位分别分成了三个小分区。

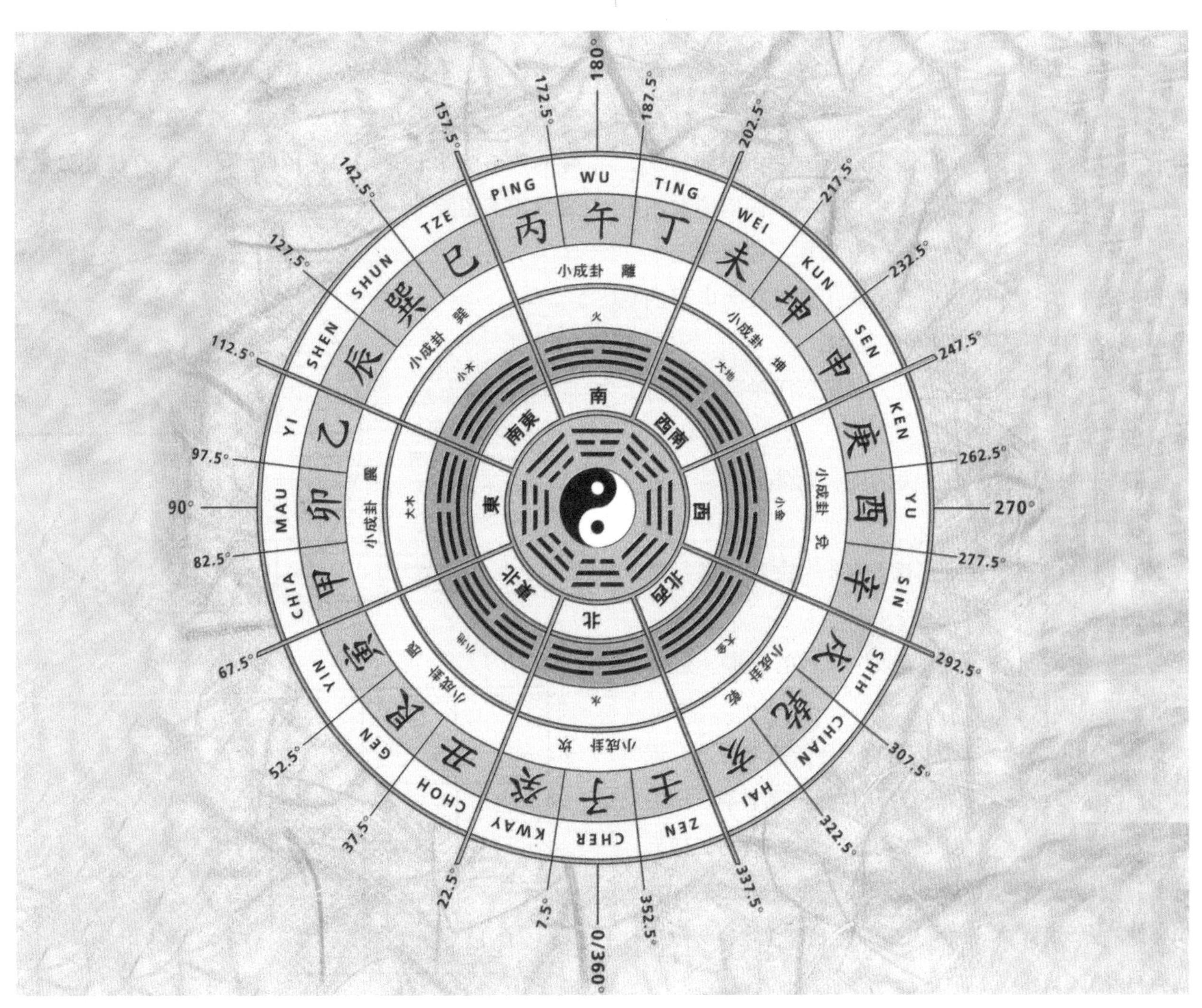

# 用方位磁石测方位

了解了方位磁石的基本知识之后，下一步就要理解方位的测量方法。在开始测量之前要确认以下几点。

首先，确定将方位磁石放在哪里进行测量。是放在房门附近，还是房间中心，或者是房子的中心？实际上，方位磁石放在什么位置都可以测量。放在房间的任何位置，从理论上应该都会测出相同的结果。只要选择自己觉得舒服的位置就可以。

为了确保正确，通常测量三次以上，取平均值。几次测量的结果多少会有些差异。这是因为空气中存在着各种各样的能量，给方位磁石造成了影响。这个差异有可能达到10度，15度以下的误差都不需要特别注意。出现15度以上的大误差，说明房子内的能量不协调。这样的问题通过移动一部分家具，或者改变电视机和收音机的位置可以得到解决。这是因为电器的强信号给方位磁石的测量造成了影响。

在用方位磁石测量方位时，按照以下的程序进行是最好的方法。

①将方位磁石放在表玄关内侧，朝外面放置，进行第一次的测量。

②将方位磁石放在距离房门1米的位置，进行第二次测量。

③将方位磁石放在距离房门4.5米的位置，进行第三次测量。

运用以上的方法，确保方位磁石平放在地板上。运用风水尺测量距离，就能保证选择的放置位置准确。如果想知道表玄关的方位，求出三次测量的平均值即可。如果有需要，在季节交替期进行方位磁石的测量也是比较好的。因为地球的磁场随着季节变化也会发生自然变化，测量结果就会有误差。但是，这个误差一般不会很大。

## 正确确定转角的方法

正确地确定房子的各个转角是非常重要的。在这里，方位磁石起着巨大的作用。另外，测量、导出转角的手法也是很重要的。主要四方位的方法通常是最容易实施的。

## 各个房间的平面图的划分方法

风水实践的下一个阶段，决定各个房间平面图的划分方法。现在，值得信赖的风水师使用的划分方法有两种：一种是将分成八等份的方位磁石与平面图重叠的方法。另一种是将分成九份的洛书图与平面图重叠的方法。同一个平面图用两种不同的方法划分后的效果如下图所示。

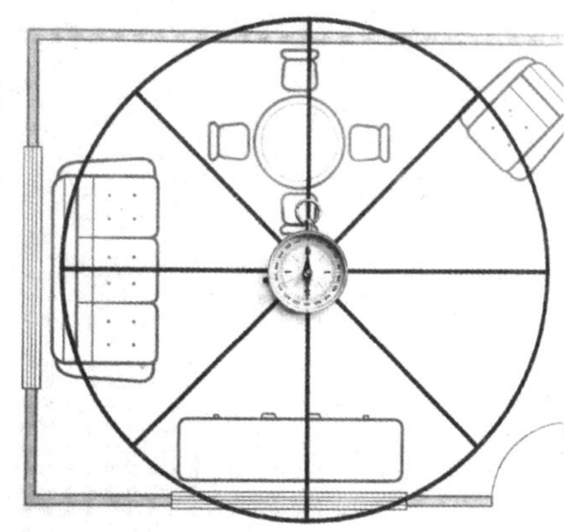

用方位磁石划分的房间的平面图。为了进行风水分析，一定要正确划分各个部分。

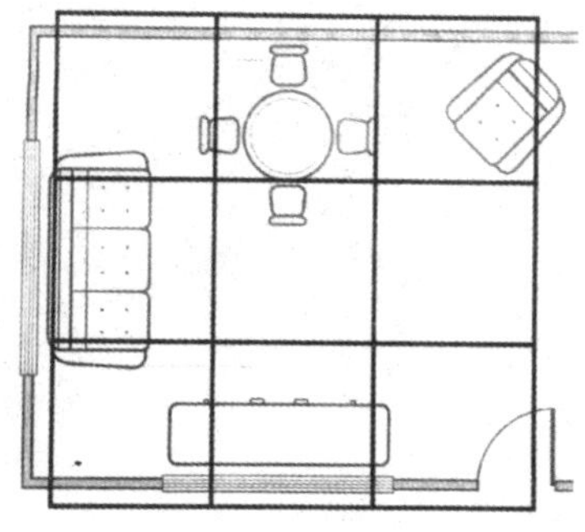

为了更加容易地划分房间的各个部分，很多风水师喜欢用洛书的方法。

# 风水边界线的画法

划分了各个房间的平面图之后，为了实施风水分析，还要掌握画风水边界线的方法。

对于不规则形状的住宅，或者集合型住宅的平面图，解决画风水边界线障碍的唯一办法就是特定凸出和凹陷。如果凸出部分过大，就与住宅的主体部分分开研究。

在房子内画分界线时，最受欢迎的方法之一是，结合实际房间的平面图画出分界线的方法。如果你住的房子是细长形状的、或者是连栋式的住宅，并且，沿着房子的长度只有一个房间和一个走廊，这种情况运用三条线隔开的洛书是没有意义的。很多专家会忽略洛书外侧的两条线，只运用中间的一条进行家相风水分析。

同样，如果是从房子的一端到另一端并排连着有两个房间，风水会将中央的线“消除”，实用两侧的线分析房子的运势。这样可以说是运用了非常先进的风水手法。无论是初学者还是风水实践者，这都是必须要面对的问题。

因此，无论采用哪一种风水手法，在进行风水分析之前，花费一些时间设计风水分界线的画法是非常有必要的。

# 洛书的运用方法

使用洛书最好的程序是这样的：

首先，确认带标记场所的方位。标记朝向主要的四方位是最理想的。

其次，以房子的中心为基准确定表玄关的方位和位置。在画洛书时，位置比方位重要得多。决定了表玄关的位置之后，就很容易将房子全体的平面图与洛书扩展对应。

# 风水手法的选择

在本书中介绍了几种不同的风水手法。但是，每次实施风水时，没有必要使用全部的手法，要根据情况选择不同的手法。事物朝坏的方向发展，其原因有多种多样，有时也会存在相互矛盾的情况。所以风水手法的选择具有一定的难度，需要逐步积累经验。

首先，要做各种各样的尝试，适合自己的方法才是最好的。近年来，出现了多种新的风水手法和技术，并且人们的喜好也在频繁发生变化。

在风水的三大手法中，我个人认为八宅法是三大手法中效果最好的。八宅法是表示个人方位和位置的。对于一定要选择一种风水手法的人，这里推荐八宅法。

飞星风水带有占卜的意味，水法风水是带来财富和金钱的手法。但是，一个房子不可能运用所有的手法，所以，一定要明确方向。当然，也受到房子的大小、费用等条件的制约。

# 带来好运的象征物的摆放位置

## 武财神关公

“武财神”关圣帝君即关羽关云长。传说关云长管过兵马站，长于算数，发明日清薄，而且讲信用、重义气，故为商家所崇祀，一般商家以关公为他们的守护神，关公同时被视为招财进宝的财神爷。关羽生平以武艺高强、忠贞守义著称于世，被尊称为武圣。关羽被称为关公，庇护商贾，招财进宝的威神，被商人奉为武财神，他能够使人逢凶化吉，遇难呈祥，保四季平安，财源广进。但要注意：武财神关公如敬之不当，不但不能带来财运，关公的那口大刀还会使你自伤。

摆放位置：一般摆放在大堂、客厅，有护财、保安康之效。

## 雄鸡

一只大公鸡昂首挺胸，是中国吉祥图中历史最悠久的作品之一，鸡能驱凶，也能致吉，在语言上有以“鸡”谐音为“吉”的意思。雄鸡有五德：文、武、勇、仁、信。雄鸡头顶红冠，文也；脚踩斗距，武也；见敌能斗，勇也；找到食物能召唤其它鸡去吃，

仁也；按时报告时辰，信也。雄鸡善斗，目能辟邪，所以被作为辟邪的吉祥物。

摆放位置：一般将公鸡安置于大门入口处，或放在屋中桃花位，头向大门，可旺家运，使家庭祥和，也可摆放在办公桌上。

## 大钱币

直径45厘米，纯桃木，家庭聚财专用的吉祥物系列法器。专门为家庭聚财设计，解决家庭收入日益减少或不稳定的情况以及破财流失钱财的问题。

摆放位置：一般摆放在主卧室，最好放在正对床位的位置。

## 年年有余

“鱼”与“余”谐音，所以鱼象征着富贵。鱼跟雁一样，可作为书信的代名词。古人为秘传信息，以绢帛写信而装在鱼腹中，这样以鱼传信称为“鱼传尺素”。唐宋时，显贵达官身皆佩以镀金制作的信符，称“鱼符”，以明贵贱。

摆放位置：摆放于保险柜上最佳，有旺财、催财之功效。

## 金鱼缸（鱼缸）

金鱼，亦称“金鲫鱼”，鲤科，由鲫鱼演化而成的观赏鱼类，种类甚多。鱼的形象作装饰纹样，早已见于原始社会的彩陶盆上，商周时的玉佩、青铜器上亦多有鱼形。鱼与“余”同音，隐喻富裕、有余。“山主贵，水主财”，鱼缸有很强的催财作用，但切记要放在旺气位才行。

摆放位置：摆放于客厅或办公室。

## 风水球

用大理石磨制的催财吉祥物。底盘（柱）装水，用水泵抽水向上喷射而冲动上面的石球，使石球长期转动，象征“财源滚滚”。风水球分微小型、小型、中小型、中型、中大型、大型、特大型等，品种和式样繁多。

摆放位置：摆放在家中或公共场所。

# 第九章 风水的成功法则

风水是运用无形的“气”的能量来召唤幸运的开运术。因此，事先应该掌握风水中的基本术语：“阴阳”、“五行”和“方位”。此外，运用风水提升运气有许多相应的法则。在掌握了这些最基本的风水术语和法则后，就让我们运用风水召唤成功吧！

## “阴阳”平衡很重要

“太极”，用图表示“阴阳”。黑色部分表示“阴”，白色部分表示“阳”。光明的存在决定了阴暗必然存在，它们构成了一个互相影响互相支持的统一整体，不存在完整的“阴”或“阳”，因此吸收平衡的“阴”“阳”至关重要。

**阴：**

自然——地、月　　素材——纺织物、木

颜色——冷色调　　形状——四角形

人——女性、妻子

其他——右、里、下、后、死、旧、退、闭、止

**阳：**

自然——天、太阳　　素材——玻璃、金属

颜色——暖色调　　形状——圆形

人——男性、丈夫

其他——左、表、上、前、生、新、进、开、动

# 人，持有复数的“五行”

自然界的所有存在都可以分为“五行”，其实人也是有“五行”的。但是，人的“五行”与其他存在物不同的是：它是复数而不是单个。一般来讲，人的“五行”是通过“本命卦”判断的，而“本命卦”是由出生年月日决定的。所以，持有复数“五行”的人，不只要了解外部环境，了解自身的“五行”平衡同样重要，弥补不足也可以说是风水成功的关键。



**五行特征表**

| | 木 | 火 | 土 | 金 | 水 |
|---|---|---|---|---|---|
| 圣兽 | 青龙 | 朱雀 | 黄龙 | 白虎 | 玄武 |
| 方位 | 东 | 南 | 中央 | 西 | 北 |
| 季节 | 春 | 夏 | 秋分 | 秋 | 冬 |
| 颜色 | 蓝 | 红 | 黄 | 白 | 黑 |
| 八卦 | 巽、震 | 离 | 艮、坤 | 乾、兑 | 坎 |
| 十干 | 甲、乙 | 丙、丁 | 戊、己 | 庚、辛 | 壬、癸 |
| 十二支 | 寅、卯 | 巳、午 丑 | 辰、未、戌 | 申、酉 | 子、亥 |
| 人体 | 肝脏 | 心脏 | 脾脏 | 肺脏 | 肾脏 |
| 味觉 | 酸味 | 苦味 | 甜味 | 辣味 | 咸味 |
| 素材 | 木 | 塑料 | 陶器 | 金属 | 玻璃 |
| 石 | 绿松石 | 红水晶 | 虎眼石 | 月亮石 | 红铁矿石 |
| 形 | 圆柱形 | 三角形、圆锥形 | 梯形 | 圆形 | 波浪 |

将生活中的存在分为“五行”来考虑是风水的基本。

# 活用“相生”“相克”的法则

在活用“五行”的基础上，必须牢记“相生”“相克”的法则。“五行”之中既存在着“相生”又存在着“相克”。例如“木”得“水”而生，遇“火”助燃，但“木”又能被“金”伐断，还可吸收“土”的养分。活用“相生”“相克”的法则，可以激活家中的“气”，增加能量。

即使同样是“相生”的关系，也分为两类，这就是“表相生”和“里相生”。

所谓的“表相生”就是得到能量的关系；所谓的“里相生”就是释放能量的关系。

表相生：“木”由“水”生、“火”由“木”生、“土”由“火”生、“金”由“土”生、“水”由“金”生。

里相生：“水”生“木”、“木”生“火”、“火”生“土”、“土”生“金”、“金”生“水”。

五行相生相克图见第二章“调和的概念：五行”。

# 根据自己的幸运方位抓住幸运

通过本命卦我们可以知道：所有方位分为四种吉方位和四种凶方位，它们有着各自的吉凶程度。即使同样是吉方位（凶方位），它们的意义和效果也是不同的。正确理解并发挥各方位所具有的能量是风水成功的秘诀。

人们的普遍心理是只想运用吉方位，都想躲避凶方位。其实这种想法是对吉凶方位的的误解。凶方位有凶方位的活用方法，不要因为它是凶方位而对它产生恐惧，你只需要在凶方位摆设上匹配的东西就可逢凶化吉。植物和花无论吉凶方位都可摆设。

*适合吉方位的物品：电视机、音响、笔记本电脑、床、桌子。

*适合凶方位的物品：门、书架、垃圾箱、马桶。

“本命卦”所示的吉凶方位：

## ☯四吉方位

生气（最大吉）——能量方位。气力和体力充实，赋予你幸运，万事好转。

天医（大吉）——治愈方位。发挥着使伤病愈合、消解困扰的作用。

延年（中吉）——持续方位。有利于事业运和财运的持续。

伏位（小吉）——安定方位。是各本命卦的安定位，想补充能量时使用。

### 四凶方位

绝命（最大凶）——死方位。具有断绝万物生命线的凶能量。

五鬼（大凶）——灵魂方位。聚集死者灵魂的方位。

六煞（中凶）——停滞方位。性情急躁，被不满围困，后悔的事情增加。

祸害（小凶）——不安方位。因为种种原因，纠葛增加。同时应当小心生病和受伤。

## 自然之气和人气的结合至关重要

“风水”的根本是“气”。“气”是无形的，而人就是在各种各样无形之气的影响下生活的。

“气”大体分为“自然之气”和“人气”两类。“自然之气”就是从天、地之间吸收的气，“人气”就是产生于人类之间的气。“风水”中调整“环境”和“心理”换而言之就是要阻止来自“自然”和“人”的不利之气，吸收有利之气。

另外，“气”还分为“阴气”和“阳气”。这二者都是好的方面，无一邪恶，结合场合和目的使用至关重要。

## 改变环境和心理提升运气

呼吸自然的空气，用心体验生活，这样人就可以变得幸运。但是，这看似简单的事情实际上是很难做到的。即使是一直努力调整环境的人，倘若心理没有改变，也是很难看到风水的效果的。一直实践风水的人群中，有很多人正是因为忽略了内心环境才难以收到成效。因此，只有将“环境”和“心理”二者结合考虑，才能充分发挥风水的能量。

# 第十章 实现愿望的开运建议

想拥有金钱？想取得事业上的成功？想增进与上司和同事间的关系？渴望家人拥有健康？想改变夫妻间的爱情不专一？想让孩子变得好学？想改变不良的行为和闭门不出的情况？想修复婆媳关系……

结合生活中的个人愿望选取风水手法，抓住幸运的能量，都可以使你的“愿望”达成，得到期望中的好运。

## 想拥有金钱

左右财运的是西、西北、东北方位。

想提升财运时，查看住所的西和西北方位。西方位可以抓住财运，西北方位可以积累储蓄运。想后继有人和取得不动产时，可以查视东北方位，与东北相对应的是“艮”，它意味着堆积，代表着获取不动产和继承财产的运气。

### 堵住西方位，防止散财

西方位如果是玄关或大扇的窗子等开口，那么住宅的家相就是“散财、浪费相”，它暗示着将支出大笔的金钱。不要将房子朝西建造是最好的办法。在可能的范围内将西侧堵住，也可以抑制凶意。堵住了西，就像是封住了钱包，可以将西面的窗子改建成柜子。

### 想攒钱，可以将西北作为收纳的空间

西北象征着储蓄，是适合建造仓库的方位。如果在西北方位放置厚重的柜子和金库，可以提升储蓄运，股票等投资也会获利。将这个方位作为收纳场所时，不能收藏杂物等物品，可以收藏古董等重要物品。

### 想积累财产时，东北方位就是吉方位

想提升土地、建筑物等不动产的价值时，东北方位就是吉相方位。在东北方位上没有凸出或是缺欠、没有玄关或是大扇的窗子都是理想的家相。

# 想取得事业上的成功

如果吸取了南和西北方位的运气，有助出人头地和成功运的上升。

南方象征着升至天空的太阳，是万物达到极点的方位。如果吸收了南方的旺盛之气，不仅能发挥自身存在的能力，还能提升出人头地运。

西北与南相同，可以支配事业运。如果这个方位是吉相，会得到上司的赏识，事业运得到发展。

## 南方位尽可能地开放

南方位上有天窗和大扇的窗子是理想的情况。如果这个方位上墙壁是封死的，又不能进行改建时，就尽可能地使用清晰的装饰物。如果再放置上高的家具，这个方位就出现了双层的障碍，所以要使用低矮的家具摆放在这个方位，还可以使用花的照片和大自然的画装饰。

## 将西北作为卧室或书房

西北被称为男性的方位。如果作为书房和卧室可以积累指导力和统率力，还可以提升出人头地运和事业运。这个方位的家具和装饰品适合厚重感的物品。

## 床要靠北摆放

卧室的床靠北侧放置可以提升事业运。

## 将西和西北的缺欠或凸出改建

这个方位缺欠或大的凸出是大凶相。在可能改建的情况时，要尽量改建。在改建时，要选择南和西北为吉方位的一年进行。

# 想增进与上司和同事间的关系

人际关系是与上司和同事的本命星的特性有关的，但是，住所的家相也对人际关系起到很大的作用。

因为南方位的适度凸出可以提升人气运，所以人脉变得丰富、能得到上司的赏识、得到社会的信赖。

东方位的适度凸出，也可以激活朋友、合作伙伴间的交际关系。因为消极的性格周围有相处不融洽的人，请查看南和东南方位是否有大的缺欠。如果是小的缺欠是没有凶意的。

相反，这个方位如果是大的凸出或是双层的凸出，自身的显示欲望和自己的主张就会增强，来自周围的反感和对立也就增多。

### 维持东南和南方位的适度凸出

南和东南方位如果是大的缺欠，就请消除这样的缺欠，维持凸出。

### 消除大的凸出和双层的凸出

过大的凸出和双层凸出容易引发与上司和同事间的冲突。所以，如果南和东南方位是大的凸出和双层凸出请进行改建和翻新。

### 调整东和西方位的气

因为人际关系的困扰，对工作失去了积极心态的人，请重新查看东和西方位。朝向东的房间，如果是自己的卧室，性格就会变得开朗，积极性也会提高。相反，沐浴西方阳光的的房间，会使积极性降低。

**Tips 小贴士**

**※ 摆放青龙以化解工作中的不利**

青龙代表的是东边的方位，而东方是太阳升起的地方，具有很强的阳性力量，因此青龙作为吉祥物品，具有化解小人的作用。在摆放上，青龙适宜安放在书桌左手的青龙方位，特别是如果工作中不顺利，受到小人排挤或不受上司赏识的情况下，在公司办公桌的左手方位摆放青龙，则会得到贵人帮助和上司的赏识，并化解小人对自己工作中不利影响。另外，如果家里的白虎方（面对门的右方）煞气比较重，也可选择在青龙方（面对门的左方）的台上或者桌子上面安放青龙饰物，来进行化解。

# 渴望家人拥有健康

北和正中线上的吉凶左右健康运。

北是为保证家人健康，最应该重视的方位。如果北方位是缺欠的或者是有卫生间和玄关的情况，那么这种凶意就会降临在病弱的人身上。另外，如果在正中线上有净化槽和垃圾箱等，恢复健康就很难。如果可以移开，那么就通过改建和翻新进行改善。

### 病弱的人应该将朝向东的房间作为起居室

东和东南方有着和煦的阳光和丰富的氧气，是给予身心活力的方位。如果是生病的人或是在疗养中的人，可以将房间移至朝向东或东南方向，或是头朝向东和东南方向睡眠。

### 消除北方位的缺欠，封闭北侧的窗子

如果北方位充满了吉意，家人都会健康，即使是生病也会快速的恢复。

### 主妇病弱时，将西南方位调至吉相

主妇生病时，应该让西南方位呈吉相。西南方位不能有凸出和缺欠。

### 从东和东南方向的窗子吸收风和活气

为吸收东南方位具有的活力，在天气晴朗的时候，敞开窗子，让室内、外的气流通。不要在这个方位使用遮光的窗帘，可以使用蕾丝等材料的窗帘。

# 改变夫妻间的爱情不专一

防止丈夫的不专一可改变西北方位，防止妻子的不专一可改变西南方位。因伴侣感情不专一而苦恼时，应该使夫妇的共同方位北方位呈吉相。另外，如果西方位是凶相，就容易受到诱惑。认真地查看西、北方位，特别是正中线上，是否缺欠或是存在具有水气的物品和不干净的物品。

## 修复夫妻关系将卧室设置在北方位

北是阴阳交错的方位，所以朝北的房间具有加深夫妻感情的作用。将卧室设置在北方位、头朝向北方睡眠最佳。家居的配色避免红色等具有刺激性的颜色，可以选择灰色等使精神安定的颜色。照明选择具有温暖光线的白炽灯，不要使用过于明亮的灯。

## 遮挡夕阳，经常保持清洁

西面如果有窗子和玄关，就会使自身堕落，伦理观念浅薄。另外，如果在正中线上有卫生间和浴室等，凶意就会增加，尤其是妻子容易出问题。不要让窗子进入过多的夕阳，可以使用家具遮挡。但是，必须保证房间良好的通风，并且要保证卫生间等处的清洁。

## 西北和西南方位的房间要安静

西北是丈夫的位置，西南是妻子的位置。如果保证这些方位的房间的安静，夫妻的精神就会安定，感情自然也就融洽。

# 想让孩子变得好学

将孩子的房间配置在适合孩子性格的方位。

如果因为孩子成绩不好、不愿去学校等原因烦恼时，请调整一下孩子房间的方位就可得以改善。如果孩子房间面对着西、南、西南方位，就会变得不积极向上，贪恋玩耍。所以一定要避免这些方位。

因为孩子们都具有出生时所带有的不同气质，所以应根据他们的气质，准备房间。

如果是适合孩子性格的房间，就会让孩子学习积极，注意力集中，发挥着让孩子健康成长的积极作用。

## 没有气力的孩子，选择东和东南方位的房间

阳气充足的东和东南房间使上进心旺盛的孩子更加努力学习。如果用花和观叶植物装饰窗边，让房间充满了新鲜的空气，那么吉意就会增强。

## 桌子朝东、北和东南方向放置

即使孩子房间位于吉相方位，也请注意学习桌的朝向。桌子朝向东、北、东南摆放最好。

## 位于凶方位的房间，将桌子和床摆放在吉方位

西、西南和南是不能设置为孩子房间的方位。但如果是这个方位的房间，桌子和床最好朝东或者是朝北放置，尽可能地开通窗子，保证良好的通风。

## 朝向北方的房间使孩子冷静

因为北方位的房间，冷气帮助头脑运动，所以就可以冷静地学习。因此这个方位的孩子房间是理想的房间。特别适合从学校回家后经常出去玩的孩子，能使这样的孩子收心学习。

# 想改变不良的行为和闭门不出的情况

孩子有不良的行为时，或是不愿意上学闭门不出时，请从孩子的房间的中心开始查看。请调整好东、南、东南各方位。东、南、东南这三个方位，阳气旺盛，给人以活力。这些方位如果是吉相，孩子可以茁壮的成长。

因为南方位是表示精神性的方位，所以在孩子的房间的南方位不能有卫生间和浴槽等不干净的场所，如果有就会产生很强的凶意。孩子暴力行为和坏事也会因此增多。

另外，如果占用孩子房间的东、东南和南方位，孩子就会变得郁闷，闭门不出。朝向西面通风不好的房间也会有同样效果。

### 防止不良行为，使南方位成为吉相

从孩子房间的中心查看到的南方位，没有卫生间和净化槽等是理想的情况。如果存在这些，也可以将孩子房间改变在其他方位（最好是北方位）。

### 不要让孩子房间的南方位杂乱不齐

即使南方位没有可以作为凶相的要素，如果在南方位摆放了杂乱的物品，仍旧会产生很强的凶意。这样会使人的性格变的封闭。

# 想修复婆媳关系

南和西南的大面积的凸出和东北方位的凶相是婆媳关系不良的原因。

婆媳间关系不良、相互不融洽时，请查视家里的南和西南方位。因为南方位有着增强自己显示欲望的作用，所以这个方位过大地凸出容易引起对立。如果西南方位也凸出，那么婆婆就会占主导地位，媳妇就没有了立场，两人的关系也会越来越恶化。

西南方位是卫生间或是楼梯也是大凶相。西南方位的卫生间会使女性的性格变得顽固，西南方位的楼梯使婆媳双方的脾气变得粗暴。

另外，因为东北方是承担着世代交代的方位，所以东北方位必须是吉相方位。

### 消除南和西南方位的大凸出

如果是大的凸出，当然也就产生了缺欠。如果修补了缺欠的部分，就可以消除凸出。请在尽可能的范围内进行改建。但是，如果是针对婆媳问题进行修建时，请选择西、西南方位为吉方位的一年进行。

### 重新查看卫生间和楼梯的位置

无论是楼梯还是卫生间，从宅心看去只要不位于西南方位就是理想的情况。因为西南被叫做里鬼门或是女鬼门。不仅影响女性的性格，同时还影响着女性的健康。如果不能进行改建时，请用花或香精装饰。

### 东北不能缺欠

如果东北缺欠，那么就叫做“家运断绝相”。可能会因为婆媳的对立招致悲惨的结果，必须消除缺欠现象。

# 遭遇尾随、暴力、事故时

尾随分手恋人的行为、丈夫对待妻子的暴力行为，已经成了社会问题。面对这样行为的发生，应该和警察相谈，但是，当事人也有重新查看自己家相的必要。

如果住所的心脏（也就是宅心）存在问题，意想不到的事故和灾难就会降临。宅心处如果是家人聚集的客厅或宽敞的房间是理想的家相。但是，房间的明亮更重要。如果阳光和外面清新的空气不能进入、室内整日昏暗，那么感觉就会变得迟钝，就不能察觉危险的存在。

求取不到宅心的强烈变形的住宅和宅心处是卫生间的住宅都是大凶相，所以有将其改建成吉相的必要。

## ☯将明亮的客厅定位在宅心

最好将位于宅心的房间翻新扩大，作为客厅使用。让宅心部分保持清洁，没有灰尘。

## ☯让地板没有段差

地板有段差的住宅，是招致不良变化的凶相。容易引起家庭内的暴力。

## ☯如果宅心是凶相，就改善东方位

如果宅心是凶相，不能简单地改建时，应将东方位改善为吉相。在东方位的正中线（卯）上，如果是洗手间或是炊具，凶意就会增强。

## ☯在玄关的正面挂上镜子

镜子可以将从外面进来的煞气反射，有驱除凶意的作用。

# 第三部分

# 风水与住宅

在第十一章中，我们有针对性地分析了各种类型的住宅的风水特点以及它们分别要注意的风水原则。第十二章至十八章总体阐述了适合各住宅类型的室内装饰风水，以及卧室、起居室、餐厅、厨房、卫浴间、车库、楼梯等重要室内空间的风水要点。

## 【内容提示】

- 各种各样住宅的风水
- 室内装饰的风水
- 卧室的风水
- 起居室的风水
- 餐厅的风水
- 厨房的风水
- 卫浴间的风水
- 楼梯、车库的风水
- 书房的风水
- 过道的风水
- 阳台的风水
- 居家物品的风水

# 第十一章 各种各样住宅的风水

住宅一般可以分为大型独立住宅、小型独立住宅、连栋式住宅、集合型住宅（包括中小型集合型住宅）这四种类型。对于开发商、投资商、建筑商来说，在建造不同类型的住宅时，应该根据其种类、形状、方位等不同特点适当地运用风水手法，建造能够带来好运的住宅。对于居住者来说，不管是哪一种类型的住宅，都要选取其中具有优势的风水条件来居住，因为好的风水可以帮助人转运，带动运势和气势。以下就依不同的住宅类型，来分析不同的风水优势。

## 大型独立住宅

大型独立住宅是指独门、独户，还有独立庭院。

这种住房的每户与每户间都有一定的间距，而且栋距较大，采光良好，大多是透天且较高级的住宅。

这种住房会比较大气、有架势，因为左右有间距，没有阻隔，而且空气的环流、通风都较好，如果住宅的建筑坐向和内部功能区设置得合理的话，此种住房比较容易兴旺。

但是，选择独栋住宅居住时，也必须注意庭院及内部空间与楼层一定要够大，居住的人口数也要与之成正比。

若是住房大但人口数少，则为屋克人，久而久之难免会有孤独凋零之气，就算物质生活富裕，事业的发展没有问题，但在心灵和精神方面容易有孤独和落寞的感觉，住在里面也不见得能得到快乐。如果院大房小，则不能以吉论。

若是住房小但人口多，则会形成争掠抢夺之气。因为空间小住起来会有压迫感，使人的行为、动力都难以得到伸展，所以家宅之人容易因压抑过度而产生争强斗胜的现象。

所以，选择独栋住宅时，庭院空间和房屋要比例和谐，人口数要与之成正比，这样才能带动运势，使居住之人越来越兴旺。

## 小型独立住宅

适合大型独立住宅的风水手法基本都适用于小型独立住宅。有平台的单层房屋和别墅这样的住宅一般问题很少。但是，对于有平台的单层住宅最重要的是，房子的深度要比房子的宽度长。深度长的房子能够保护主人获得的财产和其他的资产。从房子的表玄关到后门至少要有三个房间。有六个房间的大户型是最好的。其他应该注意的重要原则如下：

①明确区分前门和后门，两个门之间最好不是直线。表玄关的门一定要是房子中最大的门。

②规则形状的房子比不规则形状的房子好。

③房子后部应该高于房子前部，这表示后方有坚实的支援力量。

④前面的地面应该与房前同样高，或者比房前低。

⑤房子的前后应该没有道路。对于这样的住宅，唯一的纠正方法是，在房子后面种上枝叶茂密的树木，以起到保护作用。

⑥左侧地面应该比右侧高。这是指从房子里面向外看的方向。左边的土地意味着龙，右边的土地意味着虎。如果左边低，就要在龙的一侧安装高高挂起的明亮的灯。

⑦房子应该位于整个庭院的后半部分。如果放在太靠前，所有的土地都在房子的后方，就失去了明堂效果。这是极其遗憾的事情。

⑧不规则形状的土地用风水手法来处理。在认为是土地缺陷的部分安装明亮的照明，以象征性地扩张缺陷场所。

⑨不要在离房子太近的位置建围墙或者栅栏。要空出“气”流动需要的空间。至少要有2.5米的距离。

# 连栋式住宅

所谓连栋式住宅，就是指一整排有好几户连在一起的住宅。

通常也是独门、独户，有独立庭院。连栋式住宅总体上的人气好于单体住宅。如果设计合理，庭院与房屋的比例协调，这种住房也是一种理想的选择。

连栋式住宅具有房子深度的优点。连栋式住宅多是狭长形状，正面过于狭窄的缺点，被房子的深度和长度所掩盖。在风水学来讲，任何一座房子至少要有相当于三间房间的深度。六个房间的深度是最理想的。

尤其在20世纪初期，英国等西洋各国建造的豪华私人住宅，最普遍的风水上的问题就是楼梯正对表玄关。这种格局意味着坏的风水，如果可能，应该将楼梯与表玄关之间的空间隔开，在天棚上安装漂亮的吊灯，或者摆放起到遮挡作用的植物。

住在连栋式住宅里面的人，一定要注意不要在相邻房间放置床和桌子夹住间隔墙壁。这对居住人的睡眠和工作都会带来不好的影响。

# 集合型住宅

此种集合型住宅，通常是指社区型住宅，因为户数较多，所以容易形成一股联结之气，外观上虽然可依赖整体建筑物的架势，但还是不如独栋住宅有自己独立的气势以及舒畅的环境来得好。再加上小区多半会有共用庭院（也就是中庭），共用的庭院等于是所有住户的外明堂，也代表了整体社区的事业运势，以及对外人际关系的发展，所以气势虽然较弱，不像别墅或透天洋房那么好，但仍然比公寓型住房要优秀。

通常社区型的集合住宅，除了本宅有本宅的坐落方向之外（因为每一户的采光方向不同，所以每一户的宅向也可能不一样），整体集合住宅的大厦另有一个方位。

在尚未选定哪一个小区，也还未挑选适合当事人的个体住宅（属于自己的那一户）前，首先，当然要检查这一个集合住宅的整体方位好不好，在这整个集合型住宅大厦中哪一个区块（位置）最好。接着，才能根据这些条件，来挑选适合自己的户型。

总体而言，在查看集合型住宅时，要注意以下几方面：

## 外观设计

如果外观是凹凸差距大的建筑物，不论建筑物本身设计得如何棒，还是会有阴暗的地方，你平常因工作而出差，又勤于搬家的话，其外观可能是主要的原因。那么在玄关装饰白色，或与方位属性相符的花吧。

另外，圆形的建筑，在风水上来说，其全方位的能量太过于向中心（内部）集中，所以，无法顺利地让气流入室内，以致在工作上可能会不顺心。如果是这样的情况，记得在房间的中心点上，旋置旋转桌子

或沙发，且在此处工作的主人须面南而坐。还有，不要忘了在桌上摆饰红色的花来增强运势。

三角形的建筑和房间，会使家人的人际关系不佳。如果住家有三角形的房间，绝对不要以此为卧室，因为这种方位的房间会让人睡得不安稳。如果必须将卧室设在这里的话，记得在没有边的那一面墙上，摆放电视和一对观叶植物，然后，再放个镜子！

## 外观颜色

颜色，是住宅一大重点。若能做好室内设计的平衡（颜色的搭配），就能增加住家的幸运能量。

首先谈到茶色系外观的住家，一般而言，这样的住宅，对老年人来说最适合，如果它又是豪华的建筑物，则是沉稳的象征，对老人家最有利。再则，如果住的是年轻人的话，记得把玄关弄的明亮些，再摆饰些有关花卉的作品。

淡黄色的外观，是吉相的色系。如果想维持现状的话（维持现有的幸福），请在家里摆饰白色、绿色、和粉色系的小东西。如果想在工作上有所成就的话，

请采用红色、绿色、和茶色系的室内设计！

粉红色，是对人际关系有帮助的颜色，想要重新装潢的住宅，不防尝试这个颜色。

从事营业性工作的人，最好采用橙色、粉色系的室内设计。而从事技术性工作的人，玄关适合绿色系的设计。

### 外观材质

多使用钢筋泥土和玻璃为材质的大楼，大多呈现灰色的外观，而因为这种外观的建筑物阴气较重，所以，如果你是想过朝气生活的人，这种住家可能就不太适合你了。

### 电梯前面

住在集合住宅，且电梯正对着某个房间的话，要特别注意。记得每天用水清洗或擦拭玄关处，然后评估季节的风向，尽可能的将风引入玄关内。还有若是位于北向的玄关，请使用白色的小饰品装饰；如此一来，幸运之路也随之宽阔。值得一提的是，独栋建筑且土地位于T字路尽头的住宅，其处理方式也与前述相同。

### 住家位于高层楼面

有人说，住家位于偶数楼层比较好，也有人说，位于奇数楼层比较好，而事实上，住家风水并不会因为楼层数字而受影响。

还有，如果住家玄关的门与对户的门隔着走廊相对而立的话，也没什么关系，只要平时多跟邻居打招呼，做好敦亲睦邻就可以。

然而，如果是住在五楼以上的住户，玄关处请尽

可能用象征泥土和植物的色彩来装饰。另外，再加些与玄关方位颜色相符的饰品吧！

### 脚踏车放置处

入口处凌乱地脚踏车和杂物的公寓，其屋相不佳，因为这样会污秽了幸运的入口。

弄脏了大楼入口处的整洁，会严重降低大楼全体的幸运能量，还有，如果入口处不够明亮的话，也会使能量减少。所以，明亮、整洁的入口处，是大楼的必备条件。

## 中型集合住宅

对于正住在中型集合住宅的人，或者计划将要住进的人来说，除了以上叙述的事项以外，还必须要注意集合住宅的配置。

房间怎样划分格局，对于实行适用于飞星原理的风水具有非常重大的意义。查看这种房间的风水的方式是，结合房间的数量与房间的格局划分，分析该住宅是幸运的还是不幸的场所。因此，使用这种方法的风水师一定会建议将间隔墙壁拆除，重新配置房间格局。

在集合住宅内部狭窄的走廊安装充足的照明，粉刷成明快的颜色，这样可以减少楼内的阴能量。如果使用壁纸，一定要考虑壁纸的颜色和设计要与墙壁的五行元素相吻合，否则容易产生意想不到的煞气。

## 单身公寓与小型集合住宅

单身公寓这样的狭窄空间需要特别的风水对策。房间整体象征着洛书（魔方阵）。单身住宅将床与其他所有的物品都放在同一个房间，因此，对于风水实践者来说也常常感到为难。建议无论如何要将卧室分开。如果使用的是沙发床或者折叠式床，那么就不要将房间作为卧室，而是作为客厅比较好。但是，床要摆放在自己的幸运方向，这是非常重要的。

小型集合住宅里，通常卧室是被明确区分开的。所以风水对策也相对比较简单。总体来讲，狭窄的集合住宅的风水要么非常好要么就是非常坏。这是因为这样的住宅只划分为一个或两个区域。飞星是根据表玄关的朝向和适用于集合住宅风水的数字计算得出的。也就是说，如果你的住宅风水不好，最好不要再续约。

## 公寓式住宅与公共住宅

目前所称的公寓，通常是指非社区型、年代较久远、楼层低（大多在六楼以下）且没有电梯的住宅。

公寓多半不会有共用庭院（中庭），少了庭院，自然也就少了一个共有的明堂，再加上因为建筑物的结构、年代久远、周边环境较复杂混乱，所以居住的品质较上述的住房类型要差。

公寓和公共住宅在查看家相时要从建筑物整体和单独每个房间两个方面进行查看。

### 首先查看整个建筑物

在查看公寓的家相时，必须要从公寓整体和单独每户两方面情况查看。因为公寓是很多家居住在同一屋檐下，所以是建筑物自身接受来自地相的影响。又因为公寓要比独门独户的地基面积大，因此受到的地相影响也就大。

虽然各房间位于公寓的不同方位，但是建筑物本身具有的情况关系到了所有的房间。因此，首先必须要查看建筑物整体的情况。

要从建筑物的中心开始查看，因为各自房间位于不同的方位，所以吸收到的能量也就不同。另外，位于下层的房间和上层的房间吉凶也存在差异。

### 高层住所的大地能量薄弱

居住在高层具有可以眺望远处的景色等好处，所以很受欢迎，因此价格也就贵。但是，从风水的角度来看，居住在高层也存在一些问题。

因为居住在高处很难吸收到大地的能量。如果地相是凶相，居住在高处就不会受到不良的影响是好情况；但是，也吸收不到大地散发出来的清净之气和树木散发的能量。人类如果没有吸收到足够的大地能量，在健康方面就会遇到各种各样的障碍。

居住在基本与树高度差不多的三楼就可以吸收到大地的能量了。如果是三楼以上的楼层，几乎吸收不到大地的能量。因此，居住在高层的人平时要尽可能多去公园或充满绿色的场所活动，沐浴在大地的能量之中。另外，在房间放置观叶植物也具有效果。

总体而言，居住在公寓或公共式住宅的人，首先要判断出建筑物整体的情况，然后再根据自己居住的房间的位置决定吉凶。

Tips 小贴士

※ 公寓的门

住公寓还要考虑另一个因素，就是它们有两个前门，即公寓楼的大门和每个公寓单元的门。确定哪个门是前门，对确定住宅朝向很重要。气的入口至关重要，因此，很明显作为整栋建筑物气的入口的大门朝向最重要。

一居室的公寓房或卧室兼起居室是个特例，因为室内很少或不作分割。一居室公寓房是个独立的天地，它的前门对着主要起居室，煞气也可以长驱直入，因此，必须考虑如何阻挡煞气。

在传统的住宅里，于进门（或门外）的地方放一个屏风，这样一来，任何人或物体都要绕道而行，不能直接闯入。传统的中国思想认为，邪气总是沿着直线运动，而不能绕过屏风。不过空间有限，像一居室公寓房放这样的屏风很可能不太实际。

# 第十二章 室内装饰的风水

风水在日常生活中是撷取风水理论的精华，再转化为可搭配室内装饰的实用方法。即借助风水之力改善居家环境和运势。

本章将主要介绍以下几方面：①住宅改建风水，即如果遇到不良的住宅，应该如何通过改建、翻新招来好运；②住宅内“气”的流动，气的循环决定着吉凶，只有吸收了自然界能量的住宅，居住在这样房子中的人才能得到能量；③室内各房间的布局，包括玄关、客厅、卧室、卫生间等的风水装饰重点及需要注意的事项；④大门风水，这是住宅吐气和纳气的门户，重要性不言而喻；⑤室内其他门的风水，在房间门的设置上，人们常容易犯风水禁忌，尤其是在门的对向问题上，应该引起重视；⑥窗户风水，与大门一样，起着吐气、纳气的作用。

## 风水与住宅的改建

有这样一种说法“改建可以引起好的变化”。但是从住宅风水来看，如果是不良的改建，会使坏运接连发生。

运势的明暗，与改建、翻新的时间、方位、方法有着密切关系。

即使是吉相，如果改建和翻新的时间、方位不好，也会产生让你后悔莫及的后果。为了不让这样的结果产生，我们要了解气中隐藏的能量，将它发挥在居住的环境中。

### 改建和翻新的重点是方位和时间

**●错误的方位和时间使运气衰退**

计划改建和翻新时，事先准确地调查一下家相是很重要的。如果能判断出家相的吉凶，就可以清楚通过改善哪个地方而实现运气的提升。但是，即使是知道了改善的方法，也不能鲁莽地马上就行动。要通过家相风水术，根据家相的吉凶，审视“方位”和“时间”。

即使是家相不良，也可以通过自己的加工，将凶相变为吉相，这同时也对家相由吉变凶有着很大的影响力。

**●方位和时间的吉凶，每年都在改变**

方位和时间的吉凶是根据自己的本命星和改建、翻新当年的九星对比来判断的。关于九星后面有详细的介绍。

如果知道了自己的本命星，就会了解此年自己的运势和幸运的方位、时间，同时也会知道自己招致不幸的方位和时间。

特别是已经决定了改建和翻新的方位，可以根据方位，决定适合施工的时间。

因为凶方位有很多，如果想统统避免，改建、翻新是不可能的，因此也不必太过于神经质，只需要尽可能地避免此年的六大凶煞方位。

想改建、翻新的场所，从住所中心（宅心）观察，如果与六大凶煞重合，就必须更改改建、翻新的时间。

## ☯九星中隐藏能量

**●了解九星是家相术的第一步**

即使是如公寓这般相同格局的住所，吉凶的表现也是不同的。原因是居住人的性格和出生时所带有的运势各自不同。

通过改建、翻新开运，首先要以自身的运势和性格作为基础来考虑。不要担心改建、翻新这一年中充满了什么样的“气”。

“九星气学”作为人、场所、时期等共同的判断开运法，从古至今一直备受推崇。

**●九星盘中央的星掌管此年运气**

在九星气学中，自然界的能量之气被分为九类。这就是九星，分别为一白水星、二黑土星、三碧木星、四绿木星、五黄土星、六白金星、七赤金星、八白土星、九紫火星。九星名字中所使用的黑、白、碧等颜色表示的是季节和自然界的景象。另外，叫做水星、木星等星的是根据宇宙中金、木、水、火、土五气成立的"五行说"为基础，象征着气的性质。

一般的九星盘，中央位置是五黄土星，一水白星在北、二黑土星在西南、三碧木星在东……这些九星定位是根据年而改变的，九星按照一定的顺序排列移动。九年一个循环，第十年的时候又返回到原来的位置，再次重新循环。

中央和其他八个方位，都隐藏着各自的运气，九星也都具有各自的个性。中央支配着其他八个方位的个性，这样循环着的星位，支配着各年的运气，招致自然界发生各种各样的现象。

在九星气学中，从2月4日立春到第二年的2月3日为一年。

**●本命星之气，支配你的性格和运气**

我们大家的性格和运势，由于被出生年的某一星支配着，所以命运在某种程度也被支配。

在九星学中，出生年的九星盘中央显示的是什么星，那么此星就是该年出生人的"本命星"。

人出生时所发出的第一声叫声，是最开始吸入到肺中的大气。这时的这个大气，载满了支配该年的星气。因此人的一生将受到这个气的影响。例如：在九星盘中央为二黑土星年诞生的人，伴随着出生就具有了二黑土星的运气和性质，这个本质一生没有变化。

并且，根据这个本命星移动到哪个位置，就会产生运气的上升或低迷现象。

另外，改建的时间、方位和格局的吉凶，以及改建时相对住所的方位都给予本命星以影响。因此，什么时间、什么地方、怎样改建翻新都根据个人的本命星而不同。

根据本命星的运势和性格改建的住所，可以高效率地提升运气。

## 九星的特征

| 九　星 | 性　质 | 季　节 | 确定方位 |
|---|---|---|---|
| 一白水星 | 水、流水 | 冬 | 北 |
| 二黑土星 | 土、大地 | 晚夏 | 西南 |
| 三碧木星 | 木、雷 | 春 | 东 |
| 四绿木星 | 木、风 | 初夏 | 东南 |
| 五黄土星 | 土、腐叶土 | 立（春、夏、秋、冬） | 中央 |
| 六白金星 | 金、天 | 晚秋 | 西北 |
| 七赤金星 | 金、池 | 秋 | 西 |
| 八白土星 | 土、山 | 初春 | 东北 |
| 九紫火星 | 火、太阳 | 夏 | 南 |

## 本命星出生年表

| 本命星 | 出生年 | | | | | | | | | | |
|---|---|---|---|---|---|---|---|---|---|---|---|
| 一白水星 | 2008 | 1999 | 1990 | 1981 | 1972 | 1963 | 1953 | 1944 | 1935 | 1926 | 1917 |
| 二黑土星 | 2007 | 1998 | 1989 | 1980 | 1971 | 1962 | 1952 | 1943 | 1934 | 1925 | 1916 |
| 三碧木星 | 2006 | 1997 | 1988 | 1979 | 1970 | 1961 | 1951 | 1942 | 1933 | 1924 | 1915 |
| 四绿木星 | 2005 | 1996 | 1987 | 1978 | 1969 | 1960 | 1950 | 1941 | 1932 | 1923 | 1914 |
| 五黄土星 | 2004 | 1995 | 1986 | 1977 | 1968 | 1959 | 1949 | 1940 | 1931 | 1922 | 1913 |
| 六白金星 | 2003 | 1994 | 1985 | 1976 | 1967 | 1958 | 1948 | 1939 | 1930 | 1921 | 1912 |
| 七赤金星 | 2002 | 1993 | 1984 | 1975 | 1966 | 1957 | 1947 | 1938 | 1929 | 1920 | 1911 |
| 八白土星 | 2001 | 1992 | 1983 | 1974 | 1965 | 1956 | 1946 | 1937 | 1928 | 1919 | 1910 |
| 九紫火星 | 2000 | 1991 | 1982 | 1973 | 1964 | 1954 | 1945 | 1936 | 1927 | 1918 | 1909 |

## ☯降临灾难的六大凶方位

在改建和翻新之时，要以自己的本命星位置为基础，确定出吉方位和凶方位。

**●破坏事物、使人不幸的“五黄煞”**

在九星盘中，五黄土星位置的方位叫做“五黄煞”。因为五黄土星是被叫做帝王之星的强力星，所以对事物有着破坏力，同时，对于任意九星的人都属大凶方位。

如果预定改建的在这个方位请改年再建。另外，如果五黄土星在中央位置的一年，无论是什么规模的改建和翻新都是大凶。

**●暴露在外的凶意“暗剑煞”**

在此年的九星盘中，和五黄土星位置正对的的方位叫做“暗剑煞”。

暗剑煞也是所有人共同的大凶方位。如果改建翻新这个方位，即使自己没有责任，也容易吸收到来自外界的凶意。可能会卷入事件和事故中，或是遇到因给人担保失去财产等灾难。五黄土星在中央位置的一年中没有“暗剑煞”。

**●招致失败、病气和伤害的“本命煞”**

在九星盘中，自己在该年的本命星位置方位就叫做“本命煞”。本命煞是容易引起自身问题的方位，特别是对健康方面有很坏的影响。如果在这个方位改建翻新，会突然招致病气和伤害，所以应该避免。

自己本命星在九星盘中央时的一年同“五黄煞”在中央位置上时相同，控制改建翻新才是明智之举。

**●使精神苦闷的“本命的煞”**

在九星盘中，与本命煞正对的位置方位就是“本命的煞”。

本命煞是暗示着对肉体上的打击，而本命的煞却是使在精神方面容易受到打击的方位。会使一点点的失误变为大大的失败，期待的事情充满了困扰等。

但是，在自己的本命星在中央位置时无本命的煞。

**●使运气衰退的“岁破”**

岁破并非是九星，它是受到十二支影响的凶方位。此年十二支循环方位的相反侧就是“岁破”。

下一页表示的“十二支方位盘”，即十二支分别有相适应的方位。

因为此年气的能量集中在十二支的方位上，所以相对侧的方位能量就稀薄。因此岁破就发挥了破坏事物和使人运气衰退的作用。

因此，避免在这个方位进行改建和翻新也是很重要的。

**●容易招致灾难的“月破”**

相对于每年的十二支，每个月也有十二支。如下表所示，12个月的顺序是子、丑、寅、卯、辰、巳、午 、未、申、酉、戌、亥。“月破”所指的就是，此月十二支相对侧表现的方位。虽然月破没有很强的作用力，但是它仍然暗示着毁灭和运气的衰退。

## 岁破和月破方位

| （使用十二支方位盘） | | |
|---|---|---|
| 月 | 岁破和月破方位 | 年 |
| 12 | 南 | 子 |
| 1 | 南、西南 | 丑 |
| 2 | 西、西南 | 寅 |
| 3 | 西 | 卯 |
| 4 | 西、西北 | 辰 |
| 5 | 北、西北 | 巳 |
| 6 | 北 | 午 |
| 7 | 北、东北 | 未 |
| 8 | 东、东北 | 申 |
| 9 | 东 | 酉 |
| 10 | 东、东南 | 戌 |
| 11 | 南、东南 | 亥 |

### 改建翻新时间由一家之主的九星决定

**●重视一家之主的本命星**

前面的九星盘图解已说明，此年的凶方位和不适改建翻新的时间是根据不同的本命星而不同的。且不说单身生活，与家人共同生活的场合里，因为出生年各自不同，本命星也就不同。因此将全家人的本命星通过九星盘测吉凶就受到了限制。有时丈夫的大凶方位，可能就是妻子的大吉方位。这时，首先要以一家之主的本命星优先。一定要避免一家之主的大凶方位和时间是铁的准则。

**●结合开运的目的，也要重视家人的本命星**

想消除的问题、想实现的愿望，根据不同情况，重视相关人的本命星。

本命星在中央位置的一年中，无论是什么样子的改建和翻新都不应该进行。如果家中有病人，为了病人的健康而要进行改建和翻新时，一定要选择此人本命星不在中央位置和五黄土星相对位置时再进行。

例如丈夫是八白土星、妻子是四绿木星的夫妻，如果为妻子病情恢复或是渴望改善夫妻关系，可以计划大规模的改建和翻新。

2005年八白土星在南，对于丈夫是吉利年。南是左右出人头地和成功运的方位。但是，这一年因为妻子的本命星在中央，是本命煞，所以要避免改建。

第二年是2006年，是丈夫和妻子共同的吉利年。八白土星在左右夫妇爱情运、事业运的北方位，妻子的本命星四绿木星在巩固一家繁荣基础的西北方位。因此该年适合改建。

接着是2007年，丈夫的八白土星运转到了暗剑煞方位。当然这一年就不能称为是适合改建翻新的一年。

如下，各本命星所表示的是应该避免进行施工的一年，请灵活地运用。如果只是修改厨房一部分小规模翻新的话，只需参照主人的本命星吉凶就可以了。

## 不宜进行改建、翻新年

| 年份＼本命星 | 一白水星 | 二黑土星 | 三碧木星 | 四绿木星 | 五黄土星 | 六白金星 | 七赤金星 | 八白土星 | 九紫火星 |
| --- | --- | --- | --- | --- | --- | --- | --- | --- | --- |
| 2010年 | | × | | | × | | | × | |
| 2011年 | | | | | | | × | | × |
| 2012年 | | | | | | × | × | | |
| 2013年 | × | × | × | × | × | × | × | × | × |

（请根据月份与专家商量）

### 改建和翻新场所的方位观察

**●查看本命星的吉凶方位和改建场所的方位**

此年本命星在什么位置，关系到改建翻新场所的预定。根据本命星得出的即使是适合改建、翻新的一年，但如果预定施工的方位是对于本命星不好的方位，一定要改变施工的时间。

场所的方位中包括从宅心看到的方位，但是这个只是指主要的平面方位。因为房子是立体的，所以必须根据场所的上下方位和有关这个方位的吉凶，仔细核对。

**●房顶和地板的方位**

在改建当中，包括改换天棚或是增建二楼。天棚、二楼等都在上方，这时将这个方位视为南方位。因为每天太阳从东方升到天上（南方位），所以如果改建房顶和天棚就是进行破坏南方位的施工。

因此，在南方为本命煞和五黄煞等大凶方位的一年中，一定要避免房顶、天棚和二楼的增建和改建。

另外，地板是和天棚正对的方位，所以视为北方位。与此同时，自己所站的方位在意义上叫做中宫（九星盘中央位置的星）。所以预定要更换地板时，一定结合自己的本命星方位，观察北方位和中央方位的本命星吉凶情况。

**●慎重考察，如果有疑惑请与风水师商量**

在着手进行改建和翻新时，有时会与预定的情况发生大的变化。原本只是打算对屋檐进行小小的修补，但是由于一些原因，可能需要重葺整个房顶。因此，原本有关方位问题的改建，现在就变成了侵袭了凶方位的施工。那么，在策划改建和翻新计划时，一定要慎重。同时，如果感觉到不安时，不要焦虑，请重新认真考察一次。如果对吉凶方位迷茫时，最好与专门的风水师商量。

## 2010年改建、翻新的吉凶方位

◎表示大吉方位　　○表示吉方位

| 本命星 | 吉方位 | | | | | | | | | | | | 大凶方位 |
|---|---|---|---|---|---|---|---|---|---|---|---|---|---|
| | 2月 | 3月 | 4月 | 5月 | 6月 | 7月 | 8月 | 9月 | 10月 | 11月 | 12月 | 第2年1月 | |
| 一白水星 | ◎南<br>◎北 | 没有 | 没有 | ◎东南<br>◎南<br>◎北 | ◎东南 | 没有 | ◎东南 | 没有 | ◎南 | ◎南<br>◎北 | 没有 | 没有 | 东<br>西<br>东北<br>西南 |
| 二黑土星 | ◎东<br>○南<br>○北 | ◎东 | ◎东南 | ◎东<br>◎东南 | ◎东南<br>◎西北 | ○西 | ◎西北<br>○南<br>○西 | ○南<br>○北 | ○南<br>○北 | ◎东<br>○南<br>○北 | ◎东 | ◎东南 | 西南<br>东北 |
| 三碧木星 | ◎西<br>○东 | ○东南 | 没有 | ◎西 | 没有 | ○东 | ○东南 | 没有 | ◎西北 | ◎西<br>○东 | ○东南 | ○西北 | 南<br>北<br>东北<br>西南 |
| 四绿木星 | ◎西北<br>○东南 | ○东南 | 没有 | ○西 | 没有 | 没有 | ○东 | 没有 | 没有 | ◎西北 | ◎西<br>○东南 | ○西北 | 南<br>北<br>西南<br>东北 |
| 五黄土星 | ◎东<br>○南<br>○北 | ◎东<br>◎东南<br>◎西北 | ◎西<br>◎东南<br>○西 | ◎东<br>◎东南 | ◎东南<br>◎西北<br>○南 | ○北<br>○西 | ◎西北<br>○西 | ○西<br>○北<br>○南 | ○南<br>○北 | ◎东<br>○南<br>○北 | ◎东<br>◎东南<br>◎西北 | ◎东<br>◎东南<br>○西 | 西南<br>东北 |
| 六白金星 | ◎东南 | ○西北 | ◎东南 | ◎东南 | ○南 | ○北 | ○北 | ◎西 | ○南<br>○北 | 没有 | ◎西北 | ◎东南<br>○西北 | 东<br>西南<br>西<br>东北 |
| 七赤金星 | 没有 | ◎东 | 没有 | ◎东<br>◎西 | ○南 | ○南<br>○北 | ○北 | ◎西<br>○南 | 没有 | 没有 | ◎东 | 没有 | 东南<br>东北<br>西南<br>西北 |
| 八白土星 | ◎东<br>○南<br>○北 | ◎东南<br>◎西北 | ◎东<br>○西 | ◎东<br>◎东南 | ○南 | ○北 | ◎西北<br>○南<br>○西 | ○西 | 没有 | ◎东<br>○南<br>○北 | ◎东南<br>◎西北 | ◎东<br>○西 | 西南<br>东北 |
| 九紫火星 | 没有 | ○东 | 没有 | ◎南<br>◎北 | ◎南 | ○东 | ○东 | 没有 | 没有 | 没有 | ○东 | 没有 | 东南<br>西南<br>西北<br>东北 |

## 2010年改建、翻新的吉凶方位

◎表示大吉方位　　○表示吉方位

| 本命星 | 吉方位 | | | | | | | | | | | 大凶方位 |
|---|---|---|---|---|---|---|---|---|---|---|---|---|
| | 2月 | 3月 | 4月 | 5月 | 6月 | 7月 | 8月 | 9月 | 10月 | 11月 | 12月 | 第2年1月 | |
| 一白水星 | ◎东南<br>◎北<br>○南 | ◎东南<br>◎北 | 没有 | ◎东南 | 没有 | ○南 | ◎北<br>○南 | 没有 | ◎南 | ◎北<br>○南 | ◎东南<br>○北 | 没有 | 东<br>西<br>东北<br>西南 |
| 二黑土星 | ◎东南<br>◎西北 | ◎东南<br>◎西北 | ○东北 | 没有 | ○东北 | 没有 | 没有 | ○西南 | ○西南 | ◎西北 | ◎东南<br>◎西北 | ○东北 | 东<br>西<br>南<br>北 |
| 三碧木星 | ○西北 | ◎西南<br>◎东北 | 没有 | ○东南 | ◎西南 | ◎西南<br>○西北 | 没有 | ◎东北<br>○东南 | ○西北 | ○西北 | ◎西南<br>◎东北 | ○东北 | 东<br>西<br>南<br>北 |
| 四绿木星 | ○西北 | ○北 | ○南 | ◎北<br>○南 | 没有 | 没有 | ○东南<br>○西北 | ○东南 | 没有 | ○西北 | ○北 | ○南 | 南<br>北<br>西南<br>东北 |
| 五黄土星 | ◎东南<br>◎西北 | ◎南<br>◎东南<br>◎西北 | ○北<br>○东北 | ◎南<br>○西南<br>○东北 | ◎南<br>○东北 | ◎东南<br>◎南<br>○西南 | ◎南<br>○北 | ○东南<br>○西北<br>○西南 | ○西南 | ◎西北 | ◎东南<br>◎西北 | ○北<br>○东北 | 东<br>西 |
| 六白金星 | 没有 | ◎南<br>◎东北 | ○南<br>○北 | ○西南<br>○北<br>○东北 | ◎南<br>◎东北<br>○西南 | ◎南<br>○北 | 没有 | ○西南 | 没有 | 没有 | ◎东北 | ○南<br>○北 | 东<br>东南<br>西<br>西北 |
| 七赤金星 | 没有 | ◎东南<br>◎南<br>◎西北<br>◎东北 | ◎南<br>○北 | ◎东北<br>◎西南<br>○北 | ◎南 | ◎东南 | ◎东南 | ◎西北 | ◎西北<br>○西南 | 没有 | ◎东南<br>◎西北<br>◎东北 | ○南<br>○北 | 东<br>西 |
| 八白土星 | 没有 | ○南 | ○北<br>○东北 | ◎南 | ○东北 | ○西南 | ◎南<br>○北 | ○西南 | ○西南 | 没有 | 没有 | ○北<br>○东北 | 东<br>西<br>东南<br>西北 |
| 九紫火星 | ◎南<br>◎北 | ◎南<br>◎北<br>◎西南 | ◎北 | ○东南<br>○西南<br>○东 | 没有 | ○东南<br>○北<br>○西北 | ○西北 | 没有 | 没有 | ○北<br>○南 | ◎西南<br>◎西北<br>◎北 | ◎北 | 东<br>西 |

## 2010年改建、翻新的吉凶方位

◎表示大吉方位　　○表示吉方位

| 本命星 | 吉方位 | | | | | | | | | | | | 大凶方位 |
|---|---|---|---|---|---|---|---|---|---|---|---|---|---|
| | 2月 | 3月 | 4月 | 5月 | 6月 | 7月 | 8月 | 9月 | 10月 | 11月 | 12月 | 第2年1月 | |
| 一白水星 | ◎东<br>○西 | 没有 | 没有 | ○西 | ○西 | ○东<br>○西南 | 没有 | 没有 | ◎东<br>◎西南 | ◎东<br>○西 | ○西 | 没有 | 南<br>北<br>东南<br>西北 |
| 二黑土星 | ◎西 | ◎东北 | ◎东北<br>○西南 | ○东 | ○东<br>○西南 | ○西南 | ○东 | 没有 | ◎西<br>◎东北 | ◎西 | ◎东北 | ◎东北 | 东南<br>西北<br>南<br>北 |
| 三碧木星 | ◎南<br>○北 | ○北 | 没有 | ◎东<br>○西 | 没有 | 没有 | ○西 | 没有 | ◎东<br>○南 | ○南<br>○北 | ○北 | 没有 | 东南<br>西南<br>西北<br>东北 |
| 四绿木星 | ◎南<br>○北 | ◎西南<br>○北 | ◎西南 | 没有 | 没有 | 没有 | 没有 | ○北 | ◎南<br>◎西南<br>◎东北 | ○南工<br>○北 | ◎西南<br>○北 | 没有 | 东<br>西<br>东南<br>西北 |
| 五黄土星 | ◎西<br>◎北<br>○南 | ○东<br>○南<br>○北<br>○东北 | ◎北<br>◎东北<br>○南<br>○西南 | ◎北<br>○东<br>○南 | ○东<br>○西南 | ◎西<br>○东<br>○西南 | ○东 | ○南 | ◎西<br>◎北<br>◎东北 | ◎西<br>◎东北<br>○西南 | ◎西<br>◎东北<br>○东<br>○北 | ◎西<br>◎东北<br>○南 | 东南<br>西北 |
| 六白金星 | ◎西<br>◎北<br>○南 | ◎南<br>○东北 | ◎南<br>◎北 | 没有 | ○东<br>○西南 | ◎西<br>○东 | 没有 | ○南<br>○东北 | ◎西 | ◎西<br>◎北<br>○东北 | ○东北 | ◎北<br>○南 | 东南<br>西北 |
| 七赤金星 | ◎北<br>○东北 | ◎南<br>○东 | ○东北 | 没有 | ○东 | ○西南 | ◎西<br>○东 | ◎南 | ◎西<br>◎北<br>◎南 | ◎北<br>○西南<br>○东北 | ◎西<br>○东 | ○东北 | 东南<br>西北 |
| 八白土星 | ○南 | ◎东北 | ◎东北<br>◎西南 | ◎北<br>○南 | ○西南 | ○西南 | 没有 | ○南 | ◎北<br>◎东北 | ○南 | ◎东北<br>◎北 | ◎东北 | 东<br>西<br>东南<br>西北 |
| 九紫火星 | ◎东 | ◎东 | 没有 | 没有 | ◎东<br>◎西 | ◎西 | ◎北 | ◎北 | ◎东<br>◎西<br>◎北 | ◎东 | ◎东 | 没有 | 东南<br>西南<br>西北<br>东北 |

## 2013年改建、翻新的吉凶方位

◎表示大吉方位　　○表示吉方位

| 本命星 | 吉方位 | | | | | | | | | | | | 大凶方位 |
|---|---|---|---|---|---|---|---|---|---|---|---|---|---|
| | 2月 | 3月 | 4月 | 5月 | 6月 | 7月 | 8月 | 9月 | 10月 | 11月 | 12月 | 第2年1月 | |
| 一白水星 | ◎西 | ○西南<br>○东北 | ◎东<br>○西南 | ◎东南 | ◎东南 | ◎东<br>○西南 | ◎东<br>◎西 | ○西 | ◎东北 | ◎西 | ◎西<br>○西南 | ◎东<br>○东北 | 南<br>北<br>西北 |
| 二黑土星 | ◎南<br>○东<br>○北 | ○东 | ○东南 | ○东<br>○东南 | ○东南 | ◎西 | ◎南<br>◎西 | ◎南 | ◎南<br>○北 | ◎南<br>○东<br>○北 | ○东 | ○东南 | 西南<br>东北<br>西北 |
| 三碧木星 | 没有 | ◎东南<br>○东北 | 没有 | 没有 | ○西南<br>○东北 | ○南 | ◎南<br>◎东南<br>◎北 | ○西南<br>○北 | ○西南 | 没有 | ◎东南 | 没有 | 东<br>西<br>西北 |
| 四绿木星 | 没有 | 没有 | ○东北 | ○西 | 没有 | ○南<br>○西南 | ◎东<br>◎北<br>◎南 | ○北<br>○西南 | ○西南 | 没有 | ○西<br>○东北 | ○东北 | 东南<br>西北 |
| 五黄土星 | ◎南<br>○东<br>○北 | ◎西南<br>○东<br>○东南 | ◎西<br>○东<br>○东南 | ○东<br>○东南 | ◎南<br>○东南 | ◎西<br>○北 | ◎南<br>◎西<br>◎西南 | ◎南<br>◎西<br>◎东北<br>○北 | ◎南<br>◎西南<br>◎东北 | ◎南<br>○东北<br>○北 | ◎西南<br>○东<br>○东南 | ◎西<br>○东<br>○东南 | 西北 |
| 六白金星 | 没有 | ◎西南<br>○东 | ◎西<br>○东 | 没有 | ◎东北<br>○南 | ◎西<br>◎北<br>○南 | ◎西南<br>◎西<br>◎北 | ◎西南<br>◎东北<br>○南 | ◎北<br>○南 | 没有 | ◎西南<br>○东 | ◎西<br>○东 | 东南<br>西北 |
| 七赤金星 | ○东南 | 没有 | ◎西南 | 没有 | ◎东北<br>○东南 | ◎北<br>○南 | ◎西南<br>◎北 | ○南 | ◎东北 | 没有 | 没有 | ○东南 | 西北<br>东<br>西 |
| 八白土星 | ◎南<br>○北 | ○东南 | ◎西<br>○东 | ○东<br>○东南 | ◎南 | ○北 | ◎南<br>◎西 | ◎西 | 没有 | ◎南<br>○东<br>○北 | ○东南 | ◎西<br>○东 | 西北<br>东南<br>西南 |
| 九紫火星 | 没有 | ◎东<br>◎东北 | ◎东南<br>◎东北<br>○西 | 没有 | ◎西南 | ◎东<br>○西 | ◎东<br>◎东南<br>◎西南 | 没有 | 没有 | 没有 | ◎东<br>◎东北<br>○西 | ◎东南<br>◎东北<br>○西 | 南<br>北<br>西北 |

## 2014年改建、翻新的吉凶方位

◎表示大吉方位　　○表示吉方位

| 本命星 | 吉方位 | | | | | | | | | | | | 大凶方位 |
|---|---|---|---|---|---|---|---|---|---|---|---|---|---|
| | 2月 | 3月 | 4月 | 5月 | 6月 | 7月 | 8月 | 9月 | 10月 | 11月 | 12月 | 第2年1月 | |
| 一白水星 | ○南 | 没有 | ○东 | ◎西<br>○东 | ◎西 | ○南 | ◎西<br>○南 | ◎西 | ○东 | ○南 | 没有 | ○东 | 北<br>东南<br>西南<br>东北 |
| 二黑土星 | 没有 | 没有 | ◎东北 | ◎南 | ◎南<br>○东北 | ◎南<br>○西南 | ◎南 | ○西南 | ○西南 | 没有 | 没有 | ◎东北 | 东<br>西<br>北<br>东南<br>西北 |
| 三碧木星 | 没有 | ◎西南 | ○东 | ○南 | ◎西南 | ○西南 | ○东<br>○西 | 没有 | 没有 | ○西<br>○北 | ◎西南 | ◎东<br>○南 | 东南<br>北<br>西北 |
| 四绿木星 | ○西 | 没有 | ◎西南<br>○南 | ○东<br>○南 | ◎西<br>○南 | ○西南 | 没有 | ○西 | ○东北 | ○西 | 没有 | ○南<br>○东北 | 北<br>东南<br>西北 |
| 五黄土星 | ○东 | ◎南 | ◎西<br>◎东北 | ◎南<br>◎西<br>◎东北<br>○西南 | ◎东<br>◎西<br>◎东北<br>◎西南 | ◎南<br>○西南 | ◎东<br>◎南 | ○西南 | ◎西<br>◎东<br>○西南 | ◎东 | 没有 | ◎西<br>◎东北 | 北<br>东南<br>西北 |
| 六白金星 | 没有 | ◎南 | ◎南 | ◎西南<br>◎东北 | ◎南<br>◎西南<br>◎东北 | ◎南 | 没有 | ◎西南 | 没有 | 没有 | ◎东北 | ○南 | 东南<br>西北<br>北<br>东 |
| 七赤金星 | ◎东<br>◎西 | ◎南 | ◎南<br>◎西 | 没有 | ◎南<br>◎西<br>◎东 | 没有 | 没有 | 没有 | 没有 | ◎东<br>◎西 | 没有 | ◎南<br>◎西 | 东南<br>西南<br>东北<br>西北 |
| 八白土星 | ◎东 | 没有 | ○东北 | ◎西 | ◎东<br>◎西<br>◎东北 | ○南北 | ◎东 | ○西南 | ◎东<br>◎西<br>○西南 | ◎东 | 没有 | ◎东北 | 东南<br>南<br>西北<br>北 |
| 九紫火星 | 没有 | 没有 | ◎东<br>○西 | ◎东<br>○东北 | ◎东 | 没有 | 没有 | ○西<br>○东北 | ○西<br>○东北 | 没有 | 没有 | ◎东<br>○西 | 东南<br>南<br>西北<br>北 |

## 2015年改建、翻新的吉凶方位

◎表示大吉方位　　○表示吉方位

| 本命星 | 吉方位 | | | | | | | | | | | | 大凶方位 |
|---|---|---|---|---|---|---|---|---|---|---|---|---|---|
| | 2月 | 3月 | 4月 | 5月 | 6月 | 7月 | 8月 | 9月 | 10月 | 11月 | 12月 | 第2年1月 | |
| 一白水星 | ◎西北<br>○东南 | 没有 | ◎南 | ◎南<br>○北 | ○西南 | 没有 | ◎南<br>○东南<br>○北 | ○东南<br>○北 | ○西南 | ◎西北 | 没有 | ◎南<br>◎西北 | 东<br>西<br>东北 |
| 二黑土星 | ◎南 | ◎南<br>◎北 | ◎南<br>◎北<br>◎西南 | ◎南<br>◎北 | ◎西南 | ○西南 | 没有 | 没有 | 没有 | ◎南 | ◎北 | ○南<br>◎北 | 西南<br>东北<br>西北 |
| 三碧木星 | ○东南<br>○南<br>○北 | ○西南<br>○北 | ◎西南 | 没有 | ○东南 | ◎西北 | ◎西北 | ◎西南 | ○南 | ○南 | ○西南<br>○北 | ◎西北 | 东<br>西<br>东北 |
| 四绿木星 | ○南<br>○北 | ○北<br>○西南 | ◎西南 | 没有 | 没有 | 没有 | 没有 | ○北 | ◎西南<br>○南 | ○南<br>○北 | ○西南<br>○北 | 没有 | 东<br>西<br>西北<br>东北 |
| 五黄土星 | ◎南<br>○西北 | ◎南<br>◎北 | ◎东南<br>◎南<br>◎北<br>◎西南 | ◎南<br>◎北 | ◎东南<br>◎西南<br>○西北 | ◎西南<br>○东南 | ◎东南<br>○西北 | ◎东南<br>◎南<br>○西北 | ◎北 | ◎南<br>◎西南<br>○西北 | ◎北 | ◎东南<br>◎南<br>◎北 | 东<br>西<br>东北 |
| 六白金星 | ◎北 | ◎南 | ◎东南<br>◎南<br>◎北 | ◎东南 | ○西北 | ◎东南<br>○西北 | ◎东南 | ◎南 | ◎南<br>◎北 | ◎北 | 没有 | ◎东南<br>○南<br>○北 | 东<br>西<br>东北<br>西南 |
| 七赤金星 | ○西北 | 没有 | ◎东南 | ◎东南 | ○西北 | ◎东南<br>○西南 | 没有 | ◎东南<br>○西北 | 没有 | ○西南 | 没有 | ◎东南 | 东<br>西<br>南<br>北<br>东北 |
| 八白土星 | ○西北 | 没有 | ◎东南<br>○西南 | 没有 | ◎东南<br>○西北 | ○西南 | ◎东南<br>○西北 | 没有 | 没有 | 没有 | 没有 | ◎东南 | 东<br>西<br>南<br>北<br>东北 |
| 九紫火星 | ◎东南 | 没有 | ◎东南<br>◎北 | 没有 | 没有 | ◎东南 | ◎北<br>○南 | ◎北<br>◎西北<br>○南 | ◎北 | 没有 | 没有 | ◎东南<br>◎北<br>◎西北 | 东<br>西<br>西南<br>东北 |

# 住宅内“气”的流动

住宅风水的吉凶，使居住人的运势大大改变。有很多人即使很有能力、也很努力，可是还经常被疾病、工作的不顺、金钱纠葛等烦恼困扰。如果看一下这些人的房子，他们的家中一定存在很多问题。

家是一家人生活相处的场所，通过房子的修缮可以补充活力。但是，人的一生有三分之一的时间是睡着度过的，所以在无意识中受到住所的影响很大。

如果这个住所是凶相之宅，那么人的运气就会低迷，容易遇到意想不到的灾难。但是住所的吉凶是通过什么决定的呢？要看的是这个居住环境是不是能充分地吸收到来自自然界的“气”。

通风良好的房子，就可以吸收到自然界的能量。风水中的“风”所指的是“气流”。气流顺畅就可以让能量良好循环。居住场所良好的通风环境，在吸收阳气的同时，还可以驱赶阴气，使自然界的能量发挥最好的循环作用。

## 自然界的能量支配着万物

我们经常提起的“元气”、“病气”、“勇气”，它们统统都带有的“气”，是表现的自然界之气（能量）。

阳光、风、雨等是从天而降的能源。因为它们支配着季节、气候的变化和生物的盛衰，所以被称作“天之气”。另一方面，大地上所流淌的地之气，伴随着天之气一同孕育生命，支持它们成长。也就是说地球上生长的万物，是依靠着天、地之气维持着生命。人，如果充分地吸收到自然界的能量，就会充满力气，

变得健康。但是，如果这个能量不足，就会产生“弱气”，弱气积累加深，就会变成“病气”。

## 生活在吉相的房子中会得到能量

吸收了自然界能量的住宅，是因为阳气而充满了活气。居住在这样房子中的人，得到了天、地能量的恩惠，可以享受健康运、财运、家庭运等。

相反，很难吸收到自然界能量的住宅，就会充满阴气，居住在这里的人就不能吸收到来自于天、地的能量，反而自己本来具备的能量也会被夺走。

但是，不要为居住在凶相的住所而感到担心害怕。可以参考风水家相术，吸收自然界的能量，这样气力也会充实，运势也会上升。

## 气的循环决定着吉凶

房子不要过于封闭，即使是自己不住的房子，借给别人住或租给别人住，保证良好的通风很也是很重要的。

所谓的吉相住所的条件有很多。其中最重要的就是房子中气的流畅，自然界能量有良好的循环。

如果将房子置换成我们的身体考虑，可能会更容易理解。我们的身体，如果能顺畅地呼吸，新鲜的氧气就会随着血液流遍身体的各个角落，让我们维持健康的状态。

但是，如果生活在气流停滞的环境中，呼吸就会困难，血流就会停滞，生存的能量也就会下降，长此以往，就会招染病气。

即使你对有关家相的事毫无所知、毫不关心，如果你居住在吉相的房子中还好，一旦居住的环境是凶相，可你还丝毫不知的住下去，这样你的健康被慢慢的损伤，意想不到的事故、困扰等不幸就会接连出现。

# 各个房间的布局

风水在日常生活中的运用是撷取风水理论的精华，再转化为可搭配室内装潢的实用方法。此乃借助风水之力改善居家环境和运势，从玄关、客厅、餐厅、卧室、厨房等的家具与家饰的装潢风水布局，从而达到身心健康、家业顺遂，让人人都看得懂，人们都可以实地运用到家居中去，使生活质量得到明显提高。

各类房间的布局都有其共通性，但不同的房间因为不同的人居住而有不同的要求，所以要根据当事人的特性来调整。

## 布局一：门和玄关过于华丽或简朴都是凶相

门和玄关是面对社会的“脸”，是外界和家庭的界限、是社会和自己交流的必经场所。没有门、玄关，和道路直接面对的住所；或是玄关和走廊没有段差的建造都表现了公私不分，被认为是凶相。

如果是私人住宅，设置了门和有段差的玄关，就具备了某种程度的威严，可以使运气上升。

门对外界来说是相当于这家房子的脸面。如果是不符合房子规模的寒酸的门，会给他人不好的印象；相反，如果过于华丽，就表示了强烈的虚荣心。其中任何一种都不会得到社会的信任，招致一家的衰败。所以，在设计时，要注意门与住宅的比例。

## 布局二：厅大房小、明厅暗房

从住宅风水角度来看，关于客厅的布局，一定要比房间大，这是有道理的，因为客厅是一家人围聚谈心的地方，也关乎客人来访的第一个印象，客厅宽大明亮表示主人心胸宽广。客厅也是主人事业的象征，舒适的客厅代表主人在事业上春风得意；宽大的客厅易于扩展事业和人际关系；明亮的客厅代表前途光明，有许多贵人相助；天花板高的客厅代表主人的眼光独到，理想高远，对自己充满自信，反之，太矮的天花板会带给人压迫感，也会让人眼光短浅、心胸郁闷。另外，客厅还代表男主人，代表老公，没有客厅的住宅，往往表示女主人没有老公，或者老公多病、事业无成。房间大、客厅小，男主人往往多是“妻管严”。

房间要比客厅小，代表夫唱妇随、家庭和谐，夫妻能互相配合，互相体谅。如果房间与客厅大小一样，就有“争权”的现象，也就是太太反对先生的意见，并僵持不下。现代社会男女平等，如果女人有能力决策大小事务，而先生心甘情愿配合，这也无可厚非，只要能增进家庭幸福，应该乐观其成。

### 布局三：客厅在前，厨、厕在后

客厅是一个家庭的门面，应该在房子的最前方，除了阳台与玄关，客厅应是别人进门的第一个印象。很多旧房子的格局，通常是一进门要走过道，才进入客厅，这就带有封闭性。如果客厅必须走过道才能到达，那么一定要加亮过道的灯光照明，同时不宜看到不雅的画面。若能看到其他房间，应该先将其他房门关上，过道上亦不宜堆积货品或垃圾。

厨房是一家人赖以为生的重要地点，清洁卫生很重要，不宜一入门就看见，况且炒菜时易有油烟弄脏客厅，所以安排在房子的后面比较妥当，或者靠房子边，但不要在房子正中央；厕所是晦气的所在，一般也适合安排在房子后方。现代人重视生活品质与卫生条件，通常都会尽量保持厕所的通风与洁净，这是极佳的进步。因为恶臭会影响全家人的运气，尤其恶气会招惹小人，而远离贵人，所以保持厕所的清新芳香也有开运的效果。

### 布局四：宅心是客厅或主人卧室为大吉相

宅心就是住所的中心，如果这里是凶相，即使其他的房间是吉相，好运气也不会持续。特别是一家之主的健康和运势会受到强烈的影响。

理想的情况是在住所的中心建宽敞的客厅或是主人卧室。如果将这些位置建在宅心，主人就会热心工作，家庭也会安泰。

要注意的是：卫生间、楼梯、走廊在宅心是凶相。

## 布局五：厨房的吉凶取决于炉具和水池

厨房是主妇工作的场所，根据方位的不同给予主妇的运气和健康以影响。在住所的东或是东南方位如果设置了厨房，对主妇来说是吉相，这是因为朝向阳方位。

同样是阳的方位，如果厨房朝向南方位就是大凶。因为南方代表着太阳和火，是象征着开花运的方位，在这个方位集中了水气和火气，会使原有的吉意被压制。

另外，如果厨房设置在东北和西南的位置上，也是凶相，主妇的运气会衰退。

在查看厨房吉凶的时候，在确认住所的方位的同时，必须要确认出具有水气、火气的方位。

在有限的厨房空间中，炉具（火气）、水池（水气）、放置垃圾的场所都是会产生阴气的物品。如果在四角线和正中线上设有这些场所，那么就是大凶的家相。即使是通过住所看到的厨房的方位是好的方位，如果炉具、水池在子、卯、巽、酉方位上，就必须进行调整。放垃圾的场所如果在这里，就需要马上改变位置。

## 布局六：卫生间在宅心、正中线上、四角线上是最凶

卫生间是具有强烈阴气的场所，无论在什么方位都是凶相。但是，只要避免了北、东、东南、西的正中线，就可以避免凶意。

卫生间位于宅心是大凶相。如前所述，宅心是房子的心脏，这么重要的位置如果设置不干净的东西，就可以说是“中心缺欠”，一家之主就会遇到意想不到的灾难和问题。

无论是什么方位，玄关、门和卫生间正对都是凶相。玄关是让外面的气进入房子的开口部分。如果它的对面是卫生间，即使是良好之气，也会停滞。相同，如果楼梯的对面是卫生间，家人就会变得不冷静、烦躁。从实际考虑，如果访客站在玄关，正对的是卫生间，无论是谁都会感觉不好。所以，不仅要考虑到风水中的吉凶，还要考虑到现实生活的舒适。

经常保持卫生间的洁净和除臭是抑制卫生间凶意的关键。

# 风水与大门

门是住宅的吐气和纳气门户，书曰：宜开吉方旺方。但现代都市住宅门户很难改变，只能根据住宅方位稍移动或扩大，也可以用阳台作为气口之补充，但大门之气忌直奔阳台，这非但不能纳阳台之气，反而是不吉之相。古云：宁为人家立千坟，毋为人家安一门，便可知门之重要性。

## 门向的重要性

门的重要性就好比是一个人的口，所谓祸从口出，病从口入。而住宅风水上的门就正好主宰这房屋里一家人的命运，但风水上的门究竟是指哪里呢？以现代的建筑形式而言，门就是指气口。公寓式大厦楼下的大门就是大气口，自己家中的门就是小气口。无论是大门的门向，还是门口外面的地势与景观、门里和门外的方位与情势，抑或因特殊地理要素所形成的特别格局和住宅穴场，均对住宅风水有决定性的影响。一个真正的住宅风水家，就必须知道如何消砂纳水，鉴定与设计门向和规划布局，从而发挥住宅的最大功能。

## 职业与门向的关系

“东北”和“西南”这两个方位通常是不开门的，那到底哪一个方位才适合自己，有利于事业呢？一般而言，以东、南两个方位为佳。

正门向东：正门向东代表了太阳从东边升起，旭日东升，象征活力朝气，是最适合生意商家所开的门。

正门向南：正门向南代表了坐北为主，南面称臣，适合政治家、企业家、宗教家、富商名人等。

虽然这两个方位所开的门许多行业均适宜，这里

还是要提醒大家，若屋主的生命磁向与向东或向南排斥，也就是命格里东方或南方是本命的凶方，尽管东方和南方是许多人的吉位，依旧不适合将门开在这两个方位。

### 地理环境影响开门方位

究竟应该把门开在哪一个方位呢？是中门、虎门，还是龙门呢（龙门在左，虎门在右）？地理环境中水的流向深深影响着开门的方向，现将其分述如下：

开中门：例如，房子的正前方是湖、海、川、沟、河、江、池、沼，有水流或水气聚集，在这种情况下要开中门。若是地势非常平坦，不是倾斜，也非山坡，在附近也看不出高高低低的地势起伏，这种情形也应该开中门。

开龙门：水由虎边流向龙边，也就是地势右边高于左边（站在家中往外看），水流或气流由右向左动，如此地理形势则适合开龙门。

开虎门：水由龙边流向虎边，也就是地势左边高于右边，河水或马路的水流或气流由左边向右边流，这样的房子就适合开虎门。

### 生肖与十二地支对照图

| 地支 | 子 | 丑 | 寅 | 卯 | 辰 | 巳 | 午 | 未 | 申 | 酉 | 戌 | 亥 |
|---|---|---|---|---|---|---|---|---|---|---|---|---|
| 生肖 | 鼠 | 牛 | 虎 | 兔 | 龙 | 蛇 | 马 | 羊 | 猴 | 鸡 | 狗 | 猪 |

说明：若属蛇者，表格对应为巳人，而巳人开门酉山卯向，故应为坐西向东的门向。

### 门向无法调整时的解决之道

若是已做好的正门方向与生命磁向不合时，该怎么办呢？可以有以下两种解决办法：

●改门扉

只要将门扉移动，方位也随之更改，甚至可以请专业人员将门扉移动90°，反正只要将门扉的方向变成面向自己生命磁向的吉方，就可以了。

●设计玄关

可以用巧妙的玄关布置法来解决错误的门向问题，至于如何布置则需请教专业的住宅设计大师依据实际情况进行具体分析与设计。

## 大门的方位

大门可说是家宅的气口，吉气自大门而入。

大门位开在东北方位，刚好位于东北中心15°范围的艮方位与西南中心15°范围的坤方位，不宜。

位于东北方位，凡事出现反效果，不利于人际关系，此乃亦是从事服务行业的人必须避免的方位。

位于西南方位，不宜。

避免的最佳方法是改造房子，如无法全面修建大门，那么只要改变大门的方向即可。

**●东南方**

在东四命里，不管是属坎卦、震卦、离卦，或巽卦，都会有相同的影响，如家宅里的人关系良好，一团和气，夫妻相敬如宾，父慈子孝，兄弟如手足。相反，西四命的人则不宜住在东南方。

大门在东南方，最有利于坎命的人，因为他们的生气位正位于东南方。坎命而大门在东南方的人，不仅家宅和气，而且家人的健康甚佳。

此外，东南方主长女，所以东四命的户主若家有长女，此女儿的得益便最大，自小便非常健康，聪明伶俐，快快乐乐。同样，西四命的户主若将大门开在东南方，受害最大的亦是户主的长女。

**●东方**

东四命的人把大门开在东方，最有利的影响在于人际关系方面，和大门开在东南方不同的是，东南方特别有利家宅和谐，而东方则特别有利家庭成员在外的人际关系。相反，西四命的人不宜将大门开在东方。

东四命的户主将门开于东方，对大儿子的运程最有利。而西四命的户主把门开于东方，则不宜。

**●南方**

南方是东四命的人的吉方，是西四命的人的不吉方位。东四命大门开在南方，最大的好处是生活平稳。生活平稳代表着一切问题可顺利解决，身心便能轻松下来。

西四命的人若在南方开大门，便有如把避风塘内的小艇驶向波涛汹涌的大海一样，人生就要面对很多风风雨雨，需要付出很大的身心精力，这对大部分人而言，是一桩苦事。西四命的家宅大门开在南方，不宜。

南方的卦相主中女，对东四命的人来说，大门在南方，有利于他们的女儿获益。若是西四命的，则不宜。

在东四命中，大门在南方对震命的人最吉，他们的生气位正是在南方。

**●北方**

北方亦是东四命的吉方，是西四命的不吉方位。其中，最大的影响是健康方面。东四命的大门在北方，有利于家庭成员健康。若想改良健康运，则可在北方大门迎入吉气，会对减轻疾病灾厄有帮助。

若是西四命的人把大门开在北方，不宜。

北方的卦相代表中男，北方开大门对他们的影响亦最大，东四命的人的儿子会很健康强壮，相反，西四命的人的儿子则病弱，或多意外损伤。

北方大门对巽命的人最吉利，因为他们的生气位在北方。

上述的四方是东四命的吉方，是西四命的不吉方位。以下所述的四方则是西四命的吉方，是东四命的凶方。

**●西方**

西方开大门，西四命的家庭会生活得很和谐，彼此的感情良好，父慈子孝，夫妻相敬如宾，兄弟姐妹相处愉快。若东四命的人的大门开在西方，则不宜。

西方大门对乾命脉的人最吉利，因为其生气位在西方。

**●东北方**

西四命的家宅大门开在东北方，有利于家庭经济来源。若是东四命的人将大门开在东北方，则不宜。

东北方主幼子，故西四命的家宅中，幼子的得益最大，健康愉快，生活顺遂。相反，东四命家宅，则不宜。

大门在东北方，对坤命的人士最吉利，因为其生气位在东北方。

**●西南方**

西四命的家宅大门开在西南方，对户主的妻子最吉利，她不但身体健康，少灾少病，而且做事有干劲，能将家务做得井井有条，这其实不单单是她的个人利益，更是全家的利益，因为女主人在烹饪、清洁、照顾家人的起居方面出色，家人便会活得更健康更舒适，这是个不难明白的逻辑关系。若是东四命的家宅大门开在西南，则不宜。

大门在西南方，对艮命的人最吉利，因其生气位在西南。

**●西北方**

西四命而大门在西北，则是最吉利的，西北方主父亲、丈夫，即一家之主。一家之主的责任很大，既要谋生，赚取一家生活所需，又要监察家居所有情况，并要留意妻子及子女的健康。户主的健康关系着全家人的幸福。西四命而大门在西北，户主特别能吸纳吉气，家宅也就较平安稳定。若是东四命，则不宜。

西北大门对兑命的人最吉利，因其生气位在西北方。

## 大门的颜色

一般人喜欢将大门漆成红色，觉得这样能够讨个吉利，却不知道红色也未必适用于所有的方位。例如,向北开的门，便不适合漆成红色。因为以科学的观点来看，坐南朝北的房子，北风容易直接吹入，本来就比较干燥，若此时大门刚好是容易让人亢奋的红色，感觉上就会特别燥热，对于人的情绪会带来负面的影响。

大门的颜色最好与房主的五行之色匹配，住宅才更完美。

金命大门吉祥色——白色、金色、银色、青色、绿色、黄色、褐色；

木命大门吉祥色——青色、绿色、黄色、咖啡色、褐色、灰色、蓝色；

水命大门吉祥色——灰色、蓝色、红色、橙色、白色、金色、银色；

火命大门吉祥色——红色、橙色、白色、金色、银色、青色、绿色；

土命大门吉祥色——黄色、褐色、灰色、蓝色、红色、橙色、紫色。

大门的颜色也是有化煞作用的。

**●大门向属金的凶方**

西方和西北方都属金，是东四命的凶方。东四命的五行分别有属木的、属水的和属火的。如果是属火的，由于火克金，那就可以直接使用火的颜色克制金煞。火的颜色主要是红色、深橙色之类，这些颜色很鲜艳，最好只在铁闸的中央部位涂上属火的颜色，其他部分可使用较浅的颜色。

如果命造属水，由于水能泄金，故可用水的颜色泄金煞之气。属水的颜色主要是蓝色。至于属木的人，亦可取其金水木相生之义，用水的颜色去泄金生木，故亦可使用属水的颜色化煞。

**●大门向属土的凶方**

西南及东北属土，亦是东四命的凶方。

属木的东四命，由于木能克土，故可把大门涂上属木的颜色，即使用绿色之类。属火的东四命，由于火生土，土煞泄火之气，故不宜用属火的颜色来对应。属水的东四命，由于土能克水，所以亦不宜用属水的颜色来对应。那么，属水与属火的该如何解除土煞的干扰呢？他们可分别使用属金和属木的颜色来化煞。

**●大门向属木的凶方**

东方及东南方属木，为西四命所忌。西四命的五行分别是属金及属土。当属金的人，其大门在木方，由于金能克木，所以可用属金的颜色克木煞，即使用金色、杏色、白色等。如果其人属土，由于木克土，

所以亦应使用属金的颜色。

**●大门向属水的凶方**

北方属水，亦为西四命所忌。金能生水，故属金的人不能用属金之色，否则会泄而生煞，可是土能克水，故属土和属金的人可用属土之色克制水煞，包括黄色、棕色等。

**●大门向属火的凶方**

南方属火，也是西四命所忌。火能克金，故属金的人也不能用属金之色对治火煞。但是，火生土，故土能泄火煞之气。属土的正好使用土色化煞。属金的人亦可以使用去化煞生旺自己的五行，可谓一举两得。

若居所不便改动大门颜色，则可以在门上贴上以某类特别颜色为主的图画，亦可以在大门前放置某类特别颜色的地毯，但化煞力量较弱。

## 大门的尺寸

风水上特别注重比例与和谐，屋大门大，屋小门小，成比例的格局才不会显得突兀，也代表着事业稳定发展。大门的尺寸与房子应成比例，不可门大宅小，亦不可宅大门小。同时，大门是一家的面子，宜新不宜旧，大门如有破损，应即时更换。

## 大门与外面其他门相对

两家之间的大门若是相对，就好像老是和对方大眼瞪小眼，难免会产生冲突。以常理来看，因为门对门可能会出现许多不期而遇的情况，比如有时会不小心给对方造成惊吓，或一些隐私不经意间被对方看见等。类似的情况发生的次数一多，就可能心生厌烦，导致日后一些矛盾产生，所以在风水上大门最好不要对着其他房屋的大门，避免一些不必要的争执发生。但是以现今一些公寓的设计，户对户、门对门的情形

是无可避免的，在此我们针对各种大门可能出现的情形，介绍一些化解的方法。

①大小不一致：如果两家大门的大小不一致，碰到对方大门做得比较大时，可以在自家门上挂上八仙彩或红布来装饰。

②没有正对：大门和对面的大门需要完全正对（门面平行），如果偏了，可以用凸面镜来平衡，如果担心凸面镜太过明显而引起误会，可以在上面盖一块红布，并不会影响装饰的美观效果。

③大门正对或侧对电梯：时下流行的电梯大厦，常常是双电梯或是一层多间小套房的设计，因为户数较多，有时难免刚好会形成大门正对或侧对电梯的情形，产生风水上不好的影响。因为毕竟电梯是公用的出入口，人来人往的容易把秽气带到房子前面，所以容易对住户造成影响，甚至出现身体不好的情况。

以科学的角度来看，如有很多人从家门口经过，不时还有宠物，进进出出的，难免会有病菌传染，如果一踏出电梯就来到自家门口，便将病菌直接带到家里面，对身体健康当然会造成影响。改善的方法是，

在门眉的地方钉上一块红布来遮挡，或是挂上凸面镜来化解。

至于侧对电梯的问题，同样可以挂上凸面镜来化解，但要注意须将镜面对准切缝的部分。

④大门面对出口门：大楼为了住户的安全，一定会设置出口门。一般家庭若是大门面对出口门，使得灌入的风比较强，不利于家人健康，使财运亦不佳。再加上出口门的设计，多半比一般的大门来得大，使人有种被压制的感觉。调解的方式是在自家门口悬挂红布或凸面镜。

## 大门大忌讳

大门内外若有以下状况应立即改善，才能增强财运。

①门前不可堆放垃圾，有的话应移至别处。

②不可面对路冲，可在屋前种植树木或设艺术石装饰。

③不宜面对庙宇，寺庙永远给人一种阴沉的感觉，对健康及运气不利。

④大门不可面对高压电塔、电线杆及变电箱，距离500米以内即会影响人体健康。

⑤不可正对电梯门，不利财运，容易罹患精神分裂症等疾病；正对者可以屏风、玄关隔间隔开。

⑥门前不可有枯树，没有生气，运势会不顺，或者产生灾厄、疾病，应搬开或拔除。

⑦不可面对他人屋角，风水学中忌讳尖锐的力量，每天开门都要面对（煞气），容易发生意外。

⑧紧临家外的外大门，应开在内大门之龙方，或者正对亦为吉方，否则应以屏风改变方向。

⑨紧临家外的外大门，方向绝对不可顺水流。

⑩外大门、内大门、屋大门若连成直线，应以屏风或柜子遮挡隔间。

⑪门的高度不宜太高，否则会给人以被禁锢牢狱之中的不适感觉。

⑫主屋大门向内之面不可挂图案照片，已悬挂者宜即时取下。

⑬横梁压门，如一进门即受压制，则家中人郁郁不得志，压抑终生，不宜。

⑭大门做成拱形，则状若墓碑，很不吉利，这种情况在家居装饰中时有所见，特别需要避忌。

⑮开门不宜见灶，火气冲人，令财气无法进入。

⑯开门不宜见厕，一进门就见到厕所，则秽气迎人。

⑰开门不宜见镜，镜子会将财气反射出去。

## 其他门：位置、配置、设计

《八宅明镜》有云："两门对面谓相骂门，主两家不和。"而一般风水又称两门相对为"门冲煞"。

在风水学上，厕所素来为人类方便之所，污秽之气蕴藏，风水以污秽之气属阴，清洁之气属阳。房门对厕所门，房间受其阴气所影响，居此房间的人，身体健康会发生问题，通常会带有泌尿系统之病，如膀胱、前列腺问题等。原本犯冲煞，要在房内放一屏风，用以挡煞，但如果你的房间狭窄，就不能用此方法。可用其他方法调整，平时把厕所门关上，免其阴气渗入你的房间。

犯冲煞一般有四类：

①屋门对着别人的屋门。

②房门对着厕所门。

③房门对厨房门。

④房门对房门。

在《阳宅大全》有云："何知人家灾害临，房门对了厨房门。"意指门冲煞是厨房门所致的，会令房内的人发生灾祸，如车祸、血光之灾。因为厨房为煮食之所，在风水学上为燥火盛旺之地。古云："孤阳不生，独阴有长。"燥火属孤阳。

## 窗户：好窗户与坏窗户

以住宅来说，有能够流通的空气及足够的自然光是生活的基本条件，而且也只有这二者达到一定程度时，外气的活力才会进入屋内。事实上，适当的活力是我们日常生活中不可缺少的要素。

但是，如果让强烈的阳光直接进入屋内的话也不是太好的现象，这时就涉及到窗户的方位问题——窗户开在何处？哪儿需要大一点儿的窗户？下面就来解决一下这些问题。

### 东南面的窗户应大一些

东南方位自然能源充足，因此这一方位是内外流通较为强烈的方位，被认为是内外气交流的场所。所以，这一方位的窗户应开大一些，以便能充分地吸收外气的营养与活力，并排除屋内沉闷的空气。东南方还有家业兴旺、社交广泛、受人尊重的象征。窗户开大一些，就可以吸收到这类能量。

### 南方的窗户有利于才能的发挥

南方也应开窗，因为南方是太阳光比较强及外气最为活跃的方位，但窗户不宜太大，以免强烈的阳光照射，使屋内过于干燥。另外，南方还是健康与睿智的象征，有利于充分发挥人的聪明才智。

### 西南窗户过大不吉

在风水上，西南方最好不要开窗为佳，但如果屋内光线太暗的话，也就只有多开个窗户了，不过开窗不要过大，窗户高度可以大一些。总之，西南方窗户过大是凶相，不开为宜。

## 夕阳会使物体变质腐烂

西方照过来的阳光，从风水上来说具有腐化事物、使之退化的作用，所以房屋的西面最好不要开窗，以保护家中的吉气。如果要开窗，也一定要避开西方的中心线方位。

## 西北的窗子应开小一些

西北方同样受西方太阳光照的影响，所以窗户应开小一些、位置高一些为宜。

## 北方的窗户是病的入口

北方是冷空气的发源地，因此最好不要在这个方位开窗。但如果从采光的角度来说，又是很必要的，那么这一方位的窗户同样应该是小而高的。如果这一方位的窗户过大，很可能会诱发各种疾病，因此应该特别注意。

## 东北方不适宜开窗户

东北方在原则上就应是被堵住的方位，即使光线暗一些也没什么关系。但是如果迫不得已，就如同前述那样，开个高而小的窗户就行了，而且得开在寅方位内才行，否则同样会带来不良后果。不过在八运内，东北开窗户则为纳吉气，有利于财运事业。

## 东面的窗户应该大一些

东面的太阳拥有巨大的能量，应尽量把阳气吸收进屋内，所以应该在这个方位开个大窗。如果在东方没有窗户，或者窗户不太大的话，在风水上会有不利的影响。因此，一定要在东方开一扇大大的窗户，但要与房间大小相配。

## 开窗的方式

窗户的设计形式可决定气的流通。窗户最好能完全打开，向外开，不宜向内，向下或向上斜开。其中向外开的窗户最佳，一方面不影响空间，更为实用；一方面也可加强居住者的事业机会，因为可使大量的清新气流进入，且开窗可使室内浊气外流。反之，向内开的窗户，对于空间的利用非常不方便，并且窗角容易伤人。

近几年流行的一种飘窗，指把窗以向外延伸50～60厘米，增加室内的实用面积，使得房间更为开阔，很值得提倡。但有的开发商为了照顾楼宇立面外形，往往窗户很大，但可以开启的窗门却非常小。这非常不利于室内的通风。

## 窗户的设计

窗户数量要适中，家居的内外之气虽然很容易流通，但是如果窗户太多则会扰乱平和气场，居家生活容易紧张，难以松弛。反之，如果窗户太少，内气抑郁其中，无法吐故纳新，也不利于居住者的身体健康。

窗户大小要适中，客厅或卧室的窗户过大容易导致内气外泄，可悬挂百叶窗或窗帘来弥补这个缺陷。如家中有大型落地窗，夏天会导致过多的阳光和热量进入室内，冬天又会使室内的热量迅速流失，所以应加装窗帘。窗户虽然不宜过大，但也不宜过小，过小窗口会使居者的眼界狭小。

窗户的高度需适当，窗户的顶端高度必须超过大多数居住者的身高，可增加居住者的自信和气度，在眺望窗外景致时，也会感到分外轻松。

## 窗帘的使用

窗帘有保护家居隐私，阻挡外界干扰及美化家居的作用。以材料来划分，有布帘、纱帘、竹帘、胶帘、铝片帘以及木帘等。此外，又可分为向左右拉开的帘，向上下拉卷的帘，以及固定不动的木百页帘等。窗帘的花色与图案更是千变万化，令人眼花缭乱。原则上，是阳光充足的窗户宜用质地较厚、颜色较深的窗帘；阳光不足的窗户，宜用质地较薄而颜色较浅的帘。

窗户倘若对正医院或尖锐的屋角、不洁之物等，而且相距甚近，那应在窗户安装木制百叶帘。在较大的房间，最好使用布窗帘；落地的长帘可营造一种恬静而温暖的气氛。但是在小房间，小窗户往往会减低房间暴露于阳光的程度，因此选择用容易让大量的光线透过的百叶窗较好。

# 第十三章 卧室的风水

人类吸收气的最佳时刻是睡觉的时候。正因为在睡眠中吸取了家中流动的好气，所以早上才会活力充沛。

卧室是影响出人头地运和结婚运的场所，是非常重要的。因为一天之中的近三分之一时间要在这里度过。

因此，如果卧室里气流不通畅、床配置的位置不良，都会引起各种各样的问题，对居住者的健康和精神状态都有影响。

如果精神状态不良、消沉，当然也会影响人际关系和成功，如果是女性就会影响到结婚运。

如果是已婚五六年，但尚未有孩子的夫妇，那就请重新检查一下卧室的配置吧。如果卧室的位置不良、欠缺安定，就容易引起不孕或流产。

本章将分别介绍主卧室、老人卧室、小孩卧室以及学生卧室风水。

## 主卧室风水

卧室是影响风水的主要房间之一，因为我们一生中大约三分之一以上的时间都在卧室度过。人的身体

对地球的磁场会做出反应，因此，床的方向尤其重要。

曾在不同旅馆住过的人都有这样的体会：有时候早上醒来，会觉得很舒服，而有时候则感到睡得糟透了。除去床本身和空调的因素外，这种巨大的差别是睡觉的方向不同所致。

## 主卧室的方位

如果可以选择卧室的话，最好是选择家中对自己最有利的方位。下面将卧室地处方位的好坏关系分析如下。

东方：大吉。每天迎着朝阳，能使人精神蓬勃、工作勤奋。

西方：大不利。面对夕阳无限好的晚景，再加上夕照留下的暑气，人的健康情形不佳，容易得心脏病及头痛。

南方：不利。睡此方的人，容易爱好虚名，重视海市蜃楼的事业，而忽略可贵的家庭生活。

北方：吉。但是若房子的防腐剂及御寒设备不好，则可能引起胃病、痔疮，使身体衰弱。

## 主卧室的形状

关于主卧室的形状也有讲究。从风水学的角度看，四方形的卧室最佳，它能让躺卧其中的人感到四平八稳，有很强的安全感，睡眠的人可以很轻松，这对健康十分有益。如果因居所的限制，不能使用四方形的设计，则使用长方形设计亦不错，不过，卧室的长度和阔度以差距愈少愈佳。一般住宅都不能将卧室设计成圆形，因为这不仅设计所费的装修工夫较大，而且非常浪费空间，但是往往有一些富裕的追求前卫的人喜欢建一所圆形的卧室，再摆上一张圆形的大床，使之成为圆内有圆，听起来似乎很有哲学味道。其实，圆形的卧室会令室内休息的人有一种旋转和不踏实的感觉，久居于此，其人便容易出现精神不振、睡眠不足、眩晕等症状。另外，其他形状如三角形、五角形、

八角形、半圆形等，都对人的健康不利。

卧室中，床的安放很重要。床不可对着房门，其中以床头或床尾直接对着房门最不利。床头不宜空虚，应贴着墙壁，即是把头部靠近墙壁那边睡觉。头部靠墙较稳实，给人以安全感，也有利于运势稳定。无论如何放置睡床，横放也好，直放也好，床头都应斜对着大门，使人能够在躺下时，便可以轻易看到门口。这有两个好处：一是从心理上而言，看到门口便能知道有什么人进入或离开自己的房间，因而有一份安全感，尤其在自己半睡半醒警觉性低的时候，知道有什么人进出，便更是重要，即使没有人进出，看见门口亦总是比较安心。二是从气的运行方面而言，斜向门口，可以使自己吸纳自门口进入的新鲜之气，空气对流才能顺畅。

还有卧室设计以柔和、宁静为好，不宜庄严布局，只宜以轻松舒适为主。卧室内光线必须明暗适中，不宜太亮，亦不宜太暗，明暗配合适当，才会精神充足，身体才会强健少病。卧室空间通常不会太大，所以不宜在睡房内种植盆栽，养鱼或猫、狗之类动物，这样容易招致疾病，并引致头昏脑胀、情绪不宁、骨痛头痛及四肢受伤等病症出现。

## 卧室的忌讳

以下是卧室的各种禁忌事项：

①不要直接睡在横梁下，这样会干扰睡眠。从心理学上解释，当人睡着时潜意识里会把横梁看成威胁。

②不要睡在吊柜下，因为吊柜在风水上非常不吉。

③卧室门不宜正对厨房门。厨房是炊饮煮食的地方，是属火的地点，当厨房门对着卧室门时，其烧、煮、炒菜时的油烟之气便会流入卧室，对卧室环境及主人健康有影响。

④卧室门不宜对卫生间门。秽气流出厕所，并经卧室门进入休息环境中，很容易让人生病。

⑤卧室门不宜对杂物室门。因为杂物室属阴湿秽气之地，对健康不利。

⑥确保人可以在床上看到门口，这样当有人走近时也不会毫无觉察，而且人潜意识里会有安全感。

⑦不要床头或床尾正对着门。

⑧不要把床放在与门、窗中间的位置，因为穿堂气不利睡眠。

⑨确保床背后有坚实的依靠，把床头板坚实地靠在墙上。

⑩床头后面不应有窗户或留有空地，这样床就无所依靠。

⑪卧室的门不应与楼梯相对，否则会有强气流出、流入卧室。

⑫ 卧室门最好也不要隔着过道正对着别的门。

⑬确保在床上看不到镜子里的影子，尤其不要在床正上方的天花板安装镜子。

⑭确保没有尖墙角或大家具的尖角直对着床，在“L”状的卧室里通常会有这样的情况发生。

⑮所有敞开的架子应用门遮住或安上门。

⑯不要在卧室里放太多的阳性电器，如电脑和电视。

⑰不要在卧室里放植物，因为植物阳气太盛。

⑱不要在卧室里放水的装置，因为水流干扰睡眠，还会招致厄运。

⑲不要把床靠着不用的壁炉放置。

⑳睡床不宜摆放在电灯直射之下，特别是直对床头，因为灯光长期照射会产生很大的辐射作用。

㉑对于复式或别墅，卧室不能位于卫生间下方，会导致人记忆力低下、慢性疲劳、睡眠障碍、思考力下降等头部问题。

# 老人卧室风水

俗话说："家有一老，如有一宝"，老人家丰富的人生经验，是全家无价之瑰宝，老人家能够安心享福，也代表全家人的福泽深厚。

## 老人卧室的位置

老人卧室设于住宅的南方或东南方，位置隐蔽，一般不会有不方便的情形发生，而且日光对老年人的健康影响很大，甚至比任何医药效果都好，所以配置房间就应该选取采光最好的位置。

老人居家的时间最多，要特别注意防寒、防暑、通风，使老人不会由于长期留在住宅内，因空气流通不好而中暑或受风寒伤及身体。

另外，要注意的是不可离家人卧室太远，也不可太吵闹。卫生间也要离得近些，如果是楼房，就要安置于楼下，还得顾虑到楼梯的斜度，千万不可太陡，以预防万一。

如有庭院，其大小看住宅的空间而定，庭院最好与老人住房接近，在楼梯旁设出口是最方便的。

庭院围墙设施也要注意，围墙不要设得太高，以免造成阻碍日光的照射与风的情形，庭园草坪也要经常整理，以保持整洁美观。

## 老人卧室的空间大小

现在一些新兴的公寓住宅，尤其是三室一厅以上的套宅，往往把老人卧室设计得比较大，有些还配有非常宽大的玻璃窗，使之成为一间宽敞亮堂的豪华大卧室，殊不知这正是"家相学"所忌。根据中医和气功理论，白天人体内能量和外部空间能量是一个内外交换的过程，人体通过呼吸、吸收阳光、摄入食物等等，随时补充运动、用脑所消耗的能量，而一旦人体进入睡眠状态，就只有通过呼吸摄入能量，但人体在睡眠状态中只是减少了体力活动，大脑因为不停地做梦并不能得到充分的休息，因此，在睡眠过程中，人体能量是付出得多，吸收得少，所以，建议最好给老人选择较小的次卧室作为睡眠的安乐窝。

## 老人卧室的考虑因素

“聚者为气，散者为风”。风是空气冷热比重差的产物，气从风来，因为风本为气，气流为风。区别在于风是平行于地面，与建筑物成直角方向而来（龙卷风另论），气是缓慢上升与地面成直角的。

老人卧室应勤通风。当太阳出来后，浑浊的空气消散了，此时很适合打开窗户，使新鲜空气流进房间，

多呼吸新鲜空气对健康很有帮助。老人卧室的温度对健康的影响是很明显的，在寒冷的冬天和炎热的夏天，人体将消耗大量的能量用来弥补温度带来的消耗。老人卧室的温度应尽量达到冬暖夏凉，冬天时，老人卧室的温度应在16～20摄氏度；夏天时，老人卧室的温度在22～28摄氏度的范围比较合适。

老人卧室所在的方位、窗户开的大小，以及地板材质的选用均会影响室内气流的速度。空气流动速度过快对人也不好，如一个人睡觉休息时，血液流速很慢，汗毛孔张开，过快的空气流动会使人中风、感冒。当空气不流动时，外面新鲜的空气进不来，长时间的空气淤积，会使空气变污浊，也会影响人的健康。如果遇到位置和角度不同的建筑物，户外风进入室内便会形成旋转气流或分流，这些均要列入老人卧室选用的考虑因素中。

## 老人卧室的陈设

老年人的睡眠质量一般不太高，为了能使他们有高质量的睡眠，床应尽量以最简洁的方式来摆设。在老人卧室内设置衣柜，会使房间显得拥挤。衣柜不适合摆在床头，尤其是紧挨床头，那样会给老人造成压迫感，影响高质量的睡眠。建议居者避免在老人卧室间里放置太多的金属类物品，因为金属类的东西色调较冷，不适合老人卧室温馨的氛围。

老人卧室在一定程度上也充当书房的功能，因此，写字台在老人卧室中是很重要的家具。为有阅读、学习习惯的老人准备一张大小适中的写字台是很有必要的。在房间面积有限的情况下，写字台的摆放不容易达到最理想的状态，但应在有限的空间里，进行符合实际生活中的利用。很多老人并不会整天坐在写字台前阅读书写，所以，可以将写字台与床头摆放在同一

方向。在写字台上不应摆放超过两层高的小书架，如果有很多书需要摆放，可以在写字台的侧面设置一个书架。如果这些书并不是阅读的，最好选择一款带有轮子的小型书柜，将它们收藏起来，放在床下或者写字台下，既节约空间又使房间看起来简洁整齐。如果老人卧室面积允许的话，最好摆放一张双人沙发，方便老人之间聊天。此时，沙发在老人卧室中的功能更接近休闲用的藤椅，不需要太多的摆放要求，但有一点是很重要的，就是应该将沙发靠墙摆放。

### 老人卧室的颜色

老人卧室不宜用太鲜艳的红色来装饰。过多鲜艳的红色装饰，会令人精神亢奋，但长期下来会导致精神不济，心情烦闷。老人卧室适于营造和缓放松的气氛，使用能令老人平静、舒适的颜色最恰当。

老人卧室的色调应以淡雅为首选。老年人在晚年时都希望过上平静的生活，房间的淡雅色调刚好符合他们此时的心情。过于鲜艳的颜色会刺激老人的神经，使他们在自己的房间中享受不到安静，这样会损害老人的健康。过于阴冷的颜色也不适合老人卧室，因为在阴冷色调的房间中生活，会加深老人心中的孤独感，长时间在这样孤独抑郁的心理状态中生活，会严重影响老人的健康。

老人卧室色彩宜柔和，能够令人感觉平静，有助于老人休息。老人卧室的方位与适宜选择的颜色对应如下：

东与东南——绿、蓝色

南——淡紫色、黄色、黑色

西——粉红、白与米色、灰

北——灰白、米色、粉红与红色

西北——灰、白、粉红、黄、棕、黑

东北——淡黄、铁锈色

西南——黄、棕色

### 老人卧室的照明与采光

老人卧室最好能有充足的阳光，这样白天的采光就很充足。夜晚时，老人卧室应像主人房一样，采用柔和光线的照明灯具。由于老人的视力一般不是很好，最好能有明亮的日光灯与柔和光线的灯具相互补充，这样搭配比较理想。日光灯作为房间的基本照明，尤其在阴雨天，可以作为房间的主要照明灯具。另外，是好在床头柜上或者写字台上摆放一盏能调节亮度的台灯。当老人在夜晚阅读时，可以用它来提供明亮的灯光；当躺在床上休息时，将台灯的灯光调暗些，柔美昏暗的灯光将有助于老人安稳地入睡。

### 老人卧室的床

目前有一些新式的套宅，卧室的窗户开得很大，而且很低，如果卧床靠近窗户的话，床面和窗台几乎是平行的，也就是说，躺在床上可以眺望窗外的风景。如果选择了这样的套宅，建议最好将老人的床放置得离窗户远一点，不然的话，失眠和心悸多梦将成为老人的伴侣。另外，即便卧室中没有低矮的大窗户，但如果卧室的某一个墙面是大楼的外墙的话，也不要将老人的卧床靠在这堵墙下，这同样也是许多病症的诱发因素。

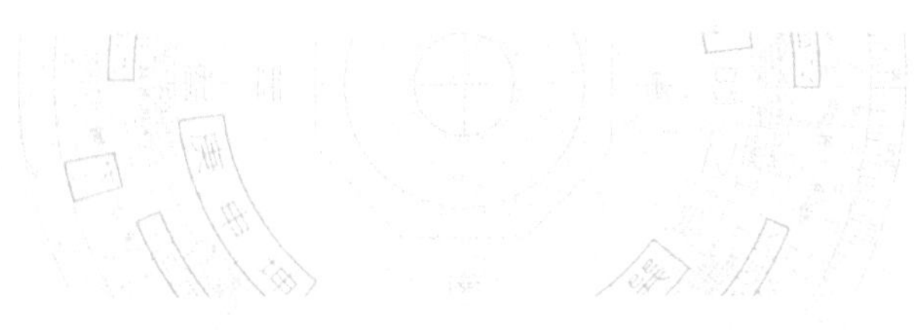

## 小孩卧室风水

孩子的卧室比较难处理，一方面是因为它应该有足够多的阳气，另一方面是它又应该有足够多的阴气以使孩子在晚上入眠。解决方法是：把墙刷成明亮、轻快的“阳”色，以适合白天；而通过挂窗帘或调整灯光等方式则可在晚上创造更多的“阴”的气氛。

特定的卧室方位与特定的家人相对应，这种设计方法深植于中国的传统之中。以下是特定的方位与特定的家人的联系。如果家中房间足够多，应尽可能选择各人对应的方位来设置。

| 方向 | 对应的家人 |
|---|---|
| 北 | 次子 |
| 西北 | 父 |
| 西（阴位） | 幼女 |
| 西南 | 母 |
| 南 | 次女 |
| 东南 | 长女 |
| 东（强阳位） | 长子 |
| 东北 | 幼子 |

在小孩卧室设计中，首先要确保没有东西压着床，无论是大的灯影，还是横梁都要避免，最坏的是吊在头顶的架子。

其次，确保孩子的视线不受阻挡，使他（她）可从床上看到门口乃至屋子的每个角落，这有利于心理上产生安全感，也是好的风水。

再者，确保床头板紧靠着墙，给孩子一个坚实的依靠。不要把沉重的画挂在床后的墙上，因为孩子在睡着时对有东西掉下来的潜在威胁十分敏感。注意床

尾也不应直接对着门口。

此外，从床上看不到镜子非常重要，这样孩子半夜醒来时就不会看到晃动的影子，否则是很坏的风水，使孩子容易在夜中感到害怕。

尽管不属于风水的范畴，孩子卧室里不要乱放杂物也很重要。天性使然，孩子往往把东西扔得到处都是。收拾东西忙得焦头烂额的大人们所能做的只有提供足够大的储藏空间，希望孩子们会好好利用。从风水观点来看，不要把杂物堆放在床下很重要，因为这样做会阻碍气的自由流动。

记住，真正意义上的杂物是几星期都不动地方的东西，随手扔在地上的玩具不会危害到房间的长久风水。

如果孩子卧室还兼做书房的话，就把书桌放在卧室东北角或椅子朝向东北方，因为这个方位主教育。如果书桌对窗，放些水晶在东北角，对折射东北方向的光线有好处，因为东北位的五行属土。体育比赛的奖品、雕像、运动队的照片最好不要挂在这个方位，因其可能分散孩子的注意力。

尽管孩子的房间里摆台电脑很常见，但电脑阳气太盛，夜间最好关掉电源并盖上罩子。

Tips 小贴士

※ 小孩卧室的格局

小孩卧室不可格局不正，也不可呈三角形，否则会影响其人格发展，《易经》中“象其物宜”就是这个道理。小孩卧室最好是个人玩乐和做功课的空间，壁饰和玩具都不可用老虎及恐怖玩具，这会产生暴戾之气，应让小孩在温和安详气氛中成长才对。

小孩卧室的光线、床位等风水要求和其他卧室一样。

# 学生卧室风水

与健康、学习力、性格，甚至是将来的职业都有深切关系的小孩房，父母应替他们先搭起幸运的桥梁。

现在的小孩房，不仅是当书房，同时也兼任卧室和游戏间。一个可造就明朗快乐又学业优秀的孩子的珍藏法宝，就是一房两用。

读书区可选择从北到东的角落处，游戏间则在采光佳的地方。要清楚划分界限，玩具不要放到读书的地方去，分配得当，则孩子个性就果断利落。若是兄弟两人各自有房间，与其一人一间，不如合在一起，分成书房及游戏房，效果会更好，兄弟感情也会非常融洽，一举两得。

发展孩子的性格，是父母重要的职责。幸运指引及各方位房间对孩子的影响现详列于下。

北：能集中精神念书、培育秀才的方位。书桌朝北，左右放置植物。房间内的布织品以暖色系为好。

东：可以培养有精神、纯朴的孩子的方位，最适合做长男的房间。床套宜用白色、浅咖啡色。

南：能开展艺术才能的方位。在南方放置植物，能开启能量之源。窗帘、床套组宜用绿色或浅咖啡色。

西：有喜好社交活动的倾向。

孩子反抗父母或在学校滋事等，多半是房间的方位不适合孩子的缘故。特别是西北边这个等级最高的方位，是一家之主之地，对孩子来说负荷太重。

对于想提升孩子学业成绩或者想让孩子好好学习的，若依风水将屋相做些改变，就能产生强大的增进学习力的能量。下面从室内布置方面来着重介绍对孩子学习影响比较大的因素。

①桌子的材料，木制的要比合成树脂板或铝制桌

要好得多。

②桌子的款式，要选择方形、坚固，成年后还可使用的款式。桌子上不要摆不必要的东西，否则气会涣散，无法集中。椅子就选择简单舒适的款式。

③墙壁及床以自然素材为最佳。木制床及木地板会散发大自然的“气”。注意别铺满地毯。

④颜色的基本色调以对眼睛舒适的绿色及浅咖啡色为佳。地毯及窗帘的颜色要一致，最好是大型花样或是亮丽的颜色。

⑤即使是小窗子，也一定要挂窗帘。有个大窗户的话，孩子会个性大方、胸襟开阔，但念书的效率却会降低。当然，若是装设与墙壁同色系的窗帘，弱化窗户的感觉，使其看起来不那么引人注目，对培养沉静的心情有帮助，又有利于睡眠。让处于学习中的学生充分补充睡眠，吸收好的气的话，成绩就会直线上升。

⑥若住家附近有绿意盎然的公园，再搭配简化的房间装潢，则能让孩子专心读书。

# 第十四章 起居室的风水

在每个家庭里，起居室是全家人的活动中心，是除了卧室以外用得最多的房间。通常情况下，起居室是进行风水改造的主要房间。因此，起居室是整个住宅的缩影，在这里进行的改造将影响到整个家庭。

如果发现改变整个住宅的八卦风水不现实，便可以通过改变起居室的一部分来解决问题。例如，如果想改变屋子西南角的风水，但发现那里改动不了（比如是个浴室），改动一下客厅的西南角也会产生同样的效果。

## 家具的配置

现代住宅的设计，多崇尚古朴的材质、简洁的造型、明快的色彩，这类设计既满足了现代人对于家庭的渴求，同时又与现代生活节奏同步，易被人们接受和采用。作为住宅的重要条件，家具的摆放配置自然要符合家居生活的起居特点。

家具配置包括家具摆放的方位、家具摆放与室内空间的搭配、家具与家具之间的关系。例如：沙发的摆放就很讲究，需要根据宅命来选择有利方位，如东四宅，沙发应该摆放在客厅的正东、东南、正南及正北这四个方位；西四宅，沙发应该摆放在客厅的西南、正西、西北及东北这四个方位。

餐桌以圆形或椭圆形为好，象征家业的兴隆和团结。此外，也有方形、长形、三角形的。就风水学方面来说，三角形以及有锐角的餐桌不宜选用，因为尖角容易引起碰伤，对健康有损。

在风水学中，家中每样家具和物品都是有能量的。当你家中摆设的家具和物品都是你喜欢的，而且被妥善利用时，它们就会成为你最大的支柱力量；反之，就会拖垮你的能量，它呆在你身边越久，影响就越深。因此，家具的布置很重要。

### 沙发

沙发是客厅中用来日常休息、闲谈及会客的家具，因此在住宅风水中，它占据了一个很重要的地位。沙发的置放有以下几个要求：

①套数有讲究。沙发在形状上分单人沙发、双人沙发、长形沙发以及曲尺形沙发、圆形沙发等；在材料方面，亦分皮制沙发、布制沙发、藤制沙发以及传

统的酸枝椅等；在颜色及造型方面，则更是花样繁多。客厅沙发的套数有讲究，最忌一套半，或是方圆两种沙发并用。

②沙发须摆放在住宅的吉方。沙发因为是一家大小的日常坐卧所在，可说是家庭的焦点。若是摆放在吉利方位，则一家老少皆可沾染这方位的旺气，全家安康。但若是错摆在不吉方位，则一家老少均会蒙受其害，家口不宁。

对东四宅而言，沙发应该摆放在客厅的正东、东南、正南及正北这四个吉利方位。对西四宅而言，沙发应该摆放在客厅的西南、正西、西北及东北这四个吉利方位。若再仔细划分，虽然同是东四宅，但有坐东、坐东南、坐南及坐北之分；而同是西四宅，但有坐西南、坐西、坐西北以及坐东北之分。根据易经的后天八卦卦象推断，这些住宅在摆放沙发的选择上会有所不同。

坐正东的震宅：首选正南，次选正北。

坐东南的巽宅：首选正北，次选正南。

坐正南的离宅：首选正东，次选正北。

坐正北的坎宅：首选正南，次选正东。

坐西南的坤宅：首选东北，次选正西。

坐正西的兑宅：首选西北，次选西南。

坐西北的乾宅：首选正西，次选东北。

坐东北的艮宅：首选西南，次选西北。

③沙发顶忌横梁压顶。睡床有横梁压顶，受害的只是睡在床上的一两人，但若是沙发上有横梁压顶，则受影响的却是一家老小，必须尽量避免。如果确实避无可避，则可在沙发两旁的茶几上摆放两盆开运竹，以不断生长向上、步步高升的开运竹来承挡横梁压顶。

④沙发勿与大门对冲。沙发若是与大门成一条直线，风水上称之为对冲，弊处颇大，会导致家人失散，

财泄四方。遇到这种情况，最好是把沙发移开，以免与大门相冲，倘若无处可移，那便只好在两者之间摆放屏风，这样一来，从大门流进屋内的气便不会直冲沙发，家人不会被冲散，亦可保财气不外泄。而沙发若朝向房门则并无大碍，不必左闪右避，亦无须摆放屏风化解。

⑤沙发的摆设宜弯不宜直。沙发在客厅中的重要地位，犹如国家的主要港口，必须尽量多纳水，才可兴旺起来。优良的港口必定两旁有伸出的弯位，形如英文字母U字，伸出的弯位犹如两臂左右护持兜抱，而中心凹陷之处正是风水的纳气位，能藏风聚气以达丁财两旺。

沙发的摆设应如先进的港湾一样，两旁各有一臂伸出。如果因环境所限，沙发不能左右两臂护持，那么可以退而求其次，在去水位摆设另一沙发，自制下关砂来迎纳从大门流进的来水，形成聚水之局，这也符合风水之道。有些住宅的大门与阳台的门成一对角线，除了设置玄关外，更有需要在去水处摆设下关砂以迎纳来水，免令从大门流进的水泄漏无遗。

⑥沙发顶上不宜有灯直射。有时沙发范围的光线较弱，不少人会在沙发顶上安放灯饰，例如藏在天花板上的筒灯、或显露在外的射灯等等；因太接近沙发，往往从头顶直射下来，这有违风水之道，故应尽量避免。并且从环境设计而言，沙发头顶有光直射，往往会令情绪紧张，头昏目眩，坐卧不宁。如果将灯改射向墙壁，则可略微缓解。

⑦沙发背后不宜有镜照后脑。有人为了令客厅显得更通透宽敞，在壁上挂镜。其实，从风水学来说，镜子因为有反射作用，不可随便乱挂。沙发背后不宜有大镜，人坐在沙发上，旁人从镜子中可清楚看到坐者的后脑，那便大为不妙，这会导致失魂落魄，精神不宁。而若是镜子在旁而不在后，后脑不会从镜子中反照出来，那便无妨。

## 茶几

在客厅的沙发旁边或面前，必定会摆设茶几来互相呼应。

茶几是用来摆放水杯及茶壶的家具，客来敬茶敬酒，倘若没有茶几来摆放，确实极不方便，所以在沙发附近摆放茶几，实在是不可或缺的。

沙发是主，茶几是宾；沙发较高是山，而茶几较矮是砂水，二者必须配合，山水有情，才符合风水之道。若摆在沙发前的茶几面积太大，这便是喧宾夺主的格局，可免则免，以免家口不宁。化解之法，最简单的莫如更换一张面积较小的茶几，宾主配合有情，则既不会碍眼，同时又可符合风水之道。

选取茶几，宜以既矮且平为原则。如果人坐沙发中，茶几高不过膝，则合乎理想。此外，摆放在沙发前面的茶几必须有足够的空间，若是沙发与茶几的距离太近，则有诸多不便。

茶几的形状，以长方形及椭圆形最理想，圆形亦可，带尖角的棱形茶几则绝对不宜选用。倘若沙发前的空间不充裕，则可把茶几改放在沙发旁边。

在长形的客厅中，宜在沙发两旁摆放茶几，这两旁的茶几便有如青龙、白虎左右护持，令座上之人有左右手辅佐，不仅是善用空间，而且符合风水之道。

茶几上除了可摆设饰物及花卉来美化环境之外，也可摆设电话及台灯等，既方便又实用。所以茶几现已变成客厅不可或缺的器具。

## 电视柜

电视柜是现代家居客厅中的重要家具之一，一般的客厅主要是以沙发做休息工具，以电视柜来摆放电视、音响及各种饰物。从风水学的角度来看，电视柜的重要性虽然不及沙发，但仍有相当多的风水宜忌需要注意，以免破坏了客厅风水。

①一般来说，大厅宜用较高较长的柜，而小厅宜用较矮较短的柜，务求大小适中。因为大厅用小柜会有虚疏空洞之感，而小厅用大柜会有压迫挤塞之感，单从视觉而论，都会觉得不大舒服。

②风水学上以高者为山，低者为水，客厅中有高有低、有山有水才可产生风水效应。一般来讲，低的沙发是水，而高的电视柜是山，这是理想的搭配。但倘若采用低电视柜，则沙发与电视柜均矮，这便成有水无山的格局，必须设法改善。化解之法是在低电视柜上挂一张横放的画，令电视柜变相加高，比沙发高出一些，这样既简单易行也有效；而挂在低电视柜上的画，宜以山水作品为主。

# 能够带来好运的家具配置

家具的摆放，特别是一些大件家具如沙发、茶几、储藏柜、酒柜等，因体积较大，所以摆放时要注意不要造成一方重一方轻，而要考虑到房屋的平衡。另外，高大的家具也不宜放置在白虎方，否则会造成宅内白虎方高大，青龙方弱小，不利。家具宜放置于屋宅凶位，不宜置于吉位，特别注意不宜放置于财位，以免压财气。那么，如何定财位呢？一般认为大门的对角线位就是财位，若是大门开在中间，财位则分别在左右对角线上。

家具的颜色应与宅内相配，不宜有稀奇古怪的造型，亦不宜有尖锐的造型。另外，还有些家庭喜欢买一些古董家具，但最好知道这些家具的来历。

下面就能够带来好运的家具配置作一些风水常识讲解。

①沙发背后有实墙可靠，而且主人椅的位置能看到外面远景（若外景不佳，可用花卉盆栽作修饰），对主人在家中地位及事业的运程有帮助。

②常见的开运茶几是用石材或玻璃制成，是稳重和权势的象征。茶几若摆在房子西北角更代表男主人的事业基础稳固，若在西南角则会让家中的女主人掌权。此外，用金属材料制成的茶几，不易潮湿，如果镀上金黄色还可招来财气。

③客厅中的组合柜要有高有低。风水学上以高者为山，低者是水，有山有水才可产生风水效应。以客厅而论，低的沙发是水，而高的组合柜是山，这是理想的搭配。

④餐橱柜是餐厅中放置碗、碟、酒水饮器等的家具，布置形式无固定要求，只要选择无窗户的整齐墙面陈列，同时注意与室内整体色彩与风格的协调就可以了。

⑤酒柜高大而通透，从风水学来说，是山的象征，应把它放在户主本命吉方，才符合吉方宜高宜大的风水要义。户主属东四命，酒柜宜摆放在餐厅正东、东南、正南及正北这东四方；户主属西四命，则酒柜宜摆放在餐厅的西南、正南、西北及东北这西四方。

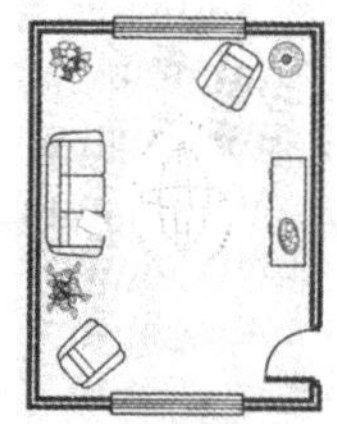

在玄关门对面的结实墙壁侧放置大沙发。

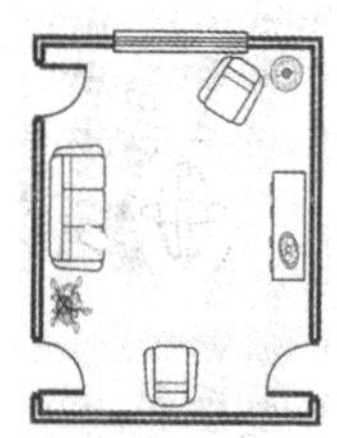

门太多，会导致“气”的流通不协调。

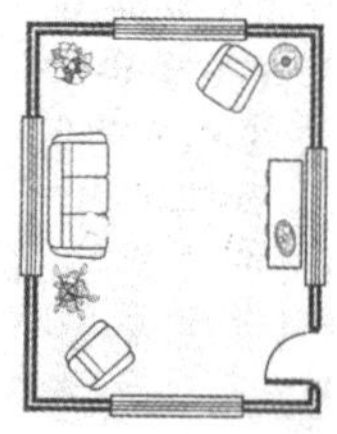

窗户太多，好的“气”会逃走。

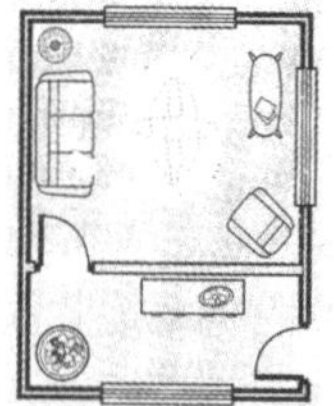

明确分开的起居室会带来好运。

# 容易带来厄运的家具配置

①沙发对出入口，能量尽散。客厅是家人和客人聚集的场所。在这里聚集的人多为知己和友人，所以这里也就象征着人缘和关系，是象征着成功的重要场所。如果沙发是背对着大门出口的方位，代表信赖和威望尽失，进而就影响人际关系。

②窗台作床，危机四伏。由于居住环境问题，许多住宅都将窗台用作睡床，这样便可以物尽其用，增加睡床的宽度。虽然这些方法可以充分利用窗台的面积，但由于睡床太贴近窗口，而窗与街道又近，睡觉时就像睡在街道上一般。遇到雷鸣闪电或灯光照射，还会造成心理恐慌，导致睡眠不足。

特别是小孩的睡床更不应该以窗作床或太靠近窗台，因为他们好奇心重，往往会被窗外事物所吸引而向外望或爬出窗框，这就会酿成意外。

③饰物凶猛，影响脾气。在居室内摆放凶鹰猛虎、鬼怪面谱等装饰物品，会使人脾气暴躁，容易冲动。相反，挂吉祥饰物会增添喜气和带来财运。

④床头靠空，缺乏安全。睡床是用于休息的地方，若床留空，则缺乏安全感，会有不舒适的感觉。所谓留空是指没有背山或靠山的意思。当我们熟睡或做梦

的时候，身体就会不知不觉地四周移动，头部可能移出睡床范围而受伤。

⑤炉灶方位，影响财运。根据五行生克的理论，东方属木，南方属火，故炉灶宜朝向南方火旺方位为佳。厨房炉灶要坐煞向吉才可达到风水原则。如果位于吉方，则家中人口健康，夫妻感情融洽；相反，则主人婚姻难得美满，夫妻经常争吵或家人体弱多病。其次，炉灶最忌被水龙头冲射。若洗碗盆和炉灶成一直线，则为水火不容，会影响夫妻感情和健康。

⑥马桶向门，财钱易失。马桶不可与住宅大门同向，也不要和厕所门相向，也就是说蹲在马桶上正好对着门，风水上说会退财，实际上是造成视觉上的不雅观。此外，马桶也不可明冲床位、暗冲灶位。

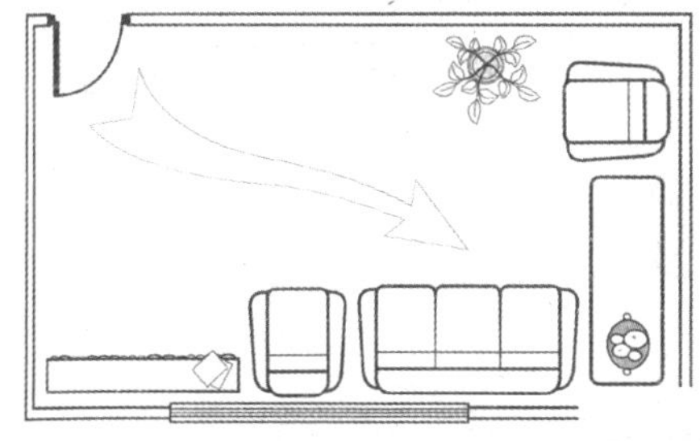

L形的沙发不仅会制造不和谐，还会形成尖锐的剑形。

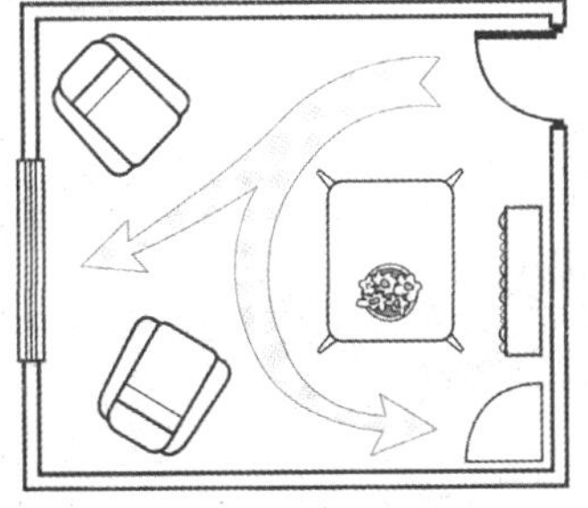

“分散式”布置，也就是没有计划性的布置，会导致制造幸运能量的基础不牢固。

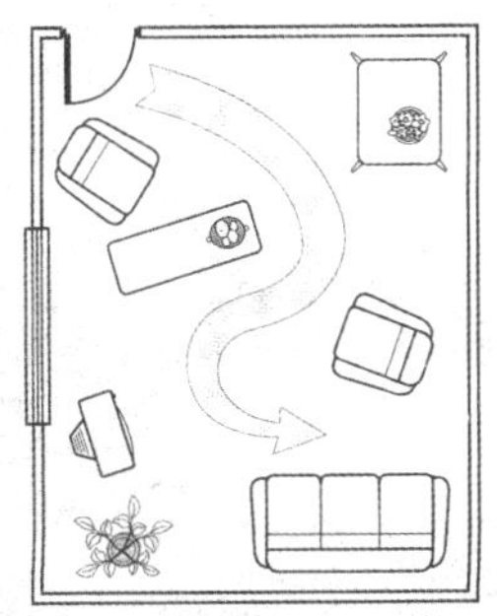

杂乱不用心的布置，会导致好“气”流通不畅，甚至闭塞。

# 室内装饰中镜子的使用

现在有不少人喜欢用镜片来美化家居。镜片的种类很多，有厚的亦有薄的，有纯色的亦有带花纹图案的，这在风水学上并无多大分别。但有一点需要注意，无论采用哪种镜片作装饰，最好不要有吊脚的情况出现（即镜片碰不到地面），但若用矮柜摆放在镜片下面便较为理想。

镜子作为重要的风水道具，如果使用恰当，能带来好运。镜子在风水上的意义有：

①反射出加倍的能量。镜子在风水上具有能量加倍的功用，可以营造出宽敞的空间感，还可以增添明亮度。但必须让镜子放置在能反映出赏心悦目的影像处，对增加屋内好的能量才有帮助。

②圆形镜和椭圆形镜象征圆满和谐，因此家中房间的镜子或女主人化妆台镜子的形状最好采用这两种，或是棱角较少、形状较不尖锐的镜子。客厅和餐厅可以放方形镜，方正的格局可加强主人的气势，但最好选用加框的镜子，避免棱角煞气外露。同时，无论是房间或厅堂都最好避免镜子悬挂时有“吊脚”情况的出现（即镜子放置在矮柜或壁龛上比较合适）。

③镜子可以化解外煞，如天斩、穿心、路冲、尖角等。当然，化煞凸镜的功效更强。但要注意镜子不要对着床头，不要放在沙发后，不要对着炉灶，也不

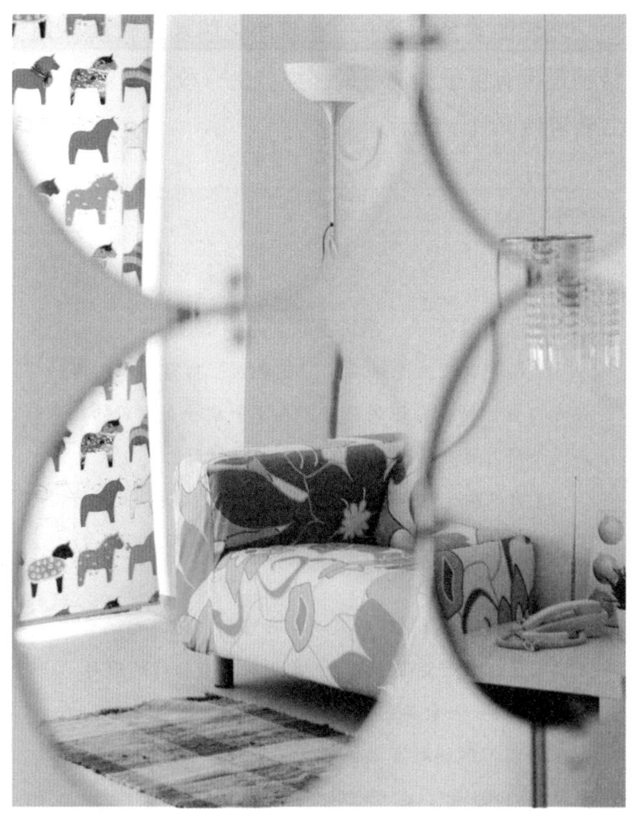

要两面镜子对照，造成气流紊乱。避免摆放在易使人受惊吓地方，因为镜子有反射空间的能量，也同样有反射人与物品的能量。在风水上，镜子应避免放在人最脆弱或最无意识的地方，以免造成反效果，正如住宅风水有云“镜子宜暗不宜明”。另外，镜子不宜放在大门正对面，否则会形成冲煞，把好气反射出去。

# 提升各种运气的物件

①为提升恋爱运和结婚运，可以在日常生活中吸收明朗的“阳气”。

**首选吉祥物：**

红水晶——众多的水晶中，红水晶有着提升恋爱运的特别作用。可将红水晶做成手镯和其他物品，随身携带，或是结合“七星阵”将红水晶作为家居装饰。

桃花瓶——桃花瓶是具有提升恋爱运和财运作用的吉祥物。想提升恋爱运时，在其中装入红水晶；想提升财运时，在其中装入发晶。

②提升事业运的重点在于提高注意力。所以，应该用心考虑室内色彩的布置以及装饰品的摆设，努力打造出宁静的空间。

**首选吉祥物：**

文昌塔——文昌塔是可以提高注意力的吉祥物。特别是对于从事企划、软件开发等创造性职业和研究性职业的人士，文昌塔是首选吉祥物，可放置在办公室和会议室。

三脚蟾蜍——三脚蟾蜍象征财源滚滚而来，有汇集八方财源、招财进宝的功能，可使生意兴隆旺盛，是个体经营者的首选吉祥物。将它摆设在自家店铺和办公场所可达到提升事业运的作用。

③提升财运的重点在于结合个人目的，灵活运用方位风水。

**首选吉祥物：**

龙——龙是风水中具有万能作用的吉祥物，对任何方面的运势均有提升作用，特别是财运方面。若与水结合使用则效果更佳。

龙头龟——龙头龟有正财（通过稳定劳动获取金钱）的能量，是公司职员的首选吉祥物。将龙头龟和发晶搭配摆设，效果更佳。

发晶——发晶用来提升财运有很好的效果。若是将其放入桃花瓶和龙头龟中，或是和貔貅一同摆设，可以发挥更大的作用。

红铁矿石——红铁矿石是能提升财运和事业运的吉祥物。将红铁矿石做成手镯和其他物品随身携带，可以稳定财运。

④提升家庭运和健康运的关键是客厅、餐厅和卧室的风水。所以，有必要学会运用生活中的“阴阳五行”。

**首选吉祥物：**

麒麟——麒麟是具有消灾解难能力的神兽，是和平的象征。将麒麟摆设在玄关或客厅，可以给家中带来安定平和。

八卦镜——又称太极八卦镜，自古以来就是震慑邪魔的吉祥物，它可以驱凶辟邪。

化煞好转十二方位牌——方位牌具有驱除相应方位凶邪的能量。可使相应方位凶运转吉。

风水狮子——风水狮子具有防止凶邪之气侵入家宅的作用，将它摆设在住宅和卧室的进门处，可在家庭运和财运方面发挥巨大的作用。

袋装的紫色水晶——有着净化阴邪之气的作用，特别是没有窗子的洗手间，应挂上一枚。水晶与紫色二者可使“气”鲜活。

Tips 小贴士

**※ 开运能量石——帮你实现期待中的好运**

水晶、玛瑙、虎眼石等“能量石”具有各种各样的神奇力量。结合自己的愿望，在家中摆放上不同的能量石或是将其随身携带，可实现期待中的好运。

透明水晶——有聚集、集中、扩散的功能，是所有能量的综合体，被称作“晶王”。可镇宅、辟邪、净化身心、去除病气。

黄水晶——强化肝肠及消化器官的功能，尤治胃寒。主偏财运，常常能带给人意外之财，还有积财的作用。

虎眼石——金黄色的虎眼石也是财富的象征，有助于招来意想不到的财富或偏财。可帮助胆小、怕黑、不敢走夜路的人壮胆，也可以辟邪。

红虎眼石——财富的象征，还有助于人际交往，可消除一切财运和人际上的困扰。有助于增强决断力及创造力，鼓舞人积极上进，而且能够消灾辟邪。

玉——玉器不但有辟邪、护主等功效，还可以调节人的气场，改善人的运程。

绿玛瑙——玛瑙是佛教七宝之一，象征友善、爱心、希望，有助于消除压力、疲劳、浊气等负性能量。

红玛瑙——长寿之石，消除疲劳及压力，有利于幸福安定、健康长寿。它使人处事灵活，有利于缓解紧张的人际关系，增进夫妻之间的感情。

白松石——有聚财、旺财、辟邪、保平安之效；还可增加勇气，有助心境平和、广结人缘；可提高灵性，让人变得慈悲。

孔雀石——能平衡体能、调节情绪，尤其适合供佛或摆于祭坛，增加灵性；出外旅行、经商则可保平安。

# 避开“毒箭”

“毒箭”指的是长长的结构产生的煞气像箭一样直奔对着的人或建筑而来。在这里，“箭”是一种比喻，因为实际上是看不见的，所以也称为“暗箭”或“煞”。墙、树或堤坝可以阻挡暗箭，原因是如果“暗箭”或“煞”被挡住看不到了，就不会产生危害性。

对付“暗箭”的另一个方法是用镜子把煞气反射回去。八卦镜是带有八卦图案的圆形或方形的小镜子，其中的八卦图案是依先天八卦顺序而设。如有暗箭对准前门，通常可在门的正上方悬挂一面八卦镜。

“横梁压顶”是住宅室内中常见的“毒箭”，它直直地对着坐在下面或者睡在下面的人，时间久了容易让人心情郁闷，做事情受阻。现在的住房中遇到“横梁压顶”的情况有沙发、座位和睡床上。遇到这种情况可做一个假天花以遮横梁，同时不要忘了安装顶灯，以增加阳气来去除阴气。另外，还可用红绳在梁上悬挂两支竹箫，竹箫成45度角相对，箫口朝下，如此即可化解煞气。

另一种毒箭可由尖状物产生。如今，人们所用的碟形卫星天线的角如果指向邻居，就会破坏他的风水。相反，如果邻居天线的角对着自家，就要拉上这个方位的窗帘，此运用的是“看不见毒箭即不受害”的原则，还可以用镜子把暗箭反射回去。现代的住宅内，也常有凸出的尖角和梁柱，放射出煞气。邻居的屋顶、车库、阳台和建筑的侧面都有可能形成一个尖形的角，这种情况应用家具或盆景化解屋角。若客厅或房间被墙角冲射，在装修的时候，最好是把出现锐角的墙角用一些圆形木柱来包裹，再在其周围种一些活的藤类植物。

还有一种毒箭是超大建筑，特别是与住宅和办公室太过接近的。如果别的建筑物比自己的大得多，就

会破坏自己的风水。特别是当这幢建筑的一角正对自家的方向时，所产生的破坏力量尤大。如果这个角正对前门，可能会带来更严重的后果。

无论在什么情况下，都要特别保护入口的气。前门最易受害，因为它是气进入住宅和办公室的入口。后门和窗户相比较而言受毒箭之害要小一些。

在室内，家具放置不好或过大也会产生毒箭。

此外，如果打开自家大门，正好对着一条细长的街道、死胡同、T形路口或走廊，都属“毒箭”。同样，从住宅向屋外看，如见两座大厦靠得很近，两座大厦的中间出现一道相当狭窄的隙缝，这隙缝会产生穿堂风，也会形成煞气。如果自家的住宅正好处在如上述提及的环境之中，便必须改变门的方向。如果门不能转向，除设玄关之外，还可以采取以下的化解方法：

①在大门处悬挂珠帘隔断空间。

②在门楣上贴一面镜子。

③在门外放置一对狮子。

④种些植物会减慢能量的流动。

还有许多活用的法则，要视具体情况而定。

# 第十五章 餐厅的风水

"民以食为天"、"食色性也"，均说明进食的重要性，而且从风水的角度看，餐厅因是补充体能的所在，与户主的色相关系密切。布局成功的餐厅能带来愉悦的气氛，使用餐的每一个人精神松弛，欣赏、喜爱食物并有彻底消化的时间，还会有益于用餐者的交流与家庭成员的和谐相处。

## 餐厅的方位

齐聚家族成员于一堂的餐厅，支配着家庭运。对于感情融洽的家，餐厅是一个重要的空间。维持健康体魄，饮食是很重要的一点，因此餐厅的重要性更是不言而喻。

东食西寝，这是风水学的基本概念。东边充满着健康、朝气蓬勃的能量，因此面向东边的餐厅为大吉。但是，就现在的居住情况而言，餐厅与客厅兼用的情形几乎占大多数。在这种情况下，就考虑用餐的空间，若是在东边以外的方位，请尽量将餐桌移至东侧用餐。

朝日由东升起，若是窗子在东边，就能贮备太阳的力量之源，因此窗户的附近不要放置任何物品。我常看见有些家庭，由于日照强烈，而悬吊数盆观叶植物，但此遮挡阳光的动作，实在是不佳。应将盆栽移去，让全家人好好地接收朝阳的洗礼，然后开始清爽的一天。

餐厅也适合设在住宅的东南方。因为此方位空气足，光线好，比较容易营造出温馨的就餐氛围，有益健康。

因为餐厅关乎全家人的营养、健康理想的位置应位于住房中心附近，绝不应直接对着街道或公共场所。如果是复式的房子，要尽量使餐厅不要位于上层浴室的正下方。很明显，让污水压着全家人的源泉是不利的。同样，餐厅也不应在厨房的正下方。

最好的餐厅设计是单独一间或一个格局，但是，现代住宅大都是客厅连餐厅，号称两厅，其实是一大厅而已。因此，会有一进大门就看到饭桌的情形，最好是在客厅、餐厅间的适当位置用屏风隔一下较佳。

当然，以出厨房就是餐厅的空间为佳，因为动线最短。从卫生的角度考虑，如果厨房与餐厅距离太远，或者是要穿过一些房间，在走路的过程中，很容易将菜品的汤汁洒落在地板上，这样会使房间不洁净，还会耗费很多精力去清洗地板。习惯中餐者或因厨房空间够大，或因其他空间不够，便将饭桌摆在厨房内，这也不是理想之局。因为煮菜时油烟及热气较大，影响用餐卫生和进餐者的好心情。如果是饭桌摆在厨房内的格局，用餐前最好将厨房内的热气用抽油烟机抽除，保持空气流通。

总的说来，餐厅的位置有以下几个吉方：住宅的东、东南、南与北方。餐厅的方位必须根据具体的情况进行选择。

①住宅的南部，日照光线充足，而且南面属火，可令家道如火般腾起，日益兴旺。

②冰箱通常是摆在厨房内，不过也有摆在餐厅的。若餐厅内设置冰箱，最好是朝北不宜朝南，因为可纳北方寒气，并且可以避免水火不容，导致家中多口角。

③东、东南方属木，太阳早晨自东方升起，具备蓬勃的生机和活力，因此是就餐最好的位置。

④春秋季的餐厅朝向以东方为好，而夏季以北方为佳。在进食区里的重点是保持整洁以维持食物卫生，同时也要制造轻松的进食气氛，令消化良好，而且有愉悦的环境。

冰箱通常是摆在厨房内，不过也有摆在餐厅的，若是摆在餐厅中，最好是朝北不宜朝南，可纳北方寒气。

餐厅的布置要简洁精雅，千万不能杂乱或摆设太多物品。居住者不仅要注意餐厅的格局及摆设布置，而且更应注意保持空气的流通及清洁卫生。

## 餐厅的格局

餐厅和其他房间一样，格局要方正，不可有缺角或凸出的角落，长方形或正方形的格局最佳。格局方正的餐厅，家人吃饭的时候坐起来舒适，能在身心放松的情况下愉快地就餐。

如果有尖尖角角，形状不是很规整的餐厅，可以通过一些巧妙的摆设和装饰来弥补，力求使餐厅格局规整。

如果因为其他的原因，不得不选购餐厅有尖角的房子，那么可以考虑用橱柜的方式来弥补缺憾。同时要避免坐在梁下，如果无法避免，可用红绳在梁上悬挂两支竹箫，竹箫成45度相对，箫口朝下，如此即可化解不良的格局。另一个方法就是，装设仰角照明灯，让灯光直射屋梁；也可以在梁下悬挂葫芦，以圆化尖。

餐厅不可正对前门或后门。还有一些格局上的问题也应避免，例如，一些楼中楼设计，餐厅应位于楼上，餐厅左右两面墙的窗户不应正对。

餐厅的门不适合正对住宅的大门，出现这样的情况就如同厨房的门正对大门一样，会使来访的客人直接看到餐桌，餐桌象征着家庭的财富，被来访的客人看见是不合适的，应尽量避免。如果实在避免不了，可以使用屏风遮挡。

餐厅的门不宜与卫生间的门相对，出现这样的情况将比厨房的门正对着卫生间的门更糟糕。厨房里的食物仅仅处在烹制过程中，而餐厅里的食物处在享用过程中，在享受食物带给人愉悦感的过程中，来自卫生间的异味会使人的心情变得非常烦躁，会严重地影响从食物中获得应有的能量。

# 餐厅的装饰

餐厅里的阳气应占主导（与之相反，卧室里阴气应更盛些）。因此，装饰色调应主要用阳色调，如红、粉红、黄、橙或浅绿。有些餐厅采用蓝色调，但事实上，蓝色是降低食欲的颜色，对于有肥胖烦恼的人，是很有效，但不建议一般家庭使用。若是统一餐厅色调不易，那就挂几张充满春天气息的画，欢乐、温馨的气氛，会使健康运旺盛。若是家里有容易生病的人，则运用有治疗效果的绿色系装饰非常有效。

若是厨房与餐厅一体的的话，就可以在餐桌附近多放置一些观叶植物，或风景和花的画，这也是很有效的方法。

### 墙壁的颜色

墙壁的颜色主要应以素雅为主，如灰色与白色，不能太刺眼，油漆尽量不反光，这一切都为了衬托食物的美感与增加进食消化的效果。

### 挂画

最好选择可为轻松进食提供和谐背景的图画。赏心悦目的食品写生、欢宴场景或意境悠闲的风景画均可，而通常放在餐具柜上的真水果，鲜翠欲滴，也有着同样的效应。

### 装饰品

餐厅相对于家居的其他场所，更要求空气流畅、环境整洁，不可放置太多的装饰品，保持简洁大方是主要的原则。

镶嵌在墙上或餐具柜上的镜子，能够反射出食物及餐桌，还可拓展空间视觉感并增强食物的能量，是餐厅中非常好的立面装饰。

餐桌布宜以布料为主，虽然桌布的材料也有多种选择，如塑料餐布，但在放置热物时，应放置必要的厚垫，特别是玻璃桌，有可能引起受热开裂。

**Tips 小贴士**

**※ 餐厅不宜放置祖先画像或古董家具**

餐厅应布置成阴阳平衡但略偏阳的空间。祖先画像或古董家具等属阴的物品最好不要摆放在餐厅，因为阴气太重象征家运有损；另一方面，阳气过盛又会代表家庭失和。

# 餐厅的陈设

餐厅的陈设既要美观，又要实用，不可信手拈来，随意堆砌。各类装饰用品因其就餐环境不同而不同。设置在厨房中的餐厅的装饰，应注意与厨房内的设施相协调；设置在客厅中的餐厅的装饰，应注意与客厅的功能和格调相统一；若餐厅为独立型，则可按照居室整体格局设计得轻松浪漫一些，相对来说，装饰独立型餐厅时，其自由性较大。

具体来讲，餐厅中的软装饰，如桌布、餐巾及窗帘等，应尽量选用较薄的化纤类材料，因厚实的棉纺类织物极易吸附食物气味且不易散去，不利于餐厅环境卫生。花卉能起到调节心理、美化环境的作用，但切忌花花绿绿，使人烦躁而影响食欲。例如，在暗淡的灯光下晚宴，若采用红、蓝、紫等深色瓶花，会给人稳重感；同样，这些花若用在子午宴时，就会显得热烈奔放。白色、粉色等淡色花用于晚宴，会显得明亮耀眼，使人兴奋。瓶花与餐桌的形式亦要和谐，长方形的餐桌，瓶花的插置宜构成三角形，而圆形的餐桌，瓶花的插置以构成圆形为好。应该注意到餐厅主要是用来品尝佳肴，故不可用浓香的品种，以免干扰食物的气味。

餐厅空间的绿化宜用垂直的形式，在竖向空间上，绿色植物宜以垂吊或挂坠等形式点缀。灯具造型不要太繁琐，以方便上下拉动的灯具为好。有时也可运用发光孔，通过柔和的光线，既限定空间，又可获得亲切的光感。在隐蔽的角落，最好能安排一只音响，就餐时，适时播放一首轻柔美妙的背景乐曲。医学上认为音乐可促进人体内消化酶的分泌，促进胃的蠕动，有利于食物消化。其他的软装饰品，如字画、瓷盘、壁挂等，可根据餐厅的具体情况灵活安排，用以点缀环境，但要注意不可因此喧宾夺主，以免餐厅显得杂乱无章。

Tips 小贴士

**※ 餐厅家具的材质**

餐厅的家具，不论是餐桌还是椅子，均以木制的素材较适合。由于木材内含的自然能源，能够使人放松心情，非常适合进食。

# 餐厅的家具

餐厅家具主要是餐桌、餐椅和餐饮柜等，它们摆放的位置以及装饰应以方便人们的走动与使用为主。家具的材质以实木为宜，实木家具富有亲和性，清新环保，带有自然的气息，利于家庭吸纳有益的气息。家具的色调宜选比较中性的天然木色、咖啡色、黑色等，尽量避免使用过于鲜艳的颜色。

## 餐桌

**●餐桌的方位**

餐桌不宜摆放在对家宅不利的方位，所谓不利的方位是指与户主五行不配合的方位。比如男主人属于东四命，便要避免在西、西南、西北以及东北这四个方位摆放餐桌；如果是属于西四命，便要避免在东南、东、南及北方摆放餐桌。

**●餐桌的形状**

传统的中国餐桌以圆形或椭圆形为主，象征家庭的兴隆和团结。此外，也有方形或长形的，但现在的餐桌设计形式可谓千姿百态，就风水学方面来说，三角形以及有锐角的餐桌不宜选用。因为尖角容易引起碰伤，对健康有损。

**●餐桌的颜色**

现在餐桌的颜色可以说是五彩缤纷，各种色调都有。选择颜色方面，最好配合主人五行，以具有生旺作用的为宜。如何配合，现附上简表方便查询：

| 后天五行 | 配合色 | 生旺色 |
|---|---|---|
| 木 | 绿色 | 青色、黑色、灰色 |
| 火 | 红色 | 紫色、绿色、青色 |
| 土 | 啡色 | 黄色、红色、紫色 |
| 金 | 白色 | 银色、咖啡色、黄色 |
| 水 | 黑色 | 灰色、白色、银色 |

**●餐桌的礼仪**

用餐时间是一家人欢聚的时刻，应该全家和乐，家运才会昌旺。如有长者一同进餐，一定要请长辈先用，这不但是礼貌，也有福佑晚辈的意义。

**●餐桌的座次**

家中每位成员用餐时都应朝向本命卦的四个吉方之一而坐。调整家中负责生计者的座位，让他朝生气方而坐。母亲则应朝延年方而坐，因为这代表家庭和乐。上学的子女最好朝向伏位，这有发旺文昌运之效。家中长辈面对天医方而坐，象征健康。

**●餐桌的幸运座位数**

座位数对家运也有一定影响，最好是6、8、9等属阳的幸运数字。虽然家中的用餐人数都是固定的，不过，在宴客时应事先确定该请几位客人。

**●餐桌与餐椅的配合**

餐桌与桌椅一般是配套的，但如果两者是分开选购，就需要注意保持一定的人体工程学距离（椅面到桌面的距离以30厘米左右为宜），过高或过低都会影响正常的进食姿势，引起胃部不适或消化不良。

**●餐桌尺寸的确定**

①方桌

76厘米×76厘米和107厘米×76厘米是常用的餐桌尺寸。如果椅子可伸入桌底，即便是很小的角落，也可以放一张六座位的餐桌，用餐时，只需餐桌拉出一些就可以了。76厘米的餐桌宽度是标准尺寸，最小不宜小于70厘米，否则，坐时会因餐桌太窄而互相碰脚。餐桌的脚最好是缩在中间，如果四只脚安排在四角，就很不方便，桌高一般为71厘米，座椅的高度一般为41.5厘米。如果桌面低些，就餐时，就可看清楚餐桌上的食品。

②圆桌

如果客厅、餐厅的家具都是方形或长方形的，圆桌面直径可从75厘米递增。在一般中小型住宅，如用直径120厘米的餐桌，就会稍嫌过大，这时就可定做一张直径114厘米的圆桌，同样可坐八九人，但看起来空间较宽敞。如果用直径90厘米以上的餐桌，虽可坐多人，但不宜摆放过多的固定椅子。如直径120厘米的餐桌，放8张椅子，就很拥挤，改为放4～6张椅子更好。人多时，再用折椅，折椅可放在贮物室收藏。

③开合桌

开合桌又称伸展式餐桌，可由一张90厘米的方桌或直径105厘米的圆桌变成135～170厘米的长桌或椭圆桌（有各种尺寸），很适合中小型单位和平时客人多时使用。这种餐桌从15世纪开始流行，至今已有500年的历史，是一种很受欢迎的餐桌。不过要留意它的机械构造，开合时应顺滑平稳，收合时应方便对准闭合。用一张圆餐桌，便可得到较好的空间调整。使用圆桌就餐，还有一个好处，就是坐的人数有较大的宽容度。只要把椅子拉离桌面一点，就可多坐人，不存在使用方桌时坐转角位不方便的弊端。

**●餐椅尺寸的确定**

餐椅太高或太低，吃饭时都会感到不舒服，餐椅不宜太高，高度一般以41厘米左右为宜，如超过41厘米，就会令人腰酸脚疼；也不宜坐沙发吃饭。餐椅坐位及靠背要平直（即使有斜度，也以2～3度为妥），坐垫约2厘米厚，连底板也不过2.5厘米厚。有些餐椅做有5厘米的软垫，下面还有蛇形弹弓，坐此餐椅吃饭，比不上前述的椅子来得舒服。

**●餐桌的十大注意事项**

在餐厅之中，最重要的家具当然首推餐桌，而现代的餐桌与古代相比，有了实质性的变化。在古代，大多实行分桌而食，餐桌亦称为食案，就餐者人各一案。食案大都小巧轻便，所以，才会出现汉代梁鸿妻孟光与他相敬如宾，日日为其“举案齐眉”奉食的佳话。而在现代，“举案齐眉”几乎是不可能的，因为现代的餐桌普遍体积较大且沉重，将就餐者聚集一起，作共同进餐之用，因此，餐桌的风水对家庭团圆、夫妻和睦的影响很大。关于餐桌的风水有以下十大注意事项：

①餐桌宜选圆形或方形：中国的传统宇宙观是“天圆地方”，因此，日常用具大多以圆形及方形为主，传统的餐桌便是典型的例子。传统的餐桌形如满月，象征一家老少团圆，亲密无间，而且聚拢人气，能够

很好地烘托进食的气氛，早已深入人心。

至于方形的餐桌，小的仅可坐四人，称为四仙桌；大的可坐八人，又称八仙桌，因它象征八仙聚会，也很吉利，方正平稳，象征公平与稳重，虽然四边有角，但因不是尖角而无杀伤力，因此人们也乐于采用。

由于餐桌的形状会影响进食的气氛，所以木制的圆桌或正方桌在家庭人口较少时适用，而椭圆或长方桌在人口较多时适用。

②餐桌的质地要讲究：餐桌表面以易清理为主，大理石与玻璃等桌面较为坚硬、冰冷，艺术感较强，但因其易迅速吸收人体饮食后产生的能量，不利于就餐者的座谈交流，因此不宜全部用于正餐桌，但可以通过形状和质地进行调和，比如圆形的大理石餐台或方形木桌等，这些组合会带来良好的效果。

③餐桌最忌有尖角：尖角角度愈小便愈尖锐，杀伤力亦愈大，风水学视其为禁忌。因为三角形餐桌会导致家口不和，家人的健康受损，而菱形餐桌则会导致钱财外泄等。

至于那些波浪形水状的餐桌，虽与传统不符，但因并无尖角，因此，尚可勉强选用。总之，餐桌始终以圆形及方形为宜。

④餐桌之上宜平不宜斜：餐桌上之屋顶宜平整无缺，若有横梁压顶，或缩在楼梯下，或屋顶倾斜，这均对家人健康有损。横梁压顶是风水的大忌，宅内不管哪个地方有横梁压顶均不吉利，而尤以压在睡床、沙发、餐桌及炉灶之上的祸害最大，必须尽量设法避免。

若餐桌上面有横梁压顶，则可设吊顶进行掩盖，但最好的方法还是将餐桌移至他处。

如果餐桌不能移离斜顶之下，则也可用假天花板把斜顶填平。

餐桌若是处于楼梯下，则可把两盆开运竹摆放在梯底来化解；但要注意开运竹能不断向上生长，应保持常青，否则难有效果。

⑤餐桌不宜被大门直冲：住宅风水学讲究“喜回旋忌直冲”，如有犯冲便会导致住宅的元气易泄，风水因而大受影响。若餐桌与一大门成一直线，站在门外便可以看见一家大小在吃饭，那绝非所宜，化解之法，最好是把餐桌移开。但如果确无可移之处，那便应该放置屏风或板墙作为遮挡，这既可免除大门直冲餐桌，而且一家围炉共食也不会被人窥视。

⑥餐桌切忌被厕所门直冲：厕所在风水上被视为“出秽”的不洁之处，故此愈隐蔽便愈好；如对正餐桌，往往导致家人健康不良。

若餐桌与厕门直冲，最好便是尽快把餐桌移到别的位置。若是确实无法移开，便要采用在餐桌的正中摆放一个小水盘，当中用水浸养铁树头或开运竹，以此方法进行化解。

⑦餐桌之上不宜用烛形吊灯：有些吊灯由几枝蜡烛形的灯管组成，虽然设计新颖，颇有观赏价值，但若把它悬挂在餐桌之上，那便似是把一组长短不一的白蜡烛堆放在餐桌之上，这绝非吉兆。因为白蜡烛是丧事的象征，把它放在一家大小共同进食之处，其后果可想而知，故此必须尽量设法避免。

确定餐桌位置后，其座椅上面不宜正对灯饰。因为灯饰位于餐椅的上方，灯光照射下来所散发的热量会让人不舒服。

⑧餐桌不宜正对神台：神台是供奉神祇及祖先之处，严格来说，不宜与凡人进食之处太接近，毕竟始终阴阳异路，仙凡有别。倘若神台所供奉的神灵有观音、佛祖之类，因为他们均是戒杀生而茹素吃斋，而一般人家吃饭却有鱼有肉，正面相对便会显得格格不入。若有可能，还是把餐桌尽量与神台保持一段距离，而最重要的是把餐桌移开，务求两者不形成一条直线。

⑨餐桌不宜过大：有些人喜欢豪华气派，专门选购特大餐桌，这本无可厚非，但必须注意餐桌与餐厅的大小比例；如果餐厅面积并不宽敞，却摆放大形餐桌，形成厅小桌大，非但出入不便，而且会阻隔餐厅的风水。有这种情况出现，最好是更换面积较小的餐桌，务求餐厅与餐桌的大小比例适中，这不单出入方便，而且对餐厅风水亦大有改善。

⑩餐桌不宜被门路直冲：餐桌是一家大小聚首吃

饭的所在，必须宁静安稳，才可闲适地享用一日三餐；倘有门路直冲，不但有损风水，而且亦令家人食不甘味；如果餐厅多通道，则犹如置身在旋涡中，周身不畅，亦须尽量设法改善。

还要注意餐桌不能对厨房，因为厨房经常有油烟排出，温度又比较高，餐台放在对面，对人的健康不佳，长期下去脾气也会变得暴躁。餐台附近不宜放太多杂物，把餐台稍稍布置一下，吃饭的气氛定会好很多。

## 酒柜

随着生活水平的提高，现代人越来越注重生活的品质。对不少家庭来说，酒柜也是餐厅一道不可或缺的风景线，它陈列的各式美酒，令餐厅平添华丽色彩。

酒柜大多高而长，从风水学来说，这是山的象征；矮而平的餐桌则是砂水的象征。在餐厅中有山有水，配合得宜，对宅运大有裨益。

在餐厅摆放酒柜有几点须注意，以免破坏住宅风水。

①酒柜大多高大而通透，是一座山的象征，应把它放在户主本命吉方，才符合吉方宜高宜大的风水要义。

户主属东四命，酒柜宜摆放在餐厅正东、东南、正南及正北这东四方；户主属西四命，则酒柜宜摆放在餐厅的西南、正西、西北及东北这西四方。

②酒柜中的镜片不宜过大。一般的酒柜均采用镜片作为背板，令酒柜中的美酒及水晶杯显得更为明亮、通透；但倘若镜片太大，在风水方面便会引起诸多不便。

例如：酒柜中的镜片若太大，便不宜与神柜相对，因为这会把神台的香火在酒柜的镜片中反照出来，而这正是风水学的大忌。

倘若真有这种情况出现，便应把酒柜或神台移位，务求两者不正面相对，便可确保无害。

③酒柜不宜摆放在鱼缸旁边。酒柜是水气重的家具，而鱼缸又多水，两者的本质相近，若是摆放在一起，便会形成水多而缺堤泛滥之虞。

若是无处可移，则可在酒柜与鱼缸之间摆放一盆常绿植物，即以一木隔在两水之间，可消除过多的水气。

④吧台的摆放。在面积较大的餐厅，有些家庭喜欢以吧台来代替酒柜。吧台与酒柜的本质一样，水气均重，所以，两者在风水方面的讲究并无分别。

吧台宜摆放在餐厅的死角，这样既符合风水之道，又符合设计要求。因吧台属水，而水性灵活多变，不怕受压，所以，摆放在楼梯底也无妨。

⑤有些不喜饮酒的家庭，在餐厅中不摆放装酒的酒柜，而以装载杯碟的杯柜代替，这时，杯柜不宜太阔、太长。如以杯柜来填满整幅墙壁，全无空白的余地，这样并不理想。倘若杯柜与墙壁等长，则宜改用矮柜，这可改善餐厅风水。

家庭酒吧适宜设置在餐厅的一角，以不妨碍餐厅通道的顺畅为原则，可以根据具体的条件，将其设计成“一”字型或者“L”型。

## 餐具

餐具的选择需要注意与空间大小配合。小空间配大餐桌，或者大空间配小餐桌都是不合理的。购买者很难把东西拿到现场进行比较。所以，先测量好所喜好的餐桌尺寸后，拿到现场做一个比较会更合适，避免过大过小造成的不便。

## 冰箱

若在餐厅内摆放冰箱，最好放置在北方，不宜向南。

# 餐厅的照明

餐厅是家庭成员品尝佳肴、接待亲朋好友的场所，适当的照明可营造轻松愉快、亲密无间的就餐气氛。

餐桌上的照明以吊灯为佳，也可选择嵌于天花板上的照明灯。餐厅的灯光一定要柔和，才能增加用餐的温馨气氛，强化家庭成员之间的感情交流。餐厅的灯光宜以白炽灯为主，并使用可调节灯光亮度的灯掣，让灯光保持弹性。吃饭时使用低亮度灯光会感觉浪漫而舒适，但是在其他时间，便可使用明亮的光线。注意安装的位置不可直接照射在用餐者的头部，既不雅观，也会影响用餐情绪。

餐厅的照明应将人们的注意力集中到餐桌上。一般来说，光源不宜过高，光照范围不宜过大，最好是使用能够自由升降的灯具。局部照明采用向下直接照射配光的灯具，一般以碗形反射灯具与吊灯为宜，安装在桌子上方80厘米左右处。灯具的艺术性可根据个人爱好而定。若餐厅是吊平顶的，也可采用嵌入式灯具。

上述照明能突出餐桌，起到引人注目、增进食欲的效果。为了防止过强的光线照在人的身上形成阴影，灯光应限制在餐桌范围内，人的脸部光线可通过壁灯或其他光源补充照明。

圆形吊灯与圆形餐桌相对，淡雅的灯罩与淡雅的桌布相对，一切都显得对称、自然、舒适。有的家庭餐厅设有吧台或酒柜，则可利用轨道灯或嵌入式顶灯加以照明，以突出气氛。

# 餐厅的颜色

餐厅的色彩一般都是随着客厅来搭配，因为目前国内多数的建筑设计上，餐厅和客厅都是相通的，这主要是从空间感的角度来考虑的。对于餐厅单置的构造，色彩的使用上宜采用暖色系，因为从色彩心理学上来讲，暖色有利于促进食欲，这也就是为什么很多餐厅采用黄、红色系的原因。

就餐环境的色彩配置，对人们的就餐心理影响很大。一是食物的色彩能影响人的食欲，二是餐厅环境的色彩也能影响人们就餐时的情绪。餐厅的色彩因个人爱好和性格不同而有较大差异。但总的说来，餐厅色彩宜以明朗轻快的色调为主，最适合用的是橙色以及相同色系的近似色。这两种色彩都有刺激食欲的功效，它们不仅能给人以温馨感，而且能提高进餐者的兴致。

整体色彩搭配时，还应注意地面色调宜深，墙面可用中间色调，天花板色调则浅，以增加稳重感。在不同的时间、季节及心理状态下，人们对色彩的感受会有所变化，这时，可利用灯光来调节室内色彩气氛，以达到利于饮食的目的。家具颜色较深时，可通过明快清新的淡色或蓝白、绿白、红白相间的台布来衬托。例如，一个人进餐时，往往显得乏味，可使用红色桌布以消除孤独感；灯具可选用白炽灯，经反光罩反射后以柔和的橙色光映照室内，形成橙黄色环境，从而消除死气沉沉的低落感。冬夜，可选用烛光色彩的光源照明，或选用橙色射灯，使光线集中在餐桌上，也会产生温暖的感觉。

# 餐厅的绿化

餐厅的绿化和点缀非常重要。绿化摆设如盆栽植物、吊花、秋海棠、圣诞花等，都可以给餐厅注入生命和活力，可以增添欢快的气氛，也可将有色彩变化的吊盆植物置于木制的分隔柜上，划分餐厅与其他功能区域。现代人很注重用餐区的清洁，因此，餐厅植物最好用无菌的培养土来种植。

如果就餐人数很少，餐桌比较固定，就可在桌面中间放一盆（或瓶）绿色赏叶类或观茎类植物，但不宜放开谢频繁的花类植物。餐厅的一角或窗台上再适当摆放几盆繁茂的花卉，会使餐厅生机盎然，令人胃口大开。此外，餐厅植物摆放时还要注意植物的生长

状况应良好，形状必须低矮，才不会妨碍相对而坐的人进行交流、谈话。

适宜在餐厅摆放的植物有：番红花、仙客来、四季秋海棠、常春藤等。在餐厅里要避免摆设气味过于浓烈的植物，例如风信子。

## 选择植物的原则

因居室受各方面的条件限制，选择植物时首先要考虑哪些植物能够在居室环境里找到生存空间，如光照、温湿度、通风条件等。其次，考虑自己能为植物付出的劳动限度有多大。如果是公务繁忙的人，要养一盆需要精心照料的植物，结果一定不会太好。公务繁忙者可选择生命力较强的植物，如虎尾兰、长春萝、佛肚树、万年青、竹节秋海棠、虎耳草等。

**●以耐阴植物为主**

因居室内一般是封闭的空间，选择植物最好以耐阴的观叶植物或半阴生植物为主。东西向居室养文竹、万年青、旱伞；北面居室养龟背竹、棕竹、虎尾兰、印度橡皮树等。

**●注意避开有害品种**

玉丁香久闻会引起烦闷气喘，影响记忆力；夜来香夜间排出废气使高血压、心脏病患者感到郁闷；郁金香含毒碱，连续接触两个小时以上会头昏；含羞草有羞碱，经常接触会引起毛发脱落；松柏可影响食欲。在选择绿化植物时都要注意这些。

**●比例适度**

与居室内空间高度及阔度成比例，过大过小都会影响美感。一般来说居室内绿化面积最多不得超过居室面积的10%，这样室内才有一种扩大感，否则会使人觉得压抑。

**●植物色彩与室内环境相谐调**

一般来说最好用对比的手法，如背景为亮色调或浅色调，选择植物时应以深沉的观叶植物或鲜丽的花卉为好，这样能突出立体感。

**●不宜与花色墙纸的房间配置在一起**

蔓生花卉不宜作案头栽植而适宜悬吊式栽植。西式家具宜配剑兰类花卉，中式家具适宜配盆景。配置协调，会直接反映出园艺艺术效果，使其更加清新，更加赏心悦目。

**●兼顾植物的性格特征**

蕨类植物的羽状叶给人亲切感；紫鹅绒质地使人温柔；铁海棠则展现出刚硬多刺的茎干，使人避而远之；竹造型体现坚忍不拔的性格；兰花有寂静芳香、高风脱俗的性格。植物的气质与主人的性格和居室内气氛应相互协调。

## 植物的风水效用

**●植物的风水疗效**

植物与花卉不仅只有食用与观赏的价值，而且象征着生命与心灵的成长与繁荣。它们可以降低压力，提供自然的屏障，让人免受空气与噪音的污染。将植物放置在室内可以提升气的活力。

在风水领域里，种植植物是最为吸引人且较为实用的治疗方式之一。不论在任何地区，栩栩如生的气会产生非常大的影响——它能影响气的能量与方向，它亦可帮助气恢复平衡状态。

风水最原始的目的是在加强人与自然世界的联系，而植物借由产生生生不息的自然气氛，营造了这一座重要的联系桥梁。它们可以预防气在阴暗的角落渐渐沉滞，也可以平缓刚流通过回廊而波动较大的气。

在特殊的情况下，植物会产生与众不同的能量来与当时的环境状况相配合。例如：在会放射电辐射的电器设备附近，植物会产生与静电相抵消的能量；在毒素飘浮的空气中，植物具有净化的作用，可以产生新鲜的空气。当植物用有特殊意义的方式放置时，它们会是气的重要来源，例如：根据八卦方位放置时，它们可以催生、活化人生八大欲求。

**●有风水疗效的植物**

健康、茂盛的植物是气的重要促成者，它们将生生不息的能量带进家里。

花卉在盛开时期代表着幸运，因为它们鲜明的色彩若与正确的五行结合，可以促进八大欲求的达成。当选购植物时，要特别注意叶的形状。有些种类的植物，特别是其叶子是尖状的，会产生毒素，即我们所称“不好的风水”。选择圆状、叶茎多汁的植物比较好，它们带有吸引“好兆头”的潜在能量。

人造花卉所能产生的疗效较少，但若能将其长久保持干净、整齐仍是可用的。然而，如果无法保持植物、花卉健康、有足够的水分而使其奄奄一息时，即象征着死亡与不幸。所以，前提是：健康的气来自于健康的植物与花卉。

在风水领域里，植物还有其他方面的功用，例如：它有助于刺激停滞在角落、不动的气，使气活络起来；它可以软化那些因锐、尖、有角度的物品而产生的阳气。另外，将植物放置在缺乏足够能量的地区可使该方位活跃起来，房间也显得更宽大。

若欲在室内摆些植物以缓和尖锐、粗糙的家具时，则晚樱科植物是最理想的。晚樱科植物不像垂枝类植物会在风水中造成不利，因为它似灯笼的形状被认为代表着好运。

**●五行生克**

很多风水都有其象征意义，因为环境中的事物被认为会散发某些形式的能量，有些代表好或坏。

由植物放射出的气被认为可以应用在特殊风水规范里，如八卦与五行。将其结合则可以借由五行相互间的影响——相生与相克来平衡地之能量。

辨别植物阴与阳的特性，亦是一种平衡能量的方法，但最重要的是“植物是活的，是会改变的”。可以借由五行生克将阴阳做适当的平衡，例如：丝带状的羊齿科植物，如孔雀草、芦荀，可以借由锯齿叶状上许多的阳气来软化、平衡阴气。而整篮则代表各种阳气的植物，如天竺葵、山梗菜，更可为晦暗不明的角落增添一抹色彩。

# 第十六章 厨房的风水

厨房是一家人赖以为生的重要地点，清洁卫生很重要，不宜一入门就看见，况且炒菜时易有油烟弄脏客厅，所以安排在房子的后面比较妥当，或者靠房子边，但不要在房子正中央。

## 厨房的方位与布局

因为厨房代表一家人的财帛、食禄及健康状况，并且把许多本不相容的器具用品集合在一起，所以，

其方位一定要仔细考量，才有益于家庭的健康与发展。

原则上，厨房不宜向南方，因为南面属火，厨房也属火，厨房向南则火上加火，则对居家不利，并且食物易腐化，所以，厨房最好不要设在南向。厨房也不宜在家的中央，因为住宅的中心最忌受污。厨房方位以设在东方和东南方为佳，因为东向和东南向较能晒到阳光，使厨房保持干燥，不会阴湿，对健康有利。不过，目前坐北朝南的三房二厅设计，后阳台在北方，厨房一般也都设在北方，晒不到阳光，也是没办法的事。

就五行来说，厨房属火，因此，有八方位吉凶之分，现将其列于下以供参考：

位于东方位的厨房为吉，因东南为木，木生火，且太阳在东方出，易照到厨房，合乎卫生要求。

位于东南方位的厨房为吉，东南也属木，阳光充足，和东方位一样好。从环境卫生学的立场而言，东南方最好，四季都有充足的光线，冬天也不会太冷。早晨气温低，却可享受阳光的照射，中午气温高，却又变成阴凉的地方，食物的新鲜度可以保持较久，不易腐坏。

位于南方位的厨房为凶，因南方为火，火上加火，温度过高，且热南风易把厨房的热气吹到室内，所以不佳。

位于西南方的厨房为凶，因西南方为土，火生土，午后西晒热气易进入室内，对食品保存不利，风水上称“里鬼门”。而且从卫生角度而言，厨房是煮食的

地方，用水量多，潮湿。位于西南面虽则采光条件好，但夏季吹南风便使厨房里烹煮的烟和蒸汽弥漫住宅，不仅使住宅脏乱潮湿，而且容易发生意外。

位于西方位的厨房平平，因西方为金，火克金为吉，不过会有西照，食物不易保存，吉凶各具。

位于西北戌亥方位的厨房为吉，西北乾方位为凶，因西北的乾方位会吹来西北风，将厨房废气吹到室内，所以不佳。

位于北壬癸方位为吉，子方位为凶，因正北方为水，水克火，北方又有湿冷的潮气吹入，对主妇健康不利。

位于东北丑寅方位的厨房为吉，艮方位为凶，因正东北方为土，东北背阳，且有湿气，又有寒冷的东北风，风水上称“表鬼门”。

当然，最好是能配合主人的八字来安排厨房的位置。厨房除了方位的好坏要注意外，屋内的抽油烟机、炉灶、水龙头等，最好也安排在风水的吉方。

厨房是用水也用火的地方，因此，要注意“水火既济”的调和，方能确保家道兴旺。以下是设置厨房方位的一些禁忌。

厨房最好不要设在两卧房中间或卧室的下面，因为对两边住者均不利；也不可设在房屋的中央，因为房屋中心点本来就不可置瓦斯炉、电炉、壁炉等发热器，当然更不宜设厨房。

厨房不可封闭在屋内，一定要一面有后阳台、天井、后院等，否则通风不好，燃烧的废气散在室内，有碍健康，家运会衰败。

如果厨房门和客厅门成一直线，无法改变，设法在适当地方放置屏风隔开才好。

# 厨房风水原则

厨房是准备全家人食物的地方。众所周知，食物象征着营养，再进一步，象征着健康与财富。在厨房里做饭要注意卫生，同样也应该关注这里的风水。

厨房风水有以下几条基本规则：

①设切菜台的时候，注意不要让人切菜时正好背对着门。台子要保持整洁，不要堆放杂物。

②厨房门口应有所遮掩，不能从住宅大门口一眼就能看到里面。

③厨房装饰应尽量用绿色（木），因为木与水、火相容，这两者是厨房里少不了的。

④不要在炉灶对面挂镜子，因为这样使火反射，会使家里有失火之虞。

⑤把操作台放在厨房正中央不利风水，因为中央属太极位，应保持空阔。

⑥厨房的正上方不应是浴室，且最好也不是任何其他湿房间，如厨房、厕所。

⑦厨房最好不要放在西北角，因为这是乾位，会形成“火在天门”之局，是非常不好的风水。

## 水位与灶位

水位和灶位比较适合顺排，如果是垂直摆放也可，应避免相对放置。如无法改造，水火必须对峙，也应尽量错开为宜。

现在许多住宅一般只预留了水接口和煤气等气源的接口，给人留下了较大的空间来自由安排厨房的设备。在厨房这个相对小的空间里，要将人体活动尺寸和家具设备活动尺寸一并来考虑，避免相互碰撞或妨碍人体移

动。厨房操作间的布置一般分为四种形式：单面墙一字布置、通道式二字布置、L形布置和U形布置。

在厨房中，水位首先考虑北、东、南方为宜，西方次之；灶位首先考虑南、东、东南方为宜。当然，水火要同时搭配考虑。如果水火都安排在西边，那水位应该放在靠北边的一侧，灶位应该放在靠南边一侧；如果水火都安排在东边。

## 灶台与炉具的方位

灶台在家居风水中占有极其重要的地位，安法正确则可有利于健康、婚姻和功名。《解凶灶法》指出："灶乃养命之原，万病皆由饮食而得，灶宜安生气、天医、延年三吉之方，不宜凶方。"在坐北朝南的住宅中，生气即指东南方，称之为上吉；天医即指东方，称之为中吉；延年即指正南方，称之为上吉；这三个方位都是吉方，故利于安置厨灶。

虽然生气、天医、延年三个方位都是吉方，但至于如何安灶，还应该按照住宅主人的不同情况去具体实施。如功名不利，则宜安生气灶；如健康不佳，则宜安延年灶；如婚姻不顺，则宜安天医灶。

而炉具是厨房最重要的器具，因为它代表了创造和贡献的能力，所以最好选择使用自然明火的炉具如煤气炉，尽量避免使用会释出磁力的电炉和微波炉作为主炉，炉具以放在厨房中央的灶台上最佳，而炉具的表面材料以不锈钢为好。

炉具的使用有三大注意事项：

①炉具须避水。这有两层含意，首先因为炉具与洗碗池各自代表了五行中的火和水，勿把它们紧贴而放，中间要隔切菜台等缓冲带，以避免不协调。如可能，也应令其他水性的用具，如冰箱、洗碗碟机与洗衣机等不紧临炉具。其次，炉具不要坐南向北，由于北面属水，应避免水火攻心。

②炉具也须避风，不宜正对门口和窗口，如在风口上，易引起火势逆流而导致家居危险。

③炉灶不可设在下水道上方，排水系统要由住宅的前方排向后方，厕所污水不可从厨房下方流过。

## 炉口的方位

古代使用烧木材、木炭的炉灶，讲究灶口的方向，但现代都用燃气炉，因此风水术上就变通为灶口就等于是燃气炉的开关面，称为炉向。

古代认为灶口（炉向）最好是朝东或朝南，因东方属木，南方属火，木可生火，又可配合风向，并与五行相合。但现代用燃气炉，不靠自然风，所以不一

定坚持要朝东或朝南，只要方向不面向屋外就可以了，否则家道会中衰。

我们认为燃气炉应注重其摆置的“方位”，而非“方向”，方位要在吉位上，不可在病方、劫方。方向就要看使用方便为宜，只要不面向屋外就好了。

也有一些人认为摆放炉灶时不是看燃气炉的炉向，而是看人的站向，这就不对了。

放燃气炉的那一面墙的后方，如果是后阳台，则不可有井和抽水马达之类，否则对主妇会有不利影响。

有的厨房在燃气炉那一面墙开有窗子，也就是说抽油烟机和燃气炉之间有一扇窗，此为不吉，表漏财。用如今的观点来看，是因为窗台和窗格会积油烟，不易清理，看起来很脏，感觉不好。遇到此种避免不了的设计，就要用铝板将抽油烟机与燃气炉之间的窗子全遮起来才好。

另外要注意的是，不可在炉台上挂一根横杆晾衣服，否则易生火灾；炉灶或燃气炉不可设在下水道上方；水龙头洗槽与燃气炉台不可紧邻，中间要隔切菜台等作为缓冲带，否则会虚耗大患；横梁正下方不可设炉台，否则对女性不利，易患疾病。排水系统要由屋子的前方排向后方，厕所污水不可从厨房下方流过。

有的房屋较小，便把洗衣机放在厨房内，实在不宜，因厨房为灶神所在，十分神圣，不可在其面前洗衣服。

总之，厨房是房屋中制造废气、燃烧燃气的地方，一定要通风良好。

# 厨房的色彩

厨房的色调和居室整体一样，要具有装饰美感。柔和、洁净的色调，会使人在其中工作时心情舒畅。不同的色调会给人以不同的心理感受和视觉感受，或清凉新雅，或温暖如春。如中国菜肴十分讲究的色、香、味一样，其中首先映入眼帘的色感，不但能强烈地唤起人们的食欲，同时也给人以一种艺术欣赏的快感。

## 厨房色彩的搭配原则

设计一个时尚、灵活、实用的厨房是家居快乐生活的第一步。厨房色彩杂乱无章，会使烹调者的眼睛得不到放松，容易产生疲倦感。

由于厨房各个面都有色彩，而且还有亮度需求，因此，在装修厨房、布置家具和陈设物品过程中，色彩搭配的原则是谐调统一。

选择橱柜的色彩，主要应从橱柜的色相、明度和环境、使用对象的成员结构、文化素质等方面来考虑。

使用有立体感的图案或是明暗对比强烈的装饰材料，会使厨房面积在视觉上显得狭小，而且易产生高低、凹凸不平的错觉；使用反差过大的色彩，在光线反射时容易改变食物的自然色泽而使操作者在烹调时产生错觉。

色彩的色相和明度可以左右使用对象的食欲和情绪。总的来说，橱柜色彩的色相要求能够表现出干净、刺激食欲和能够使人愉悦的特征。

## 巧用色彩的特征

厨房色彩可根据个人的兴趣爱好而定。一般来说，浅淡而明亮的色彩，使狭小的厨房显得宽敞；纯度低的色彩，使厨房温馨、亲切、和谐；色相偏暖的色彩，使厨房空间气氛显得活泼、热情，可增强食欲。

天花板、上下墙壁、护墙板的上部，可使用明亮色彩，而护墙板的下部、地面则使用暗色，可使人感到室内重心稳定。

朝北的厨房可以采用暖色来提高室温感；朝东南的房间阳光足，宜采用冷色达到降温凉爽的效果。

巧妙地利用色彩的特征，就能创造出空间的高度、宽度和深度，并作视觉上的调整。厨房空间过高，可以用凝重的深色处理，使之看起来不那么高；太小的房间，可以用明亮的颜色，使之产生宽敞、舒适感；采光充足的厨房可以用冷色调来装饰，以免在夏日阳光强烈时变得更炎热。

## 厨房家具的色彩

影响厨房色调的主要因素是厨房家具。为了充分利用空间来发挥厨房的各个功能区的作用，采用的各种布局形式都会占据墙立面醒目的位置。作为为各个工作中心的主要设施以及完善的配套家具，都有占据室内空间的造型，所余空的墙面较少，因此，当确定了这些家具的色调时，也就等于确定了厨房的主调。天花板和地面等均可服从于家具的色调来选择相应的配色，以天花板和地面的配色协调于家具或者等同于家具；地面还可以选用等同于墙面的色彩或放样花饰来处理，会有延伸空间的感觉。

在确定厨房总体色调的基础上，应把握好厨房几大部分的色彩亮度比例。天花板、墙面宜浅而淡，应亮一些。

厨房家具色彩的要求是能够表现出干净、刺激食欲和使人愉悦的目的。通常能够表现干净特点的主要有灰度较小、明度较高的色彩，如白、乳白、淡黄等色彩；能够刺激食欲的色彩主要是与好吃的食品较接近，或在日常生活中能够强烈刺激食欲的色彩，如橙红、橙黄、棕褐等色彩；能够使人愉悦的色彩就复杂多了，不同的人、不同的生活环境对色彩的喜好有很大的变化。下面我们就推荐几种不同的色彩。

蓝色——始终保持清澈、浪漫的感觉。它很容易让人们联想到天空、海洋，给人遐思，能够营造出一种平和、静谧的情调，用在较大的空间中会给人一种自然感。蓝色还自然而然地让人放松紧张的神经，工作繁忙的人可以考虑选择用此色，让您在厨房中享受一下轻松，让幽雅的环境愉悦您的心情。

绿色——轻松舒爽、赏心悦目，象征着生命、丰

饶和新生，是永远不会被人们厌倦的色彩。不管是淡雅的新绿，还是葱郁的浓绿，带给人们的都是来自大自然的气息。绿色，从心理学角度分析，对人的视力和心理有一定的镇静作用，能够排遣烦躁的情绪，有助于集中注意力。

红色——热情奔放，充满活力，不仅能体现出个人强烈、大胆的个性，更能展现年轻人朝气蓬勃和健康、积极、热情的一面。红色有助于促进人们的食欲。

黑色——神秘、高贵，是永远经典的颜色。居室装潢与时装界流行趋势一样，黑色同样是基本的构成要素。黑色给厨房带来更多的适应性，与不同的颜色搭配会产生不同的效果。黑色给我们一丝神秘和新奇，同时也给我们带来一份简约。

木本色——返璞归真的田园色彩。在新一轮橱柜流行风中，原色纯实木的整体橱柜仍会吸引大家的目光。原木色不仅反映了人们对自然、对田园的渴求，其自身古朴怀旧的气质及庄重典雅的造型，也贴切演绎了复古风格。老年人或是比较稳重的人，可以以此为橱柜颜色的首选，如果再点缀以淡蓝等浅淡颜色，就更能突出温馨感受。

白色——纯洁无瑕，一尘不染，在大多数人眼里象征着纯洁和全新的开端。以白色为主调的颜色呈现朴素、淡雅、干净的感觉，对于喜欢干净、安静的人，无疑是最好的选择。白色可以成为主角，因其适应性同样可作为配角与其他颜色进行搭配，也可产生意外的效果。

# 厨房的照明

### 厨房宜明亮

厨房应该保持明亮、清洁与干燥，如常年有天然光线最理想，有阳光照射进来，即使每天只有一段时间，也可清新空气并且有除菌的功效。如果厨房由于先天的格局问题而较为黑暗，则灶台须配备一个明火的炉具，来壮旺厨房的能量，而不能全用电炉、电磁炉之类。

而一般家庭的厨房照明，除基本照明外，还应有局部照明。不论是工作台面，还是洗涤器、炉灶或储藏空间，都要有灯光照射，使每一工作程序都不受影响，特别是不能让操作者的身影遮住工作台面。最好是在吊柜的底部安装隐蔽灯具，且有玻璃罩住，以便照亮工作台面。墙面应安装些插座，以便工作时点亮壁灯。

由于厨房蒸汽多，较潮湿，厨房灯具的造型应该尽量简洁，以便于擦洗。另外，为了安全起见，灯具要用瓷灯头和安全插座，开关内部要防锈，灯具的皮线也不能过长，更不应有暴露的接头。

厨房里的贮物柜内也应安装小型荧光管灯或白炽灯，以便看清物品。当柜门开启时接通电源，关门时又将电源切断。

### 厨房的具体照明

充足的照明可增进效率，避免危险，消除灯光产生的阴影，以免妨碍工作。因此，厨房中灯光分为两部分，一是对整个厨房的照明，另一个是对洗涤区及操作台面的照明。前者用可调式的吸顶灯照明，后者可在橱柜与工作台上方装设集中式光源，使用更为方便、安全。

在一些玻璃储藏柜内可加装投射灯，特别是内部放置一些具有色彩的餐具时，能达到很好的效果，这样协调照明，光线有主有次，整个厨房的空间感、烹调的愉悦感也会因此增强。

厨房照明对亮度要求很高，因为灯光对食物的外观也很重要，它可以影响人的食欲。由于人们在厨房中烹饪的时间也不算太短，所以，灯光应惬意而有吸引力，这样能提高制作食物的热情。一般厨房的照明是在操作台的上方设置嵌入式或半嵌入式散光型吸顶灯，嵌入口罩采用透明玻璃或透明塑料，这样天花板既简洁，又能减少灰尘、油污带来的麻烦。灶台上方一般设置抽油烟机，机罩内有隐形小白炽灯，供灶台照明。若厨房兼作餐厅，可在餐桌上方设置单罩单火升降式或单层多叉式吊灯。光源宜采用暖色白炽灯，不宜用冷色荧光灯。

## 厨房的绿化

谈到家庭绿化，人们很容易便想到客厅、书房、卧房的绿化装饰，却很少有人想到对厨房进行一番绿化。其实，厨房是人们每天重要的活动场所，它的环境绿化关系到烹饪者的身心健康，也关系到厨房装饰的完整性。

### 适合厨房的植物

不论空间大小，任何厨房总有闲置空间并且应该至少摆上一盆植物。植物出现于厨房的比率仅次于客

厅，这是因为家庭中有些成员每天花很多时间在厨房里，且环境湿度也非常适合大部分的植物。此外，一般家庭的厨房多采用白色或淡色装潢以及不锈钢水槽，色彩丰富的植物可以柔化僵硬的线条，为厨房注入一股生气。

通常位于窗户较少的朝北房间，用些盆栽装饰可消除寒冷感。由于阳光少，应选择喜阴的植物，如广东万年青和星点木之类。厨房是操作频繁、物品零碎的工作间，烟多、温度高，因此，不宜放大型盆栽，而吊挂盆栽较为合适，其中以吊兰为佳。吊兰，又名钩兰、挂兰、兰草参、拆鹤兰等。据测定，居室内摆上一盆吊兰，在24小时内可将室内的一氧化碳、二氧化碳、二氧化硫或其他氮氧化物等有害气体吸收干净，起到空气过滤器的作用。虽然天然气不至于伤到植物，但较娇弱的植物最好还是不要摆在厨房。厨房的门开开关关，加上厨房里到处都是散发高热的炉子、烤箱等家电用品，很可能会导致植物干燥枯萎。摆些普通而富有色彩变化的植物是最好的选择，这要比放一些娇柔又昂贵的植物来得实际多了。适合的植物有秋海棠、凤仙花、绿萝、吊竹草、天竺葵及球根花卉，这些植物虽然常见，若改用较特殊的套盆如茶盆、赤陶坛、黄铜壶等，看起来就会很不一样。

绿化厨房时，要选择一些生命力顽强的植物来进行点缀。因为厨房经常有油烟和蒸汽，对于植物生长不那么有利，一些娇柔脆弱的植物很难在厨房生存。例如，可以选择像仙人掌类的花卉，如仙人球、仙人剑以及芦荟等生长较慢又耐旱的绿色植物。有的人喜欢枝叶婆娑的叶类花卉，也可以选择一些有耐力的常年生长的叶类花卉栽植在厨房。由于厨房的烟尘和蒸汽不利于植物生长，则可以经常给植物“洗澡”。具体的办法是：将花盅搬到水池中，用小喷壶向叶子上喷淋。经常给植物“洗澡”，会有利于它的生长。

如果厨房的窗户较大，阳光又充足，可以在窗前养植吊花。将较小的塑料花盆悬挂在窗前，里面种上向下倒垂的各类吊花。这样不仅实现了立体绿化，也点缀美化了厨房，喜欢花草的人不妨试着做。

## 厨房植物如何摆放

如果厨房位于南方，就会受到强烈的太阳光照射，摆放观叶植物可以缓和太阳光，令烹饪者心境平和，风水上有助于家庭储蓄。厨房位于东方最佳，若在其他方向，可在桌上、电冰箱附近摆放红花，有利于保持身体的健康。位于西方的厨房，在窗边摆放金黄的花、水仙及三色紫罗兰，不仅可挡住夕阳的恶气，也能带来财运。厨房位于北方时，摆放粉红、橙色的花，可为室内增添活力。

## 厨房绿化新招

厨房的绿化，实景种植花草需要重视阳光与水分，假景的绿意则可借用各种建材、厨具的色彩来装饰。另外，还可以种些水耕蔬菜，许多色彩鲜绿的青菜亦可插水欣赏。

想除去阴暗、潮湿的刻板印象，可为厨房开一扇窗，让阳光照入，让绿意进驻，选对盆栽可以为空间提供持久的绿意，插花可以为空间增添缤纷花色。除了植物，瓷砖的图案、漆料的颜色等，都可用来绿化厨房。

**●切花装饰**

这不似盆栽种类，必须仔细挑选，切花装饰的变化性则更加丰富。虽然插放时间仅能维持一二周，不过，随便一个容器或是大水桶都可用投入式自然插花法，插出缤纷多彩的效果。

注意，窗前的大花窗帘也可以作为一种绿化元素。

**●蔬果也可欣赏**

厨房常备有蔬菜、水果，在青菜、水果还没有烹食之前，可以插放在透明的水杯里，有色或无色都好，先把这菜叶的绿色好好欣赏一番。

**●巧用瓷砖图案**

瓷砖上的植物图案提供最直接的视觉效果，花鸟草虫，自有活泼趣味。另外，在墙壁涂上绿色涂料，也是绿化一招。

**●杯盘上的绿叶图案**

这是最一目了然的方法，杯盘上的绿叶让人感觉更轻松、更亲切。甚至，在放置餐具的架子上也可涂以鲜亮的绿色。

**●选择绿色的背景**

选择全面绿色的橱柜，或是墙面涂上绿色的涂料，

瞬间就为厨房空间变换一身清新的绿色，给烹饪者的眼睛最舒服的感觉。

●**种植香草盆栽**

不少多年生的盆栽都适合摆在厨房里，当然最好摆在窗台前，因为这里有充足的阳光，再加上适当的水分就可以了。尤其是一些香草盆栽，例如薰衣草、百里草、迷迭香、薄荷等，除了绿化，还可兼做烹调用的香料。另外，叶片厚又耐旱的或是蔓性可垂悬的植物，也适合作为厨房绿化使用。

# 厨房风水的十大忌讳

①厨房门不可正对大门。《阳宅三要》指出："开门见灶，钱财多耗。"此格局将使女主人健康有损并且家中难聚财，运气反复。如果遇到这样的格局，唯一的避免方法是改门。

②厨房门不可正对卧室门。从卫生角度而言，厨房燃烧的废气和热气会吹向房间，易致居者头昏脑胀，脾气暴躁，对住者健康不利。

③厨房门不可正对厕所门。炉灶作为一家大小口腹之源，须纳吉气。厕所为不洁之地，且厨房代表火，厕所代表水，水火不容，会导致夫妻失和、家口不宁。从心理学角度而言，一走出厨房就看到厕所，实在不雅观，刚吃的食物会冲口而出，而且厕所的秽气会对流到厨房，实在不卫生。

④厨厕不可同门。有些家庭为了节省空间，令厨厕共用一门进出，令家居水火无度，很不吉利；更有甚者，先进厕所，再进厨房，则口腹之欲，绝对荡然无存！

⑤厨房的地面不可高过厅、房等地面。首先是可以防止污水倒流；其次是由于主次有别，厨房不可凌驾于厅、房之上；再次，从厨房入厅奉食，应步步高升，反之则有退财之虞。

⑥阳台走道不可正对火炉。长廊压火，主不聚财，且易患高血压之类的病症。

⑦厨房的火炉不可正对冰箱、水槽：冰箱亦代表贮藏、聚财之所，其性属水，最怕火攻，易致家人身体不顺。

⑧灶台不可在横梁之下。凡经常进出及操作之地均不宜受压，灶台作为食物制作的平台，更是如此。

⑨抽油烟机和炉具之间不可开窗。漏财不吉。

⑩灶台不可背后无靠。灶主家庭健康、婚姻和功名，宜有所依靠，背后不可虚空，一定要靠实墙，如是玻璃墙则不妥。

# 第十七章 卫浴间的风水

事实上，早期的水利工程师对整条河流水道进行改造时，风水师有时也会参与其中，他们经常建议把河流改造成一些奇特的形状，以聚集生气。这样做的理由是因为水可携带气。其实，水不仅能把气带到一个地方或者把它存在某地，水还会把气带走。风水先生在看风水时总是很留意最末端的水流，从家中不应看到河流从眼前消失。

这些规则同样适用于别的湿房间。因此，得注意不要让排水口敞开或大老远就看得见。这条规则再延伸一步就是浴室的门应当常关。在湿房间之中，厕所被认为是最不吉的，因为厕所里的臭味象征着煞气。

## 卫浴间的方位

总的原则是浴室应该位于危害最小的方位上。事实上，如果厕所位于自己想压制而非想增强的方位上则会带来好处。还应该设法使卫浴间“消失”，如通过盖上马桶盖、关上卫浴间门或把卫浴间设计得不引人注意等办法使之“消失”。

浴室与厕具的最佳位置是在一处住宅的东方与东南方。水能增强东与东南方的木的气能，只要这两处有足够多的窗户，而该处也往往是房屋的向阳部分，这便有助于保持房间的干燥。

最不宜的位置是家的东北方，如有可能应加以避免，西、南、北、西南、西北也不利。然而，在许多家庭里，浴室的位置是固定的，这时便可使用不利位置的浴室的化解法来缓和负面的影响。

**●位于北方：不良**

效应：北方浴室的气能是安宁与静止的，有停滞之险，会消耗人的精力。

化解法：种植高大的植物以引入木能，借此排走水能。此类植物带来气能与活力，吸湿并产生新鲜的氧气。

●位于东北方：不良

效应：这是最不可取的位置，因为这里的土能破坏水能，能完全激起该处的气能，对人的健康不佳。

化解法：引入金能，以协调土能与水能。可于房间的东北处放上一个装海盐的白陶碗，或放一尊沉重的铁制雕塑，或是在一个圆的铁盆里插上一枝红花。

●位于东方：良好

效应：由于这里的水气能与木气和谐，所以一般是良好的。然而，厕具冲水与沐浴水排走的向下活动，与木的向上活动是对立的。

化解法：在浴室里种植高大的植物，以增加向上的木能。木的地板与装置也是有利的。用鲜绿的毛巾与垫子可增强东部的木能。

●位于东南方：良好

效应：效应与东部浴室相似，但该处水的排走限制了向上的木气能的活动。

化解法：在浴室里种植高大的植物，以增加向上的木能。木的地板与装置也是有利的。

●位于南方：不良

效应：这里的水气能摧毁火气能，使人缺乏激情。

化解法：种植高大的植物或安装木制附件与地板，以此调和水与火。

●位于西南方：不良

效应：这儿的气能变化多端，极不稳定，而西南的土气能会摧毁水气能，倘若不制止，则对健康不佳。

化解法：在浴室里放一小碗海盐，搭配一个铁制盆或塑像和一些白、银或金色的东西，以启动金能，以此调和土与水。

●位于西方：不良

效应：这儿的金气能让水能耗尽，不利。

化解法：可种植红花植物，红色的鲜花、铁盆或塑像也可。

●位于西北方：不良

效应：水能耗尽金气能，不利。

化解法：种植白花植物以建立金气能，或在房里备上白色鲜花或圆的银盆和金属质的雕塑。

# 卫浴间的照明

一般情况下，自然光基本能满足卫浴间白天里的照明要求，照明灯具的使用主要是为了满足夜晚时的照明。卫浴间的整体照明宜选择日光灯，柔和的亮度就足够了，局部区域可以根据对亮度的不同需求而采用重点照明。

盥洗区域需要亮度大一些的照明灯具，尤其在梳妆镜的上方，最适宜有重点的照明。卫浴间是使用水最频繁的地方，因此，在卫浴间灯具的选择上，应以具有可靠的防水性与安全性的玻璃或塑料密封灯具为宜。在灯饰的造型上，可根据自己的兴趣与爱好选择，但在安装时不宜过多，不可太低，以免发生溅水、碰撞等意外。

有些人喜欢在梳妆镜的周围布置射灯，这样能产生很好的灯光效果，这固然是好事情，但射灯的防水性较差，尤其在面积较小的卫浴间中，水气相对要多一些，因此安全性就差。比较适合的照明灯具是壁灯，它的防水相对较好，也可以在梳妆镜附近形成强烈的灯光效果，除便于使用梳妆镜梳洗打扮外，还可以增加温暖、宽敞、清新的感觉。

洗浴区域适合布置一盏光线柔和的灯具，用来加强此处的照明，以弥补日光灯整体亮度不足的问题。应该格外注意的是，最好不要使日光灯正对着头顶照射，这样照射的光线会使人觉得很不舒服。日光灯最好能偏离头顶位置，使灯光从侧面照射，这样的光线就不会使人产生紧张感。

# 卫浴间的颜色

卫浴间的色调选择也是有讲究的。它的颜色最好选用淡绿色、淡黄色或淡蓝色。很重的色彩如红色、紫色、黑色、棕色等会使房间看上去很小，所以使用这些颜色让人有种向下沉的感觉。绿色是自然的颜色，黄色是太阳的颜色，蓝色是天空的颜色，可以在淡雅的基调上加一些亮的色彩。

白色可产生明亮洁白感，最具有反射效果，它可将光线带进阴郁晦暗的室内，弥补空间不足的缺憾，特别适用于空间狭小的卫浴间。若担心纯白过于清冷，不妨使用乳白色替代，可为空间增添几分暖意。

暖色系的红、黄、橙，令人温暖、喜悦，同时会使空间感觉变小。淡粉红和淡桃红非常柔和，能营造柔软温馨的甜美所息，特别受小孩和年轻女士的欢迎。黄色象征着璀璨的阳光，它的高明度可以振奋精神，使人充满活力，一扫空间的寒冷及沉闷感，同样适合采光不好的卫生间。

而蓝、绿等冷色系的颜色令人感觉冷静，使空间显得较宽敞。绿色，让人联想到植物的清香及祥和，置身其中仿佛嗅到屋外嫩草的清新味道，徜徉在花园的绿荫里，使人身心宁静、全身放松。如水的蓝色，带给人休闲与平静的感觉，令人身心清凉，是浴室里最受欢迎的色彩，沐浴时仿佛游于大海中。因此，这也是普遍用到的色彩。

卫浴间的整体色调应保持一致，最好能体现出卫浴间简洁实用的功能。

# 卫浴间的采光及通风

阳光与空气都是判断浴室风水的重要指标。如果有足够大的窗户，应保持其空间时时有清新的空气与充沛的阳光。众所周知，卫生间浴室是容易滋生细菌的地方，而且时常是潮湿的，如果缺乏清新的空气进入，污浊之气便容易积聚于此，长此以往，势必有损家人的身体健康。相反，如果卫浴间常伴有清新的空气，沐浴在阳光之下，则卫浴间定会是干燥卫生的。因为阳光不但能杀菌，还能给卫浴间带来生命力。阳光撒落在人的肌肤上，皮肤上的水点会将阳光分解成七色，每种色的照射，对身体都有不同的好处，能给人带来健康。

浴厕不仅要保持清洁、采光充足，还应保持空气流通。卫生间、浴室应该时常空气流通，让清新的空气流入，吹散卫生间内的污浊空气。所以，卫生间内的窗户应该时常打开，以便吸纳多些清新空气。

## 采光及通风效果要好

采光条件对于卫浴间来说是很重要的。卫浴间应有一扇窗，窗户大小要适中，应保证有充足的阳光照射，使卫浴间中不易积聚潮湿的气体，使房间保持干燥，不易滋生细菌。

有些住宅中的卫浴间没有窗户，连排气窗也没有，是全封闭的，这样的卫浴间是不符合健康之道的，不仅难以满足基本的采光条件，致使房间中的潮气加重，滋生细菌危害健康，而且也不满足基本的通风条件，不利于空气的流通，使空气质量变差，危害健康。

卫浴间的通风一般有自然通风和人工通风两种方式。所谓自然通风就是无需安装通风设备，利用开门、开窗的形式让自然风吹入，替换卫浴间的空气，使空气保持清新。人工通风就是借助于通风设备而使卫浴间换气的一种通风方式。

一般地说，人工通风效果好一些。可以在卫浴间的吊顶、墙壁、窗户上安装排气扇，将污浊的空气直接排到通风管道或室外，以达到卫浴间通风换气的目的。对于建筑上没有设通风口的住宅，可自行安装一套通风管道通向室外。另外，人工通风可以使被动通风变为主动通风，通风及时，可有效地保持卫浴间的空气清新。

最好是在装排气扇的同时还保留自然通风的渠道。有的家庭装修时安装了排气扇，便把窗户封死了，结果使用时很不方便。因为用排气扇只能用一时，排除异味自然没问题，但不能保证卫浴间的空气清新和干燥。还有的人喜欢在封闭的房间中使用空气清新剂，以为这样能改善空气的质量，其实这种做法是徒劳的。空气清新剂能改变空气的味道，却不能改善空气的质量。改善空气质量最有效的方法就是开窗，使空气流通。开窗有很多好处：通风不受时间限制，有利于室内空气的交换，保持室内干燥，在夏天开窗还能降低室内的温度。

## 浴厕要保持干燥

起床第一件事就是上厕所，一天里使用浴厕的时间也不少，可以说是人人生活上关系密切的地方，但一般人都忽略了。

由于其特殊的功能和位置，阴暗和潮湿是卫浴间的通病，也是细菌滋生、繁殖的最佳环境。所以卫浴间在平时就应该保持通风，使用卫浴间时打开通风扇，不使用卫浴间时打开卫浴间上面的小窗。

将卫浴间的淋浴区和其他区域相分隔，淋浴时水就不会四处飞溅。如果实施了干湿分离，淋浴外的空间就不会有水，可有效地保持室内干燥。使用完毕之后，应把浴室的门关上，特别是套房的卫浴间。为防止细菌、污垢的积聚，保证家人健康，应尽量保持干燥的状态。

## 开小窗

浴厕最好有较高的小窗，阳光充足，空气流通，若是密闭且通风不良，则对家人健康不利。目前有许多建筑，两间厕所并排在一起，结果外间有窗，内间无窗，这就一定要在无窗的厕所加上排气风扇，将废气抽掉，最好是整日开着排气扇，或者在厕所内放或挂一盆黄金葛之类的阔叶植物，可以调节厕所内的空气。

都市中流行的小套房，浴厕都设在卧室内，要注意除湿、通风，可用强一点的浴室抽风扇，将湿空气吸排出去。

# 卫浴间的植物

由于卫浴间的湿气大、冷暖温差大，对植物的生长不利，所以选择绿色植物时一定要注意，用盆栽装饰可增添自然情趣。适合养植有耐湿性的观赏绿色植物，如白掌、绿萝、垂枝梅及一些蕨类植物等。白掌被誉为吸收和抑制氨气的“专家”，它可以同时过滤空气中的苯和甲醛，减轻有害化学物质对人体的伤害。白掌属于喜阴的植物，适合生长在温暖、潮湿的环境中，因此，特别适合摆放在卫浴间中，它能有效地除去房屋中的异味，尤其是卫浴间中产生的氨气。

绿萝也能有效地吸收空气中的异味，尤其是家用清洁剂和油烟的气味，在卫浴间中摆放一盆绿萝，可以起到清新空气的作用。

当然，如果卫浴间既宽敞又明亮且有空调的话，则可以增植观叶凤梨、竹芋、蕙兰等较艳丽的植物。需要注意的是，摆放植物的位置，要避免肥皂泡沫飞溅玷污。

在卫浴间中摆放绿色植物，能使原本略显冷清的房间充满生机，使用卫浴间的人也能因此拥有一份好的心情。

## 卫浴间开运的装饰诀窍

卫浴空间通常潮湿，清洁的死角多，窗小或无窗，采光及通风均较差，所以想要提升运气的话，清洁干爽是开运的诀窍。必须勤开窗，勤打扫，如果没有窗子，则必须要有良好的通风换气设备，摆放绿色植物，以求净化空气。同时，室内光线必须明亮柔和。如果想要积极地改运的话，在下列的方位上摆放幸运色的香皂及毛巾或其他清洁用品，不仅开运效果会更佳，还会成为既明快又优雅的理想空间。

北：浅粉红、白色、金色

东北：黄色、绿色、黑色

东：蓝色、绿色

东南：绿色、浅橘色

南：紫色、红色

西南：褐色、黄色、红色

西：白色、橘色、金色

西北：褐色、米黄色、黑色

## 卫浴间的收纳原则

卫浴间收纳的原则有以下几点：

①不宜将房内杂物放在卫浴间内，只宜放置最低限度的必需品。

②香皂、洗发液应整齐摆放，但不必封闭于柜内，因为美好的香味能招来幸运，还可以令人放松身心。

③清扫用具不宜露在外面。

④毛巾、卫生纸等用品，用多少摆多少。

⑤牙刷不宜放在漱口杯上，应放在专用的牙刷架上；电吹风属火，用后应收入柜内。

⑥有窗的卫浴空间可以摆放绿色植物或挂画，在风水上可以缓和气氛，聚集生气。

# 第十八章 楼梯、车库的风水

在复式房、别墅里，楼梯是比较重要的组成部分，有承上启下的作用。现代的住宅由于多是平面的结构，楼梯经常只是作为一种公共的设施，所以不少人对它的作用并不重视。但是，随着复式、跃式、别墅、Townhouse等结构住宅的流行，家居多个层面的空间分隔就要靠楼梯来衔接，这时候楼梯就被纳入住宅的内部空间，它的方位、形状就会对住宅的内部布局产生强烈的影响。

与房子连在一起的车库也会影响到房屋的风水。

## 楼梯风水

### 楼梯风水的细节问题

如果说前门是住宅的口的话，那么客厅和楼梯就是使气在室内流动的肺和气管。楼梯实质上是斜放的过道，但由于坡度的存在，气的流动加快，所以要特别注意楼梯顶部和底端。查看一下它们指向何方，采取措施防止像卧室这样敏感的房间正对着楼梯。

过道把气从一个房间带到另一个房间，楼梯使气在不同楼层之间流动。在很多住宅里，进门经过一小段门厅，紧接着就是楼梯，这使得气从正门进来后直接冲上楼梯。其实，气宜缓慢地流动，而不应直来直往。

在门和楼梯之间挂一个风铃，可减慢气流的速度，在一定程度上对门正对楼梯的情形进行补救。理想的结构是把楼梯避开正门，一些商业大厦就刻意采用这种结构。

楼梯往往聚集不了足够的气输送到楼上的房间，这时在楼梯上放盏明亮的灯会很有用处。应尽量避免使用螺旋状楼梯，因为它会产生一种破坏性的螺旋状的气流。

楼梯并不只是单单连接楼层之间的运输通道，它在风水学上也是住宅气场的重要通道，楼梯设置的优劣直接影响到居住者的运势，因此要尽可能营造更好的楼梯风水格局。

## 楼梯的方位

居家风水中，从住宅整体而言，最讲究的是“气”的流动。“气”，在这里既是户外具体意义上的新鲜空气，也是抽象意义上的“运气”和“财气”。住宅内通向二楼的楼梯，不但能走人，还能运“气”，加强“气”在屋内的流动。由于楼梯具备向上的蜿蜒的趋势，似乎让人看不到它的尽头，所以，也有人把它看成是“未来”的象征，故而有了“家有楼梯步步高”的说法。

从住宅的角度而言，楼梯为重要之“气口”，因此，安排上必须尽量位于旺方。有人认为楼梯和房间不同，认为楼梯只是发挥通道的功能。其实，楼梯既是家中接气与送气的所在，也是很容易发生事故的地方，倘若弄错方位，就会给家中带来不利。

楼梯宜根据方位和形状改变吉凶作用。

不能将楼梯设置在宅心、鬼门（东北）、里鬼门（西南）的位置上，更不能设置在正中线和四角线上，这样才能形成满足吉意的最低条件。如果楼梯处在大凶方位，那么意想不到的灾难和事故就会降临。另外，由于楼梯与走廊相同，都是气的通道，所以不仅是在方位上，就连构造也要特别注意。通直的楼梯和“L”形的楼梯都可以使气顺畅流通，所以都是吉相。而在“L”形的楼梯基础上又逆向转弯的“○ ”形楼梯会使气停滞，这样的布局不能叫做吉相。

即使是笔直的楼梯，如果楼梯口与玄关相对，就会吸收来自外面的阴气，这样就是凶相。

朝东、南、东南方向下的楼梯是吉相。

楼梯根据不同的下行方向而具有不同的吉凶性质。理想的方向是东、南和东南等阳方位。下行方向朝阳是招来好的交际运的吉相。

楼梯的理想位置是靠墙而立。总的说来，设置楼梯时要注意以下事项：

①楼梯上楼时的行走方向应与宇宙螺旋场的运行相一致，以顺时针方向为宜。

②楼梯宜隐蔽，不宜一进门就看见楼梯。设计楼梯时，应尽量做到不让楼梯口正对着大门，当楼梯迎大门而立时，为了避免楼上的人气与财气在开门时会冲门而出，可在梯级于大门对面之处，放一面凸镜，以把气能反射回屋内。避免楼梯正对大门的方法主要有三种：一是把正对着大门的楼梯的方向反转设计，比如把楼梯的形状设计成弧形，使得梯口反转方向，

背对大门；二是把楼梯隐藏起来，最好就隐藏在墙壁的后面，用两面墙把楼梯夹住，增强上下楼梯时的安全感，至于楼梯底下的空间，完全可设计成储藏室或厕所；三是在大门和楼梯之间放置一个屏风，使“气”能顺着屏风进入家门。

③设置楼梯时绝对要避免的主位是房屋的中心。除了不宜正对大门口之外，在居家风水中，有关楼梯的另一个忌讳是将其设置在住宅的中心。楼梯在住宅的中央穿过，等于把家一分为二，这会导致家中多口角，夫妻不和甚至离散，在风水中是很不利的。目前许多家庭仿效欧美装潢的楼中楼建筑，常将螺旋式阶梯设在住家中央，其实那是不利的设置。因为房子的中央被称作“穴眼”，是“气”的凝结点，一般认为，这里是全宅的灵魂所在，是最尊贵的地方。“穴眼”这种传统说法沉淀至今，已变成了崇尚中庸思想的中国人的审美习惯。

如果把楼梯设置在屋子中央，则显得喧宾夺主。楼梯是人经常走动的地方，喧闹不宁，不仅浪费了“穴眼”这一宝贵地带，而且带有“践踏”的不敬意味，自然不会给房屋主人带来好运。

④楼梯口及楼梯角不可正对卧房、厨房门，特别是不宜正对新婚夫妇的新房门。

⑤楼梯的转台或最后一级不能压在房屋的几何中心点上。

Tips 小贴士

**※ 大门对楼梯的情况**

很多旧式的楼宇都会出现大门对着楼梯口的情况，这种情况分为两类：一是大门对着的楼梯是向下的；二是大门对着的楼梯是向上的。

大门向着的楼梯如果是向上的，化解方法是：在门口加一条门槛。

大门向着的楼梯如果是向下的，化解方法是：在门楣挂一块凹镜，将流走的气收聚，即可改善。

## 楼梯的形状

楼梯是快速移“气”的通道，能让“气”从一个层面向另一个层面迅速移动。当人在楼梯上下移动时，便会搅动气能，促使其沿楼梯快速地移动。为了达到藏风聚气的目的，气流必须回旋忌直冲。楼梯的坡度越陡，风水上的负面效果越强，所以，楼梯的坡度应以缓和较好，在形状上，以螺旋梯和弧形梯为首选。另外，要注意的是最好用接气与送气较缓的木制的梯级，少用石材与金属制成的梯级。

家居楼梯一般有三种类型：螺旋梯、折梯、弧形梯。就折梯和弧形梯来说，当楼梯的第一个台阶位置在房屋中心时不会有风水问题，如果到达楼梯尽头的平台是房屋中心，就是极不利的格局。当然，具体做何种楼梯还要根据实际情况，如房型、空间、装修风格以及屋主的个人爱好来定。从实用与美观角度来说，这几种楼梯各有其优缺点。

螺旋梯：这种楼梯的优点是对空间的占用最小。螺旋梯在室内应用中，以旋转270度为最好。如果旋转角度太小，上楼梯时可能不存在什么问题，但下梯时就会让人感觉太陡，走路不方便。旋梯虽美但不太实用，如果家中有老人和小孩的话，建议不要使用。这种楼梯多用于顶层阁楼小复式，大复式用的较少。

折梯：这种楼梯目前在室内应用较多，其形式也多样，有180度的螺旋形折梯，也有二折梯（进出口各有一个90度折形）。这种楼梯的优点在于简洁，易于造型。缺点是和弧形梯一样，需要有较大的空间。

弧形梯：以一条曲线来实现上下楼的连接，不仅美观，而且可以做得很宽，行走起来没有直梯拐角那种生硬的感觉，是最为理想的一种。但一定要有足够的空间，才能达到最好的效果，是大复式与独立别墅的首选。

## 楼梯的绿化

在楼梯绿化装饰时，若楼梯较宽，每隔一段阶梯可放置一些小型观叶植物或四季小品花卉。在扶手位置可放些绿萝或蕨类植物；平台较宽阔者，可放置印度橡皮树、龙血树等。归纳起来，楼梯适宜摆放以下植物。

长春藤，清除甲醛和苯最有效，而去除氨气，表现最出色的是黄金葛。紫菀属、黄耆、含烟草、黄耆属和鸡冠花等一类植物，能吸收大量的铀等放射性核素；芦荟、吊兰和虎尾兰可清除甲醛；常青藤、月季、蔷薇、芦荟和万年青等可有效清除室内的三氯乙烯、硫比氢、苯、苯酚、氟化氢和乙醚等；虎尾兰、龟背竹和一叶兰等可吸收室内80%以上的有害气体；天门冬可清除重金属微粒；柑橘、迷迭香和吊兰等可使室内空气中的细菌和微生物大为减少。

另外，吊兰还可以有效地吸收二氧化碳；仙人掌科的一些多肉类花卉夜间很少排出二氧化碳；紫藤对二氧化硫、氯气和氟化氢的抗性较强，对铬也有一定的抗性，绿萝等一些叶大的喜水植物可使室内空气湿度保持极佳状态。

有些花卉能清新空气，但也会对人产生负面影响。例如月季花虽能吸收大量的有害气体，但其所散发的浓郁香味，又会使人产生郁闷不适、憋气，重则呼吸困难。郁金香、百合花和猩猩木等虽也可吸收挥发性化学物质，但杜鹃的花朵含有一种毒素，误食轻者中毒，重者会休克；郁金香花朵含有一种毒碱，接触过久会加快毛发脱落；百合花的香味，闻久了会使人中枢神经过度兴奋而引起失眠。

**Tips 小贴士**

**※ 用植物净化室内环境污染要注意四条原则**

1.根据室内环境污染有针对性地选择植物。有的植物对某种有害物质的净化吸附效果比较强，如果在室内有针对性地选择和养植，可以起到明显的效果。

2.根据室内环境污染程度选择植物，一般室内环境污染在轻度和中度污染、污染值超过国家标准3倍以下的环境，采用植物净化可以收到比较好的效果。

3.根据房间的不同功能选择和摆放植物，夜间植物呼吸作用旺盛，放出二氧化碳，卧室内摆放过多植物不利于夜间睡眠。

4.根据房间面积的大小选择和摆放植物，一般情况下，10平方米左右的房间，1.5米高的植物放两盆比较合适。

还有一些花卉，例如，紫荆花的花粉接触过久会诱发哮喘症或使咳嗽症加重；含羞草体内的含羞草碱是一种毒性很强的有机物，人体过多接触会引起毛发脱落；夜来香夜间散发的刺激嗅觉的微粒，会使高血压和心脏病患者感到头晕、郁闷，甚至病情加重。对于以上可能引发毒副作用的植物要慎重选用。

## 车库风水

人虽在车库里呆的时间不长，但车库形成了气的空洞，因此，睡在车库正上方的卧室会有一种不安全感。传统上认为空洞上的卧室风水不好，因此如果在车库上建房，要想好怎样利用新房子的空间。

下面分别来看一下各方位车库本身的风水情况。

①北方的车库从风水上来说是小吉，但要注意用围墙四面围起，并加盖屋顶。

②东北方的车库是凶相的，不过如果没有屋顶的话，其凶相作用会很小。

③车库在东方的话，一定要与主屋分开，并且库房要有屋顶。

④东南方的车库要修建完美为佳。

⑤南方的车库是凶相的。

⑥西南方的车库是凶相的，不过同样四面围起加盖屋顶的话，其凶相就会减小。

⑦西方的车库最好是敞蓬的。

⑧西北方的车库同样要修建得较为完备为佳。

另外，车库格局最好是长方形的，并且从节约车库面积的角度考虑，长方形也是比较经济实惠的，而且长方形与大部分车子的形状是吻合的，因此车子可以自由地进出。

车库一般分为地面上的车库和地下车库。地面上的车库多是公寓楼的一层，配有自动的车库门，使用起来十分方便。地下车库多是公用车库，每辆车有一个车位。由于是在地下室，面积会比较大，也会有很多的柱子，在使用时应注意安全。

# 第十九章 书房的风水

许多望子成龙的家长都极其关注书房的风水，因为现在的家长一般对子女的教育尤其重视，希望他们读书聪明伶俐，成为栋梁之材，故而对于学习读书用的书房风水就格外看重了。

## 书房的文昌位

“文昌”是天上二十八星宿之一，又称文曲星，象征功名利禄。

所谓“文昌位”就是指文曲星所飞临的方位，换句话说，文曲星飞临到哪个方位，哪个方位就是文昌位。文昌位在每一套住宅里都存在，只要是书房或书桌设于这个方位，则对于读书考试、写作、筹划均有裨益。每套房子的文昌位该如何界定？这要由住宅的坐向和八宅的方向来确定。依照风水理论，文昌位依房子坐向而定，亦会依流年而变化，但大体格局如下。

如果由于房子的先天结构问题，文昌位不能做书房，那么只能退而求其次，将书桌的位置安排在书房的文昌位，同样有收效。如果正好文昌位在先天格局

| 宅卦 | 坐向 | 文昌位方向 |
| --- | --- | --- |
| 震宅 | 坐东朝西 | 西北位 |
| 巽宅 | 坐东南朝西北 | 正南位 |
| 离宅 | 坐南朝北 | 东南位 |
| 坤宅 | 坐西南朝东北 | 正西位 |
| 兑宅 | 坐西朝东 | 西南位 |
| 乾宅 | 坐西北朝东南 | 正东位 |
| 坎宅 | 坐北朝南 | 东北位 |
| 艮宅 | 坐东北朝西南 | 正北位 |

中是厨、厕位，则须在此处多放置水种植物，以化解文昌受冲。

## 书房的布置

书房是用脑子、用眼睛的地方，因此要达到气氛安宁、空气新鲜、光线充足、色泽清爽的基本要求。

在气氛安宁方面，书房应单独一间，不要放在卧房内，最好是选客厅旁的一间房。没有客人时，自己安静使用，有好朋友来时，也可以请他们在书房畅谈，不会吵到别人。

为了宁静，书房内不宜放置音响设备。不过有不少人已养成边看书、边听音乐的习惯，书房也当休息室用，摆一套好音响也是蛮惬意的，这一点完全取决于个人的习惯。

在空气新鲜方面，当然是要空气流通。不过现代都市空气污染严重，为了空气流通而开窗的话，一定会为一天下来满室的灰尘而烦恼，因此都习惯关窗而开空调，但是空调机又做不到清新空气的效果，也不可能整天开着，此时不妨考虑在桌前摆个负氧离子机，可以供应鲜活空气，虽然要花一些钱，但长期使用能保持头脑清晰和健康，还是值得的。

Tips 小贴士

**※ 文昌位在不同房间内的催旺法**

文昌位在宅中位置不同，其催旺法亦有不同，现提供以下方法供参考：

大门或厅房：放置毛笔四枝、文昌塔、粉晶柱、紫晶柱、白水晶金字塔、铁树。

卫生间：宜放铁树或富贵竹四枝。

厨房：宜放四根葱和一棵芹菜，或四枝富贵竹亦可。

## 书房的格局

书房中的空间主要有收藏区、读书区、休息区。对于8～15平方米的书房，收藏区适合沿墙布置，读书区靠窗布置，休息区占据余下的角落。而对于15平方米以上的大书房，布置方式就灵活多了，可以采取一些灵活的手段，如圆形可旋转的书架位于书房中央，有较大的休息区或者有一个小型的会客区供多人讨论。

## 书房的照明

书房要求光线均匀、稳定，亮度适中。书房的灯光照明以日光灯和白炽灯交织的布局为佳，因为这可收动静自如之效，但不能放置过于花哨的彩灯，否则会令人眼花缭乱，顿生疲惫，并且要避免用落地大灯直照后脑勺。人眼在过于强和弱的光线中工作，都会对视力产生很大的影响。写字台最好放在阳光充足但不能直射的窗边，一般与窗户呈直角而设，这样的自然光线角度较为适宜。

在光线充足方面，其实对眼睛最好的是白炽灯泡，但由于白炽灯泡颜色较黄且温度较高，会使室内感觉较热，已少有人使用。一般都是买个台灯摆在桌上使用，但台灯都配用普通日光灯，其实这种灯闪烁频繁，对眼睛也不好，应该改用全光域的日光灯管。

书房照明主要以满足阅读、写作和学习之用，故以局部灯光照明为主。照明高度和灯光亮度也非常重要，一般台灯宜用白炽灯为好，瓦数最好在60瓦左右。太暗，有损眼睛健康；太亮则刺眼，同样对眼睛不利。另外，写字台、桌子台面的大小、高度也非常重要。台面的大小可根据手的活动范围以及因工作需要而配置的道具和书籍等物品来决定。因此，在选购书房灯具时，不但要考虑装饰效果，还要考虑灯光的功能性与合理性。

人工照明主要把握明亮、均匀、自然、柔和的原则，不加任何色彩，这样不易疲劳。重点部位要有局部照明，它应有利于人们精力充沛地学习和工作。主体照明可选用乳白色灯罩的白炽吊灯，并把它安装在中央。

为了营造这样一个环境，在书房的布置上，首先一定要考虑其功能性，要全面考虑光源这个如魔术般变幻的东西。它既可以制造各种风格、品位的情调，又为读书、写字等日常工作提供照明条件。在装饰书房时，一定要考虑光的局部照明功能这个特点，才能使书房的特性显现出来。过于另类的光的照明和多余、累赘的辅助光，都会带来适得其反的效果。

在书房工作时，不要为了省电只开桌上的灯，天花板灯也应该开着，使书房明亮。

## 书房的颜色

书房的颜色应该按照各人不同的命卦和各个套宅不同的宅相具体来配，但宜以浅绿色和浅蓝色为主。这主要是因为文昌星（有些称为文曲星）五行属木，故此便应该采用木的颜色，即以绿色为宜，这样才有助于文昌星。另外，单从生理卫生方面来说，绿色对眼睛视力具有保护作用，对于看书看得疲劳的眼睛甚为适宜，具有“养眼”功效。

在家居办公环境里，颜色的运用也会对工作的效率产生很大的影响。在工作比较忙碌的办公环境里宜采用浅色调来缓和压力，而在工作比较平淡的环境里宜采用鲜明的色彩来刺激积极性。具体而言，颜色应与五行谐调，如办公室在住宅东部及南部，宜用绿色与蓝色作为办公室的主色调，而南部的办公室宜用紫色，西北方位宜用灰色或浅啡色。

总的来说，书房颜色的要点是柔和，使人平静，最好以冷色为主，如蓝、绿、灰紫等，尽量避免跳跃和对比的颜色，应创造出一个有利于集中精神阅读和思考的空间。

## 书房的采光与通风

在书房设计时，除了合理划分出书写、电脑操作、藏书以及小憩区域以保证书房的功能性，营造书香与艺

术氛围外，最重要的是要保持书房良好的通风与采光。

书房应该尽量占据朝向好的房间，相比于卧房，它的自然采光更重要。读书是怡情养性的事情，能与自然合二为一，头脑会更为清醒、通畅。

长时间读书时需要很好地保持头脑的清醒，清新、新鲜的空气十分重要，所以书房要选择通风良好的房间，而且要经常开门、开窗，通风换气，并且流动的空气也更利于书籍的保护。

如今，书房中现代化的办公设备越来越多，如果通风不畅，将不利于房间内电脑、打印机等办公设备的散热，而这些办公设备所产生的热量和辐射，会污染室内的空气，长时间在有辐射和空气质量不高的房间中工作和学习，对健康极为不利。因此，应保证房间的通风状况良好，在天气晴朗时应该勤打开窗户，

使空气顺畅流动，这样新鲜空气才能流进房间，并能有助于办公设备的散热，减轻不良空气对人体的伤害。

## 书房的装修

随着生活品位的提高，书房已经是许多家庭居室中的一个重要组成部分，越来越多的人开始重视对书房的装饰、装修。书房是陶冶情操、修身养性的地方，它的装饰、装修能体现主人的个性和内涵，布置很有学问。那装修书房时，我们该留意哪些东西呢？

书房一般陈设有写字台、电脑操作台、书柜、座椅等，书桌和座椅的形状要精心设计，做到坐姿合理、舒适，操作方便、自然。书房的家具除了以上所说的之外，兼会客用的书房还可配备沙发、茶几等。书柜应靠近书桌，方便存取物品，书柜中可留出一些空格来放置工艺品，以活跃书房的气氛。书桌应置于窗前或窗户右侧，以保证看书、工作时有足够的光线，并可避免在桌面上留下阴影。书桌上的台灯应灵活、可调动，以确保光线的角度、亮度，还可适当布置一些盆景、字画以体现书房的文化氛围。

书房的墙面、天花板色调应选用典雅、明净、柔和的浅色，如淡蓝色、浅米色、浅绿色；地面应选用木地板或地毯等材料，而墙面最好选用壁纸、板材等吸音较好的材料，以取得书房宁静的效果。

面积充裕的居室中，可以独立布置一间书房，面积较小的居室可以辟出一个区域作为学习和工作的地方，可用书橱隔断，也可用柜子、布幔等隔开。

窗帘一般选用既能遮光、又有通透感觉的浅色纱帘比较合适，高级柔和的百叶帘效果更佳，强烈的日照通过窗幔折射会变得温暖舒适。

书房的规模与投资，一般根据房间的大小和主人的职业、身份、藏书多少来考虑。如果房间面积有限，则可以向空间上延伸，但也要根据主人的经济承受能力来选择。一般情况下，书房追求的是实用、简洁，并不一定要投资巨大。

# 书桌风水

一般来说，在一张干净的桌子前工作不但能提升工作效率，而且创造力和工作满意度也会因此增加。相反地，桌上成堆杂乱的文件会让人一看见就心烦意乱，这是不好的风水之局，这样会使居住者还没开始工作就已经感觉倦怠。因此，书桌风水得多加重视。

## 书桌的方位

书桌的方位是书房布置的重点。这里所说的方位，包括方向和位置两个概念。那么，书桌的方向应该向着哪里呢？一般来说，将书桌对着门放置比较好，比如，书房的门是向南的，就将书桌向着门放置，这是方向问题。那么位置呢？这里要注意一点，书桌的方向要对着门，但在位置上却要避开门，不可和门相对，否则不但精神无法集中，而且这种长期受冲的书桌位置象征事业受损。

总的说来，书桌的摆设方位和位置有以下几点需要注意：

**●书桌要向门口**

书桌不可背向书房门。背向书房门为缺靠山之格，象征读书者得不到老师的宠爱，上班的人士较难得到上司的赏识与提携。门口为向，外为明堂，这种摆法能让主人保持头脑清醒，但切不可被门冲。

**●书桌不宜被门冲**

因为如被门冲，读书、学习等就易受到干扰，不易集中精神，效率降低，容易犯错。

**●坐位宜背后有靠**

背后坐以墙为靠山，古称乐山。这种摆法，象征主人得贵人眷顾，上学的儿童得老师宠爱，上班人士得上司赏识与提携。

透明的玻璃帷幕建筑是一种流行的趋势，但是，作为一个事业的主持者或重大决策的执行者，坐位切不可背靠玻璃，这种“背后无靠”的情形是经营者的大忌，象征财运和事业的发展受损。同样地，在家中书房里，也要避免背后无靠的情况出现，尤其是在校就读的学生，书桌坐位的背后最好能靠墙，这样就基本避免了背后无靠的发生。

**●书桌明堂宜宽广**

书桌前面应尽量有空间，面对的明堂要宽广。有人认为一般书房的位置本来就不太宽敞，如何能够有明堂？其实以门口为向，向外部就可成明堂，这样则前途宽敞，易于纳气入局，用者则头脑思路敏捷，宽阔无碍，能成大器。另外，也可选面窗而坐，以窗外宽阔空间为明堂，既能够观赏到外部景观以养眼，又可收到较好的功效。但窗外不可正对旗杆或电线杆、烟囱等，如果正好面对这些不利之物又无法避免，则可在书桌上放置一块四四方方的镇纸来进行化解。

**●书桌不宜横梁压顶**

座椅切不可被横梁压顶，类似横梁的物件有空调、吊灯等，如有这样的情形，则象征处处受限制，难以舒展。

**●书桌不宜正对窗**

每一间书房都应该有窗，因为有窗的房间里空气以及光线均较为理想，所以，书房当然以有窗为妙。但有一点请注意，书房的窗不宜对正书桌，因为书桌“望空”在“家相学”来讲是不太适宜的。撇开风水不谈，就环境而言，书桌正对窗户，人便容易被窗外的景物所吸引分神，难以专心工作，这对尚未定性的青少年来说影响特别严重。因此，为了提高他们学习时的注意力，家长应该避免让他们的书桌对正窗户。

书桌最好的摆置是左侧靠窗，让光线从左侧射进来。万一此方是背向书房门，则不佳，应调整为面向房门，或侧面向房门。

若是由于房间格局关系，做不到左侧靠窗且面向房门非要靠窗的话，不妨装上百叶窗来调整光线角度。

**●书桌不宜放中宫位**

书桌不能摆放在房间正中位，因为这是四方无靠、孤立无援之格，前后左右均无依无靠，象征主人学业、事业都孤独，很难得到发展。

## 书桌的摆放

书房的布置着重强调书桌的摆放。风水学认为书桌或书房位于文昌（文曲星）方位，便可助成学业。

关于文昌位，需要注意的一点是，利用文昌位只是一种助缘，如果自己不认真学习，就算书桌放在文昌星位，也不会有任何辅助作用。

如不能把书桌放在文昌位者，则可以把书桌作为中心点，将坐位面向文昌的方位，这样也可吸纳到文昌星的吉气。当然，这一切都得有一个前提，那就是努力读书。

在书房摆放书桌时，人们通常会使其紧靠窗户，认为这样可以充分采光。其实不然，特别是朝南的房间，如果让书桌正对窗户，虽然能保证良好的采光，但正对太阳，光线会过于强烈，如果拉上窗帘，又会影响采光。所以不妨将书桌向后移，不必正对，可以侧放，与窗户保持一定的距离，这样既能得到充裕的光线，又不会刺激眼睛，而且当工作疲倦时，还可以打开窗户呼吸到新鲜的空气。

## 电脑桌椅的选购

很多人在配置自己的电脑时，总是千挑万选，唯恐人后，但在选用电脑配套的桌椅时却十分吝啬，没有专门的桌椅，只用普通的书桌和座椅取代，结果一段时间下来，不仅视力减退，而且整个人腰酸背痛，手腕肿胀。所以，配一套合适的电脑桌椅非常重要，应从以下几方面进行选购：

首先，电脑桌应该整体牢固稳定，桌面尽量宽大。牢固的桌面才能将计算机安全、稳定地置于桌面。一般的电脑桌都是框架结构，框架结构的电脑桌尽管便宜但不牢固，使用时应尽量将电脑靠在其他大的牢固的家具上以求平稳，必要时可多加几个钉子。计算机的机箱、音箱、鼠标、文件架、外置Modem、打印机、扫描仪这些东西都要放在桌面上，为确保在计算机周围留下一定的空间以保证良好的通风，还应该让电脑台面有足够大的空间。

其次，电脑桌应该用料考究，设计新颖，布局合理。电脑桌宜尽量选用质地好且耐磨的材料，螺钉及相关部件应用强度好的铁钉。电脑桌的设计也很重要，桌面高度、键盘、电源及电缆走线等都要设计合理，

符合工作习惯和身体健康的需要。电脑桌的高度很重要，当我们坐在桌前，两手自然放在桌面上，肘部正好弯成90度，即是合适的高度了。键盘一般在桌面下，可以抽出，节约空间，但在键盘前应保留足够的空间，以支撑手腕，这样会使操作者在操作时舒适顺畅。电源、电缆安置是否整齐、安全及顺畅，也将影响计算机及外设的正常运行，如果桌面上设计有两个方孔，让电源、电缆线分别穿下来，这样看起来就相当整洁，而且减弱了计算机信号间的磁场。

其三，电脑桌的颜色和质量。电脑桌的颜色自然与主人的爱好有关，不过也要参考一下计算机、家具或办公环境，最好能与环境一致或相近，当然也可以用比较独特的颜色（如黑色、墨绿色），让电脑更醒目。为保证电脑桌的质量，应选择有信誉的品牌和销

售商，这样质量和售后服务就有保证。当然，质量好一些，价格自然就会高一些，所以选购电脑桌时应适当参考一下价格。

其四，选用可旋转的低靠背椅。电脑椅最好是可以旋转的，为的是在使用计算机时可以在原地不动寻找您所要的资料或工具。座椅的高度一定要选用可以调节的，座椅的坐垫要柔软，靠背不宜过高。实际购买时可结合自己的计算机及其外设，看该款是否适合自己。然后摇一下桌子，看看电脑桌的稳定性如何，试一试每个抽屉和桌底的滑轮是否滑动自如，检查一下桌面的油漆是否有高低不平的现象，桌子封边的部分是否完整，有没有翘起或呈锯齿状等不良现象，座椅的皮革包装如何等。最后就是电脑桌椅的安装，电脑桌应放在靠近窗户旁，这样利于通风，但不能让阳光直射在桌面和计算机上。

## 书柜风水

书桌应该是属阳的，而放置书籍的书柜则是静的，属阴。

中国人讲求阴阳平衡，并且认为阴阳是宇宙的规律所在，万事万物都可分出阴阳。所以，按照以上的规则摆好了书房之后，就可在与之相协调、相对应的方位摆放书柜。

如果书桌放置在中间，那么书柜摆放的自由度就大一些，基本上可以随意摆放。如果书桌靠左，那么书柜就要靠右一些，以免使房间产生局促感。书柜也不能放置在阳光照射的地方，因为不合书柜的阴性，不利于书本的保存。

当然，依据“左青龙，右白虎”的规则来看，主人是男性的话，书柜最好放置在左方的墙侧，而书桌的右方则放置客椅，利于交流沟通。

另外，书柜忌满塞图书，最好留置一些空格，以做“透气”之用。

## 书架风水

书架是书房的焦点。书架的布置主要根据主人的职业及喜好而定，比如，在音乐家的书房中，音响设备及弹奏乐器应占据最佳位置，书架中唱片、磁带、乐谱的特点也不同于一般的书籍，应做特别设计；作家的藏书量大，书架往往会占据整面墙，显得庄重而

气派；科技工作者有一些特别的设备，在布置书房时，首先要将制图桌、小型工具架、简易的实验设备等安置妥当。如果常用的书刊数量不多，可购买一个方形带滚轮的多层活动小书架，根据需要在房间内自由移动，不常用的书就用箱子装起来，放在不显眼的地方。

Tips 小贴士

**※ 书房的家具尺寸**

书房中的主要家具是写字台、书柜、书架及座椅或沙发。按照我国正常人体生理测算，写字台高度应为75～78厘米，考虑到腿在桌子下面的活动区域，要求桌下净高不小于58厘米。座椅应与写字台配套，高低适中，柔软舒适，有条件的最好能购买转椅，座椅一般高度宜为38～45厘米，以方便人的活动需求。14岁以下小孩使用的书桌，台面至少应为60厘米×50厘米，高度应为58～71厘米，座椅也要配合。成年男子书写与阅读用的桌面的高度最好为68～70厘米，成年女子使用的桌面高度应为66～68厘米。综合各种因素，书桌的桌面高度采用70厘米左右为宜。不符合人体尺度的家具，会增加人的疲劳感。

家用书桌最好不要采用写字楼用的办公桌，因其不一定与其他家具相谐调。一般单人书桌可用60厘米×110厘米的台面，台高71～75厘米，台面至柜屉底不可超过12.5厘米，否则起身时会撞脚。靠墙的书桌离台面45厘米处可设10厘米的灯槽，上面用书柜或书架，这样，书写时看不见光管，但台面却有充足的光照。

# 书房的装饰品

书房中，不要只是摆设一组大书柜、一张写字台、一把椅子就可以了，还要把充满情调和意境的装饰品融入到书房中，如一件艺术收藏品、几幅钟爱的绘画或照片、几幅亲手写就的墨宝，或是随手拾来的古朴、简单的工艺品，都可以为书房添色不少。在书房中摆设一些艺术品、盆栽、盆景或插花，都可以起到点缀的作用。

绘画、照片、画盘、陶瓷小装饰品，均可用来点缀书架，但要注意切勿太杂，否则不仅喧宾夺主，也失美观。

## 挂画

书房的挂画要讲究一种平衡，需结合主人的秉性来判断。对于一个性格比较安静的人来说，就可以选择画面比较“火爆”偏“阳”的装饰画面。拥有积极好动性格的人被认为是属“阳”的，就要选择一些属性为“阴”的画面，以此凸显沉稳、朴素的基调，使人一进书房就可获得一种安宁的气氛。

对于一个配置了电脑等现代化多媒体办公设备的书房来说，建议选择传统的国画来装饰，以强调一种平衡的氛围，缓和反差带来的冲突。

### 书籍

喜欢读书的人，大多都有理性的一面，讲究秩序。需要花些时间来读的书，通常都具有收藏价值。而面对众多的藏书，应该如何做到藏而不乱，是需要一定的学问的。方法是可以将书柜分成很多个格子，将所有的藏书分门别类，然后各归其位，待要看的时候就可以依据分类的秩序进行查找，这样就省去了到处找书的时间。如果藏书比较多，不妨将书柜做得高一些，高处的书可以借助小扶梯拿取。不过，要注意的是，应将常看的放在伸手可及的地方，不常看的则安排在高处或偏远一点的位置。

家居毕竟不是图书馆，所以美观与风格都不容忽视。现在开放式的大连体书柜占据一面墙的方式比较盛行，看起来既气派又有书香气息。但倘若一面墙上全都是书本，看起来也未免过于单调。所以，在书的摆放形式上，不妨活泼生动一些，不拘一格，可为书房增添生气。而且，书格里也不一定都得放书，可以间或穿插一些富有韵致的小饰品，调节一下气氛，也实现了居家时对美观的追求。

## 书房的植物

书房是读书、写作，有时兼作接待客人的地方。书房绿化装饰宜明净、清新、雅致，才有利于创造静穆、安宁、优雅的环境，使人入室后就感到宁静、安谧，从而专心致志读书、写作。书房的植物布置不宜过于醒目，要选择色彩不耀眼、体态较一般的植物，体现含而不露的风格。一般可在写字台上摆设一盆轻盈秀雅的文竹、网纹草或合果芋等绿色植物，以调节

视力，缓解疲劳；也可选择悬垂植物，如黄金葛、心叶喜林芋、常春藤、吊竹梅等，或挂于墙角，或自书柜顶端飘然而下；还可选择一个适宜的位置摆上一盆攀附型植物，如琴叶喜林芋、黄金葛、杏叶喜林芋等，犹如盘龙腾空，给人以积极向上、振作奋斗之激情。

书房布置得舒适合宜，有利于人们聚精会神地研读，将鲜花、竹筒或其他花器挂于壁上，可形成幽雅的环境。书柜上摆一两盆小品盆景，能为书房增添宁静感。盆景宜选用松柏、铁树等此类矮小、短枝、常绿、不易凋谢及容易栽种的植物为好。此外，书桌上可放置小型的观叶植物或小花瓶，插上几朵时令花如玫瑰、剑兰、菊花等，随季节而更换。花色以白色、黄色为宜，红色太浓，会扰乱读书者的情绪。其实，书房中的书本身就是最具代表性的陈列品，它最能表现主人的习性、爱好、品位和专长，是真正的个性化的陈列品。在书房中适当运用一些书画艺术品和盆栽绿化，可以点缀环境，调节人的心情，将室内环境与室外环境融为一体，使人感到生机盎然，从而激发人们奋发向上的学习热情。

# 第二十章 过道的风水

过道是室内各居室间相互连接的通道，也是动静区域、虚实区域功能转换的过渡空间。但过道一般被人们视为无关紧要的地方，殊不知，在家相学里，过道是攸关社会地位、信用的重要部分。过道布置成吉相，则象征主人的社会地位、信誉均增强，自然有助于好运提升。

## 过道的位置

过道在家相上很难变成吉相，但在东、东南、南、西南的过道，基于通风、遮光面而言，也可能成为吉相。

除此之外的方位则很难变成吉相，最不好的是过道把房子一分为二。

如果只考虑人走动时的动线，那过道改造的重点是使其长度不要超过房子长度的2/3。

## 过道的宽窄

居室入口处的过道，常起门斗的作用，既是交通要道，又是更衣、换鞋和临时搁置物品的场所，是搬运大型家具的必经之路。在大型家具中沙发、餐桌、钢琴等的尺度较大，一般情况下，过道净宽不宜小于1.20米。

通往卧室、起居室（厅）的过道要考虑搬运写字台、大衣柜等的通过宽度，尤其在入口处有拐弯时，门的两侧应有一定的余地，故该过道宽度不应小于1米。通往厨房、卫生间、贮藏室的过道净宽可适当减小，但也不应小于0.9米。各种过道在拐弯处应考虑搬运家具的路线，以方便搬运。

## 过道的装修

在室内装修设计中，过道的设计起着体现装饰风格、表达使用功能的重要作用。过道装修设计应从以下几个方面着手：

## 天花板

一般来说，过道天花会出现横梁，处理这种情况时，可采用假天花板来化解，否则有碍观瞻，也会使人心里有压迫感。

过道的天花板装饰可利用原顶结构刷乳胶漆稍作处理，也可以采用石膏板做艺术吊顶，外刷乳胶漆，收口采用木质或石膏阴角线，这样既能丰富天花板造型，又利于进行过道灯光设计。天花板的灯光设计应与相邻的客厅相协调，可采用射灯、筒灯、串灯等样式。

## 地面

作为室内“交通线”，过道的地面应平整，易于清洁，地面饰材以硬质、耐腐蚀、防潮、防滑材料为宜，多用全瓷地砖、优质大理石或者实木及复合地板，这样可以避免因行走频率较高而过早磨损。

## 墙面

墙面一般采用与居室颜色相同的乳胶漆或壁纸，如果与过道沟通的两个空间色彩不同，原则上过道墙壁的色彩应与面积较大空间的色彩相同。墙面底部可用踢脚线加以处理。家庭装饰过道一般不做墙裙。

## 空间利用

因为现今是寸金尺土的时代，大家为了尽量利用家居中的每一寸空间，于是便想到了在屋内小过道做假天花板，并在天花板上开一个柜的位置，天花板自然就变成了一个储物柜。

过道本身比较狭窄，但设计好有限的空间，也可以达到装饰和实用的双重目的。如可以利用过道的上部空间安置吊柜，利用过道入口处安装衣镜、梳妆台、挂衣架，或放置杂物柜、鞋柜等。但必须注意的是不宜摆放利器，以免出现不必要的伤害。

## 墙饰

过道装饰的美观和变化主要反映在墙饰上，要按照“占天不占地”的原则，设计好过道的墙面装饰。常用的过道墙饰有以下几种：

①装饰画。可在过道一侧墙壁面积较大处或吊柜旁边空余出来的墙面处挂上几幅尺度适宜的装饰画，起到装饰美化的作用。

②吊柜、壁龛。过道一侧墙面上，可做一排高度适宜的玻璃门吊柜，内部设多层架板，用于摆设工艺品等物件；也可将过道墙做成壁龛，架板上摆设玻璃器皿、小雕塑、小盆栽等，以增加居室的文化与生活氛围。

③石材。用有自然纹理的大理石或有图案花纹的内墙釉面瓷铺贴墙面，也可起到良好的装饰作用。

④以镜为墙。可在过道的一面墙壁上镶嵌镜子，给人以宽敞的感觉。

## 过道的光源

一些面积稍大的单位，房间与房间之间多会形成一条小过道，当然面积更大的，过道就会更大、更长。

一般大厦内屋外过道便是电梯大堂。门外过道要光亮，故24小时必须有灯亮着，现今大部分大厦都装有灯，不需要自己动手安装。但这些灯如果坏了而大厦管理人员迟迟未修理，那自己也得想办法赶快把它修理好，因为门前过道太阴暗不利于家人的工作运。

屋内过道同样要光亮，不可太阴暗，否则不利于家人的运气。有些住户在过道天花板上安了五盏光管并斜斜地排列着，而光管还有紫色、蓝色、绿色等缤纷色彩，然后在光管下又安装了一块透明玻璃，当人站在小过道内向天花板望时，有如五把箭扣在天花板上，给人很悬的感觉，这便会造成家人的情绪不安稳。所以，最好改用其他灯饰或只用一两支光管，虽简单，但却大方、明亮。

## 过道的绿化

居室的过道空间往往较窄，它是玄关通往客厅或者客厅通往各房间的必经通道，且大多光线较暗淡。此处的绿化装饰大多选择体态规整或攀附为柱状的植物，如巴西铁、一叶兰、黄金葛等；也常选用小型盆花，如袖珍椰子、鸭跖草、凤梨等，或者吊兰和一些蕨类植物等，采用吊挂的形式，这样既可节省空间，又能活泼空间气氛。

还可根据壁面的颜色选择不同的植物。假如壁面为白、黄等浅色，则应选择带颜色的植物；如果壁面为深色，则选择颜色淡的植物。

总之，该处绿化装饰选配的植物以叶形纤细、枝茎柔软为宜，以缓和空间视线。

# 第二十一章 阳台的风水

阳台是每一个家与外界联系的唯一通道，如何把家与自然融为一体，把室外的风景引入家？只有经过精心设计的阳台才能做到。可是人们往往忽视这一点，把阳台当成家的旧货房，浪费了一个如此有用的空间。其实，阳台只要经过完美的规划，就会成为客厅的一部分、一个小书房或者一个午休区，只要用一点点心思，它就会让人惊叹不已。

## 阳台的重要性

阳台是住宅与室外空间最接近的地方，因而饱吸户外的阳光、空气以及雨水，是家居的纳气之处。若要化解屋外的不良之气，阳台往往是第一道防线，其重要性可想而知，所以阳台的设置必须遵循一定的“风水法则”。一般而言，阳台以朝向东方或南方为佳。古人说得好，“紫气东来”，而所谓“紫气”，就是祥瑞之气。祥瑞之气经过阳台进入住宅之内，一家人必定吉祥平安。如果阳台朝向南方，古人称“熏风南来”。“熏风”和暖怡人，令人陶醉，在风水上也是极好的选择。如今，阳台朝南的住宅售价一般都较贵，可见大家都认为阳台朝南或朝东是“风水”的绝佳之地。

阳台可以作为绿化的场所，因植物有净化环境、吸收毒气、吸收噪音、调节湿度、释放氧气等多种功能，也可以使人感到生机盎然。可以用植物做室内美化，一举多得。如果阳台在东面或北面，最宜露天种植花木及摆放盛水的器具。相反，如果阳台在南面或西面，宜用棚和大的器皿阻止过大的能量通过。

## 阳台的方位与格局

目前新建的很多住宅中，都有两个或三个阳台。在家庭装修的设计中，双阳台要分出主次，切忌“一视同仁”。与客厅、主卧室相邻的阳台是主阳台，次阳台一般与厨房相邻，或与客厅、主卧室外的房间相通。为了方便储物，次阳台上可以安置几个储物柜，以便存放杂物。

“露台”可加透明的弧形采光顶，使这个阳台可以当作一个房间使用。如果阳台在东面或北面，最宜露天种植花木及摆放盛水的器具。相反，如果阳台在南面或西面，宜用棚和大的器皿阻止过大的能量通过。

### 阳台的方位

因为阳台可视为纳气口，所以阳台的方位与大门相似。

**●阳台不能正对着街道**

化解方法：放一对铜龟。

**●阳台不能正对电视、卫星发射塔**

但若发射塔在500米之外，因其电磁波的强度不大，可不作考虑。

化解方法：客厅的阳台养阔叶盆栽。

**●阳台不宜正对着尖角**

化解方法：阳台上养阔叶盆栽或放一对铜龟。

### 阳台的格局

**●阳台不宜对大门**

气流穿堂而过，不利健康。

化解方法：可在门口设玄关或屏风；做玄关柜阻隔在大门和阳台之间；在大门入口处放置鱼缸；在阳台养盆栽及爬藤植物。窗帘长时间拉上也是可行的方法。

**●阳台也不可正对厨房**

厨房忌气流拂动。

化解方法：做一个花架种满爬藤植物或放置盆栽，使其内外隔绝。阳台落地门的窗帘尽量拉上或是设在阳台和厨房之间的动线上，以不影响居住者行动为原则，做柜子或屏风为遮掩，总之，就是不要让阳台直通厨房即可。

## 阳台上神位的摆放

现代有不少家庭为了避免香烛把屋内熏得烟雾弥漫而把神柜摆放在阳台上，有些即使把神台摆放在屋内，有时亦会把一部分神祇如天官等供奉在阳台上，以期吸纳周围的生气。

如果神柜摆放在阳台，则有以下两个注意事项：

### 神柜慎防风吹雨打

阳台因空旷而少遮挡，因此很容易受大自然变化的影响；神柜摆放在那里，宜背风向阳，若不安排妥当，往往免不了日晒雨淋，这对被供奉的神祇当然会有影响，特别是那些面向正北或西北的阳台，因冬天西北风及北风强烈，往往会把神台的香炉灰吹得四散飞扬，那便大为不妙。

除了要防风之外，神柜还要注意防雨。如果神柜经常被雨水沾湿，那亦绝对不妥，即使只单独把天官供奉在阳台，亦须慎防风雨。

### 神台之上忌挂内衣

有很多家庭习惯在阳台晾晒衣服，倘若又在那里摆放神柜，便很容易出现衣服高高挂在神台之上的尴尬情况。倘若张挂在神台之上的是女性内裤，那便更会亵渎神灵。

解决之法其实很简单，只要把神台摆放在一边，而晾晒衣服的衣架则移至另一边，务求神台之前不会被衣服遮挡，那就没有问题。

## 阳台的布置有讲究

阳台起到居室内外空间过渡的作用，因此最好不要将其封闭。精心布置一下，将是你与自然亲密接触的最佳场所。室内设计专家提醒大家，阳台的布置大有讲究，应该关注以下几个方面。

### 插座要预留

如果想在阳台上进行更多活动，譬如，在乘凉时

看看电视，那么在装修时就要留好电源插座。

### 排水要顺畅

未封闭的阳台遇到暴雨会大量进水，所以做地面装修时要考虑水平倾斜度，保证水能流向排水孔，不能让水对着房间流，安装的地漏要保证排水顺畅。

### 遮阳要重视

为了防止阳台在夏季受强烈的阳光照射，可以利用比较坚实的纺织品做成遮阳篷。遮阳篷本身不但具有装饰作用，而且还可遮挡风雨。遮阳篷也可用竹帘、窗帘来制作，应该做成可以上下卷动的或可伸缩的，以便按需要调节阳光照射的面积、部位和角度。

### 照明不可少

夜间，有可能要去阳台收取白天晾晒的衣服，所以，即便是室外，也要安装灯具。灯具可以选择壁灯和草坪灯之类的专用室外照明灯。如果喜欢凉爽的感觉，可以选择冷色调的灯；如果喜欢温暖感觉的则可用紫色、黄色、粉红色的照明灯。

## 阳台的装修

阳台是每一个家庭与外界联系的通道，是很重要的过渡空间。将家与自然融为一体，把自然的风景搬进房间中，只要你花一点点心思，就能使你家的阳台变成吸引人的天地。

### 多功能阳台的改建

阳台可分为内阳台和外阳台。内阳台一般指与卧室相通的阳台，而外阳台更倾向于是一个独立的房间。在传统的观念中，外阳台仅能晾晒衣服、种花养鸟，其实不然，外阳台还能成为人们与外界自然环境接触的场所和重要途径。在重视安全性的基础上，外阳台的改造能为住宅增添一处风景。

**●改成客厅**

有些人家为了要把屋内的实用面积扩大，便往往把阳台改建，把客厅向外推移，使阳台成了室内的一部分，令客厅变得更宽大明亮。原则上这并无不妥，但必须注意以下几个要点：

①楼宇结构要安全。阳台是凸出屋外的部位，承重力有限。因此，在改建时，要仔细计算承重问题，切勿令阳台负荷过重，以免威胁到楼宇结构安全。

正确的处理方法是：不要把重物摆放在阳台的原来位置，包括高柜、沙发及水池假山等高大沉重的装饰。

阳台改建后，把较轻较矮的家具摆放在那里，则既可不影响楼宇结构安全，同时亦可保持阳台原来的空旷通爽。

②阳台外墙不宜过矮。阳台改建成客厅后，其外墙不宜过矮，有些人家喜欢用落地玻璃作为外墙，认为这样的景观较佳，却不知这正犯了风水学的“脚下虚空”的毛病。下实上虚，这是风水学的要旨，故此若是膝下露空便绝对不理想。

阳台若是前面的砖墙太矮，高不及膝，从屋外可以看到膝部以下，这便是“膝下虚空”，会导致钱财外泄，人丁单薄。玻璃并无不妥，但倘若玻璃窗的面积过大则不宜。而阳台前面全是落地玻璃则更是大忌。较为可取的折中办法是，下面的三分之一是实墙，上面的三分之二是玻璃窗，这便不会有“脚下虚空”之弊。

倘若阳台本来便是以落地玻璃为外墙，难作更改，那么，在这种情况之下，最有效的化解方法便是把一长形的矮柜摆放在落地玻璃前，作为矮墙的替身，矮柜若是太短，可在两旁摆放植物来填补空间，这既美观，又符合风水之道。

③阳台横梁。一般的房屋建构，阳台与客厅之间会有一条横梁，在改建后，当两者结合为一时，这条横梁便会显得很触目，有碍观瞻，并且对风水有损。

横梁的处理办法是用假天花板填平，把它巧妙地遮掩起来。若有需要，可在阳台的天花板上安置射灯或光管来照明。此外，横梁底下不应摆放福禄寿三星或财帛星君等吉祥物，以免财星受损。

**●改成书房**

对于没有一间独立书房的宅主来说，将阳台稍加改造，就能装扮成一间雅致的书房。在自家墙壁方向设置一个整体书柜，下部设计成书桌，在桌面上摆放一盏台灯，一处环境优雅的书房就出现了。在阳台的另外一侧，可以摆放带有轮子的小书柜，不但方便整理书籍，还节约了空间，将阳台改造而成的小书房设施更完备，更像一间书房。工作读书之余，可以站起来舒展筋骨，放眼望望窗外的绿树，如此近距离地接触自然，会给人不一样的感受，仿佛整个融入了自然之中。

**●改成健身室**

在阳台的地面铺设纯天然材料的地板或是地毯，营造出一处宁静氛围的空间，这里可以是自己的私人健身室。配上一副哑铃、一个拉力器，或者仅仅是一块地毯，就可以用它来进行锻炼。在这样简洁布置的空间中，抛开令人烦恼的工作、郁闷的心情，将整个身心放松下来。还可以在此摆放一台迷你音响，一边锻炼身体，做一些简单的运动，一边听听舒缓情绪、使人放松的音乐，如此美妙的环境，会使人的心情非常愉悦。

## 密封阳台的利与弊

**●将阳台密封的好处**

遮尘、隔音、保暖。阳台封闭后，多了一层阻挡尘埃和噪音的窗户，有利于阻挡风沙、灰尘、雨水、噪音的侵袭，可以使相邻居室更加干净、安静。阳台封闭后，在北方冬季可以起到保暖作用。

扩大居室实用面积。阳台封闭后可以作为写字读书、健身锻炼、储存物品的空间，也可作为居住的空间，等于扩大了卧室或客厅的使用面积，增加了居室的储物空间。若是结构允许，除保留窗下半墙外，其余全部拆除，则更有利于房间的布局和设计。

封阳台后，房屋又多了一层保护，能够起到安全防范的作用。

**●将阳台密封的缺点**

影响采光。阳台封闭后影响了阳光直接照射房间，不利于室内杀菌。

不利空气流通。阳台封闭后阻挡了空气对流，夏季室内热量不易散发，造成闷热；冬季室内空气不易流通，加之做饭产生的生活废气，会给人体健康带来影响。

使居室与外界隔离。阳台，顾名思义是乘凉、晒太阳的地方，封闭之后人就缺少了一个直接享受阳光、呼吸新鲜空气、望远、纳凉乃至种花养草的平台，也给家庭晾衣、晒被带来不便。

因此，阳台封与不封各有利弊。封不封阳台应根据自己的实际需要及特殊要求决定。

## 封阳台的材料

封阳台的材料很多，常用的有木质工艺材料、铁质型材、塑钢型材、铝合金型材，配以平板、浮法玻璃，有时采用中空或者夹层玻璃。

目前以使用塑钢型材和铝合金型材最为普遍，这两种型材都有强度大、密封效果好、耐腐蚀、不怕水、使用寿命长、开闭自如、装饰美观大方的特点。铝合金是目前采用较多的装饰材料，产品质量和施工工艺

都比较成熟。塑钢型材是最近几年新兴的装饰材料，与其他门窗材料相比，其保温隔热功效以及隔音降噪功能都要高出30%以上，如果再配合双层玻璃使用，效果会更好。因此，在装修预算较为宽裕的情况下，使用塑钢门窗做阳台封装是比较理想的。

### 阳台装修注意事项

装修阳台时应注意以下问题：

要注意安全。大多数住宅的阳台结构并不是为承重而设计的，通常每平方米的承重不超过400千克，因此，在装修阳台时一定要了解它的承重，装修储物都不能超过其荷载，尽量少放过重的家具，以免造成危险。居室和阳台之间有一道墙，墙上的门连窗可以拆除，窗下半墙绝对不能拆，它在建筑结构上叫“配重墙”，起着支撑阳台的作用，若拆除就会严重影响阳台的安全，甚至会造成阳台的坍塌。封阳台时尽量不要为多扩点空间而将阳台探出一截，这样不仅危险，而且不美观。

要注意防水和排水处理。许多家庭在阳台上设置水龙头，放置洗衣机，洗涤后的衣物可直接晾晒，或是在阳台设置洗菜池当厨房使用，这就要求必须做好阳台地面的防水层和排水系统。若是排水、防水处理不好，就会发生积水和渗漏现象。

要分清主次，明确功能。稍新的住宅都有2～3个阳台，装修前先要分清主阳台和次阳台，明确每个阳台的功能。一般与客厅、主卧室相邻的阳台是主阳台，功能应以休闲健身为主，可以装成健身房、茶室等，墙面和地面的装饰材料也应与客厅一致；次阳台一般与厨房或与客厅、主卧室以外的房间相邻，主要是储物、晾衣或当作厨房，装修时可以简单些。

要注意封装质量。阳台封装质量是阳台装修中的关键。要注意它的抗风力，安装要牢固，要做好密封，否则透风撒气的等于没封。窗扇下口最容易渗水，一般是窗框下预留2厘米间隙，用专用密封剂或用水泥填死。有窗台的，要向外做流水坡。

## 阳台的植物

阳台是住宅与外界的结合部，既可为住宅饱吸屋外的阳光、空气，即“纳气”，又是住宅化解外界流向屋内的“煞气”的第一道防线，还往往是主人供奉神位的所在，因此，阳台在住宅风水中，具有十分突出的战略要塞的意义。

无论是摆设饰物、栽种植物来化解屋外的煞气，还是供奉神位，或者是为扩大使用面积而改建阳台，只要因势利导则可化凶趋吉。即便只是在阳台上晾衣服这样司空见惯的情形，倘能谨记有关忌讳，也可立见功效。

阳台，是全屋最空旷之处，与屋外的大自然最接近，因而饱吸屋外的阳光、空气及风雨，是家居的纳气之处。若要化解屋外的煞气，阳台可以说是第一条防线，其重要性可想而知。如何利用阳台来化煞及纳气，植物起到非常重要的作用。下面进行具体说明：

### 阳台的生旺化煞植物

阳台因较空旷，日光照射充足，适合种植各种色彩鲜艳的花卉和常绿植物，还可悬挂吊盆，栏杆摆放开花植物，靠墙放置观赏盆栽来互相衬托。在此摆放一些花草植物甚为适宜，除了可美化环境之外，并且有风水方面的良好效应。适宜种植在阳台的植物有很多，大致可分为生旺与化煞两大类。

倘若从阳台外望，附近山明水秀，又无任何形煞出现，便应该摆放那些可收生旺之效的植物。大叶的常绿植物如铁树、发财树等均属可以生旺的植物。摆放在阳台并且又有风水生旺作用的植物大致有以下几种：

万年青：属百合科，干茎粗壮，树叶厚大，颜色苍翠，极具强盛的生命力。大叶万年青的片片大叶伸展开来，便似一只只肥厚的手掌伸出，向外纳气接福，对家居风水有强大的壮旺作用，所以，万年青的叶越大越好，并应保持常绿常青。

金钱树：叶片圆厚丰满，易于生长，生命力旺盛，吸收外界金气，对家中财运有利。

巴西铁树：又名香龙血树，市面上最受欢迎的是泥种的巴西铁树。其叶子狭长，中央有黄斑，寓意"坚强"，可补住宅之气血，是重要的生旺植物之一。

棕竹：其干茎较瘦，而树叶窄长，因树干似棕榈，而叶如竹而得名，棕竹种在阳台，可保住宅平安。

印度橡胶树：树干伸直挺拔，叶片厚而富光泽，繁殖力强而易种植，户内外种植均宜。

发财树：它的特点是干茎粗壮，树叶尖长而苍绿，耐种而易长，充满活力朝气。

一般来说，风水上有生旺作用的阳台植物均高大而粗壮，叶愈厚大愈青绿则愈佳，例如以上所提及的万年青、金钱树、巴西铁树、印度橡胶树、棕竹以及发财树等等均是很典型的例子。

如果从阳台外望，四周环境恶劣，附近有尖角冲射、街道直冲、街道反弓，又或者面对寺庙、医院及坟场等等，便须摆放那些可以化煞的植物。

化煞的植物与生旺的植物不同的是其必须干茎或花叶有刺，有刺便可冲顶外煞，令其退避三舍，起保护家居的作用。这类化煞植物包括仙人掌、玫瑰、杜鹃等等。

仙人掌：仙人掌茎部粗厚多肉，往往布满坚硬的革毛和针刺，把高大的仙人掌摆放在阳台，可以化解外煞于无形。

龙骨：龙骨的外形很独特，干茎挺拔向上生长，形似直立的龙脊骨，充满力量，对外煞有强劲的抵挡作用。

玉麒麟：龙骨向上生长，而玉麒麟则横向伸展，其形似石山，化煞稳重有力，并且有镇宅作用。

玫瑰：玫瑰艳丽多姿，虽美但有刺，凛然不可侵犯，既可点缀装饰阳台的风景，又有化煞的功能，特别适合女性较多的家居使用。

三角梅：又名九重葛，花色似杜鹃，花叶茂密而有尖刺，易于种植，也是上佳的化煞植物。

有些位于底楼的住房，只有花园而没有阳台，但

其生旺化煞植物，与阳台并无区别，种植于园中，可收同样的生旺化煞之效。

## 阳台绿化重点

由于阳台较为空旷，日光照射充足，因此适合种植各种色彩鲜艳的花卉和常绿植物。还可采用悬挂吊盆、栏杆摆放开花植物、靠墙放置观赏盆栽的组合形式来装点阳台。在阳台摆放一些花草植物，除了可美化环境，还有助于身体健康。绿化重点有以下几方面：

在阳台种植花草，营造园林小空间，可为家居增添自然景致。植物的光合作用可以使空气保持清新，调节环境的温度。绿色能给大脑皮层以良好的刺激，使疲劳的神经系统得到放松和休息。

阳台的侧墙面、地面也是装饰美化的重点。在侧墙面上装置一些富有韵味的装饰品，或做一些水景装饰都显得十分清新宜人。

阳台是与自然交流的空间，一定要保持整洁。

## 阳台布置植物要考虑的问题

在布置阳台植物时应仔细考虑以下几方面的问题：

**●阳台朝向的特点**

阳台朝向的不同，使植物在接受光照的时间长短上有很大的差异。东向阳台光照时间主要集中在太阳升起至上午11时左右；西向阳台光照的时间主要集中在下午2时至太阳落山前，这两个朝向的阳台都属于半日照阳台。朝向南面的阳台基本上从上午7时至下午6时都能接受到阳光的照射，属于全日照阳台；朝向北面的阳台，接受到的多是散射光，一般来说，光照不是很充足，只适合摆放喜阴的植物。南面阳台的光照充足，空气流通好，光照比较柔和。西向阳台阳光也很强，墙面温度也较高。无论哪个朝向的阳台，都有一个共同的不利条件，就是比较干燥。这些方面的有利与不利的条件，在布置植物时应多加考虑。

**●根据光照选择适宜的植物**

朝向南面的阳台适宜选择耐旱和喜光的植物，最适合的是仙人掌，其次有月季、米兰、海棠、茉莉、扶桑、石榴和垂叶绿化植物爬山虎、金银花、彩叶草、香石竹等喜光植物。至于山茶、杜鹃、文竹、君子兰等半阴植物，比较适合在东向阳台上种植。喜阴的植物如龟背竹、万年青、兰花等则适宜在北向阳台种植。

**●创造适宜的环境**

由于多数阳台都是由水泥筑成，吸热能力强，因此阳台的环境过于干燥，不利于植物的生长。为了使植物更好地生长，用心创造适宜的环境就显得十分重要了。可以在阳台的地面铺一层沙土或垫上两层草袋，可每天向沙土上洒1次水，始终保持湿润的环境。炎热的夏天还可以在阳台上设置支架，挂上窗帘遮挡过强的阳光。将习性相近的植物放在一起，根据习性的

不同进行管理，有利于植物的生长，并且，随着季节和气候的变化，可适当地调整植物的品种。

●**阳台空间的利用**

在阳台面积不大的情况下，要合理利用空间，使小空间发挥更大的作用。阳台顶部一般都有晒衣服用的吊架，可以用铁丝吊上花盆，将吊兰、吊竹梅等植物摆放在此处。在阳台的前面墙台上可以摆放一些盆栽的绿萝、常青藤等，使之下垂生长。阳台的前面墙台上还可以摆放一些喜光的盆栽植物，而阳台的后面墙基上，则可以砌一个高和宽均为0.33米的槽，填上土，栽种一些爬山虎、金银花等植物，让它们爬满后墙，这样不仅能有效地减弱阳光对墙壁的强烈辐射，还能减弱住宅外的噪音对住宅中的人的影响，更可以领略到城市生活中的田园风光。巧妙地在阳台设置支架，充分利用阳台的空间，你就可以按照自己的心意装扮出绿意盎然的小花园了。

●**照顾到邻居的阳台**

在阳台上浇水、施肥、喷药时，要考虑到邻居家的阳台，尽量不要影响邻居，向上爬和向下垂的植物长势过强时，要注意及时修剪，以免影响到邻居家的采光等。摆放在阳台上的花盆应该固定好，以免坠落伤害到楼下过往的行人。还应注意的一点是，阳台上最适宜摆放草本植物。木本植物在入冬时需要暖和的温度，照料起来相对麻烦一些，而草本植物在秋天时就可以采收种子，不用考虑过冬的相关事宜，因此更方便照料。

## 阳台的吉祥物

为了起到镇宅和养气的目的，可以在住宅中摆放吉祥物，包括瓷器、石木、鼎爵等。在风水中，对吉祥物的质地、形状和摆放方位都有着严格的要求。一般来说，吉祥物需要摆放在通风透气、光线明亮的地方，如客厅、书房、卧室等。阳台由于经常受到阳光直晒，再加上容易受到风雨的侵袭，所以并不适宜摆放吉祥物。但为了化解阳台上的煞气，有时也会在阳台上摆放吉祥物，这时应该注意对吉祥物的保护。可以选择一些不易被风吹雨打破坏的吉祥物，最好不要将它们放置在阳台的外面。

### 凸镜化解尖角煞、冲煞

凸镜的镜面是凸出的圆弧形，可以分散冲煞，有很好的化煞作用。如果阳台正对着一些尖形或带利刃的物体，比如面对建筑尖锐的屋顶、外墙上的三角形凸窗等，都会形成尖角煞，对住宅的整体运势产生影响。此外，住宅外有道路直冲阳台，也是大凶破财的格局，且道路越长、来往的车辆越多，冲煞带来的负面影响越大。化解的方法是在阳台两旁各放上一面凸镜。

### 铜貔貅化解“火形煞”

阳台正对着其他楼房的墙角、亭子或是烟囱等尖锐物体，都是犯“火形煞”的格局，会引起家庭成员发生急性疾病，健康会受到非常大的影响。这种情况下要想化解冲煞，可以在阳台上摆放铜貔貅，将煞气向四方扩散。

### 石鹰化解困局

如果站在阳台上，住宅四周都是高楼的包围，这就形成了风水上的所谓困局。居住在这样格局的住宅中，事业和学业都会受到影响，无法取得好的成绩。此时，可以在阳台上摆放石鹰一只，鹰头向外，双翅必须是振翅高飞的造型。但是要注意的是，如果家中有属鸡的成员，则不宜摆放石鹰，避免两者相冲。

### 石狮镇宅化煞

石狮是阳刚之气的象征，可以起到镇宅、挡煞的作用。如果住宅的阳台外有大型写字楼、银行等来势汹汹的建筑，可以在阳台的两边各放一只石狮，将狮口朝向外，则可以起到挡煞的作用。

阳台对着庙宇、医院、殡仪馆等阴气较重的建筑，容易导致家人身体和精神上的问题。如果住宅的阳台面对这样的格局，也可以通过摆放一对石狮起到镇宅的作用。需要注意的是，石狮的摆放需要一公一母，左边是雄狮，右边是雌狮。

### 石龟化解火煞

在五行中，高大的烟囱、红色外观的大楼、油库等都是属火的建筑，如果住宅的阳台正对着这样的建筑，就形成了火煞的格局。此时，就可以利用阳台上摆放石龟的方法来化解这些属火的形煞。如果这些属火的建筑位于南方，则需要摆放两只石龟，并在中间放一盆或一杯清水，就可以加强化煞的功效。

### 风水轮吸纳吉气

悬挂或安置吉祥物时常用在阳台的化煞和吸纳吉气的方法，不同的吉祥物，其使用方法也有所不同。利用风水轮的滚动，使财富随着流动的水汽流向自家住宅，是许多住宅常用的阳台招财方法。在使用时，应将风水轮设置在阳台的左方，这样不仅能招来财气，还可以获得贵人的相助。

# 第二十二章 居家物品的风水

风水的产生，是人们希望把自身和谐地统一于自然而采取的一种自我完善的手段，本来没有任何神秘之处，但由于人们缺乏现代地理学、磁场学、气象学、建筑环境学和人体生理学知识，只能根据当时的知识水平来认识环境，解释所遇到的种种问题。于是，阴阳五行、五经八卦等古代解释宇宙自然的观念就成了风水学的主要依据。为了迎合人们避凶趋吉的心态，一些风水师为其生存和流行，掺入了不少迷信的东西，使风水学变得扑朔迷离、神秘莫测。下面所讲的居家物品风水知识，主要是去伪存真，进一步加强其科学性、客观性和实用性，并通过各种信息的传达，帮助读者获得健康理想的居住环境。

## 居家物品的风水意义

风水是科学及艺术的结合，而家居风水是运用大自然及家居摆设作为元素，以改变个人及家庭运气之学问。现今很多人都注意家居风水，因为除了改善家居环境外，还可以改变运势，包括财富、健康及好运等。而居家运势的好坏，大部分与居家物品有关。因此，正确理顺居家物品与现代风水的关系，将有助于家运的兴旺。

### 室内环境的健康要求

吃饱了才谈吃好，这是众所周知的生活常理。安居后才讲装潢，也是同样的道理。在投资观念基本未变的情况下，安居后将精力用于家居装潢，这是大势所趋。如何看待家居装潢，合理地把握装潢尺度，对多数人来讲是心中无数的。如果说皮肤是人体的第一道防卫线，衣服是第二道防卫线，那么，居室就是第三道防卫线，室外环境就是第四道防卫线。家居装潢是生活的需要，也是健康上的投资。衣着太少要受寒，衣着太多要出汗，衣不合体太难看，家居也是一样，居室过小太拥挤，居室过大太空旷，装潢不妥不健康。

科学证明，人体的温度场、化学场和居室环境始终处于交互作用的状态，如同鱼和水。室内空间的大小和室内家具设备布置，直接影响生活，而室内景观环境的好坏，也会影响人的情感。故创造一个温馨的家居，有助于人体健康。除良好的室外环境外，室内环境应满足以下几个条件：

①足够大小的居住空间和储藏空间。

②合理的室内布置。

③良好的通风、采光和日照。

④安全可靠的防范设施。

⑤舒适的景观环境。

⑥宜人的灯光、色彩。

⑦现代的卫生、厨房设备。

⑧科学的配套家具。

⑨先进而经济的通讯设施。

由此可见，现代家居装潢，决不是简单的铺铺贴贴，而要科学的室内设计、可靠的施工技术和对装潢材料的合理使用三者兼备。

## 家中杂物的风水影响

在风水学中，家中每样物品都是有能量的。当你家中陈列的物品都是自己喜欢的，而且妥善被利用时，它们会成为你最大的支柱力量；反之，杂物会拖垮你的能量，它呆在你身边越久，影响你就越深。因此，当家中塞满了杂物时，得就得留点神了。

**●杂物会使你活在过去**

当家中所有能利用的空间都塞满了杂物时，这样就没有多余的空间让新事物进入你的生活。这些杂物会让你的想法及思考模式停留在过去，时常会觉得深陷泥沼、问题缠身。当被杂物包围时，你便很难有清晰的思维，再也没有办法往前看，只能一味地抱怨过去发生的事，而不去想如何改变现状。

**●杂乱会影响身体健康**

当杂物堆积时，不仅家中的能量受阻，家人的身体也连带受害。杂乱缠身的人通常都不太运动，常有便秘的毛病，而且看起来气色暗沉，两眼无神。而没有杂乱问题的人，通常较有活力，面色红润，眼睛也较有神。

**●杂乱会影响人际关系**

通常人会用你对待自己的方式来对待你。因此，若你尊重自己、爱护自己，别人也会以相同的方式敬重你。但假如你自暴自弃，家里杂物堆积如山，就容易引来别人对你不友善的对待，因为潜意识中，你会感觉这是你应得的。如果你家杂物堆积而且脏乱不堪，虽然你的朋友喜欢你这个人，但他们很难真正地去尊重你。当你把家里整理干净后，你所有的人际关系会跟着改善。

**●杂物使你容易沮丧**

杂乱所产生的能量停滞效应，会让你能量下降，因此你会特别容易感到沮丧。其实，因杂乱而形成的无助感，只能由清理来获得纾解，因为一旦空间清理出来了，新的事物才有机会走进你的生活。如果你沮丧到连想开始着手清除的念头都没有的话，起码先将堆在地上的杂物清掉，可以帮助提升能量，你的精神也会变好。

**●杂乱增加打扫负担**

打扫一个堆满杂物的地方，不但至少得花你平时打扫时间的两倍，而且杂物本身还需要特别做清理。

杂物堆得越多，覆盖的灰尘也越多，能量阻塞的情况也就越严重，同时更降低你清除的意愿，这样就形成了一种恶性循环。

**●杂乱会引发健康、安全问题**

东西散乱会浪费你的时间，你会常常感觉忘东忘西，时常伴随着挫折感，认为自己是个一事无成的人。另外，杂乱是影响健康及产生火灾的隐忧。当堆积杂物的地方潮湿发霉，开始有异味散出，老鼠蟑螂四处爬窜时，在卫生上，对你还有你的邻居来说都是一大威胁，有些杂物甚至有引起火灾的危险。

**●堆积杂物也是对金钱的浪费**

堆积杂物到底会花什么钱呢？我们现在来做一下计算。走进你屋里的每处房间，算算那些你从没用过或是很少用的东西到底在屋子里占了多少比例。若你想要得到一个更准确结果的话，请把那些你不太喜欢或是已经好几年没使用的东西也算进去。为了不对杂物的界定标准过于严苛，我们把使用期在两年以上且不常用的东西才算成杂物。以一个平均普通大小的房子来看，大致上会有以下的结果：

| 门口 | 5% |
|---|---|
| 客厅 | 10% |
| 餐厅 | 10% |
| 厨房 | 30% |
| 主卧室 | 40% |
| 次卧室 | 25% |
| 废弃物室 | 100% |
| 卫浴间 | 15% |
| 储藏室 | 90% |
| 阁楼 | 100% |
| 院子小屋 | 60% |
| 车库 | 80% |
| 杂物总和 | 565% |

现在将总和除以你所有计算的空间个数，565%除以12，空间数近似于47%。所以在这个例子中，家中杂物堆积的比例占了所有空间的47%，也就是说，你在这间屋子上的花费，有47%是用在杂物上。

除了花钱外，你堆积杂物的习惯还常会使你在一些事情上付出代价。比如说，你花时间买东西回家，得花时间以及力气在家里找个地方放，有时常常还得额外花一笔钱来安放你买的东西，诸如购置收纳盒、书柜、衣柜、抽屉、文件柜、大皮箱之类的东西；更极端的还有屋子后方加盖、在院子里建储物间、阁楼铺设地板或是盖第二个车库等等，然后还有清理、保养（保持一定温度及湿度、做防虫蛀的措施）的费用；还有，当你搬家时，运费又是一笔钱。等到后来，当你想把它丢掉时，你又得花时间、金钱以及力气去处理，然后你才恍然大悟原来自己为一件“不要的东西”花费了这么多心思和气力。

# 整理居家物品小秘诀

我们的生活和住所的关系可说是密不可分的。想要有更轻松和谐的生活，慎选家里什么该用，什么不该留是很重要的。千万不要把对居家生活没用的物品堆放在家中，而应记得时常清理家中废弃物品，这样可以更新你的能量，保持充沛的活力。照着这些小秘诀做，不但会改善睡眠，也会使生活更顺利。

## 用八卦找出煞气堆积处

居家各个不同的空间布置，和你生活顺不顺有着相当大的关系，而风水中的八卦就是利用其中的原理来测出哪个地方该改进。若家中老是有个地方特别脏乱，而且堆积的速度快，使你根本来不及清理，你可

以先找出杂乱的方位在八卦的哪个位置，再对照最近的生活状况，找出最有可能出毛病的地方。你大概会发现，找出来的那个地方通常也是让你特别劳心、生活特别容易纠结的地方。

## 预留杂物转换箱

在整理东西的过程中，最忌讳不知不觉又把东西堆成一堆，尤其是当你对东西的去留没能当机立断的时候。重新过滤每一件物品，不管是留下还是舍弃，你得帮它们决定去向。若你决定把东西丢掉，记得丢到垃圾箱或是相关的回收箱中。如果东西决定要留，但可能有些小瑕疵要修补，就把它归类到修理箱去。其余的物品也是一样，先想好它们该何去何从，决定好地方后，马上将它们归位或是先将它们放置在转换箱里。当清杂物清到晕头转向时，使用转换箱能避免出差错，算是最明智的选择。在杂物清理告一段落后，带着你的转换箱在家里绕一圈，重新把箱子里的东西找到合适摆放的地方。若你想摆放某些东西的地方，因为你还没动手清理，还是堆满了杂物的话，就只好把东西暂时搁在转换箱里一阵子，等地方清出来后，再把东西摆上去。这虽然不是最理想的状况，但这是你唯一能做的了。

## 利用风水原则巧布置

风水是居住环境中相当重要的一部分，在某种程度上说，它是可以掌握的。要想有好运势，就必须让风水与居住环境相生相旺。那么如何改变风水呢？改变风水有没有什么技巧呢？从专业风水布局的角度分析，居家的摆设须融入风水，命局中所有的信息，必须在风水或运数的配合下才可反映出来，尤其是环境风水。看房型等于相人的面相，家居摆设好比人的内脏五行，人的内脏五行不通必然生病，也就是说居家内部摆设风水不好等于人的内脏有病。所以，居家的摆设一定要配合业主的命中五行，首先找出生旺业主的方位，找出真假财位、桃花、官位，再确定各房间的布局。

在装饰设计布局方面，我们要注意合理安排吉凶旺位，对色彩及大小、尺寸、材料选择和家具布置等都要准确定位（主人房、子女房、佣人房、书房、客厅、餐厅、厨厕、阳台等），同时还要对植物、装饰物如何摆放等进行一系列整体布局。

## 根据生肖选择工艺品

不少人喜欢在家中摆放各种动物造型的工艺品作为饰物摆设，但应谨记不可与户主的生肖相冲，以免有入门犯冲之虞，应根据户主的生肖来选择自己所需的工艺品。十二生肖相冲的情况如下：

| 生肖相冲 |
| --- |
| 生肖属鼠，忌马，属马忌鼠； |
| 生肖属牛，忌羊，属羊忌牛； |
| 生肖属虎，忌猴，属猴忌虎； |
| 生肖属兔，忌鸡，属鸡忌兔； |
| 生肖属龙，忌狗，属狗忌龙； |
| 生肖属蛇，忌猪，属猪忌蛇。 |

举例来说，户主的生肖属鼠，便不宜摆放马的饰物。若户主属牛，便不宜摆放羊的饰物，如此类推。

# 鞋柜风水

小小的鞋柜也有磁场，也可以影响风水，对于大门面向走廊的家居，鞋柜更可兼作屏风之用。在风水学上，鞋属土，应该“脚踏实地”，将鞋放得太高的话，便会影响穿者，走路时容易扭伤、跌倒。再者，鞋子代表“根基”，根基打得稳，有助事业发展理想。因此，鞋柜的风水也不是“小问题”。

## 鞋柜的摆放

在玄关放置鞋柜是顺理成章的事，因为主、客在此处更换鞋子均十分方便；而且“鞋”与“谐”同音，象征和谐、好合；再者，鞋必是成双成对，这是很有意义的，因此，入门见鞋是吉利的象征。话虽如此，但在玄关放置鞋柜仍有一些方面需要注意：

鞋柜宜侧不宜中：鞋柜虽然实用，但却难登大雅之堂，因此除了以上所提及的几点之外，还要注意宜侧不宜中，即指鞋柜不宜摆放在正中，最好把它向两旁移开一些，远离中心的焦点位置。

鞋柜不宜太高大：鞋柜的高度不宜超过户主身高，若是超过这个尺度便不妥。鞋柜的面积宜小不宜大，宜矮不宜高。

鞋子宜藏不宜露：鞋柜宜有门，倘若鞋子乱七八糟地堆放又无门遮掩，便十分有碍观瞻。有些玄关布置的鞋柜，从外边看，人们根本分不清它是鞋柜还是墙壁，看起来自然、典雅，正所谓“归藏于密”，就

是此道理。风水重视气流，所以，鞋柜必须设法减少异味，否则异味若向四周扩散，于健康、运势都不利。

鞋头宜向上不宜向下：鞋柜内的层架大多倾斜，在摆放鞋子入内时，鞋头必须向上，这有步步高升的象征意义；若是鞋头向下，则象征运势会走下坡路。

### 鞋柜的高度

玄关处一般都设有鞋柜，原则上，鞋柜的高度不宜超过房屋空间高度的三分之一，因为从风水上来说，上为“天才”，中为“人才”，下为“地才”，鞋子是保护脚部的物品，故属于地。如果鞋柜的高度超过房子高度的三分之一，只要“天才”“人才”的柜位不摆放曾经穿过的鞋子便不成问题。还有，鞋柜的上半部分摆放未穿过的鞋子亦可，因为只有穿过的鞋子才带有地气，只宜放在“地才”之位。另外，从科学上而论，旧鞋子所藏的细菌无数，不宜摆放在屋内稍高的位置，否则空间弥漫细菌，家人焉能不病？

## 屏风风水

屏风不但具有美化的装饰作用，更可改良居家风水。屏风最早是用来阻挡煞气的，现在则兼具隔间和装饰之用。无论是做工华丽或式样单纯，屏风是一件用途广泛的家具，而且具有多种风水效用。就风水角度而言，屏风最重要的功能就是阻挡暗箭和煞气以及遮蔽不良的内局。

### 屏风的作用

屏风作为家居里的一件优雅装饰品，在美化家居的同时也可用来改变风水格局，是中式风格家居装饰

中较为流行的摆设。屏风具有灵活变动的物性，可改变房子里气的多寡和流动的方向，具活化气场的作用。在居室放置屏风，其作用概括起来主要有三点：

①起到隔断居室的作用。它不仅能放置在进门处，而且也能放置在房间的某一适当的位置，将房间分隔成两个独立的空间，可使居住的人互不干扰，各自拥有一个宁静的氛围，与此同时，它的放置还能起到遮蔽的作用，对于家中堆放零星杂物的地方，屏风能起到“遮羞”的作用。屏风如用于间隔，一般以封闭式屏风为好，高度应不低于视线。屏风如用于书角，可选用镂空式屏风，这样可显得活泼而有生机。

②起到更衣室的作用。在居室门口放一架屏风，既可作挂雨帽、衣衫之用，又可遮挡外界的视线，避免一览无遗的尴尬。

③起到美化居室的作用。在屏风侧前再配上一盆绿叶观赏植物，能令人感受到居室的静谧、温馨。如为装饰和美化而用，则可选用透明或半透明屏风，它会给人以文雅、恬静的感觉。

## 屏风的选择

屏风的选择，首重材质，最好是选用木质的屏风，包括竹屏风和纸屏风在内，都属木质屏风。塑料和金属材质的屏风效果则比较差，尤其是金属的屏风，其本身的磁场就不稳定，而且也会干扰到人体的磁场，少用为妙。再者，屏风的高度不可太高，最好不要超过一般人站立时的高度，否则，太高的屏风重心不稳，反而容易给人压迫感，无形中造成使用人的心理负担。以下是几种屏风的风格，在家居装饰时，也是值得注意的。

中式屏风：中式屏风给人华丽、雅致的感觉，屏风上刻画各种各样的图案，在工匠的巧手下，花鸟虫鱼、人物等栩栩如生。若喜欢中式家具的典雅、美观，那么中式屏风无疑是很好的搭配。当然，即使家居风格不是以中式设计为主，也可以选择中式屏风。在不同设计元素的调和下，也许能够带来意想不到的效果。

日式屏风：日式屏风与中式屏风设计风格比较接近，同样以设计典雅、大方见长。传统的日式屏风的图案也是取材于历史故事、人物、植物等，大多是工笔画。色彩方面也多用金色、灰色、白色等柔和色调。

时尚屏风：这类屏风无论是材料还是设计都非常

大胆、新颖。选料上，往往摈弃了那些厚重的材料，由透明、轻柔的材料所取代。以往屏风主要起分隔空间的作用，而现在更强调屏风装饰性的一面，薄薄的屏风，既保持空间良好的通风和透光率，营造出“隔而不离”的效果。色彩方面，与传统的黑、白、灰等色彩相比，显得更加丰富多彩，跳跃的红、鲜艳的黄、亮丽的绿等等都是受追捧的颜色。

### 屏风的色彩

色彩可以开运，采用有色彩的屏风是改善财运风水的一个简易方法。运用屏风的颜色来搭配住家各方位的五行属性可旺财气。具体如下表：

| 方位 | 五行所属 | 适宜颜色 | 祈求运数 |
|---|---|---|---|
| 东南东方 | 木 | 绿色 | 有利家运昌旺与家人健康 |
| 南方 | 火 | 玫瑰色、薰衣草色 | 能带来名利双收的好运 |
| 东北西南 | 土 | 琥珀色 | 有利家中的文昌运 |
| 西北西方 | 金 | 白色 | 有利家中的贵人运和财运 |
| 北方 | 水 | 天蓝、海蓝 | 可用来改善财运，加强男主人的事业运 |

### 屏风的摆放

在客厅摆放屏风，最能表现一个家庭独特的审美品位。如果客厅家具的颜色比较鲜艳，装饰充满现代感，可以用造型鲜明的缀满圆形亮片的银色金属屏风衬托客厅的时尚感，也可打造出轻松、活泼的空间主题。

不同的家庭有不同的空间使用需要，如果餐厅面积较大，可以利用多余的空间打造一个书房，把屏风当作分隔空间的方法。在以木质家具为主的空间里，选择木色的屏风非常妥当。折叠的设计可以凸显屏风的质感，屏风上的图案也不宜过于繁复，有一些简单的点缀即可，以免影响总体气氛。

在开放式的起居室和餐厅之间，可以摆放白色的屏风将空间一分为二。这样可以使得两个空间的活动不再互相干扰，而屏风两侧和顶部留出的空间又不会完全破坏原有的通透感，营造出另一种既有遮挡又有开放感的空间。

以红色、黄色和蓝色等鲜艳的大色块共同构成的空间，呈现出的是较为浓烈的风格。黑色半透明的屏风摆放在空间中，可以让起居室的空间更加独立，个性化的布置风格也可以得以延续。在形状的选择上，波浪状的屏风以柔和的姿态包容浓烈的色彩，同时还能兼顾整个空间的连贯性。

很多家庭的生活都有心爱的宠物陪伴，在房间里摆放的宠物的家具和用品，会显得与房间气氛格格不入，也会给生活带来一些不便之处。轻盈的串珠屏风加上弧线造型，有着春末夏初特有的清凉感，十分适合在日渐变暖的季节里摆放在家中，用它来分隔出宠物区，简单之举便可以让房间更加规整，同时为房间营造出轻松随意的美感。

## 衣柜风水

大多数家庭的主人房内都设有衣柜。传统风水观点认为，衣柜也有一个收纳内容和方法的问题。物品的收纳影响着运气的好坏，所以科学、合理地收纳衣柜物品相当重要。

## 摆放方位

衣柜最好摆设在靠西北边的墙壁，让门扇或抽屉朝东或南开。从风水角度来看，从东边或南边射入的气含有好的气息，可给家人带来好的心情。

现代生活处处以方便为原则，为了争取时效，现代住宅大部分把衣柜、化妆台、婴儿摇篮等放在同一室内。但放置时要尽可能将衣柜、化妆台等排成一列，这样既有效利用了空间，也符合风水原则。

## 衣柜收纳

如果衣橱里已放了棉被，这间衣柜就不应再放入其他东西。因为从风水学角度来看，将衣物和生活用品一起收入会降低运气。如果只放棉被，这样通风较佳。有些家庭会在橱柜下铺纸来除湿气，其实这并不值得推荐。另外，用真空袋装收棉被，同样也属不利。

套装或夹克等挂入衣橱时应遵循这一原则：色彩较淡的挂在右边，向左颜色渐深，也可以越向左挂价格越贵的衣服。衬衫类等收入抽屉时也一样，面对抽屉的右边或上层放白色衬衫，左侧或下层收入有色彩花纹的衬衫。这个原则同样也可应用在领带或是手帕上。依季节分类时，夏天衣物如T恤等放在上层，冬天的毛衣等放在下层。当然，最好将衬衫类挂起来，这样会比较容易拿取。还有：即使是不会皱的衬衫，也应挂起。

### 衣柜尺寸

现在假设有一个传统式的贴顶衣柜，其高度为244厘米，那么，其具体尺寸如下：

下柜183厘米，其余归上柜，柜屉面每个高20厘米，才够放衣衫。一个单元宽度为90厘米，每扇门大致为45厘米。至于深度，有的将一件122厘米×244厘米夹板一分为二，变成60厘米深。

中小型单元分寸必争，应该用一件夹板先铺出10厘米，然后再分2件。柜深56厘米，连门2厘米共58厘米，连门最窄不可小于53厘米，否则会夹衣袖。如受到房间面积限制而只能设更窄的衣柜，可用一种拉出衣杆，有几种尺寸，衣柜深可至35厘米。若要挂男装衬衫，应有96厘米高度的空间。衣柜门内全身镜107厘米×35厘米，安装时，镜子上端平于人头高度，即可照到全身。衣柜内多用活动搁板，一般是每25厘米为一格，这种高度最适合放衣服杂物。

## 梳妆台风水

梳妆台是供每个家庭成员整理仪容，梳妆打扮的家具。在小居室里，梳妆台若能设计得当，它也能兼顾写字台、床头柜或茶几的功能。同时，它那独特的造型、大块的镜面及台上陈列的五彩缤纷的化妆品，都能使室内环境更为丰富绚丽。尽管这样，梳妆台的一些风水方面的事项还是要多加注意的。

### 梳妆台的摆放

梳妆台是女性“扮靓”的地方，究竟要如何摆放才合符风水原则呢？梳妆的镜不宜冲门，因为在进入

睡房时容易被镜子的反影吓坏。梳妆镜不要照床头，否则容易做恶梦或精神欠佳。某些梳妆台在镜子部分有两扇门作装饰，在不需要使用镜子时可将其关闭，使用时才打开。而使用这种镜子，无论怎样安放，也不怕冲门或照在床头了。

按梳妆台的功能和布置方式，可将之分为独立式和组合式两种。独立式即将梳妆台单独设立，这样做比较灵活随意，装饰效果往往更为突出。组合式是将梳妆台与其他家具组合设置，这种方式适宜于空间不多的小家庭。

此外，梳妆台一般由梳妆镜、梳妆台面、梳妆品柜、梳妆椅及相应的灯具组成。梳妆镜一般很大，而且经常呈现折面设计，这样可使梳妆者清楚地看到自己面部的各个角度。梳妆台专用的照明灯具，最好装在镜子两侧，这样光线能均匀地照在人的面部。若将灯具装在镜子上方，则会在人眼框留下阴影，影响化妆效果。

### 梳妆台的尺寸

梳妆台的尺寸一般可分为两类。第一类：梳妆者可将腿放入台面下，优点是人离镜面近，面部清晰，便于化妆，平时还可将梳妆凳放入台下，不占空间。这类梳妆台高度为70～74厘米，台面为35～55厘米。第二类梳妆台采用大面积镜面，使梳妆者可大部分显现于镜中，并能增添室内的宽敞感。这类梳妆台高45～60厘米，宽度为40～50厘米。梳妆椅可做成圆形、方形、长方形等多种形式，高度可根据梳妆台尺度而定，一般在35～45厘米之间。

## 电视机风水

从风水角度来看，电视机最好摆放在西方，在看电视的时候，坐东向西，或坐东南向西北，因为东方与东南方均属木。缺木的人坐在属木的方位看电视，便是理想的风水位。

电视机与沙发对面放置时，距离一般在两米左右，切忌距离太近。否则电视机屏幕在工作时发出的X射线对人体会有影响。

电视机旁不宜摆放花卉、盆景。这是因为，电视机旁摆放花卉、盆景，一方面潮气对电视机有影响；

另一方面，电视机的X射线的辐射，会破坏植物生长的细胞正常分裂，以致花木日渐枯萎、死亡。

另外，电视机不宜与大功率音箱和电风扇放在一起，否则音箱和风扇将震动传给电机，容易将机内显像管灯丝震断。

## 电脑风水

风水学认为，电脑属火，因此，在家庭中，电脑犹如一火物，影响每位家庭成员，放置的时候要分外小心。首先要留意，坏掉的电脑绝不适宜放在家中，因为坏的电脑会放射辐射磁场，干扰及伤害家人健康，所以旧电脑要马上弃置。

电脑旁边摆放什么东西也是大家关心的问题，那么摆放什么东西最好呢？根据专业人员建议，电脑旁边可以摆放以下物件：

①用玻璃碗或玻璃瓶盛载清水，每天更换，放在电脑旁边。

②在电脑上放石春，以八粒为数，即放八、十六或二十四粒，或摆放白色圆形水晶，亦以八粒为数。

③挂一铜钟或海洋画于电脑附近，或用水养一缸鱼，可减少电脑的火性。

还得注意的是，科学研究证实，电脑的荧屏能产生一种叫溴化二苯并呋喃的致癌物质。所以，放置电脑的房间最好能安装换气扇，倘若没有，上网时尤其要注意通风。

另外，由于电脑在运行时不可避免地会产生电磁波和磁场，因此最好将电脑放置在离电视机、录音机远一点的地方，这样做可以防止电脑的显示器和电视机屏幕的相互磁化，交频信号互相干扰。电脑是由许多精密的电子元件组成的，因此务必要将电脑放置在干燥的地方，以防止潮湿引起电路短路。由于电脑在运行过程中CPU会散发大量的热量，如果不及时将其散发，则有可能导致CPU过热，工作异常，因此，最好将电脑放置在通风凉爽的位置。

## 音箱风水

音响器材的摆放，以音箱的摆放最为重要。音箱靠墙放时应特别注意，因为墙角会形成“驻波”，也就是部分音波（尤其是低频）不断折射、干扰音乐，听起来音乐就不清晰。如果在墙角堆放些过期杂志，就能产生吸收驻波的效果。

如果家中是水泥墙和以水泥或瓷砖、水磨石铺就的地板，就要更留心音箱的摆放。因为它们容易造成音波过度反射或折射，使高音听起来太亮，低音轰隆轰隆吵成一团。这时，就要考虑用吸音材料。窗帘是不错的吸音材料，地毯也可以吸音。

如果房屋的空间条件不允许，只能把音箱一边靠墙放，一边离墙很远，那么就可以采用这种权宜之策——把书橱、酒柜等家具放在离墙较远的一边，让那边的音波有“靠山”可以折射。

在一般的家居中，理想而不伤神的音箱摆放方式是：音箱之间的距离在两米左右，中间没有任何东西，每个音箱和侧墙、背墙的距离在半米以上（通常距离越远越好），聆听者所坐位置和两个音箱成等边三角形，音箱正面微微朝内，对着聆听者。

# 时钟风水

在家中挂时钟，是一种极普通的行为。时钟的作用，似乎只是用来报时，但从风水命理角度来看，时钟内藏的玄机非常多。首先时钟代表金，天生五行缺金的人，在家中放一个钟，可以补金运；钟的另一功能是，可以化解五黄二黑。五黄二黑又叫正关煞，又称五黄大煞，亦叫瘟神，所到之处，使人浑浑噩噩，做出凶险事情。将时钟放在流年的二黑病符或五黄煞位置，便可达成化解凶星之风水效应。因此，时钟的另一摆法是放在五黄二黑位。

时钟在风水中还有八卦和风水轮的作用。带有钟摆的时钟效力更强，可以使室内充满活力。要注意不要一进门就看见时钟，也不要把钟悬挂在沙发上方或者床头。

正确的时钟摆放方位如右表：

| 摆放方位 | 五行属性 | 适宜形状 | 适宜颜色 |
|---|---|---|---|
| 正西、西北 | 金 | 圆形 | 白色、金色 |
| 正东、东南 | 木 | 方形 | 绿色 |
| 正北 | 水 | 圆形 | 蓝色、黑色 |
| 正南 | 火 | 八角形 | 红色、紫色橙色 |
| 西南、东北 | 土 | 方形 | 黄色、棕色 |

# 冰箱风水

冰箱是用来储藏食物的家用电器，是每个家庭中不可缺少的工具，但是从风水角度来看，冰箱究竟应该摆放在哪里较为适宜呢？

在风水学中，冰箱属金，五行缺金的人，家中要放一个冰箱。一般家庭，冰箱大多数放在厨房里，厨房是火旺之地，根据五行相克原理，火克金，冰箱放在厨房里，其实是平衡了厨房的火性。

另外，在摆放冰箱时，一定要事先设计好冰箱的位置，注意不要让冰箱紧挨着水槽，以免溅上水。不宜用磁铁将照片、广告贴在冰箱门上。按传统风水观念，门是幸运的入口，门上贴多余的东西，代表幸运就会避开。当然，冰箱门也不要正对厨房门和炉灶，因为这样不利于食品储存。

除此之外，还得注意不宜在冰箱上放置微波炉、电烤炉等。因为冰箱属“水”，电烤箱、微波炉等电器属火，水火相克，属不利。一周应检查冰箱一次，将腐败或过期食物处理掉，并用抗菌抹布等将脏污擦拭干净。

## 挂画风水

在居家挂画时，一般人只重视视觉效果，却忽略了画的五行功用。事实上，每幅画的摆设，都控制着家居风水，影响风水的好与坏。如果要在大厅挂画，要先看哪个位置代表哪一位家族成员，然后才可决定摆什么画。在挂画的选择上，五行缺水的人可以挂九鱼图或黄河长江图；五行缺金自然最好摆一幅冰山图；五行缺火的人摆八骏图或红色牡丹花画，以应其火；五行缺木的可以挂竹报平安；五行缺土的可以挂万里长城。

在日常生活中，有些人会挂与宗教有关的画。宗教画亦同样产生五行效应。但在家中不宜挂太多佛菩萨的画，因为佛画太多，会影响夫妻恩爱。任何一方对宗教太狂热，会影响相互间的感情。一个幸福的家庭，宗教画要点到即止，千万别挂得太多。至于画框的颜色，最好也配合五行。譬如要金的话，框边不妨用金色或银色；要木的话用绿色；要火用红色、紫色；要水用蓝色、灰色等。因此一幅画，以至一个镜框，亦大有学问，一幅画对家居风水的影响非常大，每一次挂画时，请先考虑清楚这幅画所带来之吉凶。

客厅的吉利字画，对提振家居气色，营造富贵气息有极为重要的作用。将吉利字画作为家里的中堂，悬挂于客厅，以求锦上添花，旺上加旺，这是良好家居的布局方法之一。另外，沙发顶上的字画宜横不宜直，若沙发与字画形成两条平衡的横线，便可收相辅相成的效果。

书房的挂画要讲究一种平衡，需结合主人的秉性来判断。对于一个性格比较安静的人来说，就可以选择画面比较“火爆”偏“阳”的装饰画；如果是一个积极好动的人，这种性格则被认为是属“阳”的，就要选择一些属性为“阴”的画面，以此突显沉稳、朴素的基调，使人一进书房就可获得一种安宁的气氛。对于一个配置了电脑等现代化多媒体办公设备的书房来说，建议选择传统的国画来装饰，以强调一种平衡与反差。

餐厅最好选择可为轻松进食提供和谐背景的图画，赏心悦目的食品写生、欢宴场景或意境悠闲的风景画均可，而通常放在餐具柜上的真水果，鲜翠欲滴，也有着同样的效应。

子女卧室一般都会有挂画，图画对孩子成长的影响很大。墙壁上的图画应以自然正面的内容为主，不宜挂铁甲战士、浓妆艳抹的明星图画，也不要挂神像等，因为这样容易使孩子从小耳濡目染，性格易变得过于早熟，不利其自然成长。也不可张贴太花哨的壁纸和奇形怪状的动物画像。

## 空调风水

空调的摆放，在居家各个功能区的摆放各有不同，应根据各个功能区不同的需要来摆放。

客厅：空调的出风口如直吹客厅中的主椅（即三人坐的沙发），这样会让坐在这的人脸被吹得很不舒服，在风水上也代表靠山不稳，影响工作、事业运势。

卧室：人在睡眠时，毛细孔大开，呼吸系统也较为脆弱。因此，卧室摆放空调应注意不要让空调风直吹人体。如果直吹人体，不仅会让身体不适与感冒，

更容易招来邪气。

餐厅：空调吹了一段时间，难免会堆积灰尘，所以如果餐厅里的空调直吹餐桌，灰尘很有可能被吹到食物里，当然也更容易让桌上美味的餐点凉掉，所以饭厅里的空调最好不要在餐桌的上方或附近。

书房：空调让人凉爽，所以有凝聚思考、提高读书专心度的功能，若能将书房的空调机移于北方，利用空调运转的能量，将带动文昌好运，必能利于考生或研究学问的人。当然，切记勿将出风口朝脸或头部吹，免得书还没读完，头就已经痛得受不了了。

财位：空调出风口最忌讳的就是吹向财位，这样会把家中的财运连同冷风不着痕迹地一起带走，而家中的大门就是主财，因此如空调有直接面对大门的状况，那不但泄财，另外也象征人气往外吹，家中不温暖的意思。

厨房：厨房的炉灶是全家人填饱肚子的所在，若空调直接对灶火，会让灶火不旺，连带破坏烹饪中食物的能量，进而影响住屋者的身体健康。另外，灶火也代表性，所以对夫妻性生活也很有影响。

## 马桶风水

在风水学中，马桶就是混元金斗，位置相当特殊。

马桶不可明冲床位、暗冲灶位。一般的家居中，卫浴间的排污口已经定位，不易改动，升高地面便可以更换坐便器的位置，但要注意排污管的坡度，以免堵塞。如果卫浴间较大，则可将马桶安排在自浴室门口处望不到的位置，隐于矮墙、屏风或布帘之后，当然还要确保从任何镜子上都看不见它。平时应该尽量把马桶盖闭合，特别是在冲洗的时候。马桶最好是南北向，和地球磁场同向，不要位于东西向。

## 垃圾桶风水

垃圾桶放置的方位影响家庭成员的健康和运气。垃圾桶最难摆设，为使每一位家庭成员都享有好风水，垃圾桶最好隐藏起来，因为看不见的东西，风水上称“看不见不为煞”。

将垃圾桶收藏起来，或买一个漂亮的垃圾桶，令人从远处看分不清那是垃圾桶，这是最好的摆设方式。因此，原则上垃圾桶愈漂亮愈好，代表无论放在何处，都不会带来凶运。

究竟垃圾桶放在哪个位置最理想？在风水上，辰、戌、丑、未此四方位称为“仓库”，即落叶归根之处，也为所有垃圾聚集之处。在辰、戌、丑、未摆放垃圾桶，便不会招来凶运。在一个家庭中，垃圾桶应愈少愈好，坚持每天清倒，要经常清洗，不能发出臭味。除了放在四库位置，垃圾桶放在其他位置均会带来不利影响，摆设时要格外小心。

# 第四部分

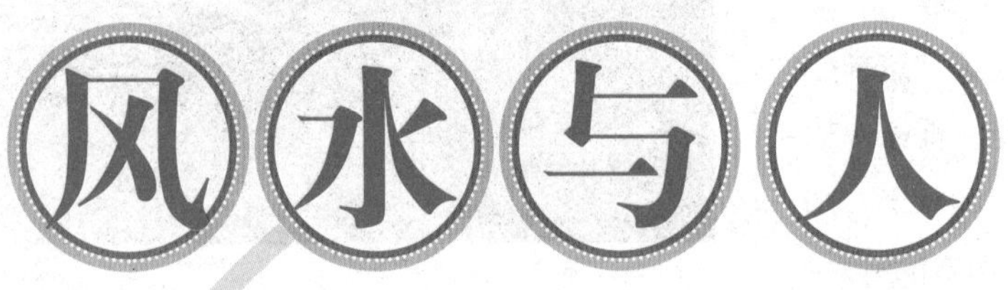


这一部分将重点剖析风水与家庭成员个人的关系，以及与个人有关的恋爱、婚姻、健康、职位等的风水。当你希望达成某种愿望时，就要注意个人的方位。在居家风水中，我们应该尽可能让每个家庭成员得到其最有利方位的助力，从中获得积极的能量。

## 【内容提示】

- 风水与家庭成员
- 风水与恋爱、婚姻
- 风水与健康
- 提升职位的风水

# 第二十三章 风水与家庭成员

屋宅的不同方位代表不同的家庭成员。比如，屋宅缺西北角会对一家中的父亲（男主人）带来影响。西北五行属金，五行中的金所掌管的是人的肺、喉咙、鼻舌和大肠，因此，缺少西北角，会对父亲的这些器官的健康带来严重影响，同时，对父亲的运势也不利。

## 父亲：西北方位

西北，在一天中，它象征着夜里8点到10点人们睡前的时间，是储蓄明日所需体力的时间带；如果是季节，它象征为冬天储备收获物的晚秋；如果是植物，它就是仓内储存的谷物。如果说是人的一生，因为它不再具备强势，所以象征的是晚年。

乾，这个字意味着天、君主、主人。因此，西北对应乾，这个方位象征着一家之主的威严，同时也是储备活力和财力的方位。

西北联系着主人的运势和财力，更深深关系着一家的储财运。从古至今，西北都是建仓库的最好方位。

这个方位如果是吉相，就可以成为具有实力的人上人，可以担任要职。

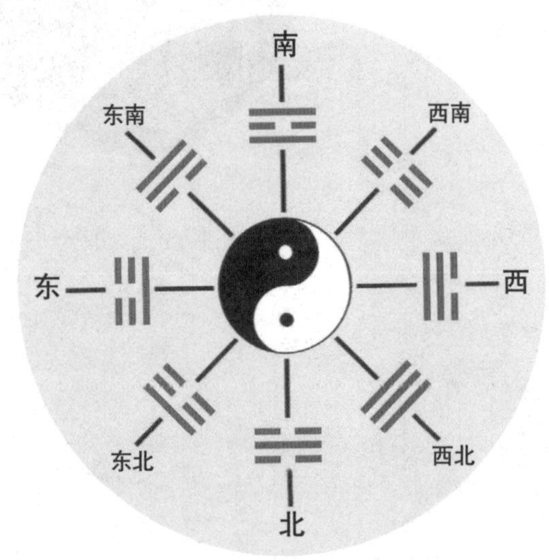

### 西北方位吉相格局的条件

有适度的凸出：西北有适度的凸出，是使一家之主威严和财力提升的吉相，可以巩固财运，使一家繁荣昌盛。另外，至今尚未结婚的人也能得到吉运。

不要有不干净的东西和楼梯：西北如果有卫生间、浴室等易生污秽的功能区或是有产生火气的厨房或是有上上下下的楼梯、台阶等，财运会衰退。另外，西北方的玄关被叫做戌亥门，宽敞的风格是吉相。但是，如果入口狭小就不太好了。

西北可以是主人的卧室和书房：西北是一家之主的指定位置。这个位置如果设置为主人的卧室或是书房，是吉相。

### 得到西北方位吉意的作用

一家之主有威严、有事业心，得到家人的尊敬，使家庭稳定。

丈夫在公司得到重用，有地位，财运也提升。

妻子是贤内助，建造温暖的家庭。

孩子身心健康，不辜负父母的期待。

从房产、股票等得到大的利益，事业顺利发展，储财运强。

### 招致西北方位凶意作用

一家之主委靡不振，软弱，得不到家人的信任。

丈夫怠惰，对家庭缺乏责任感，不被周围人信赖。

孩子不听话，反抗父母。

因赌博等失去大量金钱，事业失败导致破产。

## 母亲：西南方位

西南是象征着太阳开始向西倾斜的下午2点到4点的时间。如果是季节，象征的就是残暑；如果是人生，象征的就是成年时期。

也可以说西南是从阳转阴，从动转静的方位。大气也从午前充足的氧气状态改变，改变成含有热气的氮。度过了高峰，生长能量缺欠，所以这个方位自古又被称做“里鬼门”，同时也被认为是凶方位。

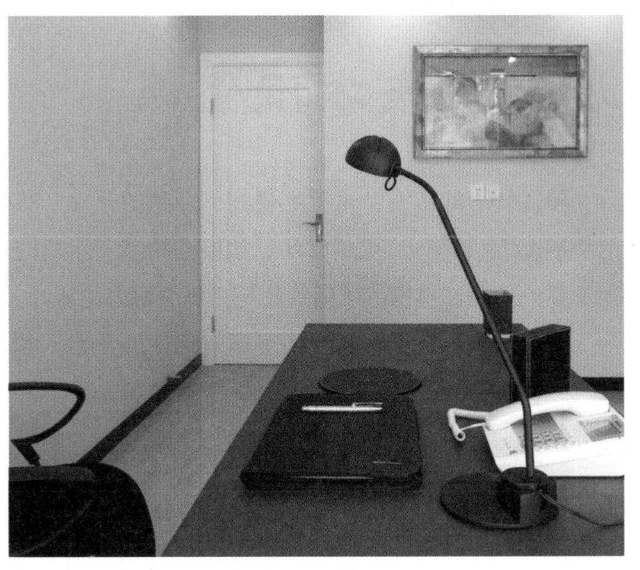

但是，坤具有孕育五谷能量的大地母亲之意。所以隐藏着盛产果实的运气。这个方位给予主妇们整体运的影响。除主妇运势外，还对家族运势有着大的影响，所以根据这个方位的吉凶，可以看出这个家庭的家庭运。

### 西南方位吉相格局的条件

小的凸出：西南方位如果有小小的凸出，使主妇得到坚实的财运，是使家庭安泰的吉相。如果是大的凸出，妻子的运势就会过强，丈夫的运势就会变得衰弱，还会影响亲子关系。

不能缺欠：西南（里鬼门）缺欠是大凶相。妻子和丈夫的运气都会衰退。

不要大扇的窗子：西南方的窗子小一点是吉相。这个方位适合设置安静的房间，但是绝对要避免将夫妇的房间设置在这个方位，因为这个方位容易使丈夫的运气降低。

### 得到西南方位吉意的作用

主妇健康、能干，营造出坚实、温馨的家庭。

夫妇关系和谐，婆媳关系融洽。

一家之主努力工作，孩子们也听话懂事。

得到上司、下属的信赖。

充满爱心，有意参加公益活动，帮助他人而感到快乐。

### 招致西南方位凶意的作用

主妇经常外出，家人沟通少。

婆媳关系不佳，纠纷不断。

丈夫不能安稳在家，容易因病早逝。

即使努力也不能提高成绩，经常换工作，财运等不良。

主妇不健康，做事无力，为金钱苦劳。

## 儿子：东方位

朝日升起的东方，是万物复苏、活动的开始，暗示从早上5点到早上7点的时间。如果是季节，所指的就是春；如果使植物，所指的就是充满生命力的双叶。

震，具有震动的意思，表示所有活动的开始。如果东方位是吉相，那么，活动力、意欲就会升高，并且可以精神百倍、满怀信心地行动；在事业、兴趣等方面可以崭露头角。

相反，如果东方是凶方位，那么居住者的能量就

会被夺走，生活上变得怠惰，在学业和事业方面的烦恼也相继增加。

东方位的家相对发展运、活动力有着极大的作用，同时也是象征着子孙繁荣的方位，特别是能给予家中的长子（后继者）大的影响。

## 东方位吉相的格局条件

东方的玄关和客厅是吉相：可以吸收到早上的阳光和清爽的空气，是大吉相。适合设置成家人聚集的客厅或是长子的房间。

适度的凸出是吉相，大的凸出是凶：东方位上有适度的凸出，可以提升事业运，特别是能给予销售方面的工作好的影响。但是，大的凸出或是两层凸出，这样过度的凸出可以产生凶意，无论多么努力也没有成果，生活也会动荡。

东方位不应该有缺欠：东方位缺欠，活动力降低。学业、交友受到负面的影响。同时，还会引起就业困难等坏事的发生。

## 得到东方位吉意的作用

增加企划能力，在事业上充分展现才能。

家人健康、家庭和睦。

家中的男孩，特别是长男积极进取。

朝气蓬勃，出人头地。

在新的事业上取得成功，在发明、研究等领域收获成果。

## 招致东方位凶意的作用

失去欲意，整日怠惰度日。事业运低迷。

健康受到威胁，生病难康复。

家中的男孩，特别是长男，容易引起纠纷，没有

异性缘。

没有事业运，会经常换工作。

所有事情不能按照自己的意愿，陷入困扰。

## 长女：东南方位

东南象征的是阳光由弱渐强的上午8点到10点；如果是季节，它象征的是爽朗的初夏；如果是植物，它象征的是嫩叶。如果是人生，它象征的就是体力、智力、最充实的青年期。因为是吸收能量阳气、整理形态的最好时期，所以东南方向又隐藏着叫做“整顿事物”的运气。

另外，东为巽卦，巽代表着风。因为风可以呼唤阳气，所以东南又可以叫做吉报降临的方位。

如果将通风良好的东南建成书房、儿童房、客厅等，都是吉相，有助事业运、结婚运、社交运、财运、健康运的提升。特别是对长女的运势有很大帮助。

如果东南是凶相，就会招致爱情上陷入困境、事业上失去信用等不良的事态。

### 东南方位吉相的格局条件

有玄关和大扇的窗子：东南方位如果有玄关和大扇的窗子，阳气就会充满家中，家人可以健康快乐地生活。

适度的凸出：东南是与交友有关的方位。适度的凸出，可以提升吉意，特别是对年轻女性是吉相。

不能有大的缺欠：因为东南是明朗的阳方位，如果在东南出现大的缺欠，会使居住者的性格阴郁。不平不满的心情增多，家庭充满阴气，呈现凶意。

## 得到东南方位吉意的作用

与人交流时变得活跃，得到意想不到的机会。

社交广泛，成为领导者。

家人健康，营造活跃开朗的家庭。

生意等顺利进行，经济上得到满足。

得到恋爱运和结婚运，特别是女性，会出现理想的对象。

## 招致东南方位凶意的作用

人际关系出现困扰，卷入丑闻中。

得不到周围人的信用。

夫妻关系紧张，家庭容易引起争议或家人容易生病。

事业工作不稳定，经济拮据。

没有恋爱运和结婚运，特别是女性，远离姻缘。

# 中女：南方位

南是具有太阳能量最强的方位。如果在一天当中，它所表示的是11点到下午1点；如果是季节，它表示的是盛夏；如果是植物，它表示的是生长最旺盛的时期；如果是人生，它表示的是体力、智力充足具备的壮年时期。

离，象征着熊熊燃烧的烈火，事物明朗，能量达到顶点。

南在八大方位中是最明亮辉煌的方位。在家相方面，给予出人头地运、名誉运、成功运等极强的影响。如果这个方位的吉意升高，就不仅能发挥出应有的实力，还能得到上司的赏识，出人头地。

但是，如果南方位是带有凶意的家相，不仅不能发挥出自己的能力，还会使精神状态变得不稳定。

### 南方位吉相格局的条件

有玄关和大扇的窗子：具有强烈能量的南方位如果有玄关和大扇的窗子，就可以吸收到十分充足的阳气，活动力和成功运就会有所提升。

有适度的凸出：在南方位如果有适度的凸出，方位的吉意就会升高，人气运也会上升。相反，如果南方位是缺欠的情况，就变成了具有很强凶意的方位。凸出的程度也要适度，如果是大的凸出或是两层的凸出，会使自己的主张失败，运气变得低迷。

避免火气和水气：南象征着太阳和火。这个方位如果与具有火气的厨房或是具有水气的浴室重合，就会招致大的困扰和麻烦。

### 得到南方位吉意的作用

精神力增强，有自信，可以沉着冷静地行动。

扩展人脉，得到丰富的情报，达成实力之上的事情。

得到上司的赏识，年纪轻轻便出人头地。

美感优越，在艺术氛围中活跃。

营造出和睦温馨的家庭。

### 招致南方位凶意的作用

感情不稳定，容易生气、被激怒，以致发生暴力行为。

高傲自大，做超出自己能力范围的事招致失败。

因火灾失去财产、重要的书类等，受重大损失。

被卷入官司，因给他人担保而受到损害，最后财产损失。

## 幼女：西方位

西是太阳沉落的方位，象征太阳落山的下午5点到7点；如果是季节，象征的是就是收获的秋季。如果是植物，象征的就是成熟的果实。

西为兑卦，兑，从字表面看是开口言笑的人，所以西方象征着喜事和家庭的快乐安逸。

生活上，西方意味着经过辛苦后的充实感，在家相方面可以有助财运、恋爱运、结婚运等。

西方位是吉相的家庭，自然就会财运上升，住在此房中的女性也因充满魅力，能与渴望的异性交往。

但是，如果这个方位是凶相，就会变得怠惰，并且养成浪费的习惯，恋爱运和结婚运也会远离。

## 西方位的吉相格局条件

用墙壁阻挡：在西方位，设置没有窗子的墙壁，这样西方太阳的阳光就不能进入，这样的家相是吉相。如果这个方位有很大扇的窗子，就不会得到财运，恋爱也会无结果。

有小的凸出：如果在西方位有小的凸出，财运就会上升。如果是大的凸出，吉祥之气就会紊乱，招致大额欠款等问题。西方缺陷是大凶相，花费不断，迫使公司等倒闭等，暗示着财运的衰退。

安静的空间：与活动的动相比较，西是过于安静的方位。不要将孩子房间和客厅设置在这个方位，可以将老人房设置在此位置。

## 得到西方位吉意的作用

得到财运，经济上富足。

擅长社交，得到很多有共同兴趣的朋友。

孩子活泼可爱，特别会使有魅力的女性受人喜欢。

家庭、事业都充满充实感。

## 招致西方位凶意的作用

因为赌博和玩乐而破财，借来的钱被追回，自己破产。

性格倔强古怪没有朋友，被人嫌弃。

孩子没有向上心，家庭不和。

没有恋爱运和结婚运，特别是女性容易卷进不伦和三角关系的困扰中。

一家之主工作不积极，容易患精神类疾病。

# 第二十四章 风水与恋爱、婚姻

想得到美好的爱情和幸福的婚姻，可以通过改善风水来达成目的。在阳宅风水上，卧室的风水、卫生间的风水对恋爱运与婚姻运的影响最大。当然，通过运用一些方位的能量也可以助旺恋爱运与婚姻运。如西南方可以给予你爱情的能量，东南方是连接婚姻运程的方位。所以，这两个方位需要好好布置与利用。本命卦的运用也很重要。

## 卧室风水与恋爱

就阳宅风水学而论，卧室的风水摆设与恋爱运最为相关，所以若想要得到幸福的恋情，或是让伴侣之间感情更为融洽，那么你一定不能忽略卧室的风水摆设。想让自己的感情更顺利、爱情更甜蜜，那么不妨先检视一下你的卧室风水是否及格。

### ☯卧室格局要方正

卧室格局的好坏是爱情的投影，选择方正的卧室格局，可以让你的恋情发展更为平稳坚固，且爱情也会呈现中庸的状态，不会太过也不会不及，双方会处在一种平等且和谐的关系中，对爱情有着理性的思考；反之，若卧室格局是属于狭长型的，那么彼此都

容易脾气暴躁，缺乏耐性，以致争吵不断。若你的卧室并非方正格局，则建议借由物品与环境的布置，让房间看起来是一个方正的格局。

### 房间光线要柔和

卧室是一个私密的空间，在此也可以增进许多情趣，不过若卧室四周密闭，没有窗户可让阳光照射进来，或是光线过于昏暗，都容易导致彼此之间有越来越多误会无法化解以及不愿相互吐诉心事的倾向。

建议选择有窗户且可让阳光洒入的房间当主卧室，对恋情的好运与稳定度都有正面的帮助，而选择柔和自然的灯光、简单灯饰，不仅能让双方在相处上没压力，也不会轻易有移情别恋的现象产生；此外，若是卧室无窗，则可挂上有窗子打开的图画以表象征。

### 睡床不宜靠窗摆

卧室中若有窗户，较为通风，也让人身心较为开朗，不过窗户其实有象征感情的含义，所以在很多爱情故事中，常常会有主角在窗边互诉情衷、厮守一生的场景，因此对于卧室中的窗户可就不能大意了。首先，床边尽量不要靠窗，有个小走道较好；再者，床头若对着窗户也不好，这样在夜间睡觉时易受不好的磁场干扰，长久下来，感情也会慢慢出现裂痕。床与窗成平行状态为佳，并加装窗帘，而夜晚入睡前记得拉上窗帘，可以阻挡掉不好的秽气。

### 床底清空保持干净

床下也是必须注意的重点之一，有时候为了节省空间或是美观起见，会将一些不常用到的东西堆放至床下，虽然这样不会产生有碍观瞻的问题，但是将东西堆放床下，久而久之不但会积灰尘、生虫等，也会

产生不干净的晦气，容易使爱情蒙上阴影，加上床底气不流通，彼此也易产生沟通不良的问题。

若想使自己的桃花运活络起来，或使双方沟通无碍，那么最好能将堆在床底的东西收至储藏室。倘若床下一定要摆放物品，那么建议选择床单较长且有流苏或大波浪的样式为佳。

### 卧室的玫瑰提升结婚运

象征着爱情的玫瑰是提升恋爱运和结婚运不可缺少的花。特别是在开始考虑和恋人结婚时，可以在卧室里用玫瑰装饰。睡觉的时候，玫瑰可以吸收各种各样的气，所以，用象征爱情的玫瑰装饰卧室枕边的桃花位是最好的选择。

这时，最好将玫瑰的枝修短，插在圆形的白色玻璃花瓶中。另外，玫瑰是随着颜色改变恋爱运的花。期盼幸福婚姻到来时，可以用粉色的玫瑰作为装饰。

在摆放玫瑰时要注意的是，玫瑰的刺具有祛凶辟邪的效果。但是在呼唤缘分时会有反作用，所以必须拔掉所有的刺后再使用。

玫瑰的颜色所具有的能量：

粉色——引导幸福结婚运。

橙色——带来新的机会。

红色——享受热烈的爱情。

黄色——受众人欢迎。

白色——追求金玉良缘。

## 西南方能够提供能量

西南方代表了桃花运，若想增进婚姻或恋爱运，则需要将此方位作为客厅的重要方位。

西南方的五行属土，喜黄色和土色。要想增旺桃

花运，可以在此方位采用黄色或土色作为主色调。在这个方位放置属土的物品，如陶瓷花瓶，有利于桃花。在此处设置悬挂式台灯，摆放天然水晶或全家福照片，能促进夫妻关系和谐。

如果在卧室的西南方摆放几支蜡烛，并使用红色的灯罩，能生旺此方位，带动桃花运。

在此方位摆放长颈玫瑰或心形相框也是不错的选择，它们能时刻提醒宅主的爱情意识。

## 东南方连接结婚运程

有强烈结婚愿望的人，应该使用的方位是东南方位。东南是意味着爱情和信赖的方位。通过吸收东南方位的能量可以成就结婚的愿望。

例如：和朋友开始恋爱时，观察自己的房子，选择东南方位作为交流场所，这样可以使结婚几率增高。约会时，选择位于东南方位的场所最佳。

另外，本命卦是“巽”的人最好通过异性和中介人的介绍来确定恋爱或结婚对象。因为“巽”在八卦中具有“东南“的能量，所以应该有一段踏实可靠的姻缘可寻。

要重点提醒读者的是：想得到一段踏实可靠的姻缘，应避免使用西方方位，因为它是具有很强的游戏要素的方位，即使是出现了恋爱的机会，也很难有结婚的可能。

## 本命卦

判定你婚姻和家庭相关的方位，首先要计算出你的卦数（参照第四章“八宅法：八卦与洛书”）。下图是能够给你带来财富的方位和洛书（魔方阵）的幸运数字。了解了你的婚姻方位后，接下来就要想办法使自己的能量与环境的能量相协调。

| 幸运卦数 | 婚姻和家庭相关的方位 |
|---|---|
| 1 | 南（男性、女性共用） |
| 2 | 西北（男性、女性共用） |
| 3 | 西南（男性、女性共用） |
| 4 | 东（男性、女性共用） |
| 5 | 西北（男性）、西（女性） |
| 6 | 西南（男性、女性共用） |
| 7 | 西北（男性、女性共用） |
| 8 | 西（男性、女性共用） |
| 9 | 北（男性、女性共用） |

根据你的卦数，可以知道能够安全守护你的幸福的最吉相的方位，并且还可以确定充满爱情的生活的

最幸运方位。这里所说的幸运，是指与婚姻和家庭关系相关的。激活了你自己家人的方位和位置，就能够更加有效地提高人际关系运。

卧室要设置在婚姻和家族的位置，并且，睡觉时，头要朝向婚姻和家人的方位。

绝对不可以在床的对面安装镜子。卧室的镜子是最不好的风水之一，床对面的镜子意味着夫妻之间的争吵，甚至由于外部原因的影响，使夫妻关系更加恶化，婚姻生活濒临崩溃边缘。如果想与心爱的人和睦相处，请把带镜子的门关上，把镜台从卧室移走。电视机和镜子一样，能够映出你的影子，如果卧室里面有电视机，不使用时要将其盖住。

绝对不可以睡在露出的房梁下。如果房梁横切卧床，所带来的坏影响就更加强烈。房梁将卧床横切分为两份，会使主人发生强烈的头痛，也暗示着夫妻分离。如果房梁在夫妻的头上，会引发夫妻间激烈的争吵。床受到房梁影响的情况下，请将卧床移动位置。

绝对不可以将床放在卧室门的后面，无论你睡觉时的方位在哪里，无论头和脚是朝向门的方向还是朝向其他方向，这样的位置都是有害的。这样放置卧床，会使夫妻两人中的某一人的健康受到损害。请将床从卧室的门前移走，或者设置隔断屏障。

绝对不可以睡在有突出尖角指向的位置。这是经常出现的问题。很多卧室中会有这样的尖角，这与单独矗立的柱子一样是有害的。尖角是毒箭中有致命性的形状。解决这个问题的办法是，将尖角遮挡覆盖。如果是在客厅内有这样的问题，最好的办法就是摆放植物。但是，卧室不适合摆放植物，可以摆放家具遮挡锐角。

# 卫生间的影响

卫生间风水也可以影响恋爱运和婚姻运。理想的浴室位置应该是在家宅的边区，最忌位于房子的中间。马桶地点则离大门越远越好，以避免气一进门就被冲走。对于地点不佳的马桶，最简单的改善方法就是随时盖上马桶盖，或者设法利用屏风或门帘，把它跟房间或大厅的其他部分区隔开来，而且，谨记浴室的门要随时关上。

## 盆栽的力量

比起从前，现在很多房子的浴室通常不只一间。在风水学上，水主财富，因此浴室的间数、马桶以及水管都会影响居住者的财运。风水位置不良的浴室，例如位于东南方的浴室，就会冲掉家里的旺气，败坏财运。

盆栽则有助于改善这样的情况，而且在水能量过

多的地方摆设一些绿叶植物，有助于维持平衡，因为木“吸”水。盆栽也能令房间感觉更清新、更有活力，改善气流积滞，使人拥有好心情，进而增进婚姻感情。在烟雾弥漫的浴室里，盆栽有助于吸收多余的水气，因此，在浴室的植物一般总长得特别好。

如果浴室没有对外的窗户，那么可以在墙上挂面镜子以形成一个想像空间。再者，镜子能加速气能的流动，对浴室而言，具有正面效果，因为浴室最忌空气不流通。

浴室中可采用象征爱情的粉色系，如粉红、淡绿、淡蓝及桃红色等，其次则是奶油色系，或是一些中性色，如黑色及白色。装饰物及毛巾等配件则可选择强烈的对比色系。

墙面的处理方式应该是尽可能地发挥想像力，要不就尽量求简。在水泥墙上涂上一层油漆会使浴室增添暖度，而马赛克玻璃砖、刻花瓷砖，甚至板舌以及凹槽处理都能使墙壁的设计更为有趣。

## 简洁不杂乱

杂乱是恋爱运的大忌。最理想的浴室风水是摆设简洁、设计简单、通风良好。气及能量的流动会受到使用材质的影响，而不同的地板材质也会产生不同的效果。例如大理石、花岗石以及其他硬的、光滑的表面会加速气能的流动，特别是在晶莹明亮、光可鉴人的情况下，效果更佳。它们有助于营造一种更令人振奋的环境——一个能够避免停滞不前的环境。

## 照明

良好的照明是最基本的要求，因为明亮的灯光能提升气的流动。化妆镜前，尤其适合装置投射效果良好的的卤素灯。

# 第二十五章 风水与健康

房子的风水好坏，最直接的体现就是对人的健康的影响。可以说，布置出一个好风水的家居，就能拥有一个健康的身体，进而可以带动其他好的运势，如财运、事业运、发展运等。

本章将告知你提升健康运的秘诀，告诉你影响健康的风水问题以及如何利用长寿象征物进行恰当的装饰与调整。

## 风水影响健康

从环境心理学而论，房子的风水布局往往也影响着人的身体健康，这其实也就是风水学中的气场问题。以下将要告诉大家如何通过对风水的不同体认，让自己的身心健康随时保持良好的状态。

## 良好的朝向

良好的朝向应保证有充足的阳光透过窗户射入屋内，以改善屋内的环境。由于各地阳光照射角度不同，所以不必强求房子一定要坐北朝南、背山面海等，反而要注意开窗时所面对的环境。窗景应趋利避害、趋优避劣，如窗景是吵闹的街市或马路，将会影响休息。

## 充足的采光

采光良好的住宅可以节约能源，使人心情舒畅，也便于住宅内部各功能区域的布置，否则将长期生活在昏暗之中。依靠人工照明，不利于身心健康。选购住宅时，其主要房间应有良好的直接采光，并至少有一个主要房间朝向日光照射面。

## 顺畅的通风

住宅的通风要满足人对空气流动的基本要求，开启门窗时保证室内外空气顺利流通，尤其在炎热的夏季要有穿堂风。要保持住宅通风良好，那么住宅门窗的朝向设计必须适应空气流动的需要，空气能进能出最佳，能进难出则室内空气质量差。

## 不宜住得太高

不要住得太高，因为人可能会吸收不到地球的磁能而吸收过多的太阳能量，容易心情躁动。另外，住得太高还有什么坏处呢？那就是"经常性微幅摆动"会让人神经系统失调加失眠。如果你现在住的正好是高楼，那解决方法是多种些盆栽和加装窗帘。

## 家中摆饰不宜多

常常有很多人喜欢在房间里贴几张海报，买很多玩偶或是一大堆杂七杂八的装饰品，殊不知这些东西

久而久之就会对身体产生不良的影响。摆饰刚好则无所谓，若太多，除了影响眼睛视力外，也容易引发感冒，原因是气场阻塞，会让人抵抗力变差。

## 家中不宜摆设尖锐物

家里应该避免尖锐物的产生，因为这些东西会产生类似金字塔之中的“尖端效应”，伤害神经系统和内分泌系统，而且气场的活动将受到阻挠，原因是尖角、棱角的形状会放射出不稳定的能量来，让家俨如成了一个活金字塔。

## 家中电器不宜太多

人体就如同一个电磁场的导电体，因此家里有太多电器的话，体力通常会较容易流失。要时常保持最佳战斗力的话，应该把电器尽量往会转移电磁场的墙壁附近移，让电器尽量不要在出入动线和生活起居常经过的地方出现，避免自己的体力过快散失。

需要用到电的东西都对人体不太好，它们都有辐射，对健康不利。尤其床头不宜设音响。每个人目前一天平均睡6～8个小时，如果床头放着音响的话，代表它也在身旁影响了自己6～8个小时。床头音响是一

个非常不好的床头陈设，应该离得愈远愈好，已经有科学家证实电器会干扰脑细胞的生长。

## 养鱼水宜动

水有生命之母之称，水是影响风水好坏的重要因子。房子就像人一样，少不了水，因为水可以轻而易举地将气场调顺，让人保持健康的身体。所以可以放个水族箱在家里，养几只可爱的鱼，赏心悦目又可以让你事事顺心，但是水族箱不要放太高，而且水要是流动的。

## 家中宜陈设植物

植物有天然清净机的功用，摆在家中形成自然生态，也适合调节居住场所的气氛。在风水学上，它们可以化掉煞气，除地磁气，还可以调节室内温度和调节空气流动。家里在适当的地方摆一些生命力强的植物，对人体健康非常好。

人体内有水火二元能量在不停互动，并且同时寻求平衡。一般水火二元平衡的人住进火宅，会容易上火而产生内脏生病的问题，改善的方法是用活水或植物的出现来化解，例如园艺。

# 长寿象征物的装饰

## 长寿之神

在中国的众神中，人气最高的就是长寿之神，是福禄寿中的一个，经常被人们单独装饰。长寿之神最适合摆饰在东方位，但是也不必拘泥于此。为了招来健康长寿运，摆放在展示架上也可以。

长寿之神是有着宽宽额头的微笑老人。在全国各地都能够买到这样的长寿神像。长寿神的制作材质也分为不同的种类，橡胶、木制、青铜等，还有陶瓷手绘而成的。长寿之神作为给父亲的生日礼物，祈愿长寿，是再适合不过的了。

## 桃、鹿、鹤

桃出现在不死的传说中。传说在王母娘娘的庭园里面就有结出不死果实的桃树。八仙偷偷潜入庭园顺利地吃到了桃子果实，就有了永远的生命。桃木也被认为是幸福之物。

鹿一般是与长寿神一起被装饰的，也有单独木雕的鹿的摆放饰物。鹿象征着超长寿，与寿有着密切的关系。

象征长寿的鹤前额部分是红色的。鹤经常与同样象征长寿的松树一起被描绘。

# 天医的方位

“天医”是可以发挥消解困扰能量的方位。身心疲惫时选择在“天医”方位休息，可以快速消除疲劳，在公园等绿色场所则效果更佳。

天医吉方，巨门星，属土，乃次吉之星曜，延年益寿，且得贵人提携，一切顺利。同时，天医方是代表知识卓越的方位，同样具备文昌位的效果。

睡在天医方的人，特别有慧根，精神饱满，体力充沛，充满活力。有病的人睡在天医方能促进身体健康，增强信心。学医、为人师表的人，亦适合睡天医方。学生睡在天医方，头脑会更灵活，智慧更开阔，而且能培养孝顺之道，长幼有序，是极佳方位。天医方也能让居住者考试顺利、升迁顺畅，并且得到长辈、上司或贵人的赏识与提拔！

如果房子这个方位的结构和外形完整无缺，或稍稍地凸出，只要不作浴厕，就可以祛病除灾。即使是经常生病或体质衰弱的人，住进这方位的房子，时间久了，也可以借自然的力量改善体质，延年益寿，并能使治疗药物发挥更大的效力。住在这个方位的人生活安逸、稳定，吃得饱，睡得好，烦恼少，身强体健，多有贵人相助。

Tips 小贴士

※ 铜制龟

在日本象征长寿的龟受到人们的亲睐，在中国也同样受到欢迎。龟甲形似凸面镜，又像是描绘出的弧线，被认为具有可以弹击、打散房屋中滋生的不吉之气的能量，铜制龟效果尤好。使用中，化煞好转的代表例子是化“天斩煞”。天斩煞是指两侧高层建筑物所产生的煞气，如从阳台或窗户可以看到天斩煞的话，就可以在阳台或窗户上摆放一对铜制的龟用以化煞转运。

用途：摆放在阳台，起化煞作用。

# 第二十六章 提升职位的风水

想提升自己的职场运气吗？那就实施风水术吧，你将得到期待已久的好职位、好运气。恰当运用办公室风水，以获得事业上的成功，或者拥有社会地位及权势，实现“鲤鱼跃龙门”。根据八宅法的本命卦判断自己的吉相方位，保持自己的气与环境的气相辅相成，让自己吸收到有利之气很重要。此外，利用风水催旺财运，也可以让你事业高升、财源滚滚。

## 逆流而上以龙门为目标

在中国古代传说中，有鲤鱼逆流而上跨越龙门的传说。全力一跳的鲤鱼成功跨越了龙门，成功的鲤鱼就会变成龙的样子，失败的鲤鱼额头上会留下红色的斑点，作为失败的烙印永远铭记。这个传说中的龙门象征着成功，象征着高贵的变身、高贵的地位。有很多人将龙头鱼身形状的鲤鱼作为装饰，并且，在掌握权势的高官住的豪宅里面也经常看到这样的画。

在中国古代社会，科举考试合格的学生有资格在宫中获得有力的地位，所以被称作是“登上龙门的鲤鱼”，但人数是非常有限的。为登上龙门所付出的努力，象征着精彩人生的起始点。在当时，科举考试合格就是通往权力和财富的通道。

风水上的职业运一定要从以下的观点进行分析：达到高的生活水平预示着职业上的成功，但是，职业运并不仅仅意味着经济方面的成功。所谓职业运，是指在职场中得到晋升，拥有权利、权威，具有影响力。

对于中国古代的高级官员来说，晋升就是靠近皇帝的座位（也就是权利的中枢）。我们可以把他们看作是现今的官僚或者大企业的干部、企事业的大人物。实际上，在现代的大企业集团中，由于组织非常庞大，也可以将其经营者看做是皇帝。受惠于职业运的企业干部手握权力，可以同中国宫廷的高级官员一样发挥权势。

职业风水就这样在官僚社会中带来出人头地的机

会，使晋升变成可能。如果能够受惠于职业的风水，你就不会遭遇背信弃义的行为或者是被解雇。职业的风水并不是指富裕，而是指权力和影响力相关的因素。但是，也并不是说职业风水中不包含繁荣，而是比起金钱权力和影响力更占据优势地位。

这是中国人关于职业成功的见解。那么，从职业风水受惠最多的人是谁呢？政治家、公务员、专家、经营者等以及在集团组织中工作的所有人，都可以受到职业风水的“恩惠”。

根据八宅法的本命卦，可以找出最有效的职业运方位。每个人招来幸福的职业方位被叫做伏位。知道了你的伏位以后，就可以运用各种各样的方法改善个人的风水。不仅可以用于办公室，还可以用于自家住宅，能够取得同样的效果。睡眠的方位和坐的方位选择这些方位，就能够发挥伏位的效果。利用这个方位，无论你从事何种职业，都会取得惊人的成功。工作中，会充满干劲、乐于工作。这种手段最适合追求职业目标、立志登上事业巅峰的人。这种手段会促进你个人的成长与发展，却并不会同时相应地增加收入。但是，幸运的职业运暗示着你的生活水平和生活方式将会得到改善。

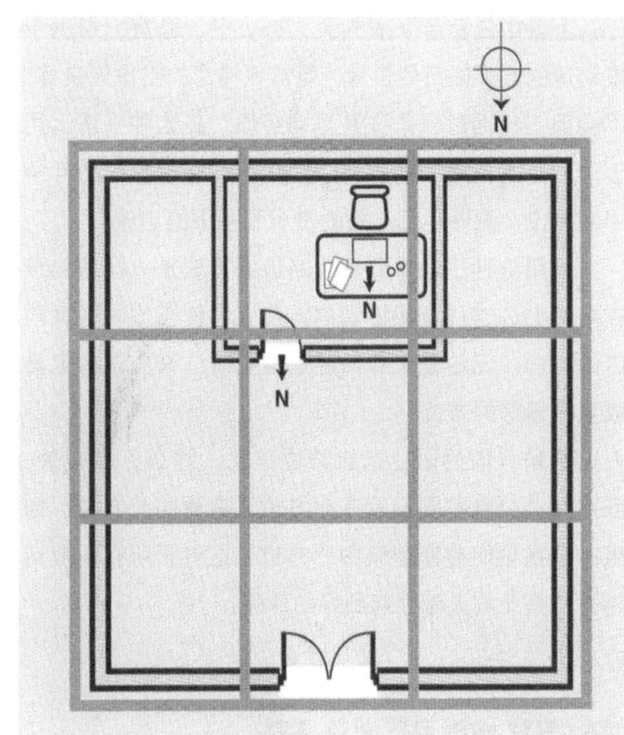


## 人的“气”与环境的“气”相辅相成

知道了职业运的吉方位之后，可以根据洛书对地板面进行分割。首先，要从你的气与环境的气相协调开始。

右表所示的卦数是工作中你应该朝向的最幸运的方位。这样，你可以成功胜任你的职务。

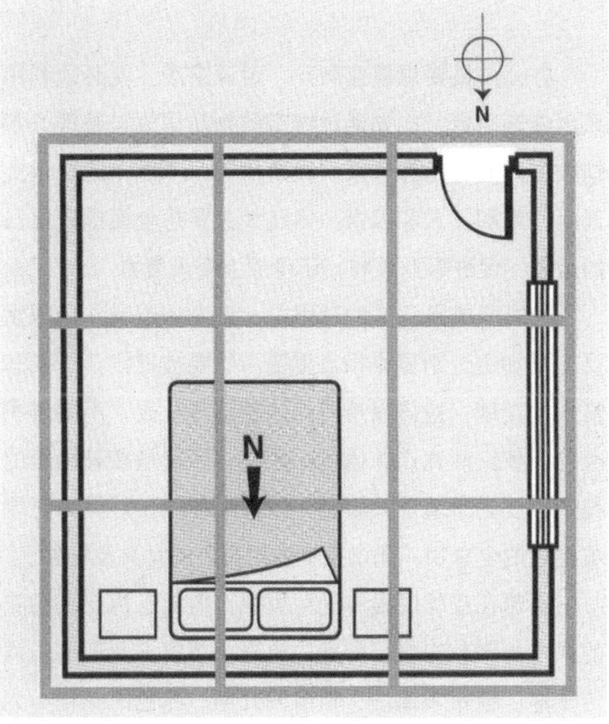

上表中还标示了表玄关、办公室、卧室、书房中最幸运的方位磁石的位置，能够保持你的工作运良好，不会因工作而过分紧张甚至神经质。将这种手法运用于你的个人风水，能够有效地保护你在职场权力斗争中的地位，能够得到上司的赏识和手下的忠诚。

运用这种手法得到幸运的最好方法是，把房门设在与你办公吉祥位相协调的方位上，使工作时面朝向门的方向。无论是工作时还是睡觉时，都应该将家具放置在最好的方位。

例如，你的职业运吉方位是北，那么，表玄关、卧室和办公室都要设置在北方位或者朝向北方位。如果办公室位于整座建筑的北方位，这对于所有职业运吉方位是北的人都会起到好的作用。

## 升职加薪秘诀

办公人员要想事业高升、财源滚滚，就必须利用风水催旺财运，比如通过特定的物品摆放与整理，帮辅效应则能够给你带来积极的作用。不过，成功讲究天时、地利、人和因素，因此大家要想全面提升自己的运程，促进事业顺利，还得加上个人努力。

在求职或是工作的过程中，贵人的帮辅作用很重要，增加贵运则显得相当重要。想要被提拔，需要有贵人的帮助，应该保持门外的整洁与开阔，不要堆积杂物，使空间宽广并通风、明亮；而摆放在鞋柜里的鞋子，要勤于清洗并曝晒，以减少秽气。灯具为光明与希望的全息物，建议在室内用黄色的灯具及饰物。

要想在应聘过程中受到重视，需要有桃花，桃花的风水地带就在自己卧室的窗户。将窗户及玻璃，清洁干净，窗帘常清洗，使窗明几净。粉色的花草、光或颜色是招桃花的能量，也是恋情的能量。在此可摆设粉红色的鲜花或天然粉红色水晶球。

能否在接触中博得对方的好感，无论对求职还是晋职都显得很重要。想要被青睐，就必须使对方产生好感，而想增加好感砝码就需要对人情地带进行合理布局，即对外的前阳台及客厅对外的窗户、落地窗。多加清洁阳台、窗户玻璃及窗帘，并让前阳台空间合理布局。

增加求职与晋升的有利因素，离不开必要的机遇，因此对人事体系易学板块同样要给予重视。人事任用的风水区，就在大门外面的“走道”。将走道打理清洁干净，进出通畅，同时在此增强灯具照明，加强空气流通，也可放置流动的或是具有顺畅运动趋势的饰品。

办公室的气场一般来说会比自己家里的气场来得

“硬”一些，所以可以摆张柔和的图，在工作量大时也能从容应对，谈薪水时必然“义正辞婉”。

东西放左边，高薪好入眠：你可能不知道，右手的方向可是个人的龙位所在，要是把庞杂的东西都挡在右边，当然不容易拿到钱。

座位周围的环境要整洁：良好的环境才能让四周的气场顺畅，才能有好的财运和事业运。在座位四周摆一些绿色植物等来转化气场吧。

大叶片片，钞票翩翩：在座位旁，可以摆上一株小植物，但要记得选叶子大的绿色阔叶植物，这种植物可以帮助你的财运爬升。

静石不动，薪水亦同：有的人喜欢把一些可爱的石头摆桌上，殊不知石头可是阴气很重的东西，把它摆在自己的生财桌上不是个聪明的做法！

不对锐角，薪水不跑：这点是一般人易于忽略之处，就是要避免眼睛所及之处有家具或墙的锐角，因为锐角看久了财神不会降临。

内因是事物变化的基础，同样，自身的实力是求职或提升的重中之重。实力的积累与自身领悟力、记忆力密不可分，因此要在潜规律中把握加强领悟力与记忆力的因素。在周边风水调整中，尤其要对睡床和书桌格外注意。床头、书桌不要位于横梁、窗户、凸出于卧室内窗型冷气下，不要一直线正对、紧贴在房门或厕所门、落地门旁；摆设白水晶球有助稳定情绪。除了要加强运用安神静心的诸多方法，紫色与阳光类的东西是增强记忆力的能量源，在床头或者书桌上摆放紫晶球或紫色百合花、兰花为最佳之选。

除了上述的几个方面，个人的行为风水也应该认真地对待起来。通过多个角度，全方位地调整，传说中的“平步青云”就不会只是希望和愿景。

# 第五部分

# 风水与庭院

有效地向庭院引进风水，能够为你带来好运，因为庭院是招进幸运的场所。

植物具有非常旺盛的生命力，为庭院创造清新、充满活力的环境。水是构成庭院风水的最重要的元素之一，它能够滋养生命、提升活力，还能招引财气、启迪智慧。当然，石头等也是庭院中不可或缺的精灵。在庭院中设置照明，则可以大大增强好运，减少厄运。

运用好庭院风水，是提高家人运势和人际关系运的简单有效的方法。

## 【内容提示】

- 向庭院引进好风水
- 庭院植物
- 水景
- 庭院中的构造物
- 照明

# 第二十七章 向庭院引进好风水

我国古代非常重视庭院美化，也非常重视庭院风水，认为庭院建筑、花草树木、假山流水的组合布局要符合风水的要求，这样就能有利于身心健康和财运事业，这是传统风水学中朴素的环境景观意识。如苏州园林就是人造环境景观风水的典范。

本章将主要介绍风水如何影响庭院，庭院设计的风格与构造如何等。

## 庭院风水影响家运

庭院是和外界交接的地方。和玄关相同，也是招进幸运的场所。不用说，同样地只要以花草装饰得很美，清理得很干净，幸运就容易上门了。没有庭院的家庭，可将阳台想像成庭院。

不要将垃圾或是废弃物放在庭院，因为庭院不是仓库，如在不得已的情况下需要放置物品，也请注意

不要堵塞了逃生通路。即使是从外面看不出来，也不能杂乱地塞得满满的。不常使用的东西会沾染灰尘，将其整理一番收拾起来吧。若住在公寓或集合住宅区，就请好好地活用阳台的空间吧！住在高楼大厦的人，由于远离地面生活，通常都容易缺乏泥土及植物的能量，所以可多种些花及植物，若是空间充许，就放张椅子和桌子，试一试在这里一边品茗一边纾解身心疲劳的闲情逸致。

在阳台摆饰盆栽植物，有几点注意事项：一是住宅区的阳台，通常担任逃生出口的重大责任。堵塞住逃生口或是放置易掉落物品等都是很危险的。二是若有枯叶堵塞住排水沟，就会导致漏水，水汽和湿气都会加速建筑物的损坏。如此一来，出自一片好心放置的植物，却招来意想不到的灾难，使阳台成为无法招来幸运之地，多么可惜。

住处周遭高楼大厦林立、日照不足的话，可用植物来补太阳能之不足。在阳台摆较高大的植物，最好放在从屋内可见的范围内，此兼具隐蔽窗外可见的建筑物的功能；或是将盆栽固定在栅栏上，排成一直列也可以；更进一步还可选择具有季节感的植物，感受大自然的律动；还可规划一个普通的家庭菜园，种一点草药和蔬菜也很棒，以此取得和大地之间的一体感，获得精神安定。

即使是不能规划庭院的独门独户的房子，若在玄关前的小通道上或是外墙附近放上花盆，也能提升运气。房子上若有不自然的凹洞或凸起物，也可以用盆

栽来减缓凶相。

在庭院里不可放置有不寻常来历的或是过大不易搬运的石头。因为石头会夺走庭院内的好的气。还有，在靠近房子的地方建水池也不太好。水汽滞留不去的话，会侵犯房子，也会弄脏“气”。但也有人十分偏爱池塘，所以也不是说就一定得将池塘填平，只要尽量保持池水的干净，好好管理即可。

日光充足的庭院里，将树种植在树影不会投射在房子上的地方。围绕着房子种植高大的树木也是不好的，因为阳光为树所夺，会妨害人体的健康。

对于小型的庭院，推荐你搭建凉亭。凉亭使房子与庭院相连，可将庭院的大自然能量引进家中；另外，长廊也有同样的功效。凉亭内放上一张桌子和几把椅子，就可以充当一个休憩的地方。在晴空万里的周末、假日，和家人在庭院里度过美好的一天，尽情吸收太阳和植物的香气，这样凉亭也算是担任了一个使家人和乐团聚的任务了。

## 庭院的风格与构造

一个庭院设计的好坏，需要从科学性、文化性、实用性和艺术性等多方面来衡量。有人把庭院设计和园林景观设计混为一谈，其实二者不尽相同。设计园林是为了观赏，而设计庭院是为了生活。庭院更多要融入主人的个性，把艺术生活化。

根据对欧美独立住宅的统计，私人庭院是家庭住宅基地中重要的使用场地，其使用频繁的顺序大致是：起居、游戏、室外烹饪和就餐、晒衣、园艺、款待朋友和储存杂物。三岁以下的孩子，将在庭院内度过其大部分的户外时间。在日渐现代的生活中，人们更多的是通过庭院来与自然交流。

庭院的布局非常关键。简单的可以在庭院中种些花草，或者打造一个绿色植物的苗圃，如果再讲究一些的话，许多人会请专业的设计师来设计和制作庭院。

目前从风格的分类布局上，庭院风格分为三大类：规则式、自然式、混合式。

规则式风格的构图多为几何图形，垂直要素也常为规则的球体、圆柱体、圆锥体等。规则式庭院又分为对称式和不对称式，对称式有两条中轴线，在庭院中心点相交，将庭院分成完全对称的4个部分，规则对称式庭院庄重大气，给人以宁静、稳定、秩序井然的感觉；不对称式庭院的两条轴线不在庭院的中心点相交，单种构成要素也常为奇数，不同几何形状的构成要素布局只注重调整庭院视觉重心而不强调重复。相对于前者，后者较有动感且显活泼。

自然式庭院是完全模仿纯天然景观的野趣美，不采用有明显人工痕迹的结构和材料。设计上追求虽由人工制作，但宛如天成的美学境界。即使有一定要建的硬质构造物，也采用天然木材或当地的石料，以使之融入周围环境。

大部分庭院兼有规则式和自然式的特点，这就是混合式庭院。它有三类表现形式，一类是规则的构成元素呈自然式布局，欧洲古典贵族庭院多有此类特点；第二类是自然式构成元素呈规则式布局，如北方的四合院庭院；第三类是规则的硬质构造物与自然的软质元素自然连接，新近的上海别墅庭院大部分场地尽管不对称，但靠近住宅的部分还是规则的，可以将方形或圆形的硬质铺地与天然的植物景观和外缘不规则的草坪结合在一起。如果一块地既不是严格的几何形状又不是奇形怪状的天然状态，依此法可在其中找到规律。

一般来讲，庭院里的植物品种不要太多，应以一二种植物作为主景，再选种一二种植物作为搭配。植物的选择要与整体庭院风格相配，植物的层次要清楚、简洁而美观。常绿植物比较适合中国北方地区。集观花、赏果和食用为一体的植物，如红月季石榴、黑月季石榴、吉庆果等，可以让人们综合享受到多种不同情趣。除了传统的适宜在庭院中铺陈的草皮、大棵喜阳植物外，目前芳香植物如迷迭香、夜来香、薰衣草、薄荷等近来成为庭院栽种的新宠。由于这些香味植物从幼苗到干株枯叶都有浓郁的香气，到了晚上更是香味四溢，特别适合营造庭院醺醺欲醉的氛围。其散发的香味还具有抗氧化性及抗菌性，是清新气味和净化空气的绿色产品。

水是许多庭院里不可缺的精灵，它可以与庭院中的一切元素共同组成一幅美丽的水景图。而木材在家庭庭院中可以说是起着点睛的作用，户外家具、花槽、花架、秋千椅、围栏，无论用在庭院中的任何角落，它都会给人创造一种温馨、舒适、自然、和谐的氛围，满足人们对自然回归的迫切渴望。在铺满鹅卵石的庭院中，摆放一张造型简洁的木桌椅，可以让你完全融入到自然的氛围中。特别是在北方，木头让北方的冬天不致拒人千里。木质桌椅的色彩比较丰富，有原木色的、白色的、绿色的等等，总之应与整体庭院风格相配。需要注意的是，因为木材在露天中会随着风吹雨打变样，因此，每年的春天要注意给这些木材换上“新衣”。

# 第二十八章 庭院植物

植物能提升大自然中的生命力，造就和谐的环境。植物还能为环境制造氧气，通过光合作用参与碳氧循环，产生健康的能量。它们影响能量的方式是：提升、和谐、增加、刺激、流动、分散。在风水里，健康的植物能带来新的机遇，利用合适的摆放方式，植物能带来健康、爱情、成功和财富，还能够清除电子设备带来的电磁场等危害；另外，它为停滞的角落增加能量。

## 能够带来好运的植物

作为庭院里的重要装饰物品之一，植物起着非常特殊的作用，植物通常都具有非常旺盛的生命力，种植大量的健康植物，会创造出清新充满活力的环境，有助于消减现代家居中各类用品产生的辐射和静电。植物也可通过光合作用释放氧气，为居所提供新鲜的空气，而许多植物因其特殊的质地和功能，更具有灵性，对家居会起保护作用，对人类的生活细心呵护，亦可称之为住宅的守护神，因此，庭院的植物功用极大。

### 吉祥草

也叫瑞草，终年青翠而小巧，泥中、水中均易生长，象征着“吉祥如意”。

### 灵芝

灵芝性温味甘，有观赏作用，有长寿兆，自古视为祥兆，吉祥图中常见鹿口或鹤嘴衔灵芝，用做祝寿礼品。

### 梅花

梅花对土壤的适应性强，花开五瓣，清高富贵，其五片花瓣有“梅开五福”之意，对于家居的福气有提升作用。

## 艾

艾是一种中药材，艾叶加工后可用做灸法治病燃料。端午节将艾制成“艾虎”，带在身上，能起到辟邪除秽的作用。

## 茱萸

“遥知兄弟登高处，遍插茱萸少一人。”茱萸是吉祥植物，香味浓烈，可入药。古时习俗，夏历九月九日佩戴茱萸囊，可以去邪辟恶。

## 无患子

以中日两国为多，尤为受到尊崇。结实球形如枇杷稍大，生青熟黄，内有一核，坚硬如珠，俗名鬼见愁，佛教称为菩提子，用以串联做念珠，有它“无患”。

## 葫芦

多籽，原产印度，在风水学中是能驱邪的植物，亦有多子多福的含意，古人常种植在房前屋后。

## 石榴

含有多子多福的祥兆，很有富贵气息。

## 葡萄

葡萄藤缠藤，象征亲密，自古有葡萄架下七夕相会之说，而夏季在葡萄荫下纳凉消暑，亦是人生一大快事。

## 海棠

花开鲜艳，令富贵满堂，而棠棣之华，象征兄弟和睦，其乐融融。

## 棕榈树

又名棕树，既有观赏价值，树干又可作为亭柱等，棕毛可入药，功能为收涩止血，主治吐血、崩漏诸症，在风水上具有生财护财作用。

### 槐树

槐树木质坚硬，可为绿化树、行道树等，在风水上被认为代表“禄”，古代朝廷种三槐九棘，公卿大夫坐于其下，面对三槐者为三公，因此槐树在树中的地位极高，用来镇宅有权威作用。

### 桂树

月中有桂树，桂花即木犀。桂枝可入药，有驱风邪、调和作用。宋之诗词云：“桂子月中落，天香云外飘”，有高洁之意。桂花芳香四溢，是天然的空气清新剂。

### 竹

苏东坡云：“宁可食无肉，不可居无竹。”竹是高雅脱俗的象征，无惧东南西北风，更可以成为家居的风水防护林。

### 桃树

“千门万户曈曈日，总把新桃换旧符。”桃树为五行的精华，故而每逢过年总以桃符悬于门上，能制百鬼。

### 柳树

“柳”为星名，二十八宿之一，柳树，亦有驱邪作用。同桃树的作用一样，以柳条插于门户可以驱邪。

### 银杏树

银杏树龄长达千余年，因在夜间开花，人不得见，暗藏神秘力量，因此许多镇宅的符印要用银杏木刻制。

### 柏树

柏树刚直不阿，被尊为百木之长，木材细致有芳香，气势雄伟，能驱妖孽。

## 椿树

《庄子·逍遥游》云："上古有大椿者，以八千岁为春，八千岁为秋。"因此椿树是长寿之兆，后世又以之为父亲的代称，在风水上有护宅及祈寿作用。

## 橘树

即桔树，"橘"与"吉"谐音，象征吉祥，果实色泽呈红、黄，充满喜庆，盆栽柑橘是人们新春时节家庭的重要摆设，而橘叶更有疏肝解郁功能，能够为家中带来欢乐。

## 榕树

含"有容乃大，无欲则刚"之意，居者以此自勉有助于提高涵养。

## 枣树

在庭院中植枣树，喻早得贵子，凡事快人一步。

# 能够带来好运的花的颜色

对整个植株来说，花朵的色彩是最美艳、最丰富的，因而，花卉的色彩审美也常将花朵作为主要的对象。

由于花卉的色彩能对人产生一定的心理和生理作用，因而就具有一定的感情象征意义。花卉的色彩，有使人兴奋的，有使人平静的；有使人激动的，也有使人放松的；有的色彩组合能给人华丽而漂亮的感觉，有的则使人感觉朴素和幽雅。

花朵的色彩是极为丰富而又富于变化的。作为植物造景中的色彩搭配，更是要充分考虑到花卉色彩对人情感的作用。因此，掌握基础色系花卉的资料是极其重要的。花的颜色也代表五行属性，红色代表火，黄色代表土，蓝色代表水，白色代表金，青色代表木。

## 红色系花

一串红、石蜡红、虞美人、石竹、半支莲、凤仙花、鸡冠花、一点缨、美人蕉、睡莲、牵牛、茑萝、石蒜、荷包牡丹、芍药、菊花、海棠花、桃、杏、梅、樱花、蔷薇、玫瑰、月月红、贴梗海棠、石榴、红牡丹、山茶、杜鹃、锦带花、夹竹桃、合欢、紫薇、紫荆、榆叶梅、木棉、凤凰木、木本象牙红、扶桑等。

## 黄色系花

花菱草、七里黄、金鸡菊、金盏菊、蛇目菊、万寿菊、秋葵、向日葵、黄花唐菖蒲、黄睡莲、黄芍药、菊花、迎春、迎夏、云南黄馨、连翘、金钟花、黄木香、金桂、黄刺玫、黄蔷薇、棣棠、黄瑞香、黄牡丹、黄杜鹃、金花茶、金丝桃、腊梅、金缕梅、珠兰、黄蝉、黄花夹竹桃、小檗、云实等。

### 蓝色系花

鸢尾、三色堇、勿忘草、美女樱、藿香蓟、翠菊、矢车菊、葡萄风信子、耧斗菜、桔梗、凤眼莲、瓜叶菊、紫藤、紫丁香、紫玉兰、木槿、泡桐、八仙花、牡荆、醉鱼草、蓝雪花、蓝花楹等。

### 白色系花

香雪球、半支莲、矮雪轮、石竹、矮牵牛、金鱼草、兰目菊、翠菊、风船葛、月光花、白唐菖蒲、白风信子、白百合、晚香玉、葱兰、郁金香、水仙、荷花、白芍药、茉莉、白丁香、白牡丹、白茶花、溲疏、山梅花、女贞、枸橘、白玉兰、广玉兰、白兰、珍珠梅、栀子花、梨、白鹃梅、白碧桃、白蔷薇、白玫瑰、白杜鹃、刺槐、绣线菊、白木槿、白花夹竹桃、络石、木绣球、琼花等。

花朵固然是花的观赏器官之一，但我们不能忽视枝叶的色彩，正如“霜叶红于二月花”。而除了领略花、叶色彩美的时候，也不能忘记果实的色彩。苏轼有诗：“一年好景君须记，正是橙黄橘绿时。”

果实红色：火棘、荚迷、樱桃、山楂、冬青、枸骨、枸杞、橘、柿、石榴、南天竹、珊瑚树、平枝荀子等。

果实黄色：银杏、木瓜、甜橙、香橼、佛手、金柑等。

果实黑色：女贞、爬山虎、刺楸、君迁子等。

果实蓝、紫色：紫珠、葡萄、十大功劳等。

果实白色：红瑞木、雪果等。

## 树木的种类选择

庭院栽树是有选择的。风水学认为植物分为凶吉两类，凶者划分有两种标准：一是要以是否有毒气、

毒液为标准进行划分，这是有一定科学依据的。如夜来香晚间会散发大量强烈刺激嗅觉的微粒，对心脏病和高血压患者有不利影响；夹竹桃的花朵有毒，花香容易使人昏睡，降低人体功能；郁金香花有土碱，过多接触毛发容易脱落等等，这些都属于凶树，不宜在庭院栽种。二是以树的形状来论凶吉，如“大树古怪，气痛名败”、“树屈驼背，丁财俱退”、“树似伏牛，蜗居病多”等，凡长相不周正、端庄，发育不正常的树木则为凶。至于吉树，它是根据植物特性、寓意甚至谐音来确定，而且现实生活中人们趋同这种观点，如风水学者认为棕榈、橘树、竹、椿、槐树、桂花、灵芝、梅、榕、枣、石榴、葡萄、海棠等13种植物为增吉植物，桃、柳、艾、银杏、柏、茱萸、无患子、葫芦等8种植物有化煞驱邪作用。

## 树木的大小

关于庭院中种多大树比较合宜，不同风水流派有不同的要求，风水学中形式派认为，要挡住住宅四周煞气，宜成排栽大树。为增补形势需要，在房子建在平原或四周比较平宽地方，可用树木花草来造成一种“左青龙、右白虎、前朱雀、后玄武”之四神象格局，即房子后面栽大树，左右两边栽中等乔木，前面栽低矮灌木或种草，这种方式从美学上看无可厚非，而且符合人们寻找“风水宝地”之心理需求。风水学的理气派认为宜见高的地方栽大树，宜见低的地方栽低矮植物，如八宅游年理论认为房子之天医、延年、生气方宜栽大树，其他方位上则可种矮树或青草。

## 树形的选择

风水理论在总体上主张端正、对称均衡，因而在对植物栽培总体要求可以概括为：健康而无病桩，端庄而妖奇，有如下风水论断，“怪树肿头不肿腰，奸邪淫乱小鬼妖”、“竹木倒垂在水边，小孩落水不堪言”、“枯树当门、火灾死人”、“树枝藤缠，悬梁翻船”、“树损下边，足病边绵”、“果树枝左，杂病痰火”、“树下肿根、聋盲病昏”、“斜枝向门，哭泣丧魂”、“大树古怪，气痛名败”等等。可以肯定的是死树、枯树、病树不宜栽种是正确无疑的，至于长相不端庄的树则应一分为二看，有的树因曲而美，因屈而好，不可一概排斥。

## 树木的栽种方位

古代风水学经典对此有一些断语：“东植桃杨、南植梅枣，西栽栀榆，北栽吉李”，“门前垂柳、非是吉祥”、“中门有槐、富蹦三世”，“宅后有榆、百鬼不近”，“门庭前喜种双枣，四畔有竹木青翠进财”，“住宅四角有森桑，祸起之时不可挡”，等等。从上述论断，结合现代科学知识来看，有的论断含有自然科学知识，有的则是一种趋吉避祸的心理需要，如东植桃杨是因为东方首先迎接朝阳，柳发芽是比较早的植物，桃花也是迎春开花最早的植物之一，故栽东边是合理的，榆树是喜湿植物，不怕西晒，宜栽种在西方。至于说槐树招财、榆树驱鬼则很可能有诸多迷信的成分，柳树不宜栽正门前，则可能是指柳树“水性杨花”，故从心理上难以接受。

# 第二十九章 水景

水是风水的最重要元素，与财富、健康有关。池塘、喷泉和鱼缸放在正确的位置时是非常有效的能量强化物，水泡能反映能量的产生并刺激能量的活跃与均衡。

装饰性水体给房间内外都带来美感，为双耳带来乐音，给心灵带来和谐。流动的水可以给平静的角落带来能量，刺激财富的增加，并且能补偿房间内外丧失的能量。因为水象征金钱，池塘、泳池、喷泉甚至鱼缸里的水泡产生的财富和好运围绕着人不断地流转。

## 水体的分类

在构成庭院风水的元素中，水是最重要的元素之一。无论是滋养生命、提升活力，还是招引财气、启迪智慧，水的作用都是不可替代的。

水的力量极为强大，寓刚于柔，既有观赏价值也有环保作用，甚至可以调控温度。《黄帝宅经》指出，“宅以泉水为血脉”，因此，完美的庭院里必须有水来画龙点睛。庭院里的水体形式多种，主要有池塘、游泳池、喷泉等，均有壮旺宅气的作用。在风水布局中，甚至是一碗清水也可为家居带来鲜明的效果。

### 池塘

庭院中的池塘对家居的宅运大有益处。池塘为住宅改造了生存环境，增加了自然的美感，为生活平添了无限的诗意。庭院池塘在风水上有诸多讲究，首先，池塘的水质要保持清新，不论对风水，还是居者的身体健康都很重要。其次，在池塘中宜饲养锦鲤等观赏鱼，寓意“鲤鱼跃龙门”、“年年有鱼（余）”，很具富

贵吉祥意义，既养眼，又充满了活力、生命力，对调和阴阳有促进作用。

### 游泳池

庭院泳池，为居者提供了游泳健身的场所，不仅有益于居者的身体健康，而且在风水上，常与水亲密接触，能为居者身心注入水的特质，有助于提高思维的柔韧性。

泳池最佳方位是在庭院的东部、西部和东南部，但不宜太靠近大门，防止潮气入宅。形状上以圆形和曲形为佳，设计成不规则的圆形也可，但不宜有尖角，尖角冲射则不吉。

### 喷泉

庭院的喷泉或人工瀑布，都是庭院中的活水，均有助于活跃家居气流，避免财气停滞，并且能够有效抵消住宅受路冲、反弓路等煞气影响。喷泉里如安装向上的灯光，更可强化效果。

喷泉或瀑布的活水发出的声音，亲切而自然，也能对人产生积极的影响。流水至柔至善，可轻易流过路径上各处障碍，而涓涓细流的汩汩之声很具抚慰性，有助于居者战胜漫长人生路上的崎岖坎坷而自强不息，一往无前。

## 水体的形状

庭院的水系在布局时，一定要注意让水系以柔和的曲线朝往住宅前门流来，而不是流去，以避免财水外泄。

需要注意的是，无论是设计池塘、游泳池还是设

计喷泉，都要把这些水体的形状设计成半圆形，形如明月半满，取其“月盈则亏”之意，使居者以此自勉，不断进取。这是因为：

能藏风聚气：喷水池、游泳池、池塘等水池要设计成半圆形，四面水浅，并要向住宅建筑物的方向微微倾斜（圆方朝前），如此设计，方能够藏风聚气，增加居住空间的清新感和舒适感。

便于清洁：如果将喷水池、游泳池、池塘设计成长沟深水型，则水质不易清洁，容易积聚秽气。古书上对这种设计称为“深水痨病”。因此，池塘、喷水池要设计成形状圆满，圆心微微突起。半圆形不易有旮旯隐藏污垢，便于清洁。

利于安全：如果将喷水池、游泳池、池塘设计成方形、梯形、沟形，则容易形成深不见底，对在水中嬉戏的人十分危险，尤其是儿童，而半圆形的设计则十分安全。

利于健康：如果喷水池、游泳池、池塘的外形设计有尖角，又正对大门，则会因光的作用即水面反光射进住宅内，风水学上认为这样的反射对人的健康不利。

传统风水学中，水一般代表“财”，庭院中的“水”的安排恰当与否，和主人的财富也有密切关系。人们可以不相信，但是在现代建筑学中，“水”的安排也与其构筑方法密切相关，决定着住宅的安危等，所以，在庭院的设计中，“水”的安排要从多方面考虑。

## 水的位置

庭院在设置水体时，要注意将其置于以下吉方位：

西北方位：设置水池为吉相。不过，水池要经常

清洁保养，否则吉意会减少。石头也要摆设得美观，才能产生稳定的情绪和活力。

西方位：设置水池时，没有阳光反射就是吉相。此方位本来就是“泽”、止水的位置，因此，不是坏相。西北为兑，水池也是兑。在易学上，就是兑为泽的卦。在《象传》上有“兑比民先，民就忘记劳苦；民以兑犯难时，民就忘记死，兑具有极大的影响力”的记载。意思是有喜悦的心情，人就会忘记劳苦，才能克服困难，甚至死都不足惜。这个方位符合喜悦之说。此方位的住宅形状为吉相的话，会带来柔和、明朗、生活的喜悦。此方位的住宅形状为坏相的话，那么设置池塘也是坏相。

南方位：水池要设在阳光不会反射到墙上的位置，大约距离房子5米的地方就可以了。

东方位：水池的设置为吉相，倘若再配上小河的话则更佳。

东南方位：和东方一样，设置水池就是吉相。如果想增设小河，流速则要慢一点。

以下为不利于设置水池的方位：

东北方位：此处不可设置水池，因为水气停滞，不好。

北方位：设水池不好，一定要设置时，就设在正中的子及靠近西方壬的部位。水池太大为坏相。

西南方位：这是不利方，不要设置水池。

## 使用水的庭院的设计

庭院中的水景不仅可供主人观赏、娱乐，还有着非常实用的功能，比如水景可以调节花园气温、调和空气湿度，还可以滋润花园土壤，需要更换的水体还可用来浇灌园中花草，水景甚至还兼有防火的作用。对于面积较小的小庭院来说，做大型的水景不一定适宜，但有更多小的水景可以选择，比如小喷泉、涌泉、滴泉，等等。这类小的水景操作起来非常简单，并没有想象的那么难，即使是阳台，甚至是案头，也可以试着做一个小水景。

自然界中，地下水向地面上涌的、压力小的水为涌泉；压力大的、水流往上喷的为喷泉；泉水从崖壁里流出来的为壁泉。庭院中正是模仿了自然现象才有了泉的设计理念。我们可利用天然泉设景，也可设计人工泉。小庭院中则可以根据主人喜好和花园的布局自由选择。常见的喷泉在私家花园里经常会和雕塑、小品、花坛、盆景结合一起，为我们所熟悉。壁泉是从壁面上流下来的泉水。它是庭院中室内外渗透手法之一，其构造分壁面、落水口与受水池三部分。落水口常做成鱼龙鸟兽纹样。壁泉的落水形式可以依水量而定，可做成片状落（水帘）、柱状落和淋落（滴泉落）。

在西方园艺中，静谧的滴泉是常见的园艺手法。安静的水滴缓慢地凝结在一起，轻轻地滴落，非常温柔的声音，甚至不易察觉。这样的庭院绝对是主人静坐冥思的好地点。

如果觉得做池塘太大，做防水也太麻烦，不如试一试这种做法：

埋一只缸在土里，周围用鹅卵石遮盖边缘，很自然地就形成了一处水景，还可以在此种荷花或睡莲。

在很多户外家居店可以买到成套的水景，操作非常简单，只要接上电源、灌入清水就可以运转；也可以在卖观赏鱼、水族箱的地方购买合适的水泵，找到合适的泉眼装饰，做一个这样的小水景。

当然，水景里若没有水生植物的存在，色彩就会很单调。水生植物是丰富和装点水面的重要元素。适当点缀在庭院里的水生植物不仅画龙点睛，让水体充满绿色，还使得水景摇曳生姿，充满生机。很多时候，

它们还可以烘托主景，或遮挡构筑物比如水泵等。有花草的存在，能让庭院的整体构图得以完善。

对于稍大的水景而言，水生植物还是水体生态平衡的保障。一个好的水景不仅要重视视觉效果，也要保证水域内的生态和谐以及水质清洁。它们可以为鱼类提供必须的氧气，也为它们提供食物来源和栖息地，形成水景自身的小环境，并进行良性循环。

荷花、睡莲便是常见的水生植物，而梭鱼草、慈姑、雨久花的选择会让你的庭院看起来别有意蕴，因为它们开着冷色调的花朵，让夏日看起来更清凉。浮水或挺水类植物还可以覆盖部分水面，这部分遮荫的作用不仅可以保持水的温度，还在一定程度上阻止了绿藻的光合作用，从而抑制绿藻的产生。

# 第三十章 庭院中的构造物

庭院是有生命的，是寄托主人精神的理想之地。庭院构造元素是延续庭院生命的载体。庭院构造物的布局艺术是造园中最重要的一个方面。庭院无论大小，院子的主人都应该将它打扮出异样的光彩。石与草、水与花、灯与影、木与亭的艺术协调关系，是庭院设计的重要表现对象，也是庭院设计的几大构造元素。

## 风水与庭院中的构造物

一个欣欣向荣的庭院是家里好风水的最好的标志之一。绝对不要把死去的或垂死的花草留在园中，也不要让庭院杂草繁茂，因为这些东西都会聚集阴气。去除腐朽的树桩也很重要。

### 四兽

前面曾介绍过四兽（青龙、白虎、玄武、朱雀），任何建筑的周围都应有这四兽环绕守护。用心设计庭院，使四兽都有实际的或象征的代表物。例如，当放置一座假山时，假山其实就是一座微型的山，它象征着玄武，从后面护持着房子。

如果庭院的后面有山、高墙或高楼的话，那么玄武就有了。如果没有的话，就应该考虑在这个位置建一座假山、一堵墙或种植一排大树。

建在房前开阔地上的水设置，特别是流水装置，其根据是形学风水。鉴于水在风水里的特殊地位，在考虑建造流水装置时应仔细规划。在开阔地之外应有一个小高地或一堵矮墙来保留“气”。这就是位于正前方位的四兽之一的朱雀。

玄武

在房的两侧应有围墙或像墙一样的树木或环绕的山丘。记住，站在正门往外望去，右边阴的白虎应该比左边阳的青龙稍矮一些。右边种上枝叶繁茂的篱笆墙，比如竹篱即可。注意，如果阴侧更明显一些的话，就要尽量加强阳的青龙一侧，这可以通过灯光或其他的结构来进行补救。

在住宅或办公室里，用后天八卦作参考，而在外面的庭院里，应当使用先天八卦作参考。

还要考虑到视觉的效果。有人说，在庭院里，应该三步一景。不管怎样，最重要的是，要保持阴阳的动态平衡。阴的事物包括树、空间、黑暗和潮湿等，阳的事物包括阳光、高地、石头和干燥等。这并不是说要把阴和阳任意混杂，意思是说，庭院应该布置得阴阳交错，和谐相配，目的是使小环境里的阴阳和谐，往明堂输送“气”能，从而使“气”被房子吸收。

## 弯曲长路

如果有个私家庭院，就有绝好的机会来实践形学风水，以显著改善自家的风水。庭院不应该是僵化的固定模式，不应被设计成一个个方格子，庭院小路也不要是长长的笔直小道。相反，庭院里的线条应是弯曲的流线型，这样“气”才会在庭院里顺利地流动。

特别要避免出现从一头直通到另一端的直路。直路是庭院风水的大忌，尤其是传统的从房屋正门直通院门的直路更应避免。如果不能在保留原有布局的条件下使这条路变弯的话，那就设法另开院门，使其不要直对着前门，这样路就会被迫转弯了。然而，如果院门和正门之间的距离很短的话，这样的设计则是不现实的。

如果小路是用大的垫脚石做成的，就要量好石头之间的距离，以便脚可以方便地向前行走。石头之间的距离肯定会影响行人的脚步，因此影响到“气”沿着路流动的速度。长的间距会使人迈开大步，而短的间距会让行人放慢脚步，所以垫脚石的间距要合适。

## 石头

石头是庭院中的点缀品，在庭院中适当摆放一些庭石，对增添庭院的景致大有帮助。石头是自然的，

但它们的形状非常奇异，如果庭院中的石块数量过多，则会使住宅成为衰败寂寥的地方，对主人很不吉利。无论从风水学的角度考虑，还是从实用角度出发，庭院中不能铺设过多的石块。大致原因有以下几条：

①传统风水学认为，如果铺设过多石块，庭院的泥土气息会因此而消失，石块间充斥着大量阴气，使阳气受损。

②在实际生活中，炎热的夏天，石块受日照后会吸收反射相当多的热量，庭院如果铺满石块，离地面1米处几乎会达到50℃的高温，况且石块吸收的热量很多且不容易散去，连夜间都会觉得燥热异常，让人

有呼吸不畅、烦闷的不适感觉。而在寒冷的冬季里，石块吸收白天的暖气，使周围变得更加寒冷。在阴天下雨时，石块也会阻碍水分蒸发，加重住宅的阴湿之气。

③如果庭院的石头中混有奇异的怪石，如形状像人或禽兽，或者住宅的大门前有长石挡道，都会给人的心理造成影响。根据医学验证，有的石头上会附有很复杂的磁场，对人的精神和生理产生不良反应。

④庭院中铺设过多石块，人经过时脚板的感觉也不舒服，因此硌脚或扭伤实在太不值得。

所以，庭院铺设石头时应以恰当为宜，不能因为喜欢而大肆铺设。

现代庭院中的石头设计多采用人工材料的硬质景观，如雕塑、石刻、木刻、盆景、喷泉、假山等，再利用绿化、水体造型做出的软质景观相互兼顾，通过整个庭院景观来体现深厚的文化内涵。

如果庭院里需要补土，石头也可代表土。但是要注意，形学风水对那些状似猛兽或带有尖角的石头有很多禁忌。这些石头在风水上另有意义，因此，应该排除在自家的花园之外。确定要放进自家庭院里的石头摸起来和看起来都应很舒服。

安徽省有个著名的湖，是最好的灵璧石的产地。灵璧石是一种被水高度侵蚀、光滑坚硬的石灰石，形状奇特。当需要补土时，灵璧石即可派上用场。

## 花草果木

花草树木也是庭院里重要的部分。种植花草树木时要尽量避免客人一眼将庭院看个遍，这样客人才会为在每个转弯处发现的新景观而惊讶不已。

长久以来，用植物来象征它物是中国文化的一部分，某些树或花有着特定的风水象征意义。例如，象

征长寿的松树，可种在老人的居所附近或其他适宜的地方。竹子也象征长寿，但同时还以坚韧和生长迅速而著称，因此，最适宜放在正门左侧青龙的位置，因为竹子的迅速生长会使青龙很快超过任何白虎。竹节被用来制作笛子和风铃，表明竹子可引导气。

**●吉祥花**

梅花是春天最先开放的花，因此它显得很特别。人们描绘梅花为“冰肌玉骨”，它在风水上象征着婚姻。菊花开在秋天。菊和梅分别象征着男人和女人。“菊”的发音接近“九”，从而使之与洛书九宫也有一定联系。

牡丹，被称为“花中之王”，是财富和高贵的象征。在各色牡丹中，红色的最吉祥。牡丹与芙蓉种在一起，象征着财富和声望；和野苹果种在一起，则象征着全家人的财富和存款。

**●有益的植物**

水仙花是一种有着丰富的风水象征意义的植物，也叫水莲，字面意思是“水不朽”，象征着好运，并与五行的水联系在一起。有一种植物叫枫树，它的名字听起来像风，象征着约会成功、事业发达。

莲花是一种与佛渊源甚深的水生植物，象征着纯洁与崇高的精神境界。在更世俗的层次上，当和其他

不同的事物联系在一起时，莲花可代表其他不同的意思，尤其是新机遇的出现。从池底的污垢下长出来并开花，象征着完美以及冲出阴暗。

要说象征获得奖学金或通过考试的植物，应该数桂树。“折桂”一词代表通过全国统一考试。

另外一种特别的风水树是梧桐树，也叫桐树。据称梧桐是朱雀的栖身之所，因此，人们把它种在院中或地基前来代表朱雀，不过正对着大门种植不吉利。

宝石树，也称为金钱树，常种植在室内的东方或东南方位，以补强木气。

**●有象征意义的果树**

三种吉祥果在庭院风水里占有一席之地，这三种水果是：石榴、桃子和佛手。石榴象征着很强的生育力，因为石榴上满是籽。“籽”与“子”谐音，“子”在汉语里也指孩子。巧合的是，风水罗盘上指向北的汉字也是“子”。两者是有内在联系的，因为北方是孕育春天种子的阴暗（子）之地。半开的石榴还是一个很受欢迎的结婚礼物（早生贵子），石榴树也有帮助提高生育能力的象征意义。

桃树枝被认为具有驱邪逐魔的效力，因此，道家大量使用它来制作笔和书写的材料以作为护身符，它还是制作防煞之物（包括八卦镜）最好的木材。门神和家神常用桃木刻成。桃子还被认为可使人长生不老。

第三种吉祥水果是佛手（字面意思是佛的手指），因其形状而得名。它还被用来象征“阳”。

另外一种水果是橙子，在春节期间很流行，人们把它当成一种礼物互赠。橙子的颜色是金黄的，送收橙子象征着给予和接受财富。

## ☯凉亭

如果空间允许的话，庭院里应建有暗藏的凉亭和露台。它们具有装饰、实用两大功能，不但能遮风挡雨，同时也是一道美丽的风景线。当然，设计时应该和建筑风格一致。

# 假山的吉凶方位

假山是庭院中的一部分。假山的风水好坏和树木的风水好坏意义不一样。将假山和大小树木都配置在吉位的话，面积不够，也不现实。因此，对一般的住宅来说，设置假山和池塘的地方是不利方位的话，就不可设置。

### 吉方位

西方位：在此方位设假山为吉相。如能配合树木防止日晒就更加吉祥。

西北方位：设置假山为大吉。但是，还要配上树木，才会家运兴隆。

北方位：这个方位设假山为吉相，地势高一点也没关系，适当地种植一些树木会更加美观。树木不要太靠近房子，更不要开窗户。

东北方位：设假山没有关系。高耸、屹立的山，会带来稳定感，寓意不屈不挠。做高一点比较好，意味着财产稳定、一家团结以及有好的继承人。

### 不利方位

东方位：这个方位不要设置假山，否则象征前进、发展有障碍。

东南方位：和东方位一样，设置假山就是坏相，象征在人际关系、交易上会遇到障碍、挫折。

南方位：假山设在此方位也是不好的，意味着才智、能力被埋没，无法发挥。

西南方位：在此方位设假山不利于家运。

# 花草树木的布局

花草树木本来就是土地中生出的精灵，能呈现一块地的属性的特征。但是如果栽种不当，尤其是种植一些高大树木，则会对庭院的实用功能以及人的健康、生活等产生不良影响。

一般而言，在庭院里种植大树的实用价值并不高，而不便之处却不少，归纳起来，大致有如下几方面：

①在庭院中种植大树影响采光。高大的树木会遮挡门窗，阻碍阳光进入室内，以致使住宅内变得阴暗和潮湿，不利于居住者的健康。

②在庭院中种植大树还影响通风，阻碍新鲜空气在住宅与庭院之间流通，导致室内湿气和浊气不能尽快排除，使得住宅环境变得阴湿，不利于健康。

③大树的根生命力旺盛、吸水多，容易破坏地基而影响住宅的安全。

④传统上认为，高大的树木容易将树根伸到房子下面，影响房基的牢固。树根在房子下面生长或枯死，会给住房的安全带来潜在的危险。

⑤如果在庭院种植大树，大树本身所占面积不小，如此一来，会使庭院显得更加狭窄。另一方面，大树

叶多，风一吹，落叶满地，不易清扫，又影响环境和美观。

⑥庭院种树在古代是观赏重于实用价值，现在则相反，庭院除了利用来晒衣、乘凉外，还是游乐、团聚的好地方。若在庭院种植大树，会使活动空间缩小，很不方便。

庭院里不适宜栽种大树，但是，不等于说不可以种植其他植物。如果想在庭院种树，不如种些高度有限的小树，以美化环境。

另外，庭院中可种植一些花草，这不但是一种点缀，也是一种乐趣。每天早晚抽出时间修剪花木或除草浇水，这也是有益健康的锻炼，对老年人更能增寿。

喜欢花木的人，可以设计一个庭院花园，但要布局适宜，令人赏心悦目。没有大树而格局独特的庭院花园，同样令人留连忘返。

# 花草树木的禁忌

## 庭院中央不宜栽树

有人说，在庭院中央的位置摆放盆栽，会形成一个“困”字，象征人有困难的行运现象。事实上，这是一种迷信之说。在中国早期的农业社会中，庭院是用来晒稻谷之用，假使其中有棵树，当然会遮掉阳光。再者，树根会破坏平坦的庭院，而晒谷之后要整理谷物，当然会有妨碍，因此才会有“庭院中央不宜有树”的理论。

## 宅前不应有倾斜树

如果宅前光有倾斜的树，说明住宅所受的阳光有特定的角度，树木的生长重心总在一个固定方向，假以时日很可能树干不能支撑树枝，容易倒塌砸伤住户。

## 前门不宜有枯树

宅屋的庭院内，假使所有的树木均枯萎败朽，那可以知道此地的地气必定存在问题，否则树木怎么会枯死呢？地的地气足以养育万物，地气萧条则万物沉寂。宅屋立于无气之土地上，得到坏死之气，那住宅的气也必定因气而衰。人居于宅，则人的运气也会依其运的旺衰而运行，所以，传统住宅学哲理十分重视植栽与宅运的关系。

另一方面，枯树在门前，在视觉、心理上都形成阴影，影响一家人的出行情绪，久而久之，则对居住者的事业、生活造成影响。如果住宅前有枯树，就应该立即砍除再植新树、新草坪，或另想它法，如迁居。

## 窗前不宜有树

窗外的婆娑树影和斑驳的光影会带给居住者清爽的心情，但要注意的是，树不宜太贴近窗子，否则会招致阴湿之气，不利于居住者身体健康。

一般来说，窗前之树要离窗2米以上，住宅与树要形成一个友好的关系。古人说："树向宅则吉，背宅则凶。"如果一棵树是在与住宅争生存的空间，那么它必定与住宅形成背离之势，而相反，如果树与宅是友好的，则二者互相"拥护"。树为住宅遮阴挡风，对住宅的建筑质量以及居住者的健康都有帮助。

# 围墙的风水

围墙不仅能给庭院增添风貌和姿容，也能影响到庭院的整体美感、安全和舒适。围墙应注重其实用性，要根据庭院与住宅的形状、大小等特点选择实用、经济、耐久性的材料来砌盖。

围墙在建造的时候还要注意一些风水学上的原则，这样才能在美观、实用的同时保证人的平安、健康。以下是依据传统的风水观需要注意的几点事项：

①一般呈方形的庭院，围墙最好呈曲线或圆状。这是取风水学“天圆地方”之说，以达天人和谐之境。

②围墙前面不能有尖角，如果别人家的围墙有尖角或屋角正对着自家住宅，会给人芒刺在背、如鲠在喉的不适感，在心理上对住宅主人产生一种长期的不适影响。

③围墙不能造得前面宽大而后面窄尖，呈三角形，这会使人感到压力很重，引起心理上的不愉快。

④围墙上不宜有缝隙。庭院的四周围墙（包括庭院门）要保持完整，不可缺崩。

⑤围墙上不宜爬满野藤。围墙的墙壁上不可有长藤缠绕。有的宅主喜欢让墙壁上缠满藤叶，认为只有这样才有诗情画意。殊不知，这样一来会让宅内充满阴气，而且，年代久了，围墙也会被生长旺盛的植物破坏。

⑥围墙不宜用花石料装饰，让墙显得斑驳陆离。从讲究平衡和谐的观念上看，这些东西属于阴性，阴气重，会引起宅主的身体免疫力下降，体弱多病。

⑦围墙上不宜开大窗。

⑧围墙的檐盖不宜宽过两尺。

⑨庭院门两边的围墙应对称，高低、宽窄适宜。

重点要注意，围墙不能过高，这是因为：

①住宅四周的围墙过高，给人一种入住监狱般的感觉，让人有压抑感。

②传统风水学上讲，围墙过高为贫穷之相。古代讲究围墙要与住宅的格局以及宅主的身份相配。假如围墙太高，则影响了住宅的整体格局，也降低了宅主人的身份，与之不能相配，也让观者觉得别扭。

③在小偷的眼中，过高的围墙较具有隐秘性，可以躲开外界的视线，进行偷窃更加方便。

④从美学的角度来看，过高的围墙挡住了窗户、屋檐和屋顶，给人一种怪异不自然的感觉。

⑤围墙过高，挡住了窗户、屋檐或屋顶，也极大地影响了采光、通风效果，对宅主的身体健康不利。一般说来，围墙不要高于1.5米，这样才不会影响到采光与通风。

⑥围墙过高，也显示宅主度量狭小，与社会相处不融洽，并且容易造成宅主事业受阻等。

围墙不能太高，但是也不可过低，太低的围墙也有许多弊端：

①过于低矮的围墙让人没有安全感，起不到一定的防护作用。

②过于低矮的围墙不安全，守不住财气。住宅后院的围墙应该高1.9米为佳（不要低于此）。风水学上认为这样的高度比较适宜。

③过于低矮的围墙不能把风水格局调整好。围墙的高度应视院子的大小及前方位而定。

围墙不可太贴近住宅，否则也会缩短与近邻的距离，使自己的住宅无法保持隐秘性，从而使宅主人产生压迫感，精神抑郁难伸。另外，如果住宅与四周围墙的距离太近，也会形成采光不佳、通风不良等众多问题。这样必然导致气场不佳，极大地影响宅中的风水。

在建造围墙的时候，如能兼顾美观、实用，又符合科学的风水之道，那么这样的围墙就能让宅主一家平平安安，生活美满。

# 第三十一章 照明

与色彩一样，照明在风水中同样具有重要意义。照明的作用很多，如提振气场、活跃能量、化解“毒箭”、补充阳能量等，还能为庭院增添华彩。照明在庭院中起着画龙点睛的作用，它让庭院变得更有生机，可以让庭院的大自然美景更淋漓尽致地体现出来。

本章节将重点介绍照明在风水上的运用，以及如何通过照明修正有害的形状及负面影响，增加好运，减少坏运。

## 修正有害的形状与构造物的负面作用

完全重新设计庭院常常不太现实，但庭院的照明是个可以产生巨大变化而且可以完全自己掌控的东西。光是阳性的，要想平衡过多的阴，简单的方法就是通过增加庭院里的灯光来加强阳。如果能够巧妙地应用，外面的照明是可以将地运激活的，这是提高家人运势和人际关系运简单有效的方法。

巧妙安排照明对形状不吉的房子、虎和龙的位置不合适的房子，都是有效的解决方法。照明对于缺角的处理、不吉配置的纠正、因外在条件产生的坏能量的去除，都具有非常好的作用。例如，强光的照明可以分解其他建筑物放出的毒箭的影响。

运用庭院的照明可以纠正风水上的三大问题：

产生过剩阴能量或者形状不规则的房子

房子和庭院的附近有有害的建造物

高度或起伏不吉的房子

### 修正不规则的房子的形状

设置照明，能够立即激活火元素的阳能量。针对房子与庭院的形状不规则而有缺角的情况，在相应位置设置照明，可以产生阳能量，激活活力和生命力。这样的照明设置在与房子等高时是最有效的。任何情况下，高度最低也要达到2米。每晚三点钟打开开关，让灯光照在不规则形状中的缺陷部分。

### 对付有害构造物产生的毒箭

明亮的灯光，用来化解正对你家有威胁的构造物、建筑物以及其他物体是最有效果的。包括支线道路和树木、其他房子的尖尖的屋顶，还有某些交叉点。使用高光照向这些有害物，使坏能量在到达你家之前被反射掉。

## 增强好运，减少厄运

使用照明可以激活庭院内好的气运，并赶走坏的气场，以达到有效改善庭院风水的目的。

### 使用照明激活庭院的拐角

拐角是庭院中应该激活的特别重要的部分，这样能使家人和睦相处，减少家人之间的争吵与误解，对于改善全家人的生活起到积极的作用。最需要设置照明的位置是庭院的西南方位，庭院南部的照明可以提高全家人的名声。

### 象征强虎的房子的侧面用照明应付

房子的西侧（表玄关向外的方向的左手边）被认为是表示虎的一侧。如果庭院的西侧比其他部分高，虎就成为了问题。虎支配着龙占领优势地位，有时会有致命的危险性，也就是说，家人有可能遭遇事故、死亡或者其他的灾难。保持虎被稳妥控制的状态，使它发挥保护的作用，而不是破坏性的作用，就请在西方设置明亮的照明吧，这样可以减弱邪恶的虎坏的影响。西方位的照明象征“火”元素，会减弱（五行元素的相克关系）西方位象征的“金”元素。因此，西方位的照明具有有效的改善作用。

如果在庭院的西侧有石路，也要设置照明。有光的小路会维持虎被控制的状态，使居住者受到虎的恩惠和守护。

## 用元素的力量带来声誉运

庭院内的照明还能够起到增强特定的元素力量的作用，以给主人带来好的声誉和社交运势。

### 与水和照明相关的构造物

如果在池塘等与水相关的建造物附近有踏脚石，就一定要设置在庭院的北侧。一定不能将照明设置在池塘的内侧，这是因为火与水是对立的两种元素，会导致不和谐。同样道理，喷泉等类似的与水相关的构造物都不能用照明照射。

但是，如果踏脚石设在理想的位置，就可以给庭院西南方位的水设置照明。西南是土元素的方位，照明可以提高这个方位的能量。

### 修正起伏，保持平衡

从风水学上讲，房屋的后面应该比前面的地面高，左边应该比右边高（从正门里面向外看时的位置）。但是，如果不能够改变地势以修正某种不吉的大起伏，这时就可以运用照明达到非常好的效果。在较低的地面上竖起高竿，在上面安装照明灯，相当于象征性地提高了较低地面的能量，从而达到了修正不平衡的效果。

# 庭院的照明

## 庭院照明的作用

照明在庭院的装饰布局中占有重要的地位，可以为户外增添一道亮丽的风景。几盏安放适宜的华灯会立即让庭院活力四射，映衬着桃红柳绿，使庭院倍增娇艳，给庭院、水池甚至烧烤场平添几分魅力。有了五彩的灯光，即便是一座普通的庭院，在夜晚也会幻化成一个美丽的童话世界。

户外照明自然也有其实用价值。夜晚，在充满温馨氛围的庭院里，柔和的灯光让你尽情地享受生活的乐趣。灯光还能带给你一种安全感，它不仅可以将阴暗的角落照得通明，让那些偷偷摸摸的不速之客无处遁形，而且还能照亮园径和台阶等，不致让你在黑夜中磕磕绊绊。在一些有让人意想不到的巨石横亘的地方，那就更应让明灯高悬。

一些娱乐区和活动场所如网球场、烧烤场等，还有入口处、前门及车库等都需要永久性照明设备。在这些地方安装自动照明是最佳的选择。当夕阳西下、夜幕降临之际，这些灯会自动开启。它们要么由安装在不远处的电动控制盒启动，要么由照明设备自身所带的装置启动，后者相对便宜一点，但使用寿命较短，所以不得不经常更换。

跟住宅关系密切的灯具可以与室内的电路相通，而庭院里的照明设备则可使用单独的电路。室内的电路安装必须由专业电工完成，室外的电路安装也不例外。

也许电工不得不使用合适的防水电缆（埋于地下），并且确保铺设了地线。你一定要知道所有电缆的准确位置，并让在庭院工作的全体员工知晓，以免作业时不小心将地下电缆弄断。

## 庭院光照类型

庭院照明有直射型，即射出聚集的光束或光柱；有普照型，即将灯光均匀地洒落在庭院里；还有装饰型，此类照明设施的装饰性胜过其实用性，散发出的光非常有限。

直射型：聚光灯的光束射向特定的方向，一方面是为了实用目的，比如为庭院前门那片区域照明；另一方面是为了特别突出庭院里的某处焦点，如塑像、雕刻、花园长椅以及特别的花草植物等。此外，聚光灯还普遍被用于花坛之中（作向上的照射灯用）。一般说来，具有反射性的照明会使景致更加迷人。有意识地将直射的强光打在墙壁或植物上使光照反射，或让聚光灯隐置于花草树木之中。聚光灯的光线直射出去后产生散漫的光照，这样的光照会产生更柔美、更迷人的效果。

普照型：除非在一些关键地方合理地安排了一系列照明设备，否则将很难取得庭院普照的效果。不过这一般不成问题，因为只需在庭院内分区分片安装照明设备，即在特定的区域（如水池）里安装能给本区域带来光明的照明设备，便可达到预期的效果。这些地方用一般的电灯和壁灯即可。灯柱照明非常适合车道及园径，车道和园径边两排整齐的灯柱会放射出灿烂的光芒。虽说泛光灯在技术上属于直射型照明的范畴，但它放射出的强光可以照亮一大片地区，由此可产生出不同凡响的“普照”效果。

装饰型：很多类型的照明设备既具装饰性又有实用性。向上照射灯不但能让人清晰地看到植物的枝叶，而且能让人欣赏到灯光映衬下的叶片倩影；而白炽灯则会将它沉郁的光辉撒向远处。有些照明设备，如时新的独立灯、壁灯等，本身就是一道美丽的风景线。

彩灯自然也具有装饰作用，但一般更适宜在良宵佳节时使用，而不是作为庭院的永久照明设备。在娱乐型庭院里，烧烤场、树枝上张挂彩灯可以营造出一种节日的气氛。当然，如果打算安装永久性彩灯，那么首先要考虑的问题是不同的色彩对植物的叶片可能产生的不同效果。比如说，蓝色灯光属冷色调，照在植物身上会显得极不自然，因此一般很少使用蓝色灯。对于绝大多数庭院来说，绿色和琥珀色是最佳选择。

## 庭院照明灯具

适宜在庭院里使用的灯具不胜枚举。这些灯具都暴露在外，所以一般都是带有保护盖的封闭式灯具。用于花坛的灯具一般都配有塑料长钉，以便能够稳稳地固定在花坛里。

如果想在户外，尤其是在庭院里营造浪漫情调，那么低压照明设备将是最明智的选择。

# 第六部分

# 风水与商务

风水，不单单是家里需要，对于自己经营店铺或者做生意的人来说，商铺风水关系到财富的多寡；对于上班族来说，办公室里的风水更为重要，这关系到事业的发展。谁都想把企业或旺铺经营好，但在激烈的市场竞争下，往往天不从人愿，力不从心，业绩与销售额的衰退有时让你措手不及，如果，此时企业的办公风水或店铺风水有瑕疵，更容易并发风水的阻力。

这一部分将着重介绍商务风水，教创业者活用财富的能量，教大企业的经营者做好风水方面的规划，为企业发展奠定坚实的基础。

## 【内容提示】

- 创业者的风水
- 大企业的风水

# 第三十二章 创业者的风水

如果你是创业者，首先改善自己的风水非常重要，因为公司的生意是你和你所做的决策的延伸。但即使你不是老板，办公室环境也是非常重要的。

本章将主要介绍创业者的风水与做小本生意需要注意的风水，如活用财富的能量可以为自己带来怎样的改变；如何为自己寻求支持；风水如何影响自己的生意以及如何在自己的办公室里应用风水使之最为有利等。

## 活用财富的能量

风水的改动可以改变一个人的运程。所谓的先天命运，则是指我们出生的年、月、日、时，这是我们无法改变的，但是“运”受多方面的影响，可以后天人为地改变，其中最有效最快捷的方式就是改动风水，风水可以助运。对于那些做生意的创业人士来说，通过风水的调整，可改善或增加一些财运。

## 在东南方位栽种茂密的绿色植物

这种方法适用于住宅、庭院和事务所，意味着主人生活和工作中的收入增加。东南方也是象征财富的方位，并且五行为木。因此，活用健康的绿色植物可以刺激木元素，招来财富的能量。植物一定要精心照料、定期修剪，如果出现枯枝残叶就有可能给事业带来凶运。

## 在玄关的入口建造运送财富的瀑布

另一个非常有效的激活财富的方法是，在玄关外3～4.5米范围内建造小型瀑布。这种房屋无论是事务所、工厂还是个人住宅都可以使用。应该注意的事项有以下几个：

①瀑布不能过大也不能过小，要与办公区、庭院的大小成正比、相协调。

②水流要朝向玄关方向，瀑布流下后形成的池塘，要从门口全部能够看到。

③一定要在池塘中放入生物。淡水龟和鱼是最好的。

④玄关门要设置在房子的东、东南或者北方位。

## 在通道里埋下9枚古代钱币

将9枚硬币或者比做硬币的石子埋在通往事务所和住宅的正面入口的通道，这样可以起到九帝钱所起的作用，可以催财，并且古代钱币外圆内方的形状表示天与地的融合。

### 椅子后面放置“山”

事业和政治界人士办公椅子的后面一定要放置“山”。有名的山的画或者是照片都可以，重要的是，山里不能有水。

### 椅子后面放置你的“银行”

拿到交易银行总店的照片，放在办公椅的后面。不要选择直面建筑物的顶端部分的照片，这样的照片会向你放出毒箭。

### 在订单和账单上系上中国古代钱币

这是提高事业业绩的最好的风水建议之一。将三枚中国古代钱币全部串起系在订单和账单上。注意要用红色线或者缎带串起硬币，打结的方法没有特别的规定，硬币的阳面（写有四个汉字的一面）朝上即可。

## 为自己寻求支持

作为老板的你的办公室，最重要的是不宜让“暗箭”射到自己的办公桌，尽量不把办公桌摆在长长的过道的末端，也不要对着墙、柱子或其他办公桌的角。如果不能搬动办公桌，那就通过放置植物或屏风作为缓冲以尽量去遮住暗箭。

不要背对着门、窗、过道或其他的空地落座。尽量保持椅子后面有坚实的墙一样的东西作依靠，因为这样才会使桌子固定住并最大限度地吸取室内的吉气。同时，墙保护着坐着的人，人们把它比喻成“后背的守护者”。有人建议在椅子后挂坚实的图画，比如山画，但即便如此，也比不上坚实的墙。另外，坐着的位置要保证当有人走进屋子时，自己能清楚地看到。

尽量把办公桌朝着自己的最佳方位摆放。因此，就要计算出自己最好的四个方位，然后利用属于自己的第一、第二甚至第三、第四个最有利的方位。如果以上与形学风水关于暗箭和支持方位的考虑有所冲突的话，后者通常要优先考虑。

# 小企业的风水

办公室是生财重地，想要财运兴旺、风生水起，好环境加上好风水一定可以让你事半功倍。

办公室风水设计首先要从办公室的地点选择开始。有一个好的风水场所就能因地起运，为公司抢得先机，进而使企业经营成功。从专业的角度分析，选择办公室场所一定要五行“生旺”，业主命中“喜用神”才为最理想的生财宝地。一个好的环境风水所产生的气场对人的身体、胆量、智慧都有一定的帮助作用，进而促进生意兴隆、事业成功。

以下是创业选址风水的几项重点：

①办公场所应选当运的旺地。

②办公场所前高后低，才有靠山。

③办公大楼前不要位于复杂的车流动线上，否则容易损财。

④办公室的大门不要开在小巷或是死巷内，否则发展易受阻；大门犹如办公大楼的眼睛，如果受阻则无法开阔视野。

⑤水或路的弯环内侧含财气。

⑥远离高架路、地下通道，以保事业平稳。

⑦办公场所宜选阳光充足之处，忌黑暗。

关于办公室的装饰布局，我们要注意合理安排吉凶旺位。对色彩、大小、材料的选择以及家具布置等，要有准确定位，并通过专业风水师现场测量、收集资料、通过五行关系作整体的布局与策划，化解空间之中的凶煞，巧妙地将原本布置简单的办公场地变成助旺添财的吉祥之地。

# 第三十三章 大企业的风水

慎重选择办公地址是把握办公楼风水的第一步，只有找到了一个令企业兴旺的地方，企业生意才会兴隆。当然，除了自身条件之外，周边的建筑物，周围各种各样的道路、高架桥、公路等也会对企业产生或好或坏的影响，所以选择一个好的周边环境很有必要。一个有着良好企业文化的大企业，它的企业标识的设计是不可忽视的一个形象工程。颜色在风水上具有重要意义，看办公室的风水也应当把颜色考虑进去。

大企业中，除了办公楼的风水非常重要（因为办公楼是关系到企业整体运势与发展好坏与否的大环境），企业负责人（CEO、董事长）的办公室的风水也至关重要，因为他是为整个企业做决策的人，不得不重视。

## 办公楼的风水

对于大企业来说，办公楼的风水很重要。办公楼的整体风水布局将影响着企业将来的发展方向与规

模。我们需要从外围环境开始，做好风水方面的规划，为企业奠定坚实的基础。包括办公楼的选址、办公楼的坐向、大门的设置等，从一开始就要有个旺盛的风水格局。

### 坐实

大楼背后有山，属于坐实。背后有靠，代表自己容易拥有权力，别人容易接受自己的意见，自己容易得到上司的支持、提拔。在城市无法寻找真山，一般以大楼为山，就是说，在选择一幢大楼时，要在此大楼的背后有其他的大楼支撑。如果背后没有其他的大楼，那就形成“孤宅”了，不吉反凶。

若大楼后方没有山，便要从以下几点着手观察：

大楼后方若有一座楼宇是较本身高大广阔的，便属于“坐后有靠”，亦属于“坐实”之格局。

大楼后方有几座楼宇高度与本身大楼相同，因为几座楼宇群集在一起，力量亦汇集起来，足够支撑本大楼，亦属于“坐后有靠”之格局，即是“坐实”也。

大楼后方有一座小山丘，但高度却很低，本大楼比它高出了很多。本身属于“靠山无力”之格，但由于此山是天然的，所以亦可以作为靠山，因为天然的环境对风水之影响力很大。这座大楼亦属于“坐后有靠”。

大楼后方虽然有楼宇，但却比原大楼矮了一大截的话，则属于“靠山无力”之格了。

### 秀水五相

根据一般的原则，大楼的门前有水池或喷水池的比较好，但有一点必须注意，水有秀水、恶水之分。秀水有五相：

水质清澈（清静水）——主循正当手段赚取金钱，财运顺畅。

气味清新（有些泉水带有甘香之味）——为上吉，主聚财。

流水平静或则声细有韵——主可以轻松地赚取金钱，生财有道。

状若有情（有情水）——圆形或半圆形地围缠于前方，主聚财。

水要当运（零神水）——主财运立即好转。

### 青龙白虎砂

最理想的大楼，是在其左方和右方都有大楼，但这些大楼要比本大楼背后的大楼矮小，否则仍不是理想的风水。

大厦之左方称青龙方，右方称白虎方，在风水学上，最喜是龙强过虎。龙强过虎，有以下四类：

龙昂虎伏——大楼左方的楼宇较高，而右方之楼宇较低。

龙长虎短——大楼左方的楼宇较为长阔，右方的楼宇较为短窄。

龙近虎远——大厦左方的楼宇较为接近自己，而右方的楼宇距离较远。

龙盛虎衰——大厦左方的楼宇特别多，而右方的楼宇特别少。

### 纳来路之气

在挑选大楼的时候有一条总的原则：大楼以开中门为吉，但很多楼宇的入口是开在前左方或前右方，并且大门向着马路，这种大楼究竟何以为吉呢？关于这个问题，有以下四点原则：

大楼入口在前方中央（朱雀门），不用理会汽车的行走方向，以吉论之。若在入口前方有一平地或水池、公园等，为上吉之论，主旺财。

大楼前方，车辆由右方向左方行驶（由白虎方向青龙方驶去），则大楼前方靠左开门（青龙门）为吉。

大楼前方，车辆由左方向右方行驶（由青龙方向白虎方驶去），则大楼于前方靠右开门（白虎门）为吉。

大楼入口前方并非马路，全是平台，便以开前方中门及前左方开门为吉论。

商务楼的大堂一定要宽阔、明亮，不论大楼的门是朝哪个方向的，这是一个总原则。宽阔明亮的大厅，是事业发达的基本保证，客户一进大厅就有一种大气、舒适的感觉，就像给人的第一印象一样重要。所以，在选择公司的大楼时，这点要特别注意。

## 周边建筑物的不利影响

办公楼总是处在一定的社区环境中，周边的建筑物难免会对其产生影响。

### 医院

如果办公的地方在医院附近，在风水上是不好的。原因如下：

医院有许多病人居住，病菌必多。

住院之人，运气必滞，如此多的滞气积聚在一起，势必对周边的气场有重大影响。

医院天天有人要开刀动手术，会影响周边的磁场。

医院常会有病人病故，会影响周边气场。

## 学校

许多人以为在学校这类文化之地附近必然有好的风水，其实不然。原因如下：

学校是白天上课、晚上无人之地，阳气相对较弱。阳弱阴盛对附近的楼宇会造成影响，在风水上，阳为顺畅，阴为阻滞，所以学校附近并非风水良地。

## 菜市场

大多数菜市场不仅环境卫生差，易生细菌、害虫，而且会散发出难闻的气味，对在此工作的人的身体健康大为不利。另外，菜市场较为嘈杂，会影响到周边居民的休息。因此与菜市场相邻实为不利。

## 教堂、寺庙

在风水学上，神前庙后都是属于不利之地，因为这些地方会令附近的气场或能量受到干扰而影响人的生存环境，所以，办公楼附近如有寺院、教堂等宗教场所都是不好的。

## 火葬场、殡仪馆、墓地

与火葬场、殡仪馆等地方为邻的地块不适宜开发楼盘。建议在购房前做好调查，以免为职场生活带来不利的影响。

## 公安局、消防队

风水学上，公安局属阳，在风水古籍《雪心赋》中云："孤阳不生，独阴不长。"如果办公楼正对公安局，即为不利。如果办公楼正对消防队，亦是如此。

## 政府机关

政府机关是至阳之地，包括各级政府机关、法院、检察院等，如果办公楼正对此类地方，是为不利。

## 戏院、电影院

戏院和电影院每天都只是放映几场而已，放映时，人数众多，气聚一团，结束后，观众离场，一哄而散，属于"聚散无常"。人带阳气，阳气突然大量聚于一个地方，不多时又突然大量消失，气场很不稳定。

## 车站、机场

车站、机场是制造噪音之地，人流混杂，交通复杂，治安堪忧，而且此类人流变化极大的地方会产生繁杂的气场，不利于人的身心健康，影响在附近工作的人的心情。

## 发射塔、变电站或高压电塔

发射塔、变电器、高压线塔等设备的电力磁场极强，就连手机的微弱电磁波都对大脑有所刺激，更何况高压线等设备！如果办公楼附近有变电站或高压电塔，会有如下影响：

①健康容易出问题，如心脏病、心血管疾病等。

②对大脑有影响，影响情绪，容易发生精神疾病。

## 办公楼周边的道路

风水又称作山水术。在都市里，没有那么多真山真水，一般指“高一分谓之山，低一分谓之水”。建筑物高于地面称山，道路低、路上车流、人流称水。

办公楼一般选在道路繁华地段，此地段人气旺，有人气就有生气，有生气就有财气，有财气企业就会旺盛。如果是在郊区或人少的地方，气流不旺，阴气过盛，财气就比较衰。但也不是越繁华越好，要视情况而定。

光繁华度够还不行，办公楼前的道路也不宜太杂乱。办公楼前没有规划，车辆乱停，人流、车流杂乱无章，把门面挡了，把店面挡了。空气中的气流太过拥堵，不够顺畅，就会让人烦躁不安，分散精力，聚不住财。楼前道路也不能过宽，过宽的话，车流、人流流速太快，不容易聚集，留不住财。像步行街的风水就很好，道路比较窄，人流进得来又留得住，能够守得住财。

住宅有环抱水的问题，办公楼也一样有环抱水格。如果是办公楼前有环抱道路经过，我们又称玉带环腰，是抱身水，大利财运，容易聚集外财。九曲回肠的道路格局，环抱有情，流动缓慢，也利于聚财。还有一种“之”字路格，大楼正好处在“之”字包围中，也是大利财运。

当然，也要避免道路与办公楼冲撞。如果是道路直冲办公大楼正门，就是所谓的“枪煞”，一条路就是一条“枪”，对着大门，过强过烈过刚过猛，会导

致小人、官司事非多。如果道路从后面正冲，又称“冲背煞”，所谓“暗箭难防”，小人陷害更厉害。

死路一条也不行。办公楼位于死巷内，没有退路。前途受阻，天地小，舞台小，不能施展手脚，郁闷、心胸狭小，没有朋友，最后导致死路一条，事业衰败。

但是风水讲究个性原则，每一个个体不一样，极个别大楼是道路越冲越旺，所谓“冲起衰宫出祸端，冲起乐宫富绵绵”。但这种楼宇必须经过罗盘测量才可评判好坏。

这里针对外环境方面的道路影响来讨论：

路之反弓面：道路如“S”形，办公楼忌在“S”的凸出面，即反弓面，而应在其弯抱面。反弓面的办公楼易有财不聚、是非、意外、犯小人之几率发生，不得不防；弯抱面则有助于气场之稳定均衡，可为优良之外环境选择。

路冲：一条路直接正对着冲击到该办公室，易有是非、财来财去之现象，但制衣场、餐饮业、中药房、理发店生意较不受影响，但因气流太强也会造成工作人员健康方面的影响。

丁字路：类似路冲，也会影响办公楼气场，不吉也。

多路冲：多条路直冲该办公楼，比单条路冲更加严重，不得不防。

横朝路：办公楼前有横路经过，一般的道路则为不错之选择，但若是高速公路，由于气场急速流过，则论不吉也。

十字路口：正交之十字路口四边位作为办公楼地点，为不错的选择，称为四水归堂，为旺局也。

夹身路：两条路中间夹着唯一单栋办公楼，而楼下大门与马路平行之面，不吉也。

抬轿路：两条路中间夹着唯一单栋办公楼，楼下大门开在马路之侧面，则论不吉。

死巷内：气阻不滞，不通顺，办公楼设于此，必运势不顺。

折弯路：类似“V”字形路，虽为弯抱内，但因折弯有角度，办公楼设于此也论之不吉。

勾弋路：有折角度之弯抱面，办公楼设于此亦论不吉。

分家路：从办公楼的位置看去是一条路分成两边扩散出去，犹如分家散开之路，办公室设于此不吉也。

井字路：在井字路内的单栋办公楼，若有此状况，周围须设围墙则论吉，不设围墙论不吉。

铁路：高速往来的火车会产生很强的气流旋涡，加上时常响起的汽笛声，不利于商铺的交易活动。

地铁：地铁旁的商铺因为交通便利，也没有什么噪音、空气污染，通常价格昂贵，但如果房屋是修建在地铁的正上方，就犯了"地底穿心煞"，标志着这所住宅无法采纳到地气，是大凶之象。

立交桥：立交桥旁边的交通并不方便，立交桥上高速通行的车辆也会产生大量的噪声和旋涡气流，对商铺所在的建筑物的风水和财气有很大的冲断作用，对居住者的身心健康和财运官运都不利，若用反光板去挡立交桥的冲煞，不能起到任何作用。立交桥的冲煞只对桥上五层和桥下五层有影响，而高于五层或低于五层的楼层则几乎不受影响。

# 办公楼的大门设计

## 门位和门向

"乘气而行，纳气而足"是用来形容调和天、地、人之间的一种抽象概念，因此，"纳气"是相当重要的一个原则。

我们由两个成语就可以看出大门的重要性了。一是"门庭若市"，二是"门可罗雀"，都使用了"门"这个字，前者表示生意兴隆，后者表示生意萧条。大门是任何建筑物的纳气之口，所以大门的方位最为重要。但如何使大门能纳入生旺财气呢？那就是看大门的门位和门向了。

一般来说，大门开在一栋房子的正中间，才是正常的。但若以通俗风水来讲，“左青龙，右白虎”，所以大门最好开在左边，也就是人在屋内时向着大门的左方，人在室外时向着大楼的右边。

大门要采用厚实材料，不可用三夹板钉成空心大门。门框若有弯曲要立即更换，否则会影响财运。

大门不可有路冲，即常称的“直路空亡”，是指大门正对着一条大路，表退财。古代房屋大多是平房，正对着直路的房子易受往来车辆的事故，属于大凶格局。但现代大楼对着大路，二楼以上的格局应不会受到往来车辆的影响，那风水上是否没有关系呢？若依气场的角度来看，正对着路的大楼易受气场直冲，无形中会使大楼内的人身体衰弱、精神恍惚，以致影响事业，当然会每况愈下。

大门不可面对岔路，也就是说一出门就看到两岔路冲入门内，这种交叉的气场会影响主人的决策和判断，正常情况是面对横过的路。

大门不可面对死巷，否则气流会受阻，不顺畅，容易聚积浊气，对健康有不良影响，且象征事业上没有出路，没有发展。

## 大门对面的景观

大门不要对着附近的烟囱，因为烟囱是排废气之物，每天进出大门看到废气，心理上会不舒服。若是风将废气吹进来，被吸进体内，更会影响工作者的身体健康。

大门不可对着寺庙、教学等宗教建筑，因对方属清气，会影响生意。

如果自己的大门和对面楼房的大门正对着，但比对方小，属不佳格局。解决方法是在自己的大门前架一个帆布雨蓬。

大门不可对着附近其他房屋的屋角，此属大凶，对健康不利，财运也不济。若以现代观念看来，一半是墙壁，一半是天空，从心理学上而言，有被切成两半的不佳感觉；从气场上而言，来自屋角和天空的气流对冲，实在不是好格局。若是遇到大门正对着屋角，最好的改动方法是将大门略为向龙边移动；若是现代大楼大门无法移动，则不妨稍改一下大门的角度，让它偏隔10～20度。

大门外面也不可正对着两栋间的狭小巷弄空间，以现代观念来看，对门高楼间的空间，是一个容易产生大气流的风口，俗称“穿堂风”，会影响本身的气场稳定性，当然会影响到健康。

### 大门煞气镜子来挡

大门前面不可有高长的旗杆，也不可正对电线杆或交通号灯杆，因为这无形中会影响人们的脑神经及心脏。大门前方如有巨石，会加强阴气而使气流进门内，对大楼内的人有不好的影响。大门前不可有藤缠树，也不可正对着大树或枯树，否则不仅会阻挡阳气的进入，也会使阴气进到门内，湿气会较重，不利健康和财运。雷雨天时易招闪电，所以大门正前方不可有大树。

但大门外两旁可以种树，若要种树就一定要保持枝叶茂盛，不可令其枯黄，也不可有蚁窝，否则气就坏了，对事业大不利。

若大门有冲上电线杆、小巷、大树、对面墙角等种种自己无法改变的环境时，就必须找专人来变更，要配合门景物及实际状况，适当安挂八卦镜或凹凸面镜等来挡煞气。一般来说，若是要冲消对方之气，宜挂凸面镜，若是吸纳对方之气，宜挂凹面镜。若是冲上死巷、深谷、近山、河流、岔路，最好是易地为宜。

### 大门的其他禁忌

大门前不可有臭水沟流过，门口地面也不可有积污水的坑洞。以现代观点而言，大门宛如一个人的颜面，如有污水，既给人肮脏的感觉，又影响形象，自然对财运不利。

有的大楼在大门口两旁设有两盏灯，这对风水是有帮助的，但是必须找出最佳位置及高度设置才好。在平常的保养上，白天当然必须亮灯，要注意灯泡不可熄灭损坏，若不亮就要及时检修，不可只留一盏发光灯，因为在风水学上此属不吉祥。

有些小楼房为了保持凉爽，常在门墙上种大量爬藤植物，或让墙壁布满爬藤，这都是不利的象征。

现在大楼的大门，时兴大面玻璃，有的是透明玻璃，有的是暗色玻璃。若行业是流通事业，则用透明玻璃较佳，如汽车展示场，可以让人在人行道上看尽内部的汽车，具有极佳的广告效果。

若是一般办公室，则不可用透明玻璃，最好是贴上汽车玻璃用的反光纸，或换用暗色玻璃。总之，不要让人在外侧看到室内情形。

## 办公楼的正面门厅

办公楼的门厅是一种实力的表现，但这里所说的表现并非是指装修的豪华效果，而是指整体感。形成一种完整的风格，是使客户保持一种均衡心态的好办法，这也是设计风格的一种趋势。多数办公室主人最希望办公室给予客户三种感觉：实力、专业、规模。

### 门厅的布置

办公楼的进门设计，会影响整个办公楼的格局，因此必须加以仔细考虑。办公楼门口就像一个关卡，其方位、摆设、设计会影响整个办公楼的磁场，进而影响财运。进门时的左右墙角，是进门最显眼的位置，应该加以布置，如摆放艺术品、盆景、花瓶等，既可以美化办公室，又能提高工作效率。

门厅是纳气口的第二道关卡，就如同人的咽喉一般，为进出这个房子的转气口是迎来与送往的重要部位。所以说门厅是办公楼的第二个门面，必须注重它的气势和气流的转动原理，以利内部的和谐。

门厅位置忌讳摆设凌乱，否则会显得整个公司制度乱，无章法。门厅也不宜有镜子往外照射，有的公司设门厅镜虽代表明镜高悬，可吸纳吉气，排除煞气，但也有排斥客人的意味，故镜子不宜对外直照，侧照则无妨。在墙上悬挂吉祥字画，能带给公司祥瑞之象。

一个气派的公司必须设立一个迎客的门厅，用来吸纳旺气，这就如同伸出双手拥抱来者，表示一种热忱。进门的旋转门厅若有逼压感觉，则表示员工心态不佳，有阳奉阴违的情形，好员工较难留住，所以必须改成宽畅明亮的门厅空间。

如同住宅一样，办公室的门厅是整个空间的纳气口，它的设计对整个办公楼的格局会有决定性的影响，所以必须认真考虑。

## 门厅的整体设计

好的门厅整体装修设计可以予人如下感觉：

加强办公楼的实力感：通过设计、用料和规模来体现一种实力的形象化。

加强办公楼的整体感：通过优化平面布局，让各个空间既体现独立的一面，又体现整体的一面。

加强办公楼的正规感：这主要是由大面积的用料来体现，例如60厘米×60厘米的块形天花和地毯，已

经成为一种办公室的标识。

加强办公楼的文化感：这主要是通过设计元素的运用来体现公司的形象设计，形成一个公司独有的文化氛围。

加强办公楼的认同感：这包括客户的认同感和员工的认同感。

加强办公楼的冲击感：这就是所谓的第一印象，将在未来很长的时间内影响到生意伙伴对一个办公楼的认可度，进而影响到合作的信任感。

### 门厅屏风的用法

希望趋吉避凶、催财旺财，则办公楼大门出入口的位置一定要布局在生旺之方。如在办公楼入口处设屏风，亦讲究颇多。

《荀子·大略》云："天子外屏，诸侯内屏，礼也。外屏，不欲外也；内屏，不欲见内也。"顾名思义，"屏"就是屏蔽，"风"就是空气的流动，屏风是转换气流的重要家具，其真实作用功同影壁，可谓活动式、可拆式的影壁，也是辟邪的工具。

有些办公楼在入口处设有固定式屏风及接待员，

如果不明就里，则有碍对外发展。如果为了隐蔽性的考虑，倒不妨多利用花架屏风，或利用半矮柜种植常青植物，但切忌用人造花。

门在旺位、门向旺方时，不要放置屏风，以免阻碍旺气进入。如有必要，可在进门的地方设个回旋式的门厅，作为进门的缓冲区。门厅可设计成低矮的花架屏风，上面放置植物盆栽，这样既美观又可带来好风水。不过，要注意的是不能让植物枯萎。若玄关不设置服务台，则玄关处最好摆设圆形花瓶，以圆形之物来导气而入，能助旺气入局。

如果门向不好，就会接纳到不好的煞气，这时最好在门厅处设置一个流动的水景或鱼缸，因为水能转化磁场，将衰气转为旺气，所以流动的水景或鱼缸对办公楼整体发展有正面的助益。

门在当运旺位时，可放置一个较高的固定式屏风，使门口处形成一个缓冲区，屏风的气口转为旺向，这样便可以接纳到旺气。

设计一个能带动气场的鱼缸在门厅，可以转衰气为旺气。

## 象征好兆头的企业标识

从风水的观点来看，企业标识应予以仔细考虑。它应当好记，色彩以亮色为主。因为在与其他企业做生意时，标识应是企业强盛的象征。

企业标识，是企业形象的一个重要组成部分。现在越来越多的创业者在设计企业标识时追求现代感，但是，一定要注意标识的设计也存在是否吉利的问题。如蓝色的"水"意味着阴的能量过强，红色的三角形意味着阳的能量过强。抽象的标识可能会有负面的含

义。标识中有箭头的不是好兆头。另外，在设计标识时要注意，让人们一眼就能认出是你的企业，而不是别的企业。

一个吉祥、完美的标识还应注意以下几点：

图形本身聚财聚能，不可耗财散能，符合宇宙之自然规律。

色彩吉祥，符合五行相生相克之原理，生者多为吉，克者多为凶。

标识要与行业特色相结合，任何行业都可归于五行之列，如与行业相冲克则阻碍重重。

标识内容要与企业名、商标名、产品名相协调，若风马牛不相及，则标识就会失去其作用。

标识要与企业领导者的先天信息相结合。企业标识为后天信息，而领导者命理为先天信息，必须先、后天结合方能起到应有的作用。

一目了然，便于识别。作为企业形象重要组成部分的企业标识，是视觉系统中所起作用之最大部分。如果不能突出自己的特色，则失去了宣传自己的作用。

## 象征好兆头的颜色组合

相信每一个人都有过这样的感受：在新绿季节青叶繁茂时，看见一棵苍天大树而感到朝气蓬勃、干劲十足！浸染着淡红的樱花、镶嵌着蔚蓝色的天空、始终纯白的雪……色彩是由自然界中存在的“气”汇聚而成，并且周围的所有色彩都可以通过“气”的运动给予人们极大的影响，这也是风水所要考虑的。

人们每天看见色彩、携带色彩、穿着色彩，吸收来自于各种颜色的运气而生活着。特别是企业，色彩对于企业来说有着更重要的作用，这是因为企业很容易吸收到色彩所带有的“气势”，从而使企业可以从颜色上吸收到各种各样的运气。

企业色彩风水学可以帮助企业在享受收获、激情色彩的同时，得到最好的色彩气运，展现五彩缤纷、充满幸运的每一天。

掌握色彩风水和管理好企业色彩，以提升企业整体运势和发展机会。

运用色彩风水的关键在于活用五行相生相克原则，选取符合愿望的颜色，使用平衡的色彩组合。

以下是五行“金、木、水、火、土”的代表颜色的含义。在设计中只要把握好五行生克原则，就能利用吉祥色彩的组合，提升企业运势。

红，代表火，主激情、热烈。

黄，代表土，主平和、安顺。

白，代表金，主素洁、忧郁。

黑，代表水，主深沉、宁静。

绿，代表木，主清新、明快。

五色通过各自蕴含的意识属性，诱导着人的心理情绪，从而影响到人的生活和企业的发展。

有人喜欢红色，有人喜欢白色，但往往你自认为喜爱的颜色并非你的幸运色。命理上的幸运色指通过心理暗示作用正面影响八字五行平衡机制的某种颜色。如八字中需火，那么红色就是你的幸运色，如此类推。

## CEO与董事长的办公室

一个企业的成败，最重要的在于负责人（CEO或董事长）的聪明才智、经营能力和企业理念等因素。从风水立场来看，负责人办公室如果安排理想，便可以利用房屋空间无形的自然力量，来提升领导能力，加强管理效果，帮助推助业务，减少不必要的麻烦和挫折，以达成事业的发展和成功。

下面就CEO、董事长办公室内部的配置应注意的事项提出几点供大家参考。

### CEO、董事长办公室要占据财位

公司经营者如一家之主、一国之君，那么他的办公室位置便最重要，而且必须放在室内最重要的方位上，办公室才能完全和自然界的气场相辅相成，事业才有自然助力。室内最重要的方位就是办公室的财位，坐于旺气的财位，才能加强领导的统驭能力。财位对事业发展有锦上添花的效果，因此办公风水学很讲究财位效应。

一般而言，办公室财位是在进门的左前方或右前

方对角线处，此处必须是很少走动之处，不能是通道，否则对财运不利。如果右前方财位正好是门位，就要换成左前方的财位。有些办公室因先天格局或设计的关系而不存在财位，或者财位正好是大柱子凹进或凸出的部位，都是风水不佳的地方，最好的方法是运用走道隔间，造出一个后天财位。

不管怎样，一个公司的公司经营者必须坐在旺气生财的位置，才能具有整体的领导统御能力，那具体如何来选定使用空间的位置呢？那就是在配合财位的大原则下，根据九宫飞星的原理，选择公司经营者办公室的理想位置。现在细述如下：

坐北朝南的写字楼，必须以正北方或西南方为公司经营者办公室。

坐南朝北的写字楼，必须以正南方或东北方为公司经营者办公室。

坐东朝西的写字楼，必须以正东方或西北方为公司经营者办公室。

坐西朝东的写字楼，必须以西北方或东南方、正南方为公司经营者办公室。

坐东北朝西南的写字楼，应以西北方或东北方为公司经营者办公室。

坐西南朝东北的写字楼，应以正东方或西南方为公司经营者办公室。

坐西北朝东南的写字楼，应以正西方或西北方、正北方为公司经营者办公室。

坐东南朝西北的写字楼，应以东南方或西南方为公司经营者办公室。

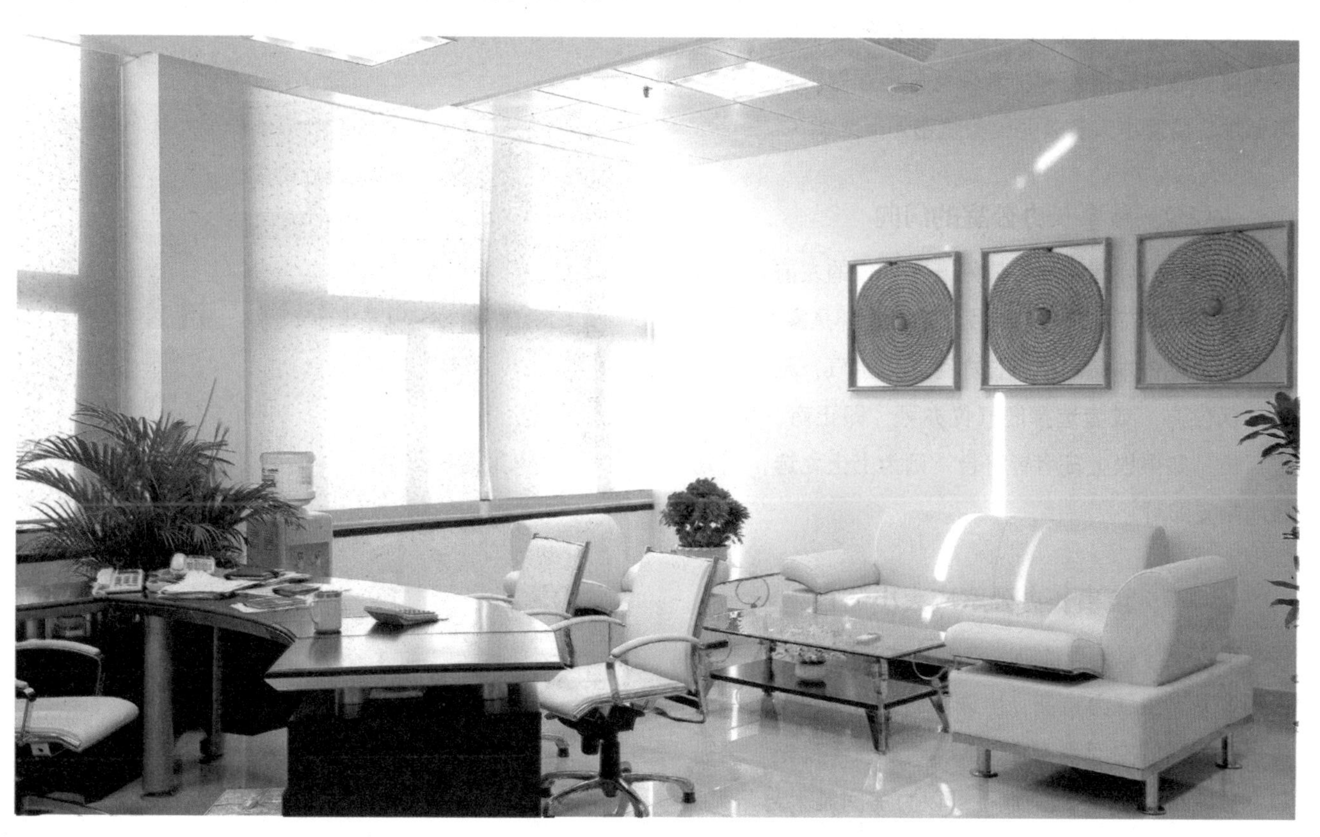

## CEO、董事长办公室应在公司最后方

老板办公室的位置最重要，是企业成败的关键。原则上，宜在办公室的后方，犹如军队的指挥官在后面掌控指挥调度，比较容易掌控员工，员工也比较敬业。反之，如果将老板或总经理的位置摆设在近门口处，犹如统帅独打前阵，产生君劳臣逸的现象。老板则凡事必躬亲，员工们都比较被动，对公司没有认同感。董事长位置可设在西北位，因西北为乾卦之位，乾卦取象主事者也。

办公室房间的设计配置，一般而言，职位越高者越靠后，犹如银行业的摆置，前线为柜台员、副理、经理等，职位越高座位越靠后。银行业因为要服务大众，与民众亲近，所以大都没有隔间，影响不大。但一般公司企业，则主管应有隔间，方不致于“孤阴不生”及“独阳不长”，整个办公室空荡荡不聚气，人事疏离，而且一眼望穿，老板及总经理做决策时没有隐私性，易遭小人及公司业务机密外泄之虞。

## CEO、董事长办公室的门向

董事长办公室的房门最好开在坐位的左前方，以进门而论，是在右前方，因我们走路大都是靠右边走。或者门位可依本命的吉方位亦可，即生气、延年、天医、伏位方。或者选择旺气位亦可，即正南、东北、正西位。如果以上三者皆符合，则为上上之选，否则因地制宜即可。

## CEO、董事长办公室应大小适宜

董事长与总经理的办公室宜分开，不宜共处一室，否则容易产生权力抗衡，协调不易，各有主见。同时董事长房间的空间也不宜太大，否则气不易聚，呈孤寡之象，业务会衰退。万不可以为房间越大越气派。当然，太小也不宜，否则代表业务拓展不易，格局发展有限。董事长及业务主管办公室最好设在较高楼层。

进入董事长办公室房间的动线也应顺畅。董事长及主管房间大都在后面，从大门走到房间的动线不可弯弯曲曲，或杂物阻碍绕道而行，或曲径幽深、阴暗，否则财气不易进入房间，则业务困难重重。

## CEO、董事长的座向

公司经营者的房间内，玻璃不宜太多、太大，宜用帘子装饰。座位应面向窗户，或看得见员工，应与员工座位一致，或与房子的坐向一致，如此方能上下一条心，俯天下之背。若公司经营者的座向与员工的座向相反，则为背道而驰象，不利统率指挥。

## CEO、董事长办公室的布置

带动人气、招进财气，是一家公司业绩蒸蒸日上的重要因素。只要站在这家公司进门处，就可以预知此公司能否顺利地拓展业绩。从整个办公室装潢的色彩，办公桌摆设的动线、方位，便可窥知一二，再加上办公室成员人数和座位安排，便可以看出日后整家公司的业绩能否提升。

公司经营者办公室一定要独立，不可敞开办公，因为公司业务有一定的机密性，应加以注意。公司经营者掌管公司的政策，需具有绝佳的决断力和精准的判断力。

环境会影响人的情绪和工作效率，为了得到相对良好的工作环境，在公司经营者办公室的布置方面要多加留意。

无论是政府官员还是基层领导，无论是小店老板还是大公司总经理，领导者办公桌的摆放都至关重要。因为办公桌吉祥方位的气场对领导者的胆略、智慧提升都有一定的帮助作用，影响到生意的兴衰、事业的成败。公司经营者的办公桌摆放，有两点要多加注意：

一是办公桌不能正面对门。避免将办公桌正对着门，主要是为了使领导者在工作时不容易受到来自门外噪音的干扰和他人的窥视。

二是要有明堂。办公桌前应有一个比较宽阔的空间，以形成一个小明堂。明堂亦即办公室正前方的位置，可以说直接涉及到公司经营者的前程吉凶，所以，如果办公室的明堂狭窄闭塞，则象征公司经营者前途有限，阻碍众多，发展艰难。反之，如果办公室的内外明堂均开阔清雅，则象征公司经营者前途似锦。

# 第七部分

# 风水与色彩

色彩于我们的生活中无处不在，它在不知不觉地影响着我们的行为和心理。它不仅带给我们视觉上的感受，其本身还具有风水上的能量，能对个人、家庭产生或多或少的影响。那么，在利用各种色彩装点我们的生活的同时，如何利用它们来激发我们的好运呢？平时穿什么颜色的衣服最合适？怎样进行居室色彩搭配？本章将对这类问题进行解答。

## 【内容提示】

- 色彩风水的基础知识
- 常见色彩的风水
- 用幸运色彩提升运势
- 运用色彩风水
- 住宅的色彩风水

# 第三十四章 色彩风水的基础知识

色彩原本看不见，它是由自然界中存在的“气”汇聚而成，并且，周围的所有色彩都可以通过“气”的运动给予人们极大的影响。这也是风水所要考虑的。人们每天看见色彩、携带色彩、穿着色彩，吸收来自于各种颜色的运气而生活着。特别是女性，色彩对于她们来说有着重要的作用，这是因为原本女性的体质就很容易吸收到色彩所带有的“气”，从而使她们可以从颜色上吸收到各种各样的运气。想拥有美好的恋爱、成功的事业……每个人都会有一个期待实现的愿望。色彩风水学可以帮助你在享受美丽、激情的色彩的同时得到最好的色彩运气。

# 各方位的象征色彩和运气

在风水中，各方位都有对应的五行属性、运气和最佳装饰色。请看下表，根据自己现在想吸收的运气选择具有相应效果的颜色吧。

| | |
|---|---|
| 北 | 水的方位：具有使不良之气流动的作用，是掌管爱情和性的方位 |
| | 颜色：粉色、乳白色、水蓝色 |
| | 运气：恋爱运、财运、信赖、保守秘密的能力 |
| 东北 | 土的方位：表示高山，象征大的变化和继续的方位 |
| | 颜色：白色和红色 |
| | 运气：后继有人、不动产、储蓄运、转职、搬迁、良好的变化 |
| 东 | 木的方位：太阳升起的东方，象征着朝气和发展运的方位。 |
| | 颜色：红色、蓝色（男性）、水蓝色（女性） |
| | 运气：事业运、发展运、学习运、情报、朝气、声音 |
| 东南 | 木的方位：促进发展、吸引缘分的方位 |
| | 颜色：橙色和薄荷绿 |
| | 运气：结婚运、恋爱运、旅行运、香气 |
| 南 | 火的方位：掌管美丽和智慧的方位 |
| | 颜色：黄绿色（白色和淡灰褐色搭配） |
| | 运气：人气运、美丽运、智慧和直觉感、艺术、离别 |
| 西南 | 土的方位：表示像稻田一样的低势土地，是土气最强大的方位 |
| | 颜色：嫩草色、淡黄色（白色和淡灰褐色搭配） |
| | 运气：家庭运、健康运、不动产运、安定、努力 |
| 西 | 金的方位：表示丰富和快乐的方位 |
| | 颜色：淡黄色、粉色（搭配白色） |
| | 运气：财运、恋爱运、商业运、希望 |
| 西北 | 金的方位：掌握事业运和援助运的方位 |
| | 颜色：奶油色、淡桃红色、灰褐色 |
| | 运气：出人头地运、事业运、提升地位、得到帮助 |

# 运用服装色彩提升运气

如购买新衣服、更换自己房间的装饰一样，在日常生活中像这样吸收色彩能量的机会有很多。无论何时何地，如果想有效地吸收色彩的气，呼唤幸运到来，首先就要详细地掌握色彩的基本法则。特别是具有水性体质的女性，因为可以100%吸收到色彩之气，所以，如果能够灵活地运用色彩，就可以得到更多的幸运。其中，注意日常着装色彩是一个极为重要的方面。

## 看颜色

为了抓住幸运，就要积极地吸收色彩。那么，具体应该怎样做呢？答案很简单。首先，从意识到的各种颜色开始，看到漂亮的色彩就是步入幸运的第一步。穿着色彩鲜艳的衣服时，必须要看到穿着这个颜色的自身，因此，用大面的镜子照自己全身，要最大限度地吸收色彩的气，以期得到期待的幸运。

## 选择颜色

粉色和薰衣草色、白色和奶油色，遇到这样界限不清晰的颜色时，会为选哪一种颜色更合适而犹豫，不同的人对这些颜色也有着不同的看法，这时，请不要担心，只要凭着自己的感觉选颜色就好，完全不用理睬看见的究竟是什么颜色，重要的是相信自己的直觉，用自己的眼睛来感觉颜色，再发挥这个颜色所具有的能量。

## 积极地运用色彩

其实,具有水性体质的女性可以像水一样吸收色彩，也可以将色彩的气一同吸收。用颜色可以弥补自己当前运势的不足。即便这种颜色不适合自己，但只要一直穿着这种颜色的衣服，慢慢地就变得适合了。正因为女性具有容易“染色”的性质，所以，为了成就理想的自我，就应结合自己的目标来积极地吸收色彩。

## 不能过多地使用同一种颜色

让气经常发生变化，这点很关键。风水学认为没有变化就没有运气，因此，即使拥有得到运气能量的颜色，如果长时间使用不更换，仍然会产生相反的效果。例如，一直穿着同样颜色的衣服就会演变成这个颜色的体质，原来的颜色的气就不能充分吸收。同样颜色的衣服，最好是一周穿2～3日。自己的空间装饰色彩也是决定的关键，因此，应多动动脑，用配色让自己的空间时常变化一下。

## 服装的颜色搭配很重要

如果要通过服装吸收颜色，那么，服装上下色彩的搭配就至关重要。上身穿着的颜色是个人形象的体现。例如，穿着淡橙色衣服的人会给人健康的感觉，这是因为具有柔和的“火”能量的橙色给人以开朗、活泼的印象。另外，下身穿着的颜色能很好地被体内吸收，所以，颜色的特性很强。想净化体内积存的运气时，可以穿色调明亮的白色。

### 女性选色宜清新明亮

红色、黄色等原色具有很强大的运气能量。但是，对于女性来说，与原色相比最好是选择清新、明亮的颜色，因为原色的气太强，如果使用原色，就会增加负担，容易感到疲劳。穿红色衣服是可以的，但是，一定要避免一直穿着红色。穿过红色衣服后，可以再穿着白色的衣服使气恢复并取得能量的平衡。

### 变化色彩有助提升运气

上身穿着淡色的衣服，下身配上同色系的深色裤子，这种深浅层次搭配明显的风格会产生显著的提运效果。穿着有层次和变化的颜色，可以充分地吸收到颜色所具有的运气能量，使吸收率更高。这个法则也适合除服装以外的色彩搭配，如布艺装饰品等也可以采取有层次的色彩搭配。

Tips 小贴士

**※ 活用色彩的秘诀**

在选择衣服时，人们大多数会因为喜欢某件衣服的颜色而购买。但是，从风水的观点来说，有时这种完全凭喜好选择服装色彩是不好的，如果仅凭借喜欢的感觉而选择这种颜色，那么运气的吸收率就会大幅度地下滑，不能充分地吸收色彩的能量。

# 第三十五章 常见色彩的风水

颜色通过各种各样不同的形式影响人们。本章介绍了不同颜色所具有的不同气流特性和效果。只要掌握各种颜色所特有的特征，并加以灵活运用，就可以给自己带来好运。

## 红色的风水能量

——代表事业运、胜负运，可使身心变得坚强。

红色象征着火、知识和权利，是充满了生命力的颜色，具有激发活力使事物上升的能量。红色是工作、恋爱时的首选颜色，它可以向周围人展示自身的实力。另外，红色还可以增强性能量，是想为人父母者的首选颜色。

想获取源源不断的知识和信息，想提高自己的地位时都可以使用红色。因为红色还有提升事业运的能量，所以，想在事业上取得成功的人也可以借助红色，这不仅会令你给其他人留下深刻印象，而且还可以增强语言表达能力。

红色也是减肥人的首选，偶尔穿着红色会促进新陈代谢，给“气”以活力。另外，具有火性质的红色还具有消除寒冷的作用。

红色还可以使穿着者身心变得坚强、值得信赖。但是，要注意当身体不好时不要穿着红色，因为虚弱的身体和内心不能负担红色所具有的力量。在健康状态下穿着红色会让人更健康。正因为红色有着具体的作用和影响，所以，是可以有效活用的颜色。但对女性而言，不可以一直穿着红色。

### 运用场合

想提高能力被众人认可时

想取得胜利时

想强化身心时

想求子嗣时

### 运用提示

因为红色具有很强的气，所以，平衡、合理吸收

红色至关重要。想在爱情、事业上一举成功时，可以选择能让对方看得见的红色衣服或饰物。另外，想增加身心能量时，可以选择红色的内衣或睡衣。但是，过多地使用红色会让周围人感到“盛气凌人”。

**●服饰**

想获得强有力的能量时，可以穿红色的内衣，因为它可以使内部力量增强，使精力更旺盛。想及早治愈病症和疼痛时也可以选用红色的睡衣。想在事业上取得成绩时，可以穿着红色的衣服，或者将红色使用在显眼的地方，就会更好地发挥出红色的能量。

**●化妆**

想增加自身的干劲时，可以涂红色的指甲油，使视线自然地集中在指尖上，从而通过眼睛吸收红色强大的能量。另外，想增添性感魅力，就涂红色的口红。但是，这只是适合在胜负关键时使用，倘若一直使用，红色能量就会减半。

**●装饰物、小饰品**

具有强大“阳气”的红色，如果在生活空间中过度使用，就会影响到气的休息。所以，在装饰中运用红色时，只用红色强调一下而不作大面积的渲染为最好。

# 橙色的风水能量

——代表人气运，增强自身亲和力，促进人际关系的发展。

橙色象征的是柔和、温暖的火，它是可以调理整体缘的颜色。无论男女，只要吸收到橙色的气就会受到他人的喜爱与欢迎。这个颜色对于有特别行动力的人效果更佳。

吸收橙色就等于吸收柔和的火气，可以产生“风”。这个风正是传导缘分的介质，也就是说，吸收了橙色之气就可以吸收到人缘。橙色虽然和红色一样象征着火，但是橙色没有红色那么强大的气，因此，也是女性随身的首选颜色。如果渴望遇到出色的男性，就可利用橙色和薄荷绿组合搭配。具有火气的橙色和具有木气的薄荷绿色搭配，可以产生最好状态的风，这个风可以催生新的缘分。

因为橙色能给周围人留下开朗、温柔的印象，所以，在想给他人留下深刻的好印象时，橙色是首选颜色，无论是对同性还是异性，都会有很好的效果。另外，一个人在失落时使用橙色，也可以恢复自然活力。想表现健康、开朗时可多使用橙色。浓橙色具有很强的火能量，所以，想要提高自身积极性时便可以使用；淡橙色具有调整周围环境的能量，所以，想受到他人喜爱、想表现自己的可爱形象时可以使用。淡橙色还具有调节人的情感变化、圆滑人际关系的作用。

## 运用场合

想消解人际关系上的烦恼时

寻求新的约会时

想给对方留下好的印象时

想保持快乐的心情时

## 运用提示

橙色由于浓淡程度的不同，“火气”也随之有不同的变化。想提升人际关系运时，淡橙色的衣服和饰物是首选；想振奋精神、积极向前时可以选择使用浓橙色。另外，消极类型的人在房间内摆设橙色的物品，可以吸取积极的能量。

**●服装**

因为人际关系而烦恼时，可以穿淡橙色的衣服，穿在外面可以更有效地吸收橙色的能量。另外，想增加恋爱人气时，柔软面料的橙色衣服是首选。特别是想增强自信心时，应该选择橙色的内衣，因为它可以使人以更积极的态度去面对一切事情。

**●化妆**

不想激起周围人的反感，又想能很好地表达自己的意志时，可选择橙色的口红，它可以帮助自己顺理成章地得到周围人的赞许。另外，橙色系的眼影具有提升社交运的效果。因为人际关系而烦恼时，就可以试着使用。

**●装饰物、小饰品**

橙色的床单拥有改善人际关系的能量，如果选择带有格纹花样的橙色床单效果更佳。餐具和桌布也选择橙色的话，会使家人的交谈更起劲，有利于促进家人之间的感情。并且，携带橙色系的文具有提升情报运的作用。

## 黄色的风水能量

——代表财运、社交运，有利于社交，提升财运。

黄色是具有社交运和财运能量的颜色。接近土色的黄色，使人胸襟坦荡，能提升社交能力。另外，明亮色调的黄色可以提升财运。黄色是象征着富贵的颜色，所以，有利于积攒金钱。

黄色，就五行而言，有着“金”色和“土”色两层含义。混杂着茶色的土色给人大地黄土的印象。土色具有生长果实的能量，还具有安定基础、巩固地盘的作用。另外，还具备聚集人气、引导快乐的作用。

另一方面，黄色代表的“金”色是可以更好地传递快乐的颜色。这个颜色具有增加财运、使土地中生长的果实更加丰硕和排除精神方面不良要素的作用。想拥有健康但怎么做都无济于事的人，可以使用淡黄

色。这个颜色还可以帮助塑造可爱的形象。

在吸收黄色时一定要注意不宜与黑色搭配。如果与黑色搭配使用，象征快乐会溜走，人也会变得花钱大手大脚，使不良的金气增加，产生不好的效果。如果将之与白色搭配，就可以更好地吸收黄色的气。白色原本就具有增加色彩的气的能力，它与黄色又有着良好的相性，所以，无论何时何地，只要在吸收黄色时添加白色，就可以增大气的能量。

### 运用场合

想与人友好相处时

每天都感到无聊时

想攒钱时

想减少不必要的花费时

### 运用提示

需要注意的是，黄色所具有的能量，会由于使用方法不当而产生相反的效果。如果过多地使用黄色，会给人轻薄的印象，并且，黄色会使人只注重享受，增加无端的花费。另外，如果结合棕色和白色搭配使用，会大大提升黄色的能量。

**●服装**

想改善与他人的人际关系时，可穿黄色衣服。比起浅色系的黄色，穿着接近芥末色的黄色效果更好。黄色的睡衣具有提升财运的效果，特别是对有借钱嗜好的人来说，想存储积蓄时，可以试用一下。另外，当感觉到每日的生活无聊时，如果穿着黄色的内衣，可以增添生活乐趣。

**●化妆**

想提高自己的社交能力时，可以涂黄色的指甲油。将单色和其他颜色结合使用可以发挥更大的能量。另外，随身携带黄色能给人经济基础很坚实的感觉，所以，外出游玩时涂黄色系的眼影可以避免乱花钱，再画上黑色的眼线效果会更好。

**●装饰物、小饰品**

想提升家庭的整体财运时，浴室用品和厨房用品都可使用黄色，这样浴室和厨房就会充满“财运之气”，特别是牙刷、毛巾和厨房的窗子，黄色是每天使用物品的首选颜色。另外，房子西侧的房间可选择黄色的窗帘，它可以防止漏财，更好地抓住储蓄运，不过，选择浅黄色的会更好。

## 绿色的风水能量

——代表事业运、健康运、家庭运，具有使身心健康的能量。

具有木气的绿色是具有大自然能量的神秘颜色，它有使家中安定、治愈身心的作用，象征孕育和发展。在想达到某种目的时，运用绿色具有良好的效果。如果想取得事业上的成功和出人头地，就可选择深绿色。具有火气的男性如果搭配具有木气的绿色，可促进发展。另一方面，对于女性来说，淡淡的薄荷绿是首选颜色，具有水气的女性如果吸收了太浓的绿色，水吸收的木气就会因过盛而产生不良的效果，因此，要特别注意。

另外，绿色的木气可以吸收水的能量，所以有驱除体内积累的毒素的作用，可以帮助治愈疾病并引导身体的健康。

绿色包含有茶色等多种绿色，淡茶色适合已婚人士。掺杂着土气的绿色可以令使用者从土中得到养分，有安定地盘、巩固发展的作用，还可以提升家庭运。

可以提升事业运和家庭运的绿色是家居装饰容易选择的万能色。例如，朝向火方位的西南使用绿色，房子中的不良之气就会被驱散或中和。

### 运用场合

想获得健康时

想拥有活跃、幸福的家庭时

想改善家中的气流时

想提高自己时

### 运用提示

为了提升健康运和事业运，可以在家中使用绿色，使用宽叶植物做装饰最佳。浓绿色和淡绿色的小物品有助提升健康运和家庭运，所以，可以随意地使用绿色的领带和手帕。另外，具有“木之气”的绿色是“火之气”和“水之气”的调和颜色，因此，在使用火和水的厨房和浴室里，绿色不可缺少。

**●服装**

想取得身心健康时，可以穿绿色的睡衣就寝，这样在睡眠中就可以吸收绿色所具有的新鲜之气。特别是在精神失落时，穿着绿色的内衣最佳，因为它可以使人恢复良好的精神状态。另外，男士可以使用绿色系的领带，女士可以使用绿色系的装饰，都可以提升健康运，当然，色调明快的绿色是最佳选择。

**●化妆**

绿色有转运的作用。想忘记过去、迎接新生活时，使用绿色的眼影，可以将新的运气与自身结合。闹离婚时选择绿色系的化妆品，可以改善彼此的关系。另外，从手部吸收来自淡绿色指甲油的能量，可以增加健康运和美丽运。

**●装饰物、小饰品**

在厨房、餐厅等家人经常聚集的场所，可使用绿色来装饰布置。厨房用的垫子和垫碗用的垫子等，如果都使用淡绿色，就可以安定家中之“气”，使家庭幸福和睦。另外，在卫生间使用绿色可以提升健康运，将它与白色组合搭配效果更佳。

## 蓝色的风水能量

——代表事业运、才能运，可发挥潜在能力。

蓝色是意味着希望和成功的颜色，具有木气。它可以提高自身的干劲，给周围人以安全感和信赖感，也是在正式场合比较活跃的颜色。另外，因为蓝色具有开发学习欲望的能量，所以，在孩子的房间装饰蓝色，可以提高孩子的学习成绩。

另一种说法是，蓝色在风水当中被认为是由绿色的木气加入了水气而得到的颜色，也就是说，绿色所具有的上升之气因借助了水的能量而变得越来越强，成为蓝色。

借助蓝色还可以得到很大的发展，所以，想出人头地的男性可以选择蓝色来达到此效果，比如，佩戴蓝色的领带等。而女性如果使用蓝色就会给人女强人的印象，使用者必须仔细考虑方可使用。蓝色是使原本的女性之气很难取得平衡的颜色，如果女性要想吸收蓝色之气，就可以选择更女性化的图案或浓粉色来搭配，这样就可以调整女性之气的平衡；若与具有水气性质的白色搭配，也可以提升发展运。

### 运用场合

想集中注意力时

想在职场中提高地位时

想得到周围人的信赖和期待时

想在学习和工作中发挥自己的实力时

### 运用提示

如果希望在工作上取得成功，就可使用蓝色的领带和衬衣，可帮助塑造出能人的印象。但是，因为蓝色又给人冷淡的感觉，所以，在使用时可以结合暖色系使用，女性更适合淡蓝色。如果想给人沉着、冷静的印象，可以在装饰上使用蓝色。

**●服装**

有提升事业运能量的蓝色是男士们的首选颜色。穿着蓝色的衬衣和领带可以增加机会，穿着蓝色的睡衣就寝可以提升财运。女性选择淡蓝色的衣服和围巾

为佳，穿着蓝色的内衣也具有最佳效果。

**●化妆**

想得到周围人的信赖时，可多使用蓝色。涂蓝色系的眼影，可以给人冷静、智慧的印象，这时还可以搭配淡粉色和橙色的口红和腮红，表现出适度的女性魅力。另外，蓝色的指甲油可以使人显得沉着冷静。

**●装饰物、小饰品**

想出人头地时，蓝色的文具是首选。另外，如果想激发孩子的学习欲望，在选择窗帘时，用横条或方格图案的窗帘最佳。如果是女孩子，选择淡蓝色的更合适，再搭配上粉色和橙色等暖色调则更佳。

## 紫色的风水能量

——代表名誉运、援助运，可演绎高雅的气质。

紫色或薰衣草色是象征着高贵的颜色。在风水中，紫色被认为是象征帝王中宫的颜色。其中，深紫色是具有给人很深刻印象的能量的颜色，象征地位高、伟大。男性如果想体现自己的地位或身份，也可以选择紫色，并且紫色会让人在工作方面更有上进心。由于紫色的能量过于强烈，所以，女性选择柔和、典雅的薰衣草色更合适。

提升地位、引起周围人注意是紫色和薰衣草色所具有的运气能量。想体现自己的与众不同，引起他人关注时可以选择紫色，当自己集品位与风格于一身时，自然就会受到周围人的尊敬。

### ☯运用场合

想具备高尚的品格时

想得到地位和名誉时

想得到别人的注目时

想击退欺负你的人时

### 运用提示

紫色是可以提高自身运气的颜色，但过度地使用反而会起到相反的效果，给人不可接近的感觉。日常生活中使用时，用于想获得胜利的情况时效果最佳。

想解决遇到的麻烦时，可以佩戴一些紫色的小饰物，选择深紫色可以发挥更强的能量。

**●服装**

紫色是可以提高自身气质的颜色，但是，如果全身都用深紫色装扮的话，就会造成相反的效果。因为深紫色可以使着装者自身的能量减退，所以，在选择时多使用淡紫色。另外，想提高自己的品格气质时，可以穿淡紫色的内衣和睡衣睡觉。

**●化妆**

女性想通过结婚提高身份地位或想得到上司的提拔时，可以借用紫色眼影和紫色口红的能量，但是，如果过分使用浓艳的紫色则会给人造成一味强调自己主张的印象，使他人敬而远之。

另外，被别人欺负时，可以使用淡紫色的指甲油，这样可以给周围人以威严感。

**●装饰物、小饰品**

想在工作中取得地位和名誉时，可以使用紫色系的文具，尤其是记事本和名片夹等旁人可以看到的物品。如果是女性，则可以使用紫色的化妆包。

使用淡紫色的窗帘、门帘也有使自身之“气”提高的作用，特别是在不利方位的卫生间使用紫色的毛巾和紫色的坐便器盖套，可以使运气好转。

## 粉色的风水能量

——象征爱情和温柔的颜色，可以提升恋爱运。

粉色象征着可爱、丰富、爱情、温柔等，可以增加女性魅力，是具有提升恋爱运和结婚运能量的颜色。在想开始新的约会或想与恋人关系顺利进展时就可积极使用粉色。特别是对于女性来说，粉色具有很好的意义，例如，当穿着粉色的衣服时，人会显得更加活泼、可爱、善解人意，这是因为粉色所具有的作用平衡和协调了阴阳。粉色让具有水性体质的女性的气变得具有阳气能量。在水变成阳性后，生活就洋溢着爱并得到他人的信赖。

粉色可以调节激素的平衡，也有缓和妇科病的作用。妇科病是由于积累了水中的毒素而引起的，为了使之变成无毒素积累的体质，必须携带粉色；为了可以充分地吸收粉色的气，让粉色与肌肤密切接触是关键。选择粉色的内衣可帮助保持健康。

另外，就季节而言，春和冬是粉色的活跃期。粉色可以排除体内积累的毒素。如果渴望美丽的爱情，粉色是最佳选择。粉色，对于女性来说，是争取好运时不可缺少的颜色。

### 运用场合

想开始新的约会时

想加深与恋人的感情时

想结婚时

想增加自我魅力时

### 运用提示

为了提升恋爱运，可以将每日随身携带的小物品和自己的房间用粉色装饰一下，但也不要将所有的物品都换成粉色的，只需强调重点即可。女性也可以将内衣、睡衣、床罩等贴身物品的颜色定为粉色，这样会有特别的效果。

●**服饰**

随身携带粉色，可以发挥更大的能量。想提升恋爱运时，可以穿蕾丝和带有褶皱的粉色内衣，也可以随身携带粉色手帕等小物品。另外，想让自己变得更加可爱时，可以穿着粉色的睡衣睡觉，这样可以唤醒自身潜在的女性能量。

●**化妆**

想抓住眼前的金玉良缘吗？粉色调的装扮最佳。褐色的眼线和粉色眼影的搭配强调眼部魅力，可增加对异性的吸引力。和恋人发生争吵后，涂淡粉色口红有利于恢复彼此关系；想向恋爱的对象表达自己的爱意时，涂粉色口红可以帮助表白成功。

●**装饰物、小饰品**

感觉和爱人关系进入了乏味期时，可以使用粉色床单改变现状，粉色水点图案的效果更好。另外，想改变好胜、任性的性格时，可以使用粉色的坐垫，但要切记的是，使用粉色装饰时，避免使用原色系，宜选择浅颜色。

## 棕色的风水能量

——代表家庭运、安定运，可使家庭安定和睦。

棕色，是象征着大地的颜色。它具有安定事物的

能量，使人和气生财。在家庭和职场使用，也可以安心定气，并且棕色是面试和会面时的首选颜色。

### 运用场合

想消解家庭内部困扰时

想调节夫妇、亲子关系时

想通过努力取得成就时

想得到安宁和安全感时

### 运用提示

棕色是由灰褐色和奶油色等颜色混合而成的，是装饰的首选颜色，它可以使家中充满安逸感。但是，随身携带时要注意，棕色会给人失落的印象，同时也会给人木讷的感觉。在选择服装和装饰物的颜色时，如果用橙色和黄色等暖色系的颜色与之搭配，可以适度地增加华丽感。

**●服装**

想得到恋人的求婚时，棕色是最好的服装颜色。和橙色搭配会提升“结婚运”。另外，面试时穿着棕色的裤子，会给对方留下值得信赖的印象。但是，深棕色过于稳重，不适合年轻人使用，年轻人宜选择淡棕色。

**●化妆**

夫妇、婆媳关系不融洽时，记得使用棕色调和浅灰色调的淡妆，它可以安定“气”，使恶化的关系转好。如果想取得更好的效果，还可以搭配淡粉色和橙色的口红。灰色系的指甲油，可使人沉着冷静，在心神不定时可以使用。

**●装饰物、小饰品**

棕色和灰色是室内装饰最好的颜色。例如，地面铺置地毯比地板更合适，因为它可以安定家中的“气”，同时也可以用于叛逆期孩子的房间。这种情况下只是将棕色作为主要色调，如果搭配粉色和绿色来使用则更好。内心烦闷时使用棕色的文具，可以使内心的“气流”松缓、平稳。

## 白色的风水能量

——代表净化运，使生活有新的开端。

白色是无中生有的颜色。想忘记过去重新开始时、想改变现状时，都可以借助白色的能量。白色是可以灵活使用的颜色。

白色具有净化气的功能，它可以洗涤日常生活中积累的毒素。因此，想化解与他人的误会或恢复情绪的人可以选择使用白色；想给他人留下清晰的感觉但又不想给人特定的印象时，可以选择白色的衣服。因为白色的能量是活跃的，所以，会给人留下很好的第一印象。在第一次约会见面的时候或者是开始新的学习和工作的时候可以使用。

另外，白色和其他的颜色组合搭配时，可以使与之搭配的颜色能量倍增，例如，提升恋爱运的粉色和白色搭配，白色就可以给予粉色之气能量，使恋爱运越来越强。

在服装搭配方面，白色是女性们最常使用的搭配颜色之一。无论是使用单色还是与天气颜色搭配，都要结合状况灵活使用。

### 运用场合

想重新开始时

想调节气氛时

想改变印象时

争吵后想和好时

### 运用提示

想提升重新开始的能量时，可以穿着白色的内衣，使用白色的寝具睡觉；想争吵后恢复关系时，可穿着白色的外衣出门。

另外，想提升恋爱运时，可以搭配粉色；想提升事业运时，可以搭配蓝色；想提升财运时，可以搭配黄色；想提升健康运时，可以搭配绿色。

**●服装**

想要生活有一个新起点时，可以穿白色的内衣，它可以帮助指引光明的未来。例如，在初次约会时，白色可以使恋爱顺利开始。

另外，遇到纠葛时，穿着白色的睡衣就寝，可以帮助改变现状。

**●化妆**

想给他人留下美好的第一印象时，可以使用白色的粉底装扮，它可以将自己的“气”和对方的“气”结合起来；想给男性好感时，可以涂白色的指甲油。用白色简单地搭配粉色和橙色，可以发挥更好的效果。请在工作、约会等初次见面的场合灵活运用白色。

**●装饰物、小饰品**

办公室、书房、孩子房间等处的墙壁，宜选择白色，因为它有助于集中注意力，提高学习和工作效率。

另外，随身携带一条白色的手帕，有利于运气的提升，也可以使随身携带的其他颜色的能量倍增。

## 黑色的风水能量

——代表储蓄运、秘密运，可积攒能量。

黑色，具有积攒一切能量的力量，在关键时刻使用，可以制造好运。但是，因为它也会吸收坏的能量，所以，选择使用的时间很重要。

黑色具有很强的水气，可以充分地吸收想得到的颜色，这是它的良好特性。但是，人如果吸收了过多的颜色，身体内就会聚满气，从而很难再吸收运气。这时，就可以穿着黑色使身体变为可以充分吸收颜色之气的体质。如果在穿着黑色的第二天再换穿想吸收运气的颜色，就会加倍地吸收这种颜色之气。因此，最好每隔两周穿着一次黑色。

如果在状态良好时穿着黑色，会使运气更加旺盛。相反，如果在状态不好时穿着黑色就会使人的运气下降，这点要特别注意。

特别是女性，对黑色的反应很强烈。黑色有着隐藏、掩饰、神秘的意义，所以，如果一直穿着黑色，可能会让他人产生误会，认为自己有什么事情隐瞒着。选择服装时要避免全身黑色，如果衣服是黑色，鞋子和包就要选择粉色或者橙色等颜色，这样就可以调整阴阳的平衡。穿着黑色的衣服时，内衣可选择明亮基调的颜色。选择特别想得到某种运气的相应的颜色与黑色搭配，可以更好地发挥作用。

### 运用场合

想积攒金钱时

想维持现有状态时

想被看做是稳重的人时

想隐藏秘密时

### 运用提示

黑色是具有很强“阴气”的颜色，如果过多使用，会失去原有的开朗性格，所以，使用时要十分注意，身体状况不好或是精神失落时不要使用。另外，黑色有时也会使人显得老气，所以，要避免全身穿着黑色的衣服。将黑色与其他颜色灵活搭配会有更好的效果。

**●服装**

黑色具有积攒各种运气的能量。在运气上升时，穿着黑色的衣服可以使工作更加顺利。但是，要想提升美丽运时就要注意使用方法了，因为黑色会使人看上去比实际年龄苍老。另外，穿黑色衣服时，要注意搭配粉色或橙色的内衣，这样才可以调节整体“气”的平衡。

**●化妆**

黑色的眼线可以带给人好运。眼睛是最能聚集“气”的身体部位之一。眼睛有神的人，比较容易交好运。如果担心机会溜走，就可以画上眼线，增加眼睛的力量。另外，想提升恋爱能量时，可以使用黑色

的睫毛膏。

**●装饰物、小饰品**

想保守秘密时，可以摆设黑色的桌子。如果是关于恋爱的秘密，则可以在北方放置黑色的装饰物。

另外，携带黑色的笔记本电脑，可以增加工作中的机会。日常生活中使用黑色的钱包，有利财运。

# 第三十六章 用幸运色彩提升运势

你现在的愿望是什么？想通过哪些途径来实现？这一章中介绍了怎样借助色彩提升健康运、恋爱运、事业运、财富运等一般人想要拥有的运气。另外，还介绍了怎样通过日常打扮和使用幸运物品来提升运势。

## 健康运与幸运色彩

### 绿色和白色有利健康

健康的身体是幸运的基础。为保证每一天都是精力充沛的，体内就不能聚集不良之气。这时可以借助支持健康运的绿色和白色的能量。具有木气的绿色有帮助驱除身体内聚集的水毒的作用，白色也可以净化每日积累的毒素，这两种颜色一起使用效果会更佳。白色和其他颜色搭配使用时可以使此颜色之气倍增，因此绿色和白色搭配使用，可以更好地发挥出打造健康体质的能量。

另外，作为影响健康运的场所，卫生间也是特别需要注意的地方。如果卫生间脏乱、阴冷，就容易引发女性妇科病及男性内脏方面的疾病。卫生间的小物品也要使用暖色调的浅色，如浅绿色。

### 提升健康运的物品

**绿色的睡衣**——绿色的睡衣可以吸收身体内聚集的水毒。如果在运气吸收率最高的睡眠时间段吸收到掌管健康的色彩能量，就可以健康每一天。

**白色的床单、枕套**——使用具有净化气的作用的白色床单、枕套等床上用品，对身体的健康有很大的益处，它可以使你忘却一天的疲劳，以崭新的状态迎接第二天的生活。

**淡橙色的内衣**——具有柔和火气的淡橙色是促进新陈代谢的颜色。如果直接接触肌肤的内衣使用这个颜色，可以使新陈代谢更加旺盛，使身体元气得到恢复。橙色系的颜色还可以使心情开朗。

**粉色的卫生间**——影响健康运的卫生间与粉色具有良好的相性。可以清除引起妇科病等疾病的水毒，也可以与具有驱除体内不良气流作用的绿色搭配。

## 恋爱运与幸运色彩

### 有利姻缘的淡橙色

吸收具有柔和火气的淡橙色可以引起“风”。风，可以传递姻缘。想引起他人注意，可以借助淡黄色的作用，因为淡黄色可以产生吸引异性目光和积极性的能量。这个颜色的明亮色调可以给人以自信，营造出幸运的体质。使用能给人好感的淡黄色出席社交场所，一定会提升人气。

穿着象征具有呼唤传递姻缘之风力量的服装，关键是要有良好的透气感，头发、服装、鞋子等都要给人清爽的感觉。另外，家居装饰时使用淡黄色的窗帘也有效果。通风良好的房间使用清新剂、照明装饰也会增加约会的机会。清新剂最好使用柑橘香气的。

为了提升恋爱运，在日常打扮上要注意以下几个方面：

**头发**——有层次感的微微卷曲和有动感的造型，最适合用来呼唤风。为了避免被使恋爱运下降的阴气缠绕，必须将额头和耳朵露出来。

**戒指**——是提升约会运气不可欠缺的东西。如果想得到良好的姻缘，可以在小手指和食指上戴戒指。

**服装**——为了提升恋爱运，最好不要选择那种束缚身体的衣服，要选择质地轻柔、透气性良好的服装。

**鞋**——脚底也是关键部位，每一步都具有唤风的动力效果。

**包**——象征幸运的拎包小而轻。流行的款式又决定这一时期的运气，可以让人轻松地把握住约会恋爱的机会。

**项链**——因为女性通过胸口吸收运气，所以，胸口敞开的款式很有效果。特别是锁骨间是吸收姻缘之气的重要部位，在这个位置佩戴项链效果最佳。

## 提升恋爱运的幸运物品

**手机和挂件**——具有火气的手机可以“烧”掉旧缘分，引出新姻缘，特别是与动的东西具有良好的协调性。小熊玩偶或是带有声音的挂件可以提升恋爱运。

**藤制品**——具有木气的藤条有带来好姻缘的作用。例如，藤条编织的筐子，因为是天然材料，所以，具有很强的生气和良好的透气性；又因为具有透气性，可以通风，所以就有新的机会随之出现，旁边如果摆放用陶器装置的观叶植物，则会更好地提升人际关系运。

**橙色的菊花**——花是提升恋爱运不可缺少的物品。长花瓣的花象征可以带来姻缘，特别是淡橙色的菊花，有抓住约会机会的能量。因为人在睡眠时吸收运气，所以，可以将菊花放置在枕边，这时最好选择通风良好的场所。

**座钟**——使用闹钟等座钟象征可以产生展开新姻缘的能力。如果很难找到橙色系的钟，可以使用木制的。

**蕾丝内衣**——具有水气、直接接触肌肤的内衣是具有很高吸收率的物品。粉色的内衣有调节激素平衡的作用。可以选择蕾丝边或碎花图案的内衣。

**带花图案的雨伞**——雨天，空气中充满了水。为了使吸收的水气达到平和，可以使用同样具有水气的粉色雨伞，还可以使用表示提升恋爱运的小花图案。

**床、被褥**——使用体现女性温柔、可爱的白色蕾丝或提升恋爱之气的花形图案，可以提升现在的恋爱运势。枕套等可以使用粉色的布料，床单可以使用带有小花图案的布料。

**自然材料的睡衣**——运气是在睡眠时吸收的。开衣襟的粉色睡衣可以帮助你更好地吸收恋爱运。与睡衣有良好相性的棉、丝绸、麻等自然材料，是有助于身体吸收运气、调整运气的首选材料。

### 利用粉色的能量延续、充实恋爱运

虽然现在的恋情进行得顺利，但是如想让这种甜蜜的状态持续下去或是得到更好的发展，就可以借助粉色的效果。如果吸收了有加深信任作用、强化恋爱运的粉色之气，两个人的爱情就会越来越丰富，亲密关系也会越来越稳固。

对于具有水体质的女性，粉色正是可以引导水气朝良好性质发展、调整气的平衡的颜色。粉色具有温柔、可爱等特性，它可让女人变得更加可爱，让人感觉到充实的幸福。

想珍惜、延长与恋人甜蜜的关系时，需要注意以下方面：

**头发**——缔结良缘的头发应轻轻地拢起，露出额头和耳朵。

**装饰**——女性的手腕是容易吸收姻缘之气的部位，所以可以利用突出手腕部分的手镯、手链的能量帮助发展恋爱运。

**拎包**——想加深与恋人的爱情，长方形的拎包会很有效果。比起长拎带的包包，短拎带更有效果。

**鞋子**——凉鞋可以补充吸收姻缘，如果渴望长久的恋爱，具有安定感的平跟鞋更有效果。

**服装**——裙子、衣服等应该选择轻柔的面料，可以提升恋爱运。

**腰带**——腰带可以补充现在缺少的运气，选择流行的款式效果更好。

## 事业运与幸运色彩

### 象征发展、成长的水蓝色和薄荷绿有助提升事业运

促进发展、成长的水蓝色和薄荷绿有提升事业运的效果。灵活地运用象征干劲、成长、发展的木之气是重点。像树木充分地吸收水分后可以茁壮成长那样，具有水气的水蓝色给予木气水分就可以发挥出同样的效果。另外，表示成长、上升的绿色也很有效果，绿色所具有的木气可以推动达成目标。但是，女性本来就容易吸收水气，为了避免过度吸收，可以使用薄荷绿等淡色调的颜色，想在某些场合取胜时可以将这个颜色与红色搭配。红色的作用是可以给对方留下深刻印象。

为了提升事业运，需要注意以下方面：

**头发**——引起行动力。随风的发型，向外侧轻轻翘起。

**手表**——在事业方面想要取得时间上的胜利，手表是必备的物品。另外，将可补充能量的手镯带在同一只手上还可以提升人缘。

**腰带**——想要补充事业运就要选择代表持续、稳定的腰带。

**服装**——上衣要使用有安定感、具有土气的弹力材料，这样的材料便于活动。V字领可以强化事业运。裤子的材料要选择具有激发干劲的木气性质的棉面料。

**鞋子**——要选择容易行动、有安定感的鞋子。露出脚尖的凉鞋最好。运动鞋虽然行动方便，但是在恋爱方面没有效果，需要结合具体情况选择。

**拎包**——发挥帆布等具有木气的包的能量。但是因为重量会使行动迟缓，所以需要注意包不要太重。

**装饰**——将耳朵露在头发外，佩带上耳环或耳钉，可以更好地突出耳朵。

### 提升事业运的幸运物品

**竹子等观叶植物**——想拥有充足干劲的人可以使用具有木气的观叶植物。其中像竹子这样笔直上伸的植物效果最好，它具有促进工作发展和上升的作用。应该将其摆放在电脑周围或桌子上等视线以内的位置。

**银色的钢笔**——因为呼唤人缘、姻缘的运气产生在明亮的场所，所以使用可以聚光的银色钢笔可以提升事业运。为了提升地位感，可以随身携带配有档次感图案或带有钻石的钢笔。

**笔记本电脑和带有叶子图案的鼠标垫**——轻便易移动的笔记本电脑是办公的首选。具有火气的电脑如果加入了信件、聊天等带有木气的功能就会激发风的作用，能够良性地运转事业上的关系。鼠标垫如选择具有木气的叶子图案，也会有同样的效果。这样可以中和电脑的火气，吸收它释放出的热量。

**绿色、红色、橙色的记事本**——随身携带的记事本最好是使用可以激活行动力或是促进事业发展的颜色，绿色、红色、橙色、水蓝色都具有这样的效果。黑色的记事本会使行动迟缓。

**红色和橙色的名片夹**——名片夹最好每年都更换新的。因为与人初次见面时会掏出，所以如果想给对方深刻的第一印象时，可以使用令对方感觉活跃的红色或明快的橙色名片夹。

## 结婚运与幸运色彩

### 象征爱情的桃红色与灰褐色搭配

想马上结婚的女性可以在珊瑚粉红色的基础上再添加灰褐色，就会发挥效果。因为粉红色是具有培育爱情、温柔、女性化的粉色之气和缔结姻缘的橙色之气混合的颜色，所以可以提升结婚运。再与具有安定效果的灰褐色搭配，会使现在的恋情更牢固。

另外，在风水中，作为女性而言，结婚表示着成熟、结实、收获。所以每天早上可以多吃水果，或者是选择使用带有水果图案的物品，或者是选择有水果图案的服装和装饰，也有提升运气的效果。

实现结婚梦想的另一个方法就是使用鲜花，因为鲜花所具有的气对女性的恋爱运和结婚运有极大的影响。

为了提升结婚运，需要注意以下方面：

**头发**——大方自然地微微卷起。整理头发就等于整理姻缘，可以引导结婚运。

**头饰**——蝴蝶结具有缔结姻缘的意义。不只是在衣服上，裤子、拎包、鞋子上都可以有蝴蝶结。随身带有蝴蝶结可以象征良好的结婚运。

**裤子**——选择具有运动感的、宽松的、白色系的裤子，可以帮助你吸收动气，有助结婚运。

**鞋子**——利落的平跟鞋。如果选择具有流行感的款式的鞋子，就可以增强运势。冬天可以穿着靴子。

**上衣**——因为女性的手腕可以吸收姻缘之气，所以最好穿可以看见手腕的七分袖等样式的服装。

**腰带**——安定的基础，象征着家庭的腰带可以发挥很好的效果。与紧实的款式相比，稍微松些的腰带更为适合。

**装饰**——在吸收运气的重要部位、锁骨间佩带上坠饰项链，可以最大限度地吸收到姻缘。领口应选择方领口。

### 提升结婚运的幸运物品

**带有水果图案的瓷器**——带有水果图案的瓷器可以象征良好的结婚运。特别是红色的果实图案，会有更佳的效果。具有土气的瓷器物品具有安定、巩固基础的能力，还会发挥出生长果实的能量，可以缔结良缘。使用带有水果图案的杯子喝水最好。

**珊瑚粉红色的桌布和茶杯垫**——具有木气的桌布或茶杯垫具有补充缘分的作用。如果想缔结更深的缘分，最好选择带有穗子的垫子和桌布。垫子和桌布的颜色当然是要选择象征爱情的粉红色。

**打有丝带结的花束**——支持女性运气的鲜花中，粉红色或橙色的菊花是具有最强恋爱运的花。如果用丝带给花束打结，就有更强的缔结姻缘的能量，可以使恋情朝结婚方向发展。这样的花束赠送给朋友或自己使用都有效果。

**粉红色沙发和格子抱枕**——摆设可以培养双方美好爱情的粉红色沙发，再加上可以调整、稳定姻缘的格子抱枕，就能够发挥更多的效果提升结婚运。注意，抱枕的数目必须是偶数。

# 财富运与幸运色彩

## 具有金气的淡黄色搭配白色有利财运

想提升财运，最重要的就是要吸收与财运息息相关的金气。金是富有的象征，具有增加金钱能量的淡黄色金气正是提升财运不可欠缺的能量。如果将与淡黄色有良好相合性的白色一起吸收，就会使效果大大地增强。

在居住的空间中，不要忘记厨房的柜子与财运有着密切的关系。如果不想让到手的财运溜走，就一定要保证厨房的清洁。另外，可以聚集金气的圆形物品也有效果。例如可以在圆形的花瓶中插入鲜花装饰厨房，也可以使用向日葵、黄玫瑰等黄色系的花。

风水学认为金由水生，所以要想提升财运，最好在水的附近进行。纯净的水流不仅能净化心灵，还能充实腰包。

## 提升财运的幸运物品

**有向日葵图案的厨房物品**——圆形、黄色的向日葵是具有很强财运的花。如果将向日葵的气吸收到厨房的物品上，就可以增加提升财运的能量，例如桌布、围裙等。

**黄色、粉色、白色的牙刷**——口中也具有金气，因此认真地刷牙是提升财运不可缺少的步骤。牙刷最好选择与金气具有良好相性的黄色、粉色和白色。具有火气的红色要避免使用。

**黄色、粉色、白色的剪刀**——具有金气的剪刀也

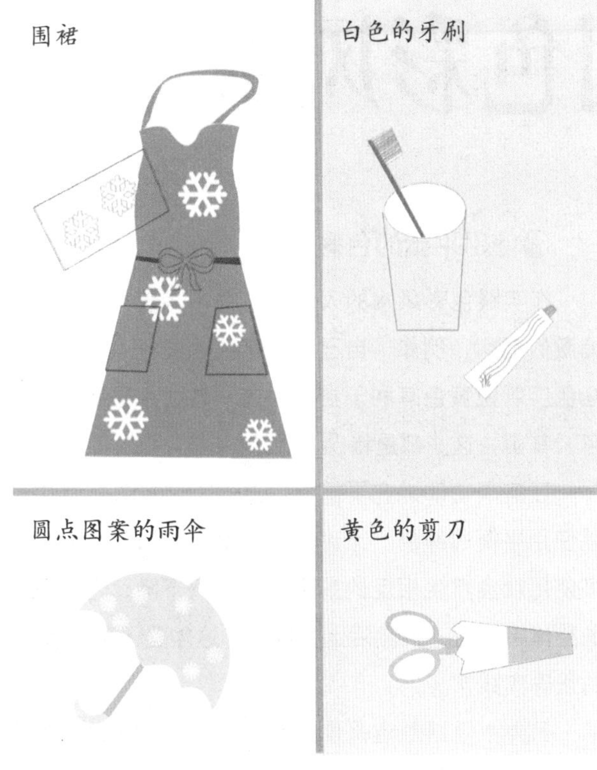


是可以提升财运的物品。如果想要更好地发挥出金的力量，白色、黄色、粉色的剪刀是首选。但是绝对要避免具有木气的绿色，因为木气会使金气的能量降低。

**圆点图案的雨伞**——圆点图案带有金气，与水接触会使能量变得更强。下雨的时候撑着带有圆点图案的雨伞，可以增加财运的能量。

# 储蓄运与幸运色彩

## 白色搭配红色可以激活气的能量

想增加储蓄，可以以白色为主色添加上红色。可以净化空间的白色具备增加的能量，再添加上些红色就可以激活储蓄之气。为了巩固增加的财运，具有土气的茶色或灰褐色都有很好的效果。另外，在厨房所使用的调味料等最好都装入白色的瓷罐中，以借助土气的作用防止浪费。

影响着储蓄运的场所是收纳空间。正因为是吸收运气的重要场所，所以一定要注意收纳空间的整齐。如果收纳空间杂乱不齐，就会使运气溜走。因此，认真地打扫卫生很重要，同时还要保证通风换气良好。

## 提升储蓄运的物品

**印章、存折**——与金钱有关系的印章和存折应该装在具有增加能量的白色或稳定财运的茶色、灰褐色容器中。

**台灯**——为增加财运，可以采用具有提升财运效果的照明，特别是使用高脚台灯，可以使储蓄之气具有良好的状态。

**陶土花盆**——具有土气的陶土花盆有结出果实的能量和安定、沉着的作用。在空间中吸收到的大地之气可以提升储蓄运。

Tips 小贴士

※ 紫红色的运用

紫红色可促进血液循环，使女人更具温柔气质。紫红色是黑色和红色混杂的颜色，具有释放女性潜质的作用。红色强大的能量在某种程度上得到了抑制，有利于血液的良好循环。但是，如果长时间穿着紫红色，就容易使阴阳失去平衡，因此要特别注意。与具有土气的灰褐色搭配，可以发挥紫红色的特性。

# 第三十七章 运用色彩风水

色彩具有提升各种运气的能量。结合生活中的个人愿望选取颜色，采用适当的方法可以使颜色的能量淋漓尽致地发挥，以期得到期望中的好运。

色彩风水在日常生活中有着广泛的应用范围，在不同场合、不同时间发挥着不同的作用。恰当地运用色彩，会使生活变得更加丰富多彩。

## 运用色彩风水的关键

对于人来说，有使人的“气”旺盛的颜色，也有使人的“气”衰退的颜色。这是由“本命卦”的五行“相生相克”原则来决定的。

例如，想要保持现有的能量时，应该多选取使“气”旺盛的颜色。如果感到能量过强时，可以用使“气”衰退的颜色。另外，想击退对手时，也可以用使对手的“气”衰退的颜色。总之，结合目的活用颜色很重要。

### 选取符合愿望的颜色

颜色具有各种各样的意义和能量。例如，粉色有利于实现恋爱愿望；蓝色有利于事业成功。灵活运用符合自己愿望的颜色，是色彩风水的关键。

脑海中偶尔会出现自己想得到的颜色，这是潜意识所传达的信号。根据自己的心理和身体情况，选择合适的颜色吧。

### 使用平衡的色彩

在实践色彩风水的人中，有很多人使用颜色犯了偏激的毛病。例如，自己的幸运色是红色，就只使用红色；听说黄色有利于提升财运，就让家里布满了黄色。其实，这些都是错误的做法。

任何事物都讲究平衡，实践色彩风水最好的方法是使用平衡的颜色。无论是多么幸运的颜色，如果过多使用就会产生相反的效果，使运气下降。考虑色彩的整体平衡后，再灵活运用颜色，这才是“色彩风水”的正确实践方法。

另外，情绪稳定是使用颜色的重要要素。无论是多么幸运的颜色，如果偏激地只使用这种特定的颜色，就会扰乱家中的气流。

## 方位颜色的风水运用

这里介绍了各方位所持有颜色的能量和意义。选择符合自己愿望和方位的颜色来运用是色彩风水的关键。

### 各方位的颜色

象征方位五行的颜色

方位的基本颜色

方位的幸运颜色

根据目的灵活运用三种颜色是色彩风水成功的关键。另外，选择符合自己本命卦颜色的方法也很重要。

在五行当中，还存在着“生克”关系，因而具有五行属性的各种颜色间也存在生克关系，所以，要注意各种颜色都需结合其他颜色灵活运用。

例如，想提升事业运，可在掌管事业的方位（东方）选取蓝色和红色；想提升财运，可在西北方摆上金色的饰物。另外，想减少借钱的情况，就在西方摆上黄色小花和黄色物品；东南方卧室的装修，运用东南的基本颜色（蓝色和绿色）最佳，也可以选择幸运颜色（红色和紫色）。

# 不同情形下的色彩运用

## 不同场合、不同时间应用的色彩

在事业方面和个人方面，如果想要更好地发挥出自己的能力，就要根据不同场合借助不同颜色的能量。

提案：充满强大能量的、火气的黄色在这时使用有显著的效果，可以给对方留下深刻印象；对胜负运有很大影响的红色或促进积极性、给人好感的橙色，都是适宜的颜色。

面试：第一印象非常关键的面试时刻，使用白色可以给对方留下深刻的印象。白色象征着新的开始，会得到良好的评价。

初次约会：这个时候应穿具有还原作用的白色服装。白色具有清除体内不良气流的能量，也可以与提升恋爱运的粉色搭配。

相亲：此时可以搭配穿着体现可爱、温柔的粉色系服装。因为粉色是象征着丰富爱情的颜色，所以可能使对方一见倾心。在众多的粉色中，起到稳定双方姻缘作用的珊瑚粉红色是首选。

房产签约日：房子是生活的基础，在签购房子时可以使用安定地基、体现成熟稳重的淡黄色或灰褐色。

与他人第一次见面：与他人第一次见面时，根据想留给对方的印象选择颜色，根据立场和情况分别对使用的颜色加以选择。

考试：具有达成目的、成就愿望能量的黄绿色可以完全地发挥出它的作用。女性在资格考试中想取得良好的成绩，可以使用水蓝色，男性则可以使用提升地位的蓝色。

妊娠到生产：为了身心的健康，在妊娠期间一定要穿着能引导阳能量的颜色。明朗的橙色和可以调节激素平衡、培育爱情的粉色都有很好的效果。绝对不要使用充满阴晦之气的黑色，使用黄色和绿色是可以的。

## 有助圆滑人际关系的色彩

无论是谁，都想与周围的人融洽相处，色彩可以帮助我们实现这个愿望。具有容易被“染色”体质的女性，如果使用和对方关系相适应的颜色就会对双方的相处有帮助；具有火气性质的男性，要以绿色作为基础。

| | 男性 | 女性 |
|---|---|---|
| 上司 | 水蓝色、灰褐色 | 白色、乳白色 |
| 同事 | 绿色 | 淡橙色、薄荷绿 |
| 恋人 | 绿色 | 珊瑚色、红色 |
| 家人 | 绿色 | 淡黄色、嫩草色 |
| 朋友 | 绿色 | 橙色 |

### 愉悦心情的色彩

颜色可以帮你开心地度过每一天，消除你内心的烦恼。因为女性和男性天生性质不同，所以要发挥各自的个性，选择效果明显的颜色。如果可以更好地运用适合内心态度的颜色，那么提升幸运的能力也就会越来越强。

| | 男性 | 女性 |
|---|---|---|
| 情绪急躁时 | 薄荷绿、嫩草色、棕褐色（混合白色） | |
| 想精神百倍时 | 奶油色 | 粉桃红色 |
| 渴望坚强时 | 黄绿色 | 浓橙色 |
| 想具有判决力时 | 蓝色 | 红色、绿蓝色 |
| 犹豫不决时 | 淡黄色 | |
| 想变得更直率时 | 白色 | 水蓝色 |

### 利用色彩能量提升运气的图案

**心形**——（水+火）象征着生命的心形与充满爱情的粉色有着超强的相合性，它可以使你的内心变得越来越丰富，恋爱运也会提升。

**方格**——（土）象征着交际的方格具有改善人际关系的作用，与橙色、黄色、红色、绿色有良好的相合性。

**大点纹**——（水）这是使我们更加快乐、更加丰富的点纹图案，如果使用黄色、粉色、绿色等颜色会越来越幸运。

**小点纹**——（水）带有补充运气的水点，如果是桃红色、奶油色或者灰褐色的小点纹，就可以更好地弥补能量的不足。

**横条纹**——（火）引发干劲和上进心的横条纹，如果以红色、橙色、绿色为搭配，就会使能量提升。

**竖条纹**——（水）蓝色和水蓝色的竖条纹是圆滑人际关系的条纹，这两种颜色的搭配具有得到上司、长辈喜爱、赏识的作用。

**星形**——星形是最具有拉近人际关系能量的图案，如果是金色或者是银色的星形，效果会倍增。

**蝴蝶结**——（风）缔结良缘的丝带，可以使用提升姻缘的橙色或者是寻找爱情的粉红色。

**叶子**——（木）水灵灵的叶子选择黄绿色最佳，具有消除不良之气的作用。

## 饰物色彩风水

每日穿着的内衣或是常常随身携带的记事本、钱包，不同的颜色就有着不同的作用效果。

### 内衣

因为直接接触肌肤，所以吸收气的效率很高。上下穿着同样的颜色就会得到加倍的效果，也会调整运气的平衡。（直接接触肌肤的毛巾，也具有同样效果）

黑色：对于女性，黑色是不好的水气，是使恋爱运降低的颜色。

橙色：是出现新的机会、缔结人缘的颜色，具有圆滑人际关系的作用，是想表现健康、开朗时的首选颜色。

奶油色：令穿着者的地位、等级看上去比实际上的更高，因为它具有给长辈或上级好感的作用，所以如果随身使用会很有效果。

茶色：能稳定事态，适合在火能量强大的盛夏使用，可以起到中和作用。但是如果在其他季节频繁使用，可能会显得衰老。

藏蓝色：使用藏蓝色象征着过度地接受、容忍他人的无理，因为这个颜色带有很强的水气，所以要特别注意。

紫色：给人高贵的印象，让周围人注意到你的存在。但是，如果过多地使用这个颜色，会给人想接近但又难以接近的感觉，所以要特别注意。

粉色：如果想提升恋爱运，粉色是首选颜色。它直接吸收了爱情的运气，可以调整体内激素的平衡，使你更具女人魅力。

红色：因为红色具有很强的火气能量，所以要避免连续整日穿着。如果想寻求刺激或变化，红色可以发挥很好的效果。另外，对减肥也有作用。

白色：白色可以调整凌乱之气，使身体和内心都得到放松。如果疲惫或心情烦躁时穿着白色，可以使你迅速恢复正常状态。

绿色：舒缓疲惫的心灵，能调整情绪。特别是薄荷绿等亮丽的颜色，在心情低落时使用很有效果。

水蓝色：因为水蓝色具有很强的水气，所以有寒症体质的人应避免使用。因为水气可以培育木气，所以春天穿着最为适合。

淡黄色：象征着丰富的颜色，具有很强的金气，可以搭配很多种颜色。

## 指甲

指甲是身体的尖端，是吸收运气的重要部位，如果渴望出现新的约会、姻缘，指甲是不可忽视的部位。不只是手指甲，脚趾甲也同样重要。

橙色：橙色可以引起“风”，增加新约会的机会，是圆滑人际关系、赋予行动力的首选颜色。

灰褐色：使现在的运气得到安定。想避免过于平淡的情况时，可以与橙色、银色、金色等活跃的颜色结合使用。

紫色：给人高贵的印象。粉色具有很高的吸收率，所以略带有粉色的紫色有很好的效果。

珠光：闪烁的光泽，具有很强的水气，可以使女性魅力倍增，有增强恋爱运的能量。

金丝：如果在指尖上涂有带金丝的指甲油，可以引起“风”，令你更容易吸收运气。

粉色：调整身体情况，使女人更“女人”。让你受到众人的喜爱，提升恋爱运。

红色：在考试前、比赛前等想补充气的时候可以使用。在想增强语言能力、增强判断力时亦可以灵活使用。

薄荷绿：薄荷绿淡淡的颜色对减肥很有效果，可以促进新陈代谢，使身心都达到清新的状态。因为深绿色起到的是固定作用，所以不太适合。

水蓝色：给人有生气、精神的印象。如果带有珠光效果，就可以更好地吸收水气。但是这种颜色具有水性，容易使指尖发冷，所以冬天应避免使用。

淡黄色：传递快乐的颜色。如果是带有小圆点或者是宝石图案的指甲，则可以提升财运。

## 文具

记事本、钢笔、名片夹等与工作有关的物品，应使用具有火气或木气的颜色。恰当使用促进行动力、引发干劲的颜色，可以支持事业方面的发展。

淡黄：想永远保持快乐的人的首选颜色。但这个颜色与钢笔和计算器等有不良的相性，所以要特别注意。

紫色：想提升地位时可以灵活使用这个颜色。名片、钢笔、记事本，无论什么物品都可以使用。有利于加强工作方面的上进心。

橙色：具有协调与同事等与自己同等地位的人的人际关系的作用。

黑色：象征着隐私。记事本等记载着个人隐私，可以使用这个颜色。但是对于女性而言，这个颜色是有着不好影响的颜色。

茶色：有稳定当前的地位、巩固基础的作用。

红色：补充干劲、提高行动力的颜色，希望得到事业运的人可以使用这个颜色。

蓝色：具有水气，是可以培养具有上升能量的木气的颜色。在新事物开始时或者开始着手行动时，可以发挥这个颜色的作用。

水蓝色：无论是具有提升运气作用的蓝色系还是淡色调的水蓝色，对于女性都有特别显著的效果。水蓝色具有在新事物开始时促进行动的能量。

薄荷绿：促进干劲的木气，具有良好的作用。如果吸收了薄荷绿色，就可以激活气流、充实人际关系。

## 钱包

装钱的钱包是左右财运的重要物品。

白色：最开始使用的一周内直接影响着以后的状态，因此开始要多多地装入钞票，同时节制花钱。

淡黄：黄色的钱包不利。适合想花钱享受的人使用，但要注意会纵容浪费的毛病。

紫色：紫色可以提升地位，但是不具有提升财运的能量。

橙色：橙色具有火气，象征着燃烧财运。如果使用浓橙色就更为不利。如果使用淡色系，会有些转机。

动物图案：使用动物图案的钱包装零钱比较好。具有积累能量的熊是最合适的图案。要避免使用具有活气的猫图案，因为活气象征着财运燃尽。

黑色：使用黑色的钱包象征着有钱的人会更有钱，没钱的人会保持现状。如果有钱的人使用漆皮面料的钱包，即象征着得到越来越丰富的财运。

茶色：具有土气，起着稳定、巩固的作用，比黑色更好。土气的能量会产生金气，提升财运。

红色：燃烧金气的火色。因为红色的钱包象征着原本的财运燃尽，所以要避免使用红色钱包。即使是零钱也不宜使用红色钱包。

水蓝色：这样颜色的钱包容易使财运流失，所以要特别注意。

绿色：象征着可以通过工作获取钱财，但是这个颜色没有提升财运的能量。

奶油色：具有金气和水气的颜色，是提升财运的首选颜色。

粉色：适合女性提升恋爱运时使用。没有提升财运的力量，象征着开销增加。但是如果用粉色的钱包装零钱，则是件好事。

灰褐色：灰褐色既具有土气又具有掌管金运的金气，有安定状况的作用，并具有丰富的能量。

## 家庭办公室的颜色

在家居办公环境里，颜色的运用也会对工作的效率产生很大的影响。在工作比较忙碌紧张的办公环境里宜采用浅色调来缓和压力，而在工作比较平淡的环境里宜采用强烈的色彩来刺激。具体而言，颜色应与五行协调，以促进生产力。如办公室在住宅东部及南部，宜用绿色与蓝色作为办公室的主色调。而南部的办公室宜用紫色，西北方位宜用灰色或浅啡色。

## 写字楼的内部颜色

写字楼的颜色会影响人的情绪、意识及思维。譬如，颜色对人类的血压及性情会产生重要的影响。有些颜色给人舒适的感觉，有些颜色使人心情放松，有些颜色令人感觉郁闷，有些颜色能加速思维活动，有

些颜色则降低心智的活动。

黄色、橙色与红色称为暖色，这些颜色令人心理上感到温暖与愉快。反之，蓝色、紫色与绿色称为冷色，它们令人感到平静。浅黄色、灰褐色与象牙色等淡色，令人有适度兴奋之感。

目前写字楼的颜色是趋向于单色化，亦即地板、墙壁与窗帘的颜色要调和，然后再加上一种较鲜亮的颜色。譬如，先选择桌子的颜色，然后地毯的颜色要选择与桌子的颜色相调和的，而较地毯淡的颜色，可作为墙壁与窗帘的颜色。椅子或附属品如图画、桌子、灯，则可用鲜艳的颜色。

总之，地板的颜色宜较墙壁的颜色深，墙壁的颜色则应较天花板为深，会议会客室宜用黄色或赤色。写字楼夏季用蓝色与绿色，冬季宜用黄色与橙色。天

花板的颜色，以白色为最佳。地板的颜色宜采用棕色，较不易污染，桌面的颜色则宜浅。下列地点的颜色采纳原则建议如下：

普通写字楼：天花板宜用白色，正对职员的墙壁宜用冷色，其他墙壁的颜色宜用暖色如浅黄色，所有墙壁的颜色应注意互相调和。

会议室：以浅色与中性的颜色为最佳。

会客室：以欢愉的、中性的颜色为最佳。

走廊：宜用明亮的颜色，因其缺少自然光线。

休息室：男性宜用蓝色；女性宜用淡红色。

地下室与贮藏室：宜用具有高度反射光线的颜色。

## 2010～2011年的开运色

为更好地吸收到每年变化的运气，了解该年容易吸收到运气的颜色，在这里向读者介绍从2010～2011年与增加运气的能量有良好相性的颜色。

### 2010年

2010年属土，但是与2007年的土的意义却不同，这一年的土表示的是隆起的山，隆起的山象征着“变化”。2010年，“变化”关联着运气的提升。要想很好地吸收变化之气，调整气流很关键，欣赏美丽的景色以清洗心中的沉积之气。另外，高的地势可以留住运气，所以经常爬山、眺望景色是很好的。

保持房间的清洁也是不可欠缺的。扫除可以源源不断地吸收到良好之气，这也是这一年中特别重要的。净化周围的环境可以引导好的变化，所以要常常认真地做清洁。查看、整理收纳空间可以提升储蓄运，同时也对转职、动迁运有好的影响。

幸运颜色：白色+红色

这一年里有效提升运气的颜色是可以净化不良之气的白色。为了不让土的能量冷却，可以将白色与具有火作用的红色搭配，这样会发挥更好的效果。

## 2011年

如果经常欢笑，快乐的生活会提升恋爱运和财运。

2010年是七赤金星年，是招徕恋爱运、财运，掌管快乐的一年。为得到具有金气的丰富能量，每天保持快乐、积极的心情很重要。注意不要每天只忙忙碌碌地生活，要有充裕的时间做想做的事情，拥有快乐的心情是增加运气的捷径。

如果渴望美丽的恋情，就花些时间悠闲地品茶、品尝一下好吃的东西、充实一下时间，这样可以达到想要的效果。

幸运颜色：粉色、淡黄色+白色

代表女性、可以提升恋爱运的粉色，象征着丰富、可以增加财运、传递快乐的淡黄色是这一年的幸运色。如果将这些颜色与白色搭配，那么粉色和黄色的能量就会倍增，会越来越幸运。

**注意以下几点，会得到更好的运势：**

①感受自然美丽的色彩。充满生气的自然色是提升幸运的能量源泉。可以使用花或观叶植物装饰房间，还可以去欣赏大自然中的美景，通过欣赏美丽景色可以充分地吸收到色彩之气。

②抛弃成见，尝试各种颜色。为提升幸运，不能对颜色有任何成见，要尝试吸收各种颜色带来的运气。对于容易吸收色彩能量的女性而言，不带偏向地尝试多种颜色是吸收好运气的第一步。

③如果一边享受一边使用颜色，运气的吸收率也会提升。在享受服装和家居装饰色彩的同时吸收色彩能量很关键。一边感受快乐一边选择颜色会有良好的影响，可以最大限度地吸收到这个颜色所具有的运气。

④积极采用想得到的运气的颜色。想给他人什么样的印象？想改变成什么风格？这时就要吸收色彩的

能量。

⑤不能过多地使用同一颜色，应尝试多种变化。让气经常变化是提升幸运的风水规则。根据形势、心情和季节变化选择颜色，那么原本所具有的能量也会完整地释放出来，使自己变成容易吸收运气的个体。

# 第三十八章 住宅的色彩风水

周围环境中的颜色对人的情绪有很大的影响。一般来说，温和的暖色调对于安慰情绪有着积极的作用，比如，较为淡雅的冷色调会使人平静。如何让家的感觉更好，当然少不了颜色的选择与运用。

一般讲的家居颜色，主要是说墙面的油漆颜色和地板、地毯的搭配，而这里所说的除了墙面之外，更侧重的是用品、装饰品等陈设物品的颜色。

## 色彩与居住者的关系

色彩对人体有很大的影响，住宅既是个人私密空间，选择适合个人的色系就相当重要了，而且从色彩的选择也可看出居住者的审美观。

不同的色彩会给人不同的感觉，像红、橙、黄使人想到光和热，属于暖色系，而绿、蓝、紫使人感到寒冷，属于寒色系。

色彩也给人轻重不同的感觉，像浅色明亮色会有高阔之感，而深色暗色会有厚重之感，所以选用合适的色彩也是一门学问，但是许多人对色彩的运用和搭配缺乏认识。

基本上，一个房间只适合用一个基本色调，使用过多不同色调，会令人眼花而不适。最常见的是明亮令人有舒服感的浅色调。天花板、墙面、地板和家具的搭配，都要符合基本配色规则。

一般常用颜色的分配如下：

天花板和墙面，宜用白色和极浅的奶黄色。楼板地面宜米黄、灰黄、棕黄色。窗帘宜白色、浅黄、米色。家具和陈设宜配合地板色，如此的配合会有整体感。

如果房间不太大，应该使用单一色调，且宜浅色系，看起来才有较明亮宽广的感觉。小房间不可使用重色调，否则会更增加压抑感。

靠北的房间因为寒风的关系，会显得较冷，应该使用明亮的暖色系，而南边的房间会显得较热，可以选用中间调的冷色系。

颜色和房间的性质也有关，客厅起居室是家人交流感情的场所，应该用浅牛奶色、浅米黄色、浅鹅黄色等色系，才会显得和乐轻松。不可使用强烈颜色或对比强的颜色，否则会使人精神紧张，无法放松。

主卧房最好使用乳白色，有人使用柔和的浅黄绿，或稍深一点的牛奶色均可。不要用红色系，否则会使人心律加快、血压升高，难以入睡，也不可有太复杂的颜色，要讲求宁静舒适，这样才容易入睡。

未婚女性的卧房，以清爽暖色系列最佳，如淡粉红、鹅黄、淡橙、浅咖啡；不可用寒色系列，如白、蓝、绿、紫等。

老人房要讲求宁静愉悦，可用豆绿色、柠檬黄、淡鹅黄等色。绝对不要用重色、深色，也不可对比过强，否同会使老人心情不安、烦躁。

## 居家色彩的象征意义

各种色彩都和某种情绪心理感觉相关联，所以，据此可以考虑家居中的用色。

红：红在视觉上减少空间，放大物体，让人感觉温暖、有力量，所以非常有用。可用于小孩房、餐厅、厨房或工作间。

黄：能够刺激食欲，助于消化，代表果断和理智。它也有负面表示，如代表僵硬。不宜用于浴室，可用于厨房和玄关。

蓝：表示平和、沉思、耐心。可用于卧室，不宜用于餐厅、书房。

绿：象征生命、和谐与宁静，同时也象征欺骗和嫉妒。不宜用于浴室，可用于客厅。

紫：表示高贵、兴奋，同时也表示忧伤。用于卧室，但不宜用于餐厅、厨房。

粉：表示纯洁、浪漫，但慎用于卧室，也不要用于厨房与浴室。

棕：表示稳定和沉着，但给人消沉的感觉。可用于书房，但不宜用在卧室。

黑：独立而纯粹，但让人感到黑暗、邪恶，可用于年轻人的卧室，不能用于小孩房、书房、客厅。

白：表示清洁和纯洁，同时让人感觉冰凉、僵硬。可用于浴室和厨房，不宜用于儿童房和餐厅。

## 居家方位色彩的搭配

以居家的方位来说，每个方位都有其在装潢布置上适合的颜色。

### 东方宜用红色

很多人都喜欢喜气洋洋的红色，事实上，在居家方位上，东方是太阳初升的方向，象征年轻及勇于冒险的精神，所以，在居家的东方最好放置一些红色的饰品或家具，如木制的吊饰、红色的地毯等。

### 西方宜用黄色

西方是太阳落山的地方，这时太阳显得凝重而辉煌，所以，这个方位代表了成功。若用黄色的家具饰品如黄色的天然水晶来布置居家的西方，代表的是主人事业的成功；放置黄色的时钟，则可以警示自己珍惜光阴。

### 南方宜用绿色

南方是太阳最炽烈的方向，就要用绿色来减弱太阳的力度。因此，放置一些绿色的植物，或是植物挂画、木制的橱柜等都是不错的选择。

### 北方宜用橙色

北方是最阴冷的地方，所以要增加暖色系来使空间显得温暖。北方宜放置橙色的台灯、抱枕、小地毯等饰品。

### 其他方位的颜色搭配

其余如西北方可用白色来装潢；西南方可搭配茶色或土色系的色彩家具来布置，或放置黄色吊灯，这都是具有画龙点睛作用的色彩开运原则。

## 居家色彩运用的基本要求

颜色不仅具有心理上的指示作用，还有特殊的文化意义，特别是在某些特殊区域，颜色是不能乱用的。

### 颜色不宜上重下轻

中国传统讲天清地浊，天花板代表天，地板代表地，墙壁则代表着人。就是说住宅的天花颜色要淡、要浅，地板的颜色要深、要重，墙壁的颜色应在天花板和地板之间，即是要比天花板深、比地板浅，这样天、地、人才能达至和谐。

### 住宅颜色不宜过分鲜艳

比较鲜艳的颜色并不适合居家环境，例如，粉红色在现代家装中非常时尚，很多新婚夫妇将其作为新房的首选颜色。但粉色会让人的情绪波动增大，因此，应注意使用。使用过多艳丽的颜色，如大红、橘黄、深紫色等会刺激人的视觉神经，造成视觉和精神的疲劳。

黑色也不适合作为大面积的装点色，因为黑色会让人有消沉的感觉，长期处在黑色的环境下，容易造成心情沮丧、情绪低落，甚至会让人有厌倦生命的感觉。

家中黄色多者，容易使人心情忧闷、烦躁不安，使脑神经意识充满多层幻觉，有的神经病患者最忌此色。过多的橘色也会使人心生厌烦的感觉。

特别值得一提的还有绿色，大自然的绿色固然能养眼，但是，人为调配的绿色却会让人生厌。家中绿色多者，也会使居家者意志日渐消沉。所以，在家居装饰中，如果一定要用绿色，最好选择非常通透的浅绿色或者粉绿色作为调节室内的色调。

### 木材本色与浅色系是上佳选择

木材的原色使人易生灵感与智慧，尤其是书房，应尽量用木材原色最佳。另外，浅色系如白色、象牙色和米色，这三种颜色与人的视觉神经最合适，其中太阳光是白色系列，代表光明，人的心、眼也需要光明来调和，而且白色系列最易配置家具，同时白色系列还代表希望。

## 居家色彩运用的其他要求

### 采用人工照明

在人们活动的房屋内，有些房屋、有些地方必须保证有足够的亮度，比如，楼梯间、厨房、卫生间，而有些地方则需要比较浪漫和柔和的灯光，比如客厅和卧室。

各种光源都有其不同的物理属性，在装修时要作具体考虑。

普通灯泡发出的是白色、蓝色或绿色光线。

荧光灯有较强的磁场，闪烁较强烈。

全光谱的照明灯模仿的是自然光，但有过多的紫外线辐射。在节能灯中，钨丝灯发出的照亮光线与自然光相似；高压灯可以作向上的照射，用于减轻煞气；低压灯可用做聚光灯，做局部的照明。

### 取得色彩的平衡

在实际装饰中，人们都有色彩偏好，有的喜欢宁静的蓝色系，有的喜欢沉着的棕色系，这都无关紧要，因为每个色系中都有超过心理和物理极限的“安全色”，而适当的“冒险色”能增强房屋的活力，使其显得活泼。

那么，什么是“安全色”呢？“安全色”就是指让人有良好联想和心理反应的颜色，比如，在厨房里频繁使用蓝色可能让人有点不舒适，但蓝色使用在卧室里恐怕就是不错的选择，它会让人平静下来。又比如棕色系，也是一种安全色，深棕色的木质地板尤其让人感到安稳和踏实。偏好安全色系者，可用以下两种方法来达到很好的效果：

一是混合色，比如，红色是一种鲜艳、刺激的颜色，但如果混入黑色和棕色，红色就会变成砖红，这就是一种安全色。橘色加入棕色给人以质朴的感觉，灰色加上蓝色是一种平和的颜色。

二是对颜色作合适的配比，比如，明黄色是一种吸引人注意的颜色，但过多地使用明黄色又会让人神经紧张。如果在黄色中加入草黄，效果就会好得多。

### 其他考虑

①室内色彩要有整体效果。通盘考虑整个住宅的装饰基调，确定装饰重点，才能点面结合，做到心中有数。

②室内色彩与室内构造、样式风格相协调。考虑装修风格，确立各风格选用色彩的色系，才能决定各个区域的用色。

③色彩与照明的关系。因为光源大小和照明方式会给色彩带来变化，所以，要考虑到色彩在光照背景下的效果。

④尊重和注意使用者的性格、爱好、喜忌，并考虑使用者的心理适应能力。

⑤选用时注意了解装饰材料的色彩特性。

## 居家四季色彩风水

### 春

3～5月，充满生命力的木气，此时最旺盛。

春是绿芽生长、新生命萌动的季节。房间可以使用自然色装饰，如薄荷色和嫩草色等。使用与木之气具有良好相性的水蓝色或是可以净化冬季积累的毒素的粉色也很好。

具有良好相性的颜色：嫩草色、薄荷绿色、粉色、水蓝色

### 夏

6～8月，火能量活跃的季节。

在夏季，万物欣欣向荣，生命力旺盛，在夏季使用象征着燃烧之火的橙色和黄绿色很适合。在盛夏，土色也是不错的选择，灰褐色和棕色的物品也有提运效果。

具有良好相性的颜色：橙色、黄绿色、白色、灰褐色

### 秋

9～11月，硕果累累，充满金能量的季节。

秋季是让夏季做出的努力“结果”的季节。

因为会对财运有很大的影响，所以，与金气有着良好相性的绿色、黄色或者是提升金气的粉色是这个季节的首选颜色。这个季节也可以使用具有金气的水果图案或者是水点图案的窗帘。

具有良好相性的颜色：奶油色、黄色、浓粉色

### 冬

12～2月，含有水气，是令女性运气旺盛的季节。

充满了水气的冬季，对于女性来说是自身之气循环的重要时期。可能会积累许多水毒，因此，要多加留意身体状况。特别是具有水气的卧室，颜色选择更是关键，床的周围如果使用粉色或白色就可以驱除不良之气。

具有良好相性的颜色：粉色、白色、淡黄色、薄荷绿

# 主要功能区的色彩搭配

因为各种色彩都有心理上的暗示作用和象征意义，所以，在具体使用时要根据各功能区的功用来选择颜色的基调。

## 客厅的颜色

**●四正、四隅位的客厅颜色配置**

客厅的颜色不但影响观感，也能影响情绪。客厅的颜色搭配，虽然不一定要衬户主的五行，但必须要考虑客厅的方向，而客厅的方向主要是以客厅窗户的面向而定。若窗户向南，便是属于向南的客厅；若窗户向北，便是属于向北的客厅。正东、正南、正西及正北在方位学上被称为“四正”，而东南、西南、西北、东北则被称为“四隅”。认准方向，便可为客厅选择合适的颜色。

(1)四正位的客厅颜色配置

东向客厅：宜以黄色来做主色。

东方五行属木，乃木气当旺之地，按照五行生克理论，木克土为财，这即是说土乃木之财，而黄色是“土”的代表色，故此，客厅若是向东，在选择客厅用的油漆、墙纸、沙发及地毯时，宜多选用黄色的颜色系列，深浅均可。只要采用这种颜色，可收旺财之效。

南向客厅：宜以白色来做主色。

南方五行属火，乃火气当旺之地，按照五行生克理论，火克金为财，故此若要生旺向南客厅的财气，选用的油漆、墙纸、沙发及地毯均宜以白色为首选，因为白色是“金”的代表色。南窗虽有南风吹拂而较清凉，但因南方始终乃火旺之地，若是采用白色这类冷色来布置，则可有效消减燥热的火气。

西向客厅：宜以绿色来做主色。

西方五行属金，乃金气当旺之地，金克木为财，这即是说木乃金之财，而绿色乃是木的代表色，故此向西的客厅若是用这种颜色作布置，可收旺财之效。向西的客厅下午西照的阳光甚为强烈，不但酷热，而且刺眼，所以用较清淡而又可护目养眼的绿色，十分适宜。

北向客厅：宜以红色来做主色。

北方五行属水，乃水气当旺之地，而水克火为财，因此若要生旺向北客厅的财气，便应选用似火的红色、紫色及粉红色；客厅内的墙纸、沙发椅以及地毯均以这三种颜色为首选。从生理角度方面来考虑，冬天北风凛冽，向北的客厅较为寒冷，故此不宜用蓝色、灰色及白色这些冷色。若是采用似火的红紫色，则可增添温暖的感觉。

(2)四隅位的客厅颜色配置

同理，四隅位的客厅颜色配置如下：

东南向客厅主色——宜用黄色

西南向客厅主色——宜用蓝色

西北向客厅主色——宜用绿色

东北向客厅主色——宜用蓝色

●**客厅色系的重要原则**

客厅整体色系也很重要，天花板、墙壁、地板或地毯、沙发、窗帘等的色调，都要有一些原则。一般可用浅色、暖色系，最常见的是淡乳白色。

色系也有两种区分法。

第一种区分法是以主人出生季节来分，春夏两季出生者，火较旺，所以，要采用清淡寒色系，如浅蓝白、浅绿黄。主人于秋、冬两季出生者水较旺，要采温暖色系，如鹅黄、淡粉红、浅咖啡、米黄等。演艺人员喜用对比强烈的色调，但一般人住宅素净才好。

第二种区分法是：位于住宅东边的客厅，墙面宜用淡蓝色或淡紫色；位于住宅南边的客厅，墙面宜用浅绿色；位于住宅西边的客厅，墙面宜用白色；位于住宅北边的客厅，墙面宜用淡绿色及水蓝色；位于住宅东北边及西南边的客厅，墙面宜用浅黄色；位于住宅西北边及东南边的客厅，墙面宜用白色。

## 卧室的颜色

**●卧室方位与颜色选择**

卧室的墙面尽可能不用玻璃、金属与大理石等材料，最好使用油漆，这样既避免睡卧时气能被反射，又利于墙体呼吸，并且颜色应柔和，才能令人感觉平静，有助于休息。根据五行的原理，卧室方位与选择颜色有以下的对应：

东与东南——绿、蓝色

南——淡紫、黄、黑

西——粉红、白与米色、灰色

北——灰白、米色、粉红与红色

西北——灰、白、粉红、黄、棕、黑色

东北——淡黄、铁锈色

西南——黄、棕色

**●卧室家具的色彩**

卧室的家具种类众多，从大的分类看，一般有单件家具、折叠式家具、组合式家具、多功能家具。单件家具虽有很大灵活性，但不利于室内空间的利用，放在一起也很难协调，因此近年来，更趋向于采用折叠式、组合式、多功能式家具。

家具的色彩在整个房间色调中所占的地位很重要，对卧室内的装饰效果起着决定性作用，因此不能忽视。一般既要符合个人爱好，更要注意与房间的大小、室内光线的明暗相结合，并且要与墙、地面的色彩相协调，但又不能太相近，不然没有相互衬托，也不能产生良好的效果。对于较小的、光线差的房间，不宜选择太冷的色调；大的、朝阳的房间，可以有比较多的选择。另外，应考虑到不同面积不同功能的房间色彩可有不同，因而所产生的效果不同。如浅色家具（包括浅灰、浅米黄、浅褐色等）可使房间产生宁静、典雅、清幽的气氛，且能扩大空间感，使房间显得明亮爽洁；中等深色家具（包括中黄色、橙色等）色彩较鲜艳，可使房间显得活泼明快。

**●儿童房的颜色**

儿童房房间内部的颜色对小孩的心态也有很重要的影响，首先色泽要淡雅，宜用中性颜色，并可以让他们自己用喜欢的画面布置，但不可用太刺眼的大红大紫色，避免刺激小孩，也忌用黑色及纯白色，而用淡蓝色为底点缀一些草绿、明黄、粉红的色泽则较好，能取得和谐的效果。若是较好动的小孩，则可用宁静色，如浅绿，使他能安静一点。

婴儿的房间颜色以浅淡、柔和为宜，特别是淡蓝色，对婴儿的中枢神经系统有良好的镇定作用。

## 餐厅的颜色

餐厅的色彩一般都是随着客厅的色彩来搭配，因为目前国内多数的建筑设计中餐厅和客厅都是相通的，这主要是从空间感的角度来考虑的。对于餐厅的布置，色彩上宜采用暖色系，因为从色彩心理学上来讲暖色有利于促进食欲，这也就是为什么很多餐厅采用黄、红色系的原因。

就餐环境的色彩配置，对人们的就餐心理影响很大。一是食物的色彩能影响人的食欲，二是餐厅环境的色彩也能影响人们就餐时的情绪。餐厅的色彩因个人爱好和性格不同而有较大差异。但总的说来，餐厅色彩宜以明朗轻快的色调为主，最适合用的是橙色以及相同色相的近似色。这两种色彩都有刺激食欲的功效，它们不仅能给人以温馨感，而且能提高进餐者的兴致。

进行整体色彩搭配时，还应注意地面色调宜深，墙面可用中间色调，天花板色调宜浅，以增加稳重感。

在不同的时间、季节及心理状态下，人们对色彩的感受会有所变化，这时，可利用灯光来调节室内色彩气氛，以达到利于饮食的目的。家具颜色较深时，可通过明快清新的淡色或蓝白、绿白、红白相间的台布来衬托。例如，一个人进餐时，往往显得乏味，可使用红色桌布以消除孤独感；灯具可选用白炽灯，经反光罩反射后以柔和的橙色光映照室内，形成橙黄色环境，从而消除死气沉沉的低落感。冬夜，可选用烛光色彩的光源照明，或选用橙色射灯，使光线集中在餐桌上，也会产生温暖的感觉。

### 厨房的颜色

厨房色彩，可根据个人的兴趣爱好而定。一般来说，浅淡而明亮的色彩，使狭小的厨房显得宽敞；纯度低的色彩，使厨房温馨、亲切、和谐；色相偏暖的色彩，使厨房空间气氛显得活泼、热情，可增强食欲。

天花板、上下壁、护墙板的上部宜使用明亮色彩，而护墙板的下部、地面宜用暗色，使人感到室内重心稳定。

朝北的厨房可以采用暖色来提高室温感；朝东南的房间阳光足，宜采用冷色达到降温凉爽的效果。

巧妙地利用色彩的特征，就能创造出空间的高、宽、深，做视觉上的调整。厨房空间过高，可以用凝重的深色处理，使之看起来不那么高；太小的房间，用明亮的颜色，运用淡色调，使之产生宽敞舒适感。采光充分的厨房可以用冷色调来装饰，以免在夏日阳光强烈时变得更加炎热。

### 卫生间的颜色

由于卫生间是属水之地，所以，卫生间的颜色也大有讲究，最好能够选择属金的白色及属水的黑色和蓝色，既能刻意地突出卫生间的高雅氛围，也能产生安宁静谧的感觉，利于用厕者放松身心。

如果用上诸如大红色等刺眼的色彩，则易产生水火对攻的局面，令如厕者产生烦躁的心理，十分不妥。

### 书房的颜色

书房的颜色应该按照各人不同的命卦和各个套宅不同的宅相具体来配，但宜以浅绿色和浅蓝色为主。这主要是因为文昌星（有些称为文曲星）五行属木，故此便应该采用木的颜色，即以绿色为宜，这样才有助于文昌星。另外，单从生理卫生方面来说，绿色对眼睛视力具有保护作用，对于看书看得疲劳的眼睛甚为适宜，具有“养眼”功效。

在家居办公环境里，颜色的运用也会对工作的效率产生很大的影响。在工作比较忙碌的办公环境里宜采用浅色调来缓和压力，而在工作比较平淡的环境里宜采用强烈的色彩来刺激积极性。具体而言，颜色应与五行协调，如办公室在住宅东部及南部，宜用绿色与蓝色作为办公室的主色调，而南部的办公室宜用紫色，西北方位宜用灰色或浅啡色。

总的来说，书房颜色的要点是柔和，使人平静，最好以冷色为主，如蓝、绿、灰紫等，尽量避免跳跃和对比的颜色，创造出一个有利于集中精神阅读和思考的空间。

## 居家装饰色彩

### 窗帘

**●决定房间印象的物品**

面积大、遮挡整扇窗子的窗帘是决定房间整体印象的重要因素。

选择自己习惯的颜色和图案来装饰，一定要考虑到它与住宅的相生性。如果想一步到位，将所有的布置都更换一新可能需要很多钱，所以，只须将最重要的一个窗子用窗帘好好装饰一下即可。

**●方位和颜色的平衡**

选择窗帘，最重要的是挂窗帘房间的方位和窗帘的质地、颜色的平衡。

选择适合某个方位颜色的窗帘，可以抑制这个房间的不良之气。为了配合房子的整体氛围，有时房子中全部窗帘的颜色、质地要求统一。但是，根据房间方位的不同，也会使用不同颜色的窗帘。

不同方位窗帘的选择：

东方位——适合澄蓝色和深绿色。

北方位——适合白色、灰色、黑色等单调的颜色。

东南方位——适合明亮的绿色。

南方位——适合红色系颜色。

西南方位——适合棕色或者是灰褐色。

西方位——适合黄色。但是，明黄色在心理学中被认为是表示“撒娇”的颜色，因此，这个颜色比较适合孩子房间。如果大人的房间使用这个颜色，会有浪费的倾向。装饰大人房间时，可以选择淡淡的黄色或是带有金色的窗帘，有少许图案的也可以。

西北方位——适合奶白色。

东北方位——适合淡茶色或者是黄褐色。

## 照明

**●通过照明改善环境**

阳光具有很重要的作用，但是，因为阳光是自然界的东西，所以，采用时受到一定的限制，这时就可以使用普通的照明设施来弥补光照不足的问题。

照明具有调节的作用，在光线不好的场所使用照明，可以改善不良的情况。另外，间接的照明方法也可以改善不好的环境，因为使用比较简单，所以可以普遍使用。

**●改善入口气场**

位于东北和西南方位的入口和玄关不好，因为这些场所出入的人多，所以，出入的能量也多，需要十分注意。

在这里使用照明，不仅使玄关具有清洁、明亮的感觉，而且可以起到防范不良之气进入宅门的作用。

**●间接照明改善睡眠**

荧光灯，光线柔和，从风水学角度来看，这种间接的照明方式可以不断地吸收到良好的东西，并且它与北方位具有良好的相生性，在卧室里装置荧光灯有利于睡眠质量的提升。

# 第八部分

# 化解居住环境中的不良风水

在传统环境风水学中，居家风水所影响的主要为宅内家人之身体健康、夫妻之感情、家人之和谐度及宅内者之人际面等。生活环境中，会有好的能量对你产生积极的影响，也难免有不好的风水影响到你。那么我们如何分辨环境中的好坏能量？面对坏能量我们应该如何应付？这一部分将教会你应付坏能量的风水技术，还教会你如何发现环境中隐藏的各种“毒箭”，并学会自己化解“毒箭”。

## 【内容提示】

- 应付坏能量的技巧
- 化解环境中的“毒箭”

# 第三十九章 应付坏能量的技巧

我们研究风水，实施风水术的主要目的是让能量最大化，同时让所处空间的遗憾最小化。任何环境都对日常生活产生积极与消极两方面的影响，所庆幸的是绝大部分的消极因素都可以驱除。本章将告诉大家一些对消极能量的化解方法和增益方式，让大家所处的环境得到平衡，获取积极的力量。

## 需要应付的情况

看风水就像看医生，一个人好端端的，当然不要看风水了，特别是家中运气正好时千万不要乱看风水，正所谓“穷不改门，富不迁坟”。不过，在有些情况下不看就不行了，正像一个人有了病，如果不看，小病就会酿成大病。有句话说“富润屋，穷修坟”，意思就是说如有问题，一定是要找到根源，进行改造。

当然，任何坏的能量都是可以运用相应的方法进行处理、修正的，只是处理方式不同、难易程度不同而已。首先，需要我们去认识风水、了解风水，需要去了解能量在空间的存在方式，还需要善于感受能量如何运动：它流转得是快还是慢，是重还是轻，令人精力损耗还是旺盛。随着逐渐了解周围的能量如何影响个人的思想、感觉、行为，最终会发现能量影响着你的生活方式。

所以，在选择处理方法时，不仅仅需要风水实践经验，更要依据风水的基本常识做出准确无误的判断。

下列类型的能量是需要转变、缓和与调整的，只有这样才能最终在环境中创造和谐与平衡。当你在家中从一个房间走到另外一个房间，若遭遇下列各种情况，就应该注意了：

家里有尖状物，或者墙上、家具上有尖锐的角，如尖的墙角或三角形的家具等，会产生尖锐的能量。

长走廊或者楼梯直对大门，会产生流动很快的能量。

暴露的横梁或者低矮的天花板、夹层、吊灯、吊顶等会产生压抑的能量。

杂物和多余的家具会产生停滞的能量。

无缘无故地发生很多意想不到的事情。

工作地点，包括办公位置变化。

居家周围的环境发生很大变化，如盖了一栋楼，修了一座桥，移来或移走一棵大树、大石、雕塑，挖了一个水池，等等。

搬进新家。

入迁后，发生了很多突如其来的事。

稳定的工作突然发生变动。

健康问题开始困扰家庭成员。

夫妻之间的争执变得比较频繁。

家庭成员频频发生意外。

家庭成员无法安心入眠。

孩子的学业表现一落千丈。

家庭成员变得不喜欢回家。

很多不祥的感觉。

无法控制自己的情绪。

以上这些情况所产生的能量会对人体产生生理上、心理上或者物质上的暗示，必须要知道怎样来处理、修正它。

能量总是在起作用，但不一定总起好的作用。风水学就是为纠正不当的能量方式提供指引的。除了通过风水布局增进能量外，还可以依靠自己的感觉来选取其中部分或所有的增益方法，可以决定为能量流动加速还是减速，是让它柔和还是强劲，以获得能量在空间内的平衡。有些特定的增益方法是很容易见效的，而有的就不那么容易；有的方法很神奇，有的让人感觉怪异。当然，风水不能“包治百病”，关键还要多观察、多思考、多实践、多感受其效果。

## 提高“气”的能量的照明

就风水而言，光，尤其是太阳光能带来并提高室内的能量，提振屋宅环境的气场。它让人精神振奋，同时能开阔空间，启迪新的思想。光线影响能量主要体现在以下五个方面：提升、刺激、活跃、产生、增加。

在特定的环境下，光线可以来自白炽灯、卤素灯、蜡烛、壁炉以及大自然中的太阳光。下面情况均可运用光线来进行化解与能量补充。

灯光属阳，可用来提振阴气重的区域的气场，活跃能量停滞的角落，并且为流失了能量的能量中心制造能量。

利用光线可以缓解低矮的天花板产生的压迫性能量。

可以一天24小时亮着长明灯，能在不用花费很多电量的前提下，为一些小的空间增添能量，在盥洗室、壁橱、地下室、阁楼和走廊都特别管用。

在横梁下放置向上打光的立灯，可化解煞气。

大门前的“明堂”区域是阳宅风水最重要的一环，安置路灯可协助聚气。

不可在镜子前放置灯具。

卧室照明不可太亮，否则会妨碍睡眠。

在房间缺角处放置灯具可收补足缺角之效。

利用灯光活化阴暗角落的气场。

吊灯位置不可太低。

透过水晶放射出来的灯光对改善气场最有帮助，所以可使用水晶吊灯。

壁炉和蜡烛可以通过燃烧产生光和热，从而制造能量，加香的蜡烛也可在屋里制造能量的同时提供休闲的意趣。

另外，有关使用照明的阴阳学问，就要从灯光的

颜色与明暗来考虑了。比如说，客厅与玄关属阳，客厅的灯要够高、够亮，使灯光散布在整个客厅中，如果光源较多，应尽量使用相同元素的灯饰，以保持整体风格的协调一致。如果客厅面积较大，可采用灯光来解决区域划分，如沙发旁可放一调光式落地灯，展示架上可安装几个小射灯。玄关过廊可安装小射灯、吊灯或吊顶后依据顶的样式安装荧光灯、筒灯，以改善采光不好的效果。

卧室属阴，灯光应柔和。床头灯或嵌在天花板上的几个小筒灯可使卧室显得温馨、舒适。儿童房在挑选灯具时则应从独特的造型及灯光上唤起儿童的想象力。

厨房属火，宜采用冷色调的白光灯，吸顶灯及嵌入式灯具较适合，装在水槽或工作台上，以便提供充足光线，需要特别照明的地方也可安装壁灯或轨道灯。

卫生间属水，宜用暖光调的黄光灯。卫生间因有水管，吊完顶后建议用吸顶灯、筒灯或嵌入式灯具，采用冷色灯光或暖色灯光，依据设计风格而定。

阳台属金，如果阳台空间大，可以在这里设置鱼池或水池。除了安装明亮的吸顶灯或户外灯式的壁灯外，还可以在水池内安装一支蓝光的水族灯管，帮助增加财运。

## 用镜子回避坏的能量

自古以来在风水的领域里，镜子本身就是具有强大“能量”的物品，因为光线反射以及影像显现的缘故，让镜子俨然成为家中的“能量聚集场”。

镜子本身并无吉凶祸福，但是，由于其放置的位置与方法不同，也就引发了环境作用在人身上的不同效果。

在风水学上，镜子有着很讲究的使用方式和使用办法。利用特殊镜面的性能，可以产生收、聚和散、化的效果，所以，“镜”使用正确者增福增运，反之则损福破运。

镜子在风水里主要通过下列方式影响能量：刺激、流转、反射、偏转、放大、加倍、发散。

镜子能够给暗处带来光明，驱走消极的能量，刺激停滞的空间，补偿遗失的能量，使积极的或消极的能量加倍。例如，如果在一株植物后面放一面镜子，就加强了生动的能量；如果镜子反射到垃圾的话，就加强了废弃物的能量，这绝对是应该避免的。

总体来讲，关于镜子的使用，有如下规则：

挂一面足以反射整个身体的镜子，能够为头顶带来足够的空间。

挂一面镜子反射大自然、花草树木的美景。

保持所有的镜面光洁，这样就可以清楚地看到自己。

挂一面镜子在房间里来增大空间。

用镜框或织物包裹镜子，或者给镜子的尖锐边缘一些遮盖。

避免镜子有划痕，否则会让人或物在镜子中的形象显得支离破碎。

清除破碎的镜片，或者把镜子包起来，否则它会扭曲形象。

不要在镜子前面堆积杂物，否则杂物会加倍。

风水中还常使用另外两种类型的反射器。一种是凸镜，它的镜面是微凸的，能把能量分散到许多地方，凸镜更常用在特定的地方转移消极的能量。例如，如果你和邻居有过节，希望避开他们，就可以在朝向他们家的植物上挂一面凸镜来阻止能量涌入。凸镜在室内外都可使用。另一种类型的反射器是发光球，看起来像一颗圆形的银球，它的镜面可以将我们不希望从屋外进来的大量消极能量反射出去。如果住宅处在死胡同的话，也可以利用发光球，将快速流动的能量转移到您家，最好将发光球放在前门，并且给它一个支架，这个支架可以调节到合适的高度。

## 水晶的运用

风水里用的水晶是圆形多面的，光洁的玻璃面能折射阳光和流转的能量。水晶通常挂在离天花板有一定距离的位置上，它以下列形式影响能量：吸引、刺激、保持、分散、流转。

水晶球能够缓和楼梯冲下的能量，分散长走廊上快速流动的能量，激活能量停滞的角落，让房间里的能量流转起来。当水晶挂在窗前时，甚至能将一道阳光化作彩虹。

总体来讲，关于水晶的使用规则如下：

不要使用不对称的水晶，否则会造成不平衡的感觉。

用不引人注目的干净钓鱼线把水晶球挂在窗前或天花板上。

可以用树枝形的水晶装饰灯替代水晶球。

每月用盐水或者酒精清洁水晶球两次。

## 花草植物产生健康能量

花草植物能提升大自然中的生命力，造就和谐的环境。植物还能为环境制造氧气，并且通过光合作用净化空气，产生健康的能量。在住宅周围，植物越多越好。它们影响能量的方式是：提升、和谐、增加、刺激、流动、分散。

种养植物是风水中的一剂灵丹妙药，它的定律是，只要发现哪个地方需要能量，就在哪里放上一株植物。最好是使用阔叶植物，不要用叶片下垂的、没精打采的植物。最不好的是叶片僵直、长而且尖的植物。另外，不要用仙人掌。黄金葛是最好也最难得的一种植物。扔掉所有死去的植物、干花，因为它们携带死去的能量。可以用新鲜的或者绢花化解家具的尖角，下面是用植物增加能量的一些方法：

在角落放上植物可避免能量停滞，提升能量。

植物在洗浴室里可以增添健康的能量。

在长走廊里，浓密的植物可减缓能量流动的速度。

放一株植物在突出的尖角处可以缓和尖锐的能量。

放植物在电脑边可以产生氧气，减少辐射。

鲜花增加活跃的色彩，给环境带来生命力。丝绸制成的花和植物都会带来好风水，它们能提供美的色彩，并让积极的能量流转起来，而且不需要定期照料，就可以精心地把它们装点在一起。

## 利用风铃的能量

风铃在风水里是非常重要的导体，它以下列形式影响能量：缓和、分散、吸引。

最好使用由中空的长圆柱形金属管制成的风铃，因为金属管便于能量的流转。风铃能够减缓与分散能量的运动，将消极的能量偏转出房间，并且让壁橱和墙角的能量流转起来。当风铃挂在门上时，它能传达积极的信息。当风铃挂在灶前时，它能够聚集财富。但是陶土、木头和瓷制的风铃不能产生同样的效果。

不同大小和形状的风铃产生不同的声音和效果，偏能量的角度也不尽相同。在选择一个风铃挂在屋外的时候，要保证它的声音让人感觉和谐悦耳。

## 利用艺术品的能量

艺术品是用来启发人的有效工具。根据风水的原则，所展现的艺术品应当是积极的、华美的和丰富的。要避免使用描绘贫穷、死亡、失落、孤独的形象或者荒凉场景的艺术品。海景和风景带来大自然的气息，可以抚慰人的灵魂，这样的场景开阔了空间，给人一种自由的感觉，仿佛向窗外望去一般。

最具意义的两个摆放艺术品的地方是前门和床对面。每当进入和离开房子的时候，都可以欣赏到最喜爱的艺术品；在卧室里会得到启发，睡觉之前，醒来以后，看到自己在艺术的氛围中，会让人感觉到快乐。

## 产生自然能量的声音

如果家里面一整天都是静悄悄的，那么阴能量就容易过剩，家人也会感到毫无生气，易产生疲惫感。这时就需要有打破沉默的声音来提升阳能量。例如，在家中饲养宠物猫、狗，养鱼，打开电视机或收音机，邀请朋友在家里聚会，等等。当然，最能给我们带来自然美妙声音的，要属流水的声音。

在我们生活的空间内，一座喷泉会给室内带来自然的声音。水声温柔，水滴飞溅，撞击在小鹅卵石上，可以掩盖许多不想听到的噪音，同时也为室内增添负离子，带来了一种安宁和悠闲的感觉。让水不停地流淌，再放几滴漂白剂，可以保持水的洁净——当然，谁都不希望自己的财富是污浊和停滞的。

鱼缸被认为是一种双倍的增益工具，因为它结合了冒泡泡的水和游泳的鱼的生命力。鱼象征了财富和好运。另外，放在屋子外面的喷泉和鱼池也可以增添财富。

无论在室内还是室外，按照风水原理安排一座喷泉就可以缓和紧张的神经，增加财富，激励人在生活中前行。

## 屏风、奇石和树木的运用

风水学中重要的原则之一是，如果环境中存在某种“毒箭”，就要利用建造物切断或消除。如果不能够直接切断，也要通过其他合理的方法改变“毒箭”的指向。

又长又直的街道正冲着前门或高大建筑的墙角、

电线杆、尖顶、柱子对着自己的门窗都可构成“毒箭”，即形成煞气。在传统上，最重要的改善风水之法就是阻挡“毒箭”的煞气。

一劳永逸的办法就是，用一堵墙、屏风或树木来阻隔。当无法进行阻隔时，可选择改变煞气方向的方式。镜子，特别是周围有八卦图案的八卦镜就可以在这里派上用场。放镜子时，要确保形煞之物尽收镜中。这种变向法有个不足之处，就是可能会把能量导入另一家去，因此也应注意点。还有就是利用石敢当。石敢当是块奇特的石头，一般被特意安放在煞气的来路上，上面通常刻着像“此山敢挡”或“此石敢挡”之类的字。有时，上面还会有太极（阴阳鱼图案）或八卦图来加强威力。人们把它放在煞气的来路上阻挡煞气，上面有时还饰有猛虎（阴）头。石敢当被认为是八大道教圣山之一——泰山的缩影。

为了加强遮挡物的效果，风水师会按照五行元素进行分析，针对不同的情况采用相适应的遮挡方法。

如果“毒箭”是从西南或东北方向（即“土”方位）发出的，运用树木遮挡效果是最好的。如果是从背面发出的，利用大理石、花岗岩等复合材料建造成

的墙壁遮挡效果是最好的。

# 守护象征物的运用

中国人利用民间传说符号由来已久，在这里也收录了一些供大家参考。

## 铜制狮子牌

象征意义：镇宅、吉祥。

狮子牌同狮子饰物有着一样的功效，当因某种原因无法摆放狮子时，可以用狮子牌代替。狮子牌对化解墙角和屋角以及电梯对面的不吉利气场很有效，只需将狮子牌吊在书房门口就可以化解。另外，因为与虎不同，狮子不会给他人带来坏的影响，所以可以轻松地在家里和办公场所使用。

## 麒麟

象征意义：守护、保卫。

麒麟身体像鹿，有一只、两只或三只角。尾巴像牛，偶蹄，有时有五根腿趾，通常是白色的。麒麟与龙、凤、龟一起被称为四大神奇动物，还被当成是带毛的动物之王。

据传，麒麟有催丁之效，兼之角的个数与形状的象征意义，可以确定麒麟是个阳性的动物，可放在前门口抵御邪气入侵。有些大酒店的服务台旁边摆放有麒麟，头通常冲着大门口。

运用麒麟的好处在于可以把它放在室内，而不是像八卦镜一样一定要挂在室外。

## 石狮子

象征意义：镇宅。

狮子一般是用石头雕刻出来的。石狮子在中国传统建筑中是经常使用的一种装饰物。在中国的宫殿、寺庙、佛塔、桥梁、园林、陵墓等地方都会看到它。狮子是瑞兽的一种，可加强屋主之阳气，古时候有不少大户人家均摆放一对在门口。

也许最有名的守护物要数看门狮子。在很多重要机构的入口，都有一对这样的狮子守卫在两侧。狮子在中国寥寥无几，因此，看门狮更多地是根据其象征意义而非自然历史来解释。传统上，狮子总是一雌一雄成对。

怎样才能分辨出石狮的雌雄呢？看前爪。雄狮的一只前爪放在一个精心制作的球上，或许是一颗象征性的珍珠；雌狮则把一只爪子放在幼狮的身上。

# 第四十章 化解环境中的“毒箭”

在我们生活的环境中，存在着各种各样的“毒箭”。它们的存在影响了我们的生活，破坏了周围对我们有益的能量。所以，我们要设法找出这些“毒箭”，并要设法切断、阻隔和消除。当然，这些“毒箭”有的是我们能直接看到并且辨别的，有些则是我们无法确切认知的。为了让大家清楚地了解这些“毒箭”，在这个章节里，我们将常见的“毒箭”类型详细介绍出来。大家平常生活中一定要小心注意，应避开这些会给我们带来破坏、冲煞的“毒箭”，才能给自己省去很多麻烦。

## 发现隐藏的“毒箭”

以下列举环境中隐藏的“毒箭”类型供参考。

朝向房屋或者所在建筑物的长形的、直线形状的物体都可以归类为“毒箭”。“毒箭”越长、越直，给家人造成的影响就越坏。最常见的就是长且笔直的道路与另一条路呈90度角垂直交叉。所以，不能购买在“T”字路口建造的房子。

房子被刀口劈中、被屋角射中的，形成风水上称之为“刀口煞”的“毒箭”。一种是两面墙壁交会后所形成的90度角，还有一种是三角形（或尖锥形）的建筑所射出的角度似刀口。两者相比较，后者的角更尖锐，所以形成的煞气更重。

房子被弧形马路、桥梁的弓点“射中”的，形成风水上称之为“弓箭煞”的“毒箭”。整体来看，弧形的马路和桥梁就像弓箭一样，弧形弯度最大的地方就是弓箭点，所以弧形马路、弧形梁的弓点，都叫做“弓箭煞”。一般平面道路所形成的弓箭煞，影响到的区域、住房只是一楼，但若是桥梁的话，直接影响到的就是与桥梁平行的楼层。

另外，弓箭煞的影响力还会依道路或桥梁的使用有所区别，如果桥梁和马路都是行车使用的话，那么影响程度相同，只有楼层高度的差别而已。但若桥梁是用做电车行驶的话，因为电车有电场，所以高架桥所产生的煞气，会比其他弓箭煞的影响更重、更大。

房子被大厦镜面玻璃帷幕反射到的，形成风水上称之为“镜射煞”的“毒箭”。一般来说，目前商业用的办公室多会使用镜面的玻璃帷幕。镜面玻璃有反射功能，并且会反射太阳光，所以被玻璃帷幕直接反射到的位置，影响力最大。除非被反射到的建筑物本身也使用镜面玻璃，可以达到反制和破解的效果，不然，只要太阳光一照射对面大楼的玻璃帷幕，太阳光经过聚集、反射之后，形成的影响力更大，所以被射中的住房就会受到磁场和能量的影响。

不过，普通的住宅多半不会位于有玻璃帷幕的大厦附近，玻璃帷幕多会使用在商业区以及办公大楼林立的都市中，而且这种外观对建筑物本身有好处，可以达到挡煞的效果。若是碰到之前所提到的强光、壁刀或弓箭煞的话，都可以将这些煞气一一化解抵消。

房子正对两栋楼之间的夹缝的，形成风水上称之为“天风煞”的“毒箭”。这种现象在目前也是相当常见的。所谓“天风煞”，形成的原因有好几种，一种是在社区型建筑物中，可能在两栋建筑物中间形成走道；另一种则是建筑物与建筑物之间的防火巷。

“天风煞”所形成的原因，在于空气的对流，对流越快风速越大，在越狭窄的空间中风速会越强；风越大，在夹缝中的挤压越强烈，所形成的压力就越大，因此从中灌出来的气流强度就越大。若住房正对两栋建筑物中间的缝隙（这缝隙需小于本宅建筑物的宽度才能算数），那么其中的住户必定会受到相当大的影响。

房子正对巨大且高的铁柱，形成风水上称之为“天箭煞”的“毒箭”。如果在住家的外围区域，正好面对有巨型的高大铁柱的话，即形成所谓的“天箭煞”。尤其是高大铁柱，或是高尔夫球场的网竿正好对着进出口大门的话，煞气更为严重；若是面对侧边、住房后面的话，影响则较小。

所谓“面对”，是要以实际状况为主，不能用视觉角度来评量。因为人的视觉是广角的，只要在视觉范围内，竿子位于门口前任何角度，都会觉得受到影响和压迫，但天箭煞需以实际的角度为主，看得到不一定就是正对着，要位于沿大门直线拉出的范围和角度，才可算形成煞气。

虽然巨高的铁柱并没有电流，也没有磁场，不过却会对视觉产生刺激，对心理产生威胁和压迫，所以久而久之，对身心都会产生不良的影响。

房子正对电力发送厂、高压电塔或电箱，若以影响力来区分的话，电力发送场所发送出的电力最强，其次是高压电塔，高压电箱属最低。发送出的电力不管强或弱，都是从电力发送厂发送出来，经由高压电传送到高压电塔，最后是电箱，所以这几项都带有电场。带有电力的物体若正对住房，则形成一种煞气。因为电力会强烈干扰人脑的电波，进而影响人的生理

和心理，长期住在这种环境下，不管是在健康或是精神方面，都会有很强的破坏力。

电信、卫星基地发射台所传送的电波会干扰人的脑电波，影响脑神经内分泌腺等内部系统，所以住房周围若有电信或卫星基地发射台的话，必定会对居家以及个人造成影响。另外，电波也可能会经由电线传送（电线是一根一根的），对视觉神经来说也是一种刺激和威胁，让人感觉相当不舒服。如果楼层高度差距较大的话还好，但如果楼层高度相当，而且对面的电线正好正对着住所，那么造成的煞气就更强了。

电线杆所带来的冲气其实与电力并没有太大关系，因为电线杆本身并没有带电（电线才有），与住家必然也会有相当的距离，所以并不会直接影响到其中的住户。不过，电线杆的形状、高度却会对住家产生相当大的冲气，尤其是住家大门正对电线杆的话，就像自己的面前存在一种高大的障碍物，不管是不是要进出大门，就算从室内看出去，都会觉得有种压迫感，让人感觉非常不舒服。

一般来说，房子正对路冲比正对电线杆的问题严重，因为路冲就像是整条马路向着自己来，似乎有东西朝着自己射过来一样，而且路冲一定是位于两栋建筑物之间，建筑物有高度，风便会顺着此空隙流动，风速越强，冲劲则越大。另外，马路上有车辆，车辆行驶时会产生很强的磁场，如果拿指南针在旁边测试的话，路上车辆越多、行驶越急速，那么指南针的偏移摆动就会越激烈，这就代表着有车行驶的马路磁场相当强。所以，住家若是正对路冲的话，等于是被风强烈地冲击，再加上车辆强烈磁场的影响，里面的住户往往会在前途上遭受到直接的影响、威胁和挑战，事业上通常也难有发展。

## 处理“毒箭”的方法

“毒箭”带来的影响，最明显的就是经济上的损失或者身体上的疾病。一般小孩子会先生病。如果搬了新家后孩子就接连不断地生病，家人也相继生病，那么就要仔细观察一下在新房子附近有没有隐藏的“毒箭”，一旦发现就要立即采取措施处理。

房子以外的“毒箭”的负面影响一般强于房子内的“毒箭”。因此，一旦发现一定要想办法处理。最坏的情况是，“毒箭”会引发重症疾病，甚至死亡。具有强烈威压力能量的构造物会破坏全家人的运气。处理“毒箭”的方法主要有以下三种：

①建造遮挡、反射煞气能量的构造物。

②导入消解煞气能量的因素。

③建造消除煞气能量的有威压力的构造物。

对付煞气能量的遮挡和反射最有效的工具是屏障和镜子。“毒箭”从视觉上被遮挡，就能够有效地回避煞气能量。为了强化这种处理方法的效果，可以运用以下的方法作为辅助：

①建造有水流下的墙壁对付来自南方的“毒箭”。

②建造有金属格子的墙壁对付来自东方和东南方向的毒箭。

③建造涂有明亮红色的墙壁对付西方和西北方向的“毒箭”。

④建造带有荆棘植物的灌木篱笆对付西南和东北方向的“毒箭”。

消除朝向住宅的煞气能量，常用的处理方法是在“毒箭”与房子玄关的正面之间种上树木。树木的叶子会随风摇曳沙沙作响，能够消除破坏性的“毒箭”的力量，尤其对来自西南和东北方向的“毒箭”有效果。

消除煞气能量的第二个方法是，在房子玄关与

"毒箭"之间设置明亮的照明。这个方法对于来自西方和西北方向的"毒箭"最有效果。

第三个方法是，在房子正面与"毒箭"之间挂上大的金属制的风铃，这个方法对来自东方和东南方向的"毒箭"最有效果。

## 阴性建筑物

所谓的"阴气"，不是指神鬼，也不是灵学、灵异的阴气，而是指整个宇宙间存在的阴阳两股能量和磁场。所以，阴性建筑物就是代表阳气不重或是没有阳气的建筑物。因为宇宙间的阴阳之气必须协调、平均，任何一种气过剩或不及，都是不好的现象。

像礼拜的场所（教会、寺院等）、医院、殡仪馆、墓区和刑场等场所，虽然不是"毒箭"的发生地，但是阴能量过剩，如果家周围有这些建筑物，也需要采取必要的有效措施来处理。下面介绍几种典型的阴性建筑物，在购房、建宅时加以回避。

### 教堂、寺庙

在风水学上，神前庙后都属于孤煞之地，易理属性具有阴性气，所以住宅附近有寺院、教堂等一些宗

教场所都是不好的。因为这些地方都是神灵寄托之所、聚脚之地，会令附近的气场或能量受到干扰而影响人的生态环境。

在传统民谚中，有“庙后贫，庙前富，大庙左右出寡妇”及“宁住庙前，不住庙后”的说法，这是千百年民间体验得出的谚语，虽尚未得到专题研究和科学的证明，但作为流传已久的一种民间谚语，也是值得重视的。寺庙属于祭性建筑，多静，少尘俗之闹，人群聚集，又带有各种深默的心理场态，殿堂多幽深昏暗，晨钟暮鼓，还常与灵冥祭祷活动相关，其总体的场气属阴性，大庙宜在远离世俗的山林之中，而不适于在居民区中选址。

居住在宗教场所附近，会有如下两个问题：

①一家人都会显得孤独。

②性格易走极端，或暴跳如雷，或十分善良，常被人欺负等。

### 医院

如果居住的地方在医院附近，在风水上是不好的。一是医院有很多病人居住，病菌必多；二是住院之人，运气必滞，如此多的滞气积聚在一起，势必对周边的气场有重大影响；三是医院天天有人要开刀动手术，

煞气过重，这也会影响周边的磁场；四是医院常会有病人病故，有些人是死不瞑目，其冤气会影响周边气场。

如果你的居所附近是医院的话，可以有以下三个方法化解：

①要开当运之屋门或是房门，吸纳旺气。

②注意卫生，细菌就难以入侵。

## 殡仪馆

殡仪馆属于阴地，因为它是放置往生者的地方，所以也是个哭丧的地方。此处会释放出哀伤、悲痛的能量。能量是无形的，所以殡仪馆会笼罩着悲苦的气氛，如果住家正对殡仪馆或是位于殡仪馆旁边，则容易受到此种气氛的影响。不管是住家，还是店家，在这种地方都会很难兴盛或兴旺。

## 墓区

墓区和殡仪馆的性质差不多，墓区尤其人烟稀少，虽然哭丧的气氛没有那么重，但此处更为荒凉，所以也是阴气重的地方。

## 隧道

隧道又称为“阴洞”，因为隧道穿透整座山，虽然是在地面上，但是位在土堆的下方，等于被埋在山里头，所以是属于阴暗的地带。因为隧道本身也有车辆经过，车辆会夹带风的流动，所以隧道口的风速会特别强。住房若是正对隧道口，或是在隧道旁边，受到的冲煞会更大。

## 垃圾场

在佛教的观点里，灵体是喜欢聚集在阴森及有臭味的地方，如森林、垃圾场等。所以，如果居所附近有垃圾场，则容易阴气太重，导致家人精神出现问题、家宅不旺等。解决的办法是在门口安装一盏红色的长明灯。

## 荒郊野外的荒　房子

荒郊野外之处很少有人到达，所以人烟稀少，没有人气聚集，荒凉之地阳气自然不盛，阳气不盛，阴气就会升高，所以荒郊野外也属于阴地。